Zeitschrift für Erziehungswissenschaft

9. Jahrgang
Beiheft 5/2006

Biowissenschaft und Erziehungswissenschaft

Herausgegeben von
Annette Scheunpflug und Christoph Wulf

VS Verlag für Sozialwissenschaften, Wiesbaden 2006

Zeitschrift für Erziehungswissenschaft

herausgegeben von:
Jürgen Baumert (Schriftleitung), Hans-Peter Blossfeld, Ingrid Gogolin (Schriftleitung), Stephanie Hellekamps, Frieda Heyting (1998–2003), Olaf Köller, Heinz-Hermann Krüger (Schriftleitung), Dieter Lenzen (Schriftleitung, Geschäftsführung), Meinert A. Meyer, Manfred Prenzel, Thomas Rauschenbach, Hans-Günther Roßbach, Uwe Sander, Annette Scheunpflug, Christoph Wulf

Herausgeber des Beiheftes Biowissenschaft und Erziehungswissenschaft:
Annette Scheunpflug und Christoph Wulf

Redaktion:
Friedrich Rost, Eva Wunderlich

Rezensionen:
Yvonne Ehrenspeck

Anschrift der Redaktion:
Zeitschrift für Erziehungswissenschaft
c/o Freie Universität Berlin, Arbeitsbereich Philosophie der Erziehung,
Arnimallee 10, D-14195 Berlin
Tel.: (++49) 030 838-55888; Fax: -55889
E-Mail: zfe@zedat.fu-berlin.de   URL: http://userpage.fu-berlin.de/~zfe

Beirat:
Neville Alexander (Kapstadt), Jean-Marie Barbier (Paris), Jacky Beillerot (Paris), Wilfried Bos (Dortmund), Elliot W. Eisner (Stanford/USA), Frieda Heyting (Amsterdam), Axel Honneth (Frankfurt a. M.), Marianne Horstkemper (Potsdam), Ludwig Huber (Bielefeld), Yasuo Imai (Tokyo), Jochen Kade (Frankfurt a. M.), Anastassios Kodakos (Rhodos), Gunther Kress (London), Sverker Lindblad (Uppsala), Christian Lüders (München), Niklas Luhmann † (Bielefeld), Joan-Carles Mèlich (Barcelona), Hans Merkens (Berlin), Klaus Mollenhauer † (Göttingen), Christiane Schiersmann (Heidelberg), Wolfgang Seitter (Marburg), Rudolf Tippelt (München), Gisela Trommsdorff (Konstanz), Philip Wexler (Jerusalem), John White (London), Christopher Winch (Northampton)

VS Verlag für Sozialwissenschaften/GWV Fachverlage GmbH, Abraham-Lincoln-Str. 46, 65189 Wiesbaden

Geschäftsführer: Andreas Kösters,
Albrecht F. Schirmacher, Dr. Heinz Weinheimer

Gesamtleitung Produktion: Bernhard Laquai
Gesamtleitung Vertrieb: Gabriel Göttlinger
Gesamtleitung Anzeigen: Thomas Werner

Leserservice: Tatjana Hellwig, Telefon (0611) 7878-151, Telefax (0611) 7878-423
   E-Mail: Tatjana.Hellwig@gwv-fachverlage.de
Abonnentenbetreuung: Ursula Müller, Telefon (05241) 801965, Telefax (05241) 809620
   E-Mail: Ursula.Mueller@gwv-fachverlage.de
Marketing: Ronald Schmidt-Serrière M.A., Telefon (0611) 7878-280, Telefax (0611) 7878-440
   E-Mail: Ronald.Schmidt-Serriere@vs-verlag.de
Anzeigenleitung: Christian Kannenberg, Telefon (0611) 7878-369, Telefax (0611) 7878-430
   E-Mail: Christian.Kannenberg@gwv-fachverlage.de
Anzeigendisposition: Monika Dannenberger, Telefon (0611) 7878-148, Telefax (0611) 7878-443
   E-Mail: Monika.Dannenberger@gwv-fachverlage.de
Produktion/Layout: Frieder Kumm, Telefon (0611) 7878-175, Telefax (0611) 7878-468
   E-Mail: Frieder.Kumm@gwv-fachverlage.de

Bezugsmöglichkeiten: Jährlich vier Hefte. Jahresabonnement 2006: 59,- € (für Privatpersonen), 75,- € (für Institutionen), für Studenten bei Vorlage einer Studienbescheinigung 40,- €. Ein Einzelheft kostet 21,- €. (Alle Preise zuzüglich Versandkosten). Alle Preise und Versandkosten unterliegen der Preisbindung. Die Bezugspreise beinhalten die gültige Mehrwertsteuer. Kündigungen des Abonnements müssen spätestens 6 Wochen vor Ablauf des Bezugszeitraumes schriftlich mit Nennung der Kundennummer erfolgen.
Zuschriften, die den Vertrieb oder Anzeigen betreffen, bitte nur an den Verlag.

© VS Verlag für Sozialwissenschaften | GWV Fachverlage GmbH, Wiesbaden 2006

Der VS Verlag für Sozialwissenschaften ist ein Unternehmen von Springer Science+Business Media.

Alle Rechte vorbehalten. Kein Teil dieser Zeitschrift darf ohne schriftliche Genehmigung des Verlages vervielfältigt oder verbreitet werden. Unter dieses Verbot fällt insbesondere die gewerbliche Vervielfältigung per Kopie, die Aufnahme in elektronische Datenbanken und die Vervielfältigung auf CD-ROM und allen anderen elektronischen Datenträgern.

Gedruckt auf säurefreiem und chlorfrei gebleichtem Papier.
Printed in Germany

ISBN 3-531-14831-1

Zeitschrift für Erziehungswissenschaft Beiheft 5/2006

9. Jahrgang, Beiheft 5/2006

Inhaltsverzeichnis

BIOWISSENSCHAFT UND ERZIEHUNGSWISSENSCHAFT

Annette Scheunpflug/ Christoph Wulf	Editorial	5

I   LERNEN

Wolfgang Singer	Brain Development and Education	11
Hans J. Markowitsch/ Matthias Brand	Was weiß die Hirnforschung über Lernen?	21
Hans-Joachim Pflüger	Von den Neurowissenschaften erziehen lernen?	43
Sebastian Jentschke/ Stefan Koelsch	Gehirn, Musik, Plastizität und Entwicklung	51
Arthur M. Jacobs/ Florian Hutzler/ Verena Engl	Dem Geist auf der Spur: Neurokognitive Methoden zur Messung von Lern- und Gedächtnisprozessen	71
Cornelius Borck	Lässt sich vom Gehirn das Lernen lernen? Wissenschaftshistorische Anmerkungen zur Anziehungskraft der modernen Hirnforschung	87

II Verhalten und Handeln

Eckart Voland	Lernen – Die Grundlegung der Pädagogik in evolutionärer Charakterisierung	103
Annette Scheunpflug	Elterninvestment – eine Annäherung an für Erziehung relevantes Verhalten aus soziobiologischer Perspektive	117
Jürgen Reyer	Evolutionäre Bindungstheorie – Ein neuer Typ integrativer Sozialisationsforschung	133
Michael Brumlik	Hermeneutik der Natur. Evolutionspsychologie und Pädagogik	153

III Interdisziplinarität als Herausforderung

Alfred K. Treml	Wie ist Erziehung möglich? Perspektiven einer evolutionspädagogischen Antwort	163
Nicole Becker	Von der Hirnforschung lernen? Ansichten über die pädagogische Relevanz neurowissenschaftlicher Erkenntnisse	177
Thomas Müller	Erziehungswissenschaftliche Rezeptionsmuster neurowissenschaftlicher Forschung	201
Jörn Ahrens	Die Metapher der Keimzelle. Zur Analogie von sozialer und organischer Organisation	217
Jörg Zirfas/ Eckart Liebau	Erklären und Verstehen: Zum methodologischen Streit zwischen Bio- und Kulturwissenschaft	231

Annette Scheunpflug/Christoph Wulf

Editorial

Seit vielen Jahren sind Psychologie, Soziologie, Politikwissenschaft und Kulturwissenschaften wichtige Bezugswissenschaften der Erziehungswissenschaft. Seit einiger Zeit treffen auch biowissenschaftliche Forschungen in der Erziehungswissenschaft auf ein wachsendes Interesse. Mehrere, z.T. kontroverse Entwicklungen sprechen für die Intensivierung des Dialogs zwischen der Erziehungswissenschaft und den Biowissenschaften.

(1) Einmal sind in der biowissenschaftlichen Forschung bedeutende Fortschritte zu verzeichnen. Mit der Entzifferung des menschlichen Genoms, den durch die neuen bildgebenden Verfahren bedingten Fortschritten in der Hirnforschung und dem Paradigmenwechsel in der Verhaltensforschung von der Arterhaltung zur „genegoistischen Strategie" sind viele für die Erziehungswissenschaft interessante Fragen entstanden. Neue Erkenntnisse über das menschliche Lernen, über Begabung, den Einfluss der Umwelt und die Bedingungen menschlichen Verhaltens sind für die Erziehungswissenschaft unmittelbar relevant. Ein Dialog darüber, wie wichtig diese Forschungsergebnisse für die Erziehungswissenschaft sind und ob sie gegebenenfalls eine eigene erziehungswissenschaftliche Forschung anregen, steht noch aus.

(2) Festzuhalten ist, dass mit der biowissenschaftlichen Forschung in der Öffentlichkeit große Erwartungen verbunden werden. Dies scheint auch bei einem Teil der Lehrerschaft der Fall zu sein. Während einige Lehrer die Ergebnisse der Unterrichtsforschung rezipieren, werden andere durch Hirnforscher fasziniert und besuchen deren Vorträge. Diese erhoffen sich z.B. von den Berichten über die Wissensverarbeitung von Ratten eine Orientierung für ihr Handeln im Unterricht, die ihnen nach ihrer Auffassung die Erziehungswissenschaft nicht geben kann. Wenn in Bayern und Baden-Württemberg die Kultusministerien ein Forschungszentrum zur Lernforschung unter der Leitung von Biowissenschaftlern einrichten, überrascht dies große Teile der Lehrer- und Elternschaft. In der Erziehungswissenschaft gilt es solche Entwicklungen kritisch und selbstkritisch wahrzunehmen und entsprechend darauf zu reagieren.

(3) Die öffentliche Aufmerksamkeit wird durch eine selbstbewusste Hirnforschung genährt. In dem „Manifest der Hirnforschung im 21. Jahrhundert" wird sehr selbstgewiss und wenig selbstkritisch formuliert: „Die molekularen und zellulären Faktoren, die der Lernplastizität zu Grunde liegen, verstehen wir mittlerweile so gut, dass wir beurteilen können, welche Lernkonzepte – etwa für die Schule – am besten an die Funktionsweise des Gehirns angepasst sind." (zitiert nach *Gehirn und Geist,* H. 6/ 2004, S. 33). Allmählich setzt in der Erziehungswissenschaft eine Debatte über die

Bedeutung dieser Ansprüche und Perspektiven ein, die zu einer Auseinandersetzung mit ihnen und den von der Öffentlichkeit transportierten Erwartungen an die Biowissenschaften führen.

Eine substantielle Beschäftigung mit dem biowissenschaftlichen Theorieangebot zu initiieren, ist Ziel dieses Beiheftes, dessen Ergebnisse auf ein „ZfE-Forum" zu diesem Thema im Dezember 2004 in Berlin zurückgehen. Auf diesem Forum ging es darum, Biowissenschaftler und Erziehungswissenschaftler miteinander ins Gespräch zu bringen und die unterschiedlichen Perspektiven auf Erziehung und Bildung darzustellen und zu diskutieren. In Übereinstimmung mit den im Rahmen der Biowissenschaften unterschiedlichen disziplinären Zugangsweisen der Neurowissenschaften einerseits und den Verhaltenswissenschaften andererseits wurden für die Diskussion auf dem Forum und für Veröffentlichung seiner Beiträge zwei thematisch und perspektivisch unterschiedliche Zugänge gewählt: Im Zentrum des einen stand das Lernen, im Mittelpunkt des anderen das menschliche Verhalten. Sodann galt es die Schwierigkeiten interdisziplinärer Kooperation und ihre Möglichkeiten und Grenzen zu diskutieren.

Dementsprechend ist das Beiheft in drei Teile gegliedert. Im ersten werden Beiträge zum Lernen und zu den Erkenntnissen der Neurowissenschaften, im zweiten zum Verhalten und Handeln, d.h. zur Soziobiologie, zur Bindungsforschung und zur evolutionären Psychologie vorgestellt. Im dritten Teil werden Probleme der Interdisziplinarität erörtert und kritische Rückfragen nach der Relevanz und dem Geltungsanspruch biowissenschaftlicher Forschungen in der Erziehungswissenschaft gestellt.

Im ersten Teil des Beihefts stehen die Mechanismen und Bedingungen des Lernens im Mittelpunkt der Aufmerksamkeit. Zunächst werden erziehungswissenschaftlich relevante Ergebnisse der Hirnforschung dargestellt. Im Beitrag *Wolfgang Singers* wird untersucht, wie Wissen im Gehirn repräsentiert ist und ob und inwieweit Gehirne bei der Geburt bereits Wissen mit sich bringen, das im Verlauf der Entwicklung weiter entwickelt wird. Ferner wird die Frage beantwortet, ob und wie Erfahrung und Erziehung die Gehirnentwicklung beeinflussen und bis zu welchem Grad Gehirne die Prozesse des Wissenserwerbs kontrollieren und ob und wie sich entwickelnde Gehirne von reifen Organismen unterscheiden. Hier anknüpfend beschreiben *Matthias Brand* und *Hans J. markowitsch* die zellulären Prozesse der Informationsverarbeitung, die als Korrelate der Bildung von Gedächtniseinheiten verstanden werden können. und Auch wenn es unterschiedliche Lern- und Erinnerungstypen gibt, sind Lernen und Gedächtnis eng miteinander verknüpft, so dass sich auf der Grundlage dieser Forschungen einige allgemeine Charakteristika von Lernsituationen und -prozessen angeben lassen. Angesichts der in der populärwissenschaftlichen Literatur verbreiteten Generalisierungen warnt der Neurobiologie HANS-JOACHIM PFLÜGER vor zu schnellen Übertragungen neurobiologisch gewonnener Erkenntnisse auf erziehungswissenschaftliche Fragestellungen und skizziert die aus seiner Sicht für die Erziehungswissenschaft relevanten Erkenntnisse der Hirnforschung. So haben z.B. Lernanregungen, d.h. Umwelteinflüsse nachhaltige Wirkungen auf die Plastizität des Gehirns. Am Beispiel des Musikmachens und Musikhörens wird diese allgemeine Erkenntnis von *Sebastian Jentschke* und *Stefan Koelsch* spezifiziert. In ihrem Beitrag untersuchen die Autoren den Einfluss des Übens auf die Plastizität der Informationsverarbeitung im Gehirn und zeigen, welche Wirkungen entsprechende Anregung bereits im Säuglings- und Kindesalter haben. Dabei wird deutlich, dass im Gehirn z.B. Transferleistungen vom Musikhören auf Spracherkennung erfolgen.

Der Beitrag von *Arthur M. Jacobs, Florian Hutzler* und *Verena Engl* untersucht, wie mit Hilfe neurophysiologischer Methoden Fragen nach dem Funktionieren mentaler Vorgänge auf der Ebene beobachtbaren Verhaltens und nach den zeitlich und örtlich messbaren Hirnaktivitäten bearbeitet werden können. Mit Hilfe dieser Forschungen wird untersucht, wie Modelllernen, emotionales Gedächtnis und Sprachlernen funktionieren. Der Beitrag geht davon aus, dass die klassischen Verhaltensmessungen der Psychologie nur das „behaviorale Endprodukt" mentaler Vorgänge gemessen haben, die Methoden der Hirnaktivitätsmessungen jedoch die Möglichkeit bieten, das materielle Substrat psychischer Funktionen abzubilden und dazu beizutragen, Erkenntnisse über zeitliche und örtliche Korrelate geistiger Prozesse im Gehirn zu gewinnen. Neuronale Netzwerke sind an vielen alltäglichen Lern- und Informationsverarbeitungsprozessen beteiligt und sind für viele Fragen des Lernens und Erinnerns von großem Interesse. Auch wenn die Neurobiologie wichtige Erkenntnisse über das Lernen erarbeitet, ist deren Relevanz für erziehungswissenschaftliche Fragestellungen und Zusammenhänge noch nicht sicher. So ergibt sich die Frage, ob und wieweit es möglich ist, von neurobiologischen auf pädagogische Zusammenhänge zu schließen oder – wie es *Cornelius Borck* formuliert – „Lässt sich vom Gehirn das Lernen lernen?" Angesichts der bereits vor mehr als hundert Jahren ähnlich geführten Debatten steht Borck der Faszination der modernen Hirnforschung skeptisch gegenüber.

Der zweite Teil des Beihefts ist der Beschreibung von Verhalten und Handeln gewidmet. Dass Menschen lernen können, ist ein evolviertes Verhalten. *Eckart Voland* beschreibt Lernen entsprechend aus evolutionärer Perspektive. Nach seiner Auffassung sind Lernen und die Möglichkeit, über Lernen den Menschen kulturell zu prägen, ein evolvierter Mechanismus, der tief in der Entwicklungsgeschichte des Menschen verankert ist. Lernen exekutiert Programme und folgt „genegoistischen Strategien" und Präferenzen. Eine solche Perspektive zielt auf die Grenzen des Lernens und verweist auf die Bedeutung von Erziehung als Lernumgebung. Als solche ist das soziale Kapital durch die Eltern bzw. das Investment von Eltern in ihre Kinder von Bedeutung. Hier anknüpfend beschreibt *Annette Scheunpflug* aus evolutionärer Perspektive ein Modell des differentiellen Elterninvestments und versucht dadurch, evolutionäre Verhaltenstheorie für die erziehungswissenschaftliche Forschung fruchtbar zu machen. Ebenso ist die von den Eltern als Bezugspersonen erfahrene emotionale Bindung für die Lebensgeschichte von Kindern bedeutsam. *Jürgen Reyer* gibt in seinem Beitrag einen Überblick über die evolutionäre Bindungstheorie und zeigt deren Schnittstellen für die Sozialisationsforschung. Aus einer im Vergleich zu den bisherigen Beiträgen neuen Perspektive zum menschlichen Verhalten und Handeln untersucht im Weiteren *Micha Brumlik* das Verhältnis von Evolutionspsychologie und Pädagogik. Dabei verdeutlicht er, dass die Ergebnisse dieser Auseinandersetzung davon abhängen, wie die menschliche Natur begriffen wird bzw. welche anthropologischen Voraussetzungen den jeweiligen Forschungen zugrunde liegen. Hier anknüpfend wird die für die Erziehung und Bildung zentrale Frage nach den Möglichkeiten und Grenzen menschlicher Entwicklung und Selbstbestimmung untersucht.

Im dritten Teil des Beihefts werden einige der aufgrund unterschiedlicher Wissenschaftsparadigmen entstehenden Probleme interdisziplinärer Kooperation zwischen der Biowissenschaft und der Erziehungswissenschaft untersucht. *Alfred Treml* zeigt mit seinem Konzept einer evolutionären Pädagogik, dass die Erziehungswissenschaft nicht nur die Wissensbestände der Biowissenschaften zur Kenntnis nimmt und verarbeitet, sondern dass auch deren Theorieangebot für die erziehungswissenschaftliche Theoriebildung Anregungen enthält. Worin die heutige Anziehungskraft der Gehirnforschung und deren Verarbeitung im populärwissenschaftlichen pädagogischen und im erziehungswissenschaftlichen Diskurs liegt, analysiert *Nicole Becker* in ihrem Beitrag. Ob und in wie weit es möglich ist, aus der Rezeption biowissenschaftlicher Forschung zu erziehungswissenschaftlichen Einsichten und Erkenntnissen zu kommen, hängt wesentlich davon ab, wie die biowissenschaftlichen Erkenntnisse auf erziehungswissenschaftliche Fragen und Probleme bezogen werden. Wie *Thomas Müller* zeigt, gibt es dabei sehr unterschiedliche Muster interdisziplinärer Rezeption und fachspezifischer Weiterentwicklung. Aus einer kulturwissenschaftlichen Perspektive untersucht JÖRN AHRENS die zentrale Rolle der menschlichen Zelle in den Biowissenschaften und den auf sie bezogenen Diskursen. Die Zelle steht im Zentrum aller Diskussionen über die gesellschaftlichen Konsequenzen biowissenschaftlicher Forschungen. Hier werden Diskurse aufgegriffen, modifiziert und weiterentwickelt, die Vorläufer in der Anatomie und Biologie des 19. Jahrhunderts haben und in deren Mittelpunkt eine Parallelisierung von lebendem Organismus und gesellschaftlicher Struktur steht. Ein grundsätzliches epistemologisches Problem der Kooperation zwischen Wissenschaften, die verschiedenen Wissenschaftsparadigmen angehören, untersuchen schließlich Jörg Zirfas und *Eckart Liebau*. Sie erläutern die sich daraus ergebenden Schwierigkeiten am Beispiel von Erklären und Verstehen und der mit diesen Begriffen verbundenen methodologischen Differenz zwischen den Biowissenschaften und den Kulturwissenschaften. Diese Differenz beruht auf unterschiedlichen erkenntnistheoretischen Voraussetzungen, die für die jeweiligen Wissenschaften konstitutiv und daher nur schwer überwindbar.

Die Aufsätze dieses Beihefts lassen erkennen, dass die Diskussionslage zwischen den Biowissenschaften und der Erziehungswissenschaft unübersichtlich und kontrovers ist. So widersprechen einige Beiträge einander implizit oder sogar explizit. Sieht der eine in der Hirnforschung ein anregendes neues Theorieangebot für die Erziehungswissenschaft, sehen andere in ihren Theorien eher die Wiederholung unzulässiger Versprechungen und Vereinfachungen. Während die einen in der Evolutionstheorie eine Möglichkeit zur Auflösung der Dichotomie zwischen Natur und Kultur bzw. zwischen Naturwissenschaften und Kulturwissenschaften sehen, erscheint anderen diese Kluft unüberwindbar. Einen Beitrag zu diesen Diskussionen zu leisten, ist Aufgabe der folgenden Beiträge.

Wir danken allen Autorinnen und Autoren für die kollegiale Zusammenarbeit. Besonders möchten wir uns bei den Kolleginnen und Kollegen bedanken, die nicht aus der Erziehungswissenschaft stammen und die sich an diesem Heft engagiert beteiligt haben Unser Dank gilt auch Bernhard Winter und Gabriele Di Vincenzo für ihre Hilfe bei den umfangreichen redaktionellen Arbeiten.

Berlin/Nürnberg im August 2005

I LERNEN

Wolf Singer

Brain Development and Education

Zusammenfassung
Hirnentwicklung und Erziehung
Überlegungen zur Optimierung von Bildungsstrategien sollten das Wissen über Hirnentwicklung und Lernmechanismen einbeziehen, das von der neurobiologischen Forschung in den letzten Jahrzehnten gesammelt wurde. Die große Menge an Befunden schließt einen umfassenden Überblick über die potentiell relevanten Aspekte im Rahmen dieser Darstellung aus. Daher wird das Schwergewicht gelegt auf allgemeine Aspekte des Erwerbs und der Performanz von Wissen. In diesem Zusammenhang sind die folgenden Fragen von besonderer Bedeutung: Erstens, wie Wissen im Gehirn repräsentiert wird. Zweitens, ob zur Zeit der Geburt Gehirne bereits über Wissen verfügen über die Welt, in der sie sich entwickeln werden, oder ob sie als eine frei programmierbare Tabula rasa angesehen werden müssen. Drittens, ob und wie Erfahrung und Bildung mit der Hirnentwicklung interferieren. Viertens, in welchem Ausmaß das sich entwickelnde Gehirn Kontrolle besitzt über die Prozesse, die seine Entwicklung und Wissensaneignung vermitteln. Fünftens, ob, und wenn ja in welcher Weise, Lernprozesse im sich entwickelnden Gehirn differieren von Lernprozessen im ausgereiften Organismus.

Schlüsselwörter: Hirnentwicklung; Wissenserwerb; Lernen; Erziehung

Summary
Considerations on the optimization of educational strategies should take into account knowledge on brain development and learning mechanisms that has been accumulated by neurobiological research over the past decades. The vast amount of data precludes a comprehensive overview of potentially relevant aspects here. Therefore, emphasis will be on general aspects of knowledge acquisition and representation. In this context the following questions are of particular importance: First, how knowledge is represented in the brain. Second, whether, at birth, brains already possess knowledge about the world in which they are going to evolve, or whether they should be considered as a freely programmable tabula rasa. Third, whether and how experience and education interfere with brain development. Fourth, to what extent the developing brain has control over the processes that mediate its development and knowledge acquisition. Fifth, whether, and if so, how learning processes in the developing brain differ from those in the mature organism.

Keywords: brain development; knowledge acquisition; learning; education

Considerations on the optimization of educational strategies should take into account knowledge on brain development and learning mechanisms that has been accumulated by neurobiological research over the past decades. The vast amount of data precludes a comprehensive overview of potentially relevant aspects in the format of this presentation. Therefore, emphasis will be on general aspects of knowledge acquisition and representation. In this context the following questions are of particular importance: First, how knowledge is represented in the brain. Second, whether, at birth, brains already possess knowledge about the world in which they are going to evolve, or whether they should be considered as a freely programmable tabula rasa. Third, whether and how experience and education interfere with brain development. Fourth, to which extent the developing brain has control over the processes that mediate its development and knowledge acquisition. Fifth, whether, and if so, how learning processes in the developing brain differ from those in the mature organism.

The neuronal representation of knowledge

Unlike computers that consist of an invariant hardware which performs fixed operations, the sequence of which can be freely programmed by appropriate software, there is no dichotomy between hard- and software in the brain. The way in which brains operate is fully determined by the integrative properties of the individual nerve cells and the way in which they are interconnected. It is the functional architecture, the blueprint of connections and their respective weight, that determines how brains perceive, decide and act. Hence, not only the rules according to which brains process information but also all the knowledge that a brain possesses reside in its functional architecture. It follows from this that the connectivity patterns of brains contain information and that any learning, i.e. the modification of computational programs and of stored knowledge, must occur through lasting changes of their functional architecture. Such changes can be obtained by altering the integrative properties of individual neurons, by changing the anatomical connectivity patterns, and by modifying the efficacy of excitatory and/or inhibitory connections. Thus, search for the sources of knowledge is equivalent with the search for processes that specify and modify the functional architecture of the brain.

Three main processes can be distinguished: Evolution, ontogenetic development and learning. Although these processes differ remarkably in their time course and the underlying mechanisms they are equally responsible for the specification of the functional architecture of the brain. Hence, they can be considered as mechanisms underlying knowledge acquisition, or in more general terms, as cognitive processes.

Evolution as a cognitive process

The architectures of brains have evolved according to the same principles of trial, error and selection as all the other components of organisms. Organisms endowed with brains whose architecture permitted realization of functions that increased their fitness survived and the genes specifying these architectures were preserved. Through this process of selection, information about useful computational operations was implemented in brain architectures and stored in the genes. Every time an organism develops, this information is transmitted from the genes through a complicated developmental process into specific brain architectures which then translate this knowledge into well adapted behaviour.

Because evolution is conservative, basic features of the functional architecture of nervous systems have been preserved once they have proven their efficacy. Thus, the integrative properties of nerve cells and the main principles of information processing have remained unchanged since the very first emergence of simple nervous systems in invertebrates. This implies that computational strategies, as for example the learning mechanism that associate temporally contingent signals, have remained virtually unchanged throughout evolution. We continue to utilize the knowledge that primitive organisms have acquired about computational algorithms that have proven useful for the evaluation of sensory signals and the preparation of well adapted responses. The only major change that nervous systems have undergone during evolution is a dramatic increase in complexity. This complexity is due to a massive increase in the number of nerve cells and even more so to a stunning increase of connections. The human brain consists of about 10^{11} nerve cells and 10^{14} connections. A cubicmillimeter of cerebral cortex contains approximately 60.000 neurons. Each of these contacts between 10.000 and 20.000 other neurons and receives inputs from a comparable number of nerve cells. The majority of the interactions mediated by these connections occur among nerve cells located in close vicinity but there are also numerous long-range connections that link nerve cells that are distributed across remote areas of the brain. Most of these connections are highly selective and their trajectories are genetically specified.

Thus, an enormous amount of information is stored in the functional architecture of highly evolved brains, and one of the sources of this information is evolutionary selection. Important in the present context is the fact that most of the genetically determined features of brain architecture are readily expressed by the time of birth. This implies that babies are born with brains that have stored in their architecture a substantial amount of knowledge about useful strategies of information processing. While the functional specialization of sense organs determines which signals from the environment are to be captured by the organism for further evaluation, the functional architecture of the nervous system determines, how these signals are to be processed, recombined, stored, and translated into action patterns. Inborn knowledge defines how we perceive and interpret sensory signals, evaluate regularities and derive rules, associate signals with one another and identify causal relations, attach emotional connotations to sensory signals, and finally how we reason. Human babies are born with an immense knowledge base about the properties of the world in which they are going to evolve, and this knowledge resides in the genetically determined functional architecture of their brains. Thus, their brains are far from being a freely instructable tabula rasa.

For obvious reasons we have no conscious recollection of the acquisition of this knowledge. It is a priori in nature and determines the basic operations of our brains including the subsequent acquisition of further knowledge by learning. It is implicit knowledge that specifies how we perceive the world and categorize phenomena as alike or different. We cannot question this knowledge nor can we override by conscious deliberations the computational results provided by our inborn brain architecture. Even though we know that vibrations with frequencies below and above 18 Hz differ only quantitatively in physical terms, our sensory systems arbitrarily subdivide this continuum into vibrations and sounds, respectively. Examples for such arbitrary category formation according to a priori inferences set by the architecture of our nervous system are numerous. These inborn preconceptions can also be more subtle and then are less easily identified as such. They appear as non-questionable convictions about the nature of the world in which we evolve. Current research on primates and babies is aimed at revealing this innate knowledge base. Because this a priori knowledge provides the framework for all subsequent learning processes it needs to be taken into account in any attempts to improve early educational efforts.

Experience-dependent development

Despite of the substantial determination of brain architecture by genetic factors, human babies are born with extremely immature brains that continue to develop structurally until the end of puberty. At the time of birth, all neurons are in place and the basic connections, especially those bridging long distances, are formed. However, the majority of neurons in the cerebral cortex are not yet fully connected. It is only after birth and during the following years that the functional architecture of the brain attains its final complexity. This developmental process is characterized by a continuous turn-over of connections. Nerve cells extend the processes which receive contacts from other nerve cells (their dendrites) and the processes with which they distribute their activity to other nerve cells (axons) and establish contacts. Once formed, these connections are subject to a functional test and are then either consolidated for the rest of the life or they are removed irreversibly. This validation process is controlled by neuronal activity. Connections among neurons that have a high probability of displaying temporally correlated activity tend to become consolidated while connections among neurons that have a lower probability of being activated in a correlated manner tend to become removed. "Neurons wire together if they fire together". After birth, the activity of neuronal networks is of course influenced to a large extent by the now available sensory signals. This implies that sensory experience has access to a developmental process that leads to the specification of functional architectures. Through this process experience can shape neuronal connectivity (for review of literature on experience development see SINGER, 1990; 1995).

What makes this process so important in the context of considerations on educational strategies is its irreversibility. As mentioned above, this process of circuit formation and selection according to functional criteria persists until the end of puberty – but it occurs within precisely timed windows that differ for different structures. For areas of the cerebral cortex that accomplish low level processing of sensory signals such as the primary sensory areas this experience-dependent maturation of circuitry begins shortly after birth and comes to an end within the first two years of life. For areas which are devoted to the processing of language, the developmental window starts later and is also open for a longer period of time. And even later are the developmental windows for the maturation of the centres which serve the management of declarative memory, the representation of the self, and the embedding of the individual in social systems.

Once the respective developmental windows close, neurons stop to form new connections and existing connections can no longer be removed. This is why the windows during which brain maturation is susceptible to experience-dependent influences are termed "critical periods". It is only during these critical periods that brain architectures can be modified and optimized according to functional criteria. Once the respective critical period is over, the circuitry in the concerned area of the neocortex is no longer modifiable. Connections that are lost cannot be recovered and inappropriate connections cannot be removed. The only way to induce further modifications in the now crystallized architecture is to change the efficacy of the existing connections. These functional modifications are assumed to be the basis of adult learning and after puberty are constrained by the then invariant anatomical architectures.

The important role that experience plays in these postnatal maturation processes is underlined by the dramatic consequences of sensory deprivation. In the preantibiotic area, babies have often suffered from perinatally acquired infections of their eyes which caused opacities of the cornea or the lense. Hence, these babies had no contour vision. They were unable to receive high-contrast signals from contour borders and could perceive only diffuse brightness changes. Because of pre-specified response properties that are tuned to contrast borders, neurons in the cerebral cortex cannot respond well to such global changes in brightness, and as a consequence, activity between interconnected neurons along the transmission cascade from the eye to cortical neurons is only poorly correlated. Due to these poor correlations, initially formed connections become disrupted and those which happen to persist are exempt from functional validation and have a high chance to be inappropriate. Because of the lack of normal contour vision, the circuitry in the visual cortex cannot develop normally, circuits cannot be selected according to functional criteria, and the developmental process stalls at an immature, non-functional level. Once the critical period is over, which in cats lasts about three months and in human babies about a year after birth, these deficits in the connectivity can no longer be restored. Surgical interventions that restore the optical media of the eyes are then in vain because the brain is now unable to appropriately process the signals conveyed by the eyes. Animal experiments revealed that the retinae are functioning normally despite of early deprivation but the neuronal networks in the visual cortex are unable to appropriately process the incoming activity patterns. Babies that have undergone such late restoration of their sight, remain functionally blind and at best develop some rudimentary perception of luminance changes.

Although, for obvious reasons, there are no systematic studies on deprivation effects on higher cognitive functions such as language acquisition and social integration, it appears legitimate to conclude by extrapolation that there are critical windows for the acquisition of such higher functions as well and that deprivation effects will be equally detrimental.

Despite the likely importance of developmental windows for the acquisition of higher cognitive functions, rather little is known about their onset and duration. As knowledge about these time courses would be highly valuable for a better management of educational curricula, research in developmental psychology will gain increasing importance in the field of paedagogics.

The adaptive value of epigenetic circuit selection

The dramatic effects that deprivation has on the maturation of brain architectures raise the question why nature has implemented developmental mechanisms that expose the maturing brain to the hazards of sensory experience. It is likely that opening the developmental process to epigenetic influences allows the realization of functions that could not have been attained through genetic instructions alone and overcompensate the possible hazards of deprivation. Considerations on the development of visual functions provide support for this notion.

Animals including human beings with frontal eyes have the ability to fuse the images generated on the two retinae into a single percept. This has at least two great advantages: First, it permits a significant improvement of signal-to-noise ratios through comparison of two independent sensory channels. Second, it allows for stereoscopic vision, the ability to extract precise depth information through comparison of the disparities between the two retinal images. In order to realize these functions which undoubtedly increase the fitness of the organism, connections between the two eyes and cortical neurons have to be specified in a very precise manner. It needs to be assured that ganglion cells which code signals from the same point in visual space – provided that the animal fixates with both eyes – converge on exactly the same cortical neurons. In technical terms, it needs to be assured that afferents from corresponding retinal loci terminate at the same cortical cells. Several arguments suggest that such precise connectivity patterns cannot be achieved with genetic instructions alone. Which retinal loci will actually be corresponding in the mature system depends on a number of factors such as the interocular distance, the precise size of the eye balls, and the precise location of the eye balls in the orbita. These variables depend themselves on a number of epigenetic factors such as nutrient-dependent growth processes in utero and other epigenetic interferences. Thus, they cannot be anticipated with sufficient precision by the genetically determined developmental process. There is, however, an elegant strategy to identify a posteriori which of the connections actually come from corresponding retinal loci, and this is to rely on correlated activity. Per definition, afferents originating from corresponding retinal sites are activated by exactly the same contours in visual space. Therefore, they convey highly correlated activation patterns when the organism fixates a pattern with both eyes. Thus, a mechanism that is capable of selecting among many different afferents those which convey the best correlated activity assures selective stabilization of inputs from corresponding retinal loci. This is exactly the mechanism according to which afferents from the eyes to cortical cells are selected during development. In this particular case there is, thus, a good reason to include experience as a shaping factor in circuit development.

Related arguments apply for other developmental processes in which selection of cortical circuits depends on experience. Through the selective stabilization of connections that link neurons exhibiting correlated activity frequently occurring correlations in the outer world can be translated into the architecture of connections. Thus, the system can learn about statistical contingencies in its environment and can store this knowledge in its processing architectures. This knowledge can then be used to formulate educated hypotheses about the specific properties of the world in which the organism evolves. Through epigenetic shaping of the brain's functional architecture the organisms can adapt their neuronal architectures to the environment in which they happen to be born, and this economizes greatly the computational resources that have to be invested in order to cope with the specific challenges of the respective environments.

An impressive illustration of such experience-dependent adaptation of cognitive processes is provided by language acquisition. Exposure to the mother language induces irreversible changes in the processing architectures required for the decoding and reproduction of this language. Thus, children develop specific schemata for the prosody of their mother language and for characteristic phonemes. This allows them to rapidly and automatically segment the continuous stream of sounds produced by speakers. This is not the case for second and third languages if they are acquired only at later stages of development. In this case, segmentation is no longer automatic but requires attentional control which is the reason why effort is required to follow multi-speaker conversations in late acquired foreign languages. A particularly striking example for the irreversible shaping of processing architectures is the inability of speakers of Asian languages to distinguish the consonants "R" and "L". They are actually unable to hear the difference between these consonants because Asian languages melt them into a single phonem category. Evidence indicates that it is exceedingly difficult – if not impossible – to reinstall these phoneme boundaries by learning once developmental windows for the acquisition of the mother language have come to an end.

The option to open the development of the brain's functional architecture to epigenetic, experience-dependent modifications has thus two major advantages over developmental processes that depend uniquely on genetic instructions. First, by including signals from the environment it permits functional validation and fine tuning of connections to an extent that cannot be achieved by genetic instructions alone. This permits the realization of functions that could not have been developed otherwise. Second, the inclusion of environmental influences in the developmental process permits the specific adaptation of processing architectures to the actual demands of the environment in which they happened to be born. These options obviously overcompensate the risks that are associated with the epigenetic modification of brain architectures.

The control of experience-dependent development by internal gating systems

As one might expect, the developing brain has mechanisms to protect itself against inappropriate epigenetic modifications of its architecture. Obviously, it has no possibility to defend itself against deprivation because lack of information cannot be compensated for. However, nature has implemented powerful mechanisms which allow the brain to exclude environmental signals from the shaping of its architecture that are identified as inappropriate or conflicting. For the induction of activity-dependent modifications of developing circuits, their consolidation or disruption, complex cascades of molecular interactions need to be triggered by neuronal activity. This highly complex chain of molecular processes is in turn controlled by signals of multiple sources that enable or disable the translation of neuronal activity into lasting anatomical modifications. These gating signals are derived from feedback projections originating in other processing areas and from modulatory systems that control global brain states and whose activity is modulated by factors such as attention, reward value of stimuli and behavioural relevance. These control systems assure that only those signals from the environment can induce circuit modifications that match the expectancies and the needs of the developing brain.

The experience-dependent selection of corresponding retinal afferents is again a good example. This selection can only be successful if it is confined to epochs in which the baby does not move its eyes but fixates a target with both eyes. It is only in those instances that activity from corresponding retinal loci is actually correlated. Thus, it needs to be assured that circuit selection is confined to episodes in which the baby has its eyes properly adjusted. In order to assure this, nature has implemented several parallel control mechanisms. Based on genetic instructions, coarse correspondence between the afferents of the two eyes is already established before the critical period of experience-dependent fine tuning starts. The consequence is that network activity resonates better if the images on the two eyes are roughly corresponding than if the eyes are not properly aligned. As strong and resonant activity induces circuit modifications more effectively than weak and incoherent activity, circuit modifications are more likely to occur when the eyes are already in a close to optimal position. Furthermore, there is input from the stretch receptors of the extraocular muscles that signal whether the eyes are at rest or move. These signals, too, have a role in gating the use-dependent selection of afferent connections. Finally, the activity of several modulatory systems is required whose activity is regulated as a function of arousal and attention. The activity of these modulatory systems guarantees that only those signals can induce lasting changes in circuitry that are attended to by the organism and attributed behavioural significance. Thus, the a priori knowledge that resides in the genetically determined architectures of the brains is used to select the environmental signals that are appropriate for the epigenetic shaping of brain architectures. The developing brain knows about the nature of the signals that can be used for the optimization of its circuitry. Thus, the developing brain engages in active search for signals that it needs in order to support its own development. Depending on the time course of the various developmental windows, the nature of required signals changes. Accordingly, only those inputs are considered for circuit changes that match the needs of the actual developmental process. It follows from this that the developing brain has the initiative in all processes of experience-dependent development. It poses specific questions at specific developmental stages, directs its attention selectively to the special input patterns, and accepts only those signals for circuit optimization that match prewired expectancies (for review of pertinent literature see SINGER, 1990).

These notions have far reaching consequences for the design of educational curricula. It is obvious that deprivation will have disastrous consequences at all stages of development. However, it is also obvious that there is no point in offering as many stimuli as possible over as long a time as possible. The developing brain will utilize only those signals that it actually needs, and there is the risk that offering too many and too diverse stimuli has a distractive effect and makes it difficult for the brain to concentrate on those signals that it needs. A more effective strategy is probably to carefully observe the spontaneous behaviour of the children, to find out what their needs and interests are at the various developmental stages, and to then provide as comprehensive and non-ambiguous answers as possible. What the children are actually looking for and require for successful development can easily be deciphered from their emotional attitudes. They are not only searching spontaneously for the stimuli they need but they will respond to the availability of the requested stimuli with positive emotions. As the time courses of the various developmental windows may show considerable interindividual variability, it is important to find out when a particular child needs which information in order to promote its brain development. This can be achieved by carefully observing which activities attract that child's attention and raise its interest.

The importance of rest and sleep in experience-dependent brain development

It has long been known that sleep has beneficial effects on the consolidation of memories. Over the last decades this general notion has received robust support by well controlled experimental studies. Sleep appears as a highly structured active process by which memory traces that have been accumulated throughout the day become reorganized and consolidated. Neurophysiological studies suggest that activity patterns induced by learning trials are repeated during particular sleep phases, and it is believed that this rehearsal promotes consolidation of memory traces (LOUIE and WILSON, 2001; HOFFMAN AND MCNAUGHTON, 2002). Interestingly, not only the consolidation of declarative, i.e. consciously stored memories requires sleep but also the acquisition of abilities that are acquired through procedural learning, i.e. through practice. A well examined example is perceptual learning. If subjects practice discrimination of certain visual features such as the orientation of contours, their performance increases over time in a way that is highly specific for the particular task. This improvement of an instrumental ability that relies on modifications of response properties of neurons in the visual cortex also requires consolidation through sleep. If subjects are sleep-deprived after the training sessions, performance does not improve (AHISSAR AND HOCHSTEIN, 1997).

Even more surprising is the increasing evidence that also the experience-dependent modifications of neuronal architectures that occur during brain development require sleep for their expression and consolidation. The evidence comes again from deprivation experiments in the visual system. In early experiments it was found that visual experience had more profound effects on the response properties of cortical neurons of kittens when these were exposed to the visual environment for only brief periods, and subsequently allowed to rest in the dark than when they were exposed to the same environment for a similar period of time uninterruptedly (MIOCHE AND SINGER, 1989). Another study showed that circuit changes did not occur despite exposure to visual conditions that normally induce drastic changes when animals were anesthetized following exposure and thus were prevented from natural sleep (RAUSCHECKER AND HAHN, 1987). A more recent study provided direct evidence that interference with a particular sleep phase, the so-called paradoxical or rapid eye movement sleep, is sufficient to disrupt experience-dependent circuit selection. Thus, experience-dependent developmental processes seem to depend on sleep in very much the same way as the formation of memories by conventional learning.

This evidence from animal experimentation should have consequences for the organization of occupation schedules in day-care centres. It is to be expected that children require episodes of rest and presumably also sleep after phases during which they had particular intense experiences. Thus, one should consider to organize day-care centres in a way that allows the children to retreat and have a nap according to their individual needs. To the best of my knowledge, there are no systematic studies on the relation between sleep patterns, learning and brain maturation in children – but the data from animal experiments suggest strongly that rest and sleep play a pivotal role even in developmental processes.

Mechanisms of adult learning

As mentioned above, it is generally assumed that adult learning relies on changes in the efficacy of excitatory and/or inhibitory connections. The mechanisms that mediate these learning-induced changes in the coupling strength among neurons closely resemble those which mediate the activity-dependent circuit changes during experience-dependent development. Excitatory connections among neurons strengthen if these neurons discharge in a correlated way while they weaken if the activity of the cells is temporally unrelated. The molecular processes that evaluate the temporal correlations among neuronal firing patterns and translate these into lasting modifications of coupling strength are by and large the same as those promoting activity-dependent circuit selection during development (for review see SINGER, 1995). The only major difference is that in the adult, weakening of connections is no longer followed by their removal and that no new connections are formed. However, there are a few exceptions. Over the past years evidence has become available that in a few distinct brain regions, parts of the hippocampus and the olfactory bulb, neurons continue to be generated throughout life, and these neurons form new connections and become integrated in existing circuitry (KEMPERMANN et al., 1997 for review). Thus, in these distinct areas of the brain, developmental processes persist throughout life, and it is presently unclear why this is only the case in these particular regions and not in the cerebral cortex, where most of the learning-related modifications are supposed to take place.

Adult learning resembles experience-dependent developmental processes also with respect to its dependence on attentional mechanisms, on reward systems and on sleep. Thus, all the strategies that have been developed in order to improve learning processes in the adult are likely to be helpful also for the promotion of experience-dependent developmental processes in the young. What is required now is the transfer of knowledge about experience-dependent developmental processes that has been accumulated with neurobiological experimentation to educational programs. This necessitates intensification of research in developmental psychology and the incorporation of non-invasive techniques for the assessment of brain processes in children. Such methods are now available and can be applied to children as for example electroencephalographic or magnetoencephalographic recordings together with functional magnetic resonance tomography. Such approaches may help to define more precisely the critical periods of the development of particular brain functions and to design adapted strategies for the optimization of experience-dependent developmental processes.

References

AHISSAR, M. and S. Hochstein (1997): Task difficulty and the specificity of perceptual learning. Nature 387: 401-406.

HOFFMAN, K. L. and B. L. MCNAUGHTON (2002): Coordinated reactivation of distributed memory traces in primate neocortex. Science 297: 2070-2073.

KEMPERMANN, G., H. G. KUHN and F. H. GAGE (1997): More hippocampal neurons in adult mice living in an enriched environment. Nature 386: 493-495.

LOUIE, K. and M. A. WILSON (2001): Temporally structured replay of awake hippocampal ensemble activity during rapid eye movement sleep. Neuron 29: 145-156.

MIOCHE, L. and W. SINGER (1989): Chronic recordings from single sites of kitten striate cortex during experience-dependent modifications of receptive field-properties. J. Neurophysiol. 62: 185-197.

RAUSCHECKER, J. P. and S. HAHN (1987): Ketamine-xylazine anaesthesia blocks consolidation of ocular dominance changes in kitten visual cortex. Nature 326: 183-185.

SINGER, W. (1990): The formation of cooperative cell assemblies in the visual cortex. J. Exp. Biol. 153: 177-197.

SINGER, W. (1995): Development and plasticity of cortical processing architectures. Science 270: 758-764.

Anschrift des Verfassers: Prof. Dr. Wolf Singer, Max Planck Institute for Brain Research, Deutschordentstr. 46, 60528 Frankfurt a.M.

Matthias Brand/Hans J. Markowitsch

Was weiß die Hirnforschung über Lernen?

Zusammenfassung
Lernen ermöglicht es, sich in neuen Situationen aufgrund seiner Erfahrungen zurecht zu finden. Lernen vollzieht sich nicht nur in der Schule; jede Tätigkeit, jedes Erlebnis kann eine Lernerfahrung darstellen. Lernen und Gedächtnis sind eng miteinander verknüpft und wenngleich es unterschiedliche Lern- und Erinnerungstypen gibt, lassen sich einige allgemeine Charakteristika von Lernsituationen und -prozessen beschreiben. Die Hirnforschung untersucht dabei zelluläre Prozesse der Informationsverarbeitung, die als Korrelate der Bildung von Gedächtniseinheiten verstanden werden können. Ebenso ist Gegenstand der neurowissenschaftlichen Lern- und Gedächtnisforschung, in welchen Hirnregionen die zellulären Grundlagen von Lernprozessen besonders gut ausgebildet sind und wie sich diese Mechanismen beeinflussen lassen. Sowohl die Untersuchung von Patienten mit Hirnschädigungen als auch der Einsatz funktionell bildgebender Verfahren ermöglichen zudem die Eruierung neuraler Korrelate spezifischer Lern- und Gedächtnisleistungen und deren Störungsmöglichkeiten. Diese Themen sind Gegenstand des vorliegenden Beitrags.

Schlüsselwörter: Neurowissenschaften; Lernen; Gedächtnis

Summary
What Does Brain Research Know About Learning?
Learning makes it possible to deal with new situations on the basis of experience. Learning does not occur exclusively in school; every activity, every experience can present an opportunity to learn. Learning and memory are closely linked and, despite the existence of various types of learning and memories, some general characteristics of learning situations and processes can be identified. Brain research studies cellular processes of information processing, which can be understood as correlates to the formation of memory units. Additionally, neurological research into learning and memory investigates the regions of the brain in which the cellular foundations of learning processes are particularly well formed and how to influence them. Both studies of patients with brain damage and the implementation of functional picture-generating procedures facilitate the discovery and analysis of neural correlates for specific learning and memory tasks and how these might be hindered. These are the topics of this paper.

Keywords: neurosciences; learning; memory

1 Einführung: Was ist Lernen?

„Non scholae, sed vitae discimus / Nicht für die Schule lernen wir, sondern für das Leben". Diesen Satz hat wohl nahezu jeder Schüler und jede Schülerin im Laufe seiner oder ihrer Schulkarriere schon einmal gehört. Diesen Satz zu verstehen ist nicht schwer; er will ausdrücken, dass wir uns Kenntnisse aneignen, die wir selbst später in unserem Leben benötigen oder zumindest nutzen können, um uns in neuen Situationen zurechtzufinden. Aber wie funktioniert Lernen? Was können oder müssen wir tun, um besser zu lernen? Lernen ist kein passiver Vorgang; weder neurowissenschaftlich noch psychologisch gesehen. Das bedeutet, dass wir nicht alleine durch das Konsumieren von Inhalten lernen können (ein Überblick zum Thema lebenslanges Lernen ist zu finden in SPITZER 2002). Wollen wir Informationen längerfristig abspeichern, müssen wir – bzw. unsere Nervenzellen – aktiv werden. Nun könnte man meinen, dass ja auch bereits das Sehen eines Bildes oder das Hören von Musik eine Aktivität in bestimmten Nervenzellen (denen des visuellen bzw. des auditiven Systems) hervorruft und deswegen auch dies direkt zu einem Lernerfolg (d.h. zur Abspeicherung der Inhalte) führe. Im Grundsatz ist dies zwar – wie wir weiter unten darlegen werden – auch nicht gänzlich falsch. Wir haben durchaus ein Gedächtnissystem, das sogar unbewusst Informationen aufnimmt und abspeichert (vgl. „Priming" in Abschnitt 5.1). Jedoch ist dieses Gedächtnissystem ein einfaches, das in der Hierarchie der Gedächtnissysteme auf zweitunterster Ebene angesiedelt ist. Wenn wir also über Lernen im Sinne einer bewussten Aufnahme und Speicherung (komplexer) Informationen sprechen, bedarf es einer aktiven Auseinandersetzung mit dem zu lernenden Inhalt, damit lern- und gedächtnisrelevante Hirnstrukturen die Information aktiv verarbeiten.

Einige Grundsätze des Lernens gelten mehr oder weniger für alle lernenden Personen (und für die verschiedenen Inhalte, die man lernen kann). Zunächst einmal ist Lernen direkt mit Gedächtnis assoziiert, d.h. dass Lernen verstanden werden kann als Teil einer Gedächtnisleistung bzw. als bestimmter Gedächtnisprozess, nämlich der der Einspeicherung und Ablagerung von Informationen. Als allgemeines Merkmal von Lernprozessen ist beispielsweise der modalitätsspezifische Abruf zu nennen. Das bedeutet, dass es für die meisten Menschen einfacher ist, Inhalte in der gleichen Modalität zu erinnern, in der sie aufgenommen wurden. Beispielsweise können wir den Text eines Liedes einfacher nachsingen, als ihn ohne musikalische Begleitung auf ein Blatt Papier zu schreiben. Auch ist die Abrufleistung einer Person abhängig von den Reizen in der Umwelt, die einen Abruf anregen (*triggern*) können. So ist beispielsweise der so genannte freie Abruf am schwierigsten. Unter freiem Abruf verstehen wir eine Erinnerungsleistung ohne Abrufhilfen, d.h. wenn wir auf eine offene Frage wie z.B. „Wer ist zur Zeit Gesundheitsministerin?" antworten müssen. Etwas leichter ist da der Abruf mit Hinweisreizen (z.B. „Der Vorname der Gesundheitsministerin fängt mit U an"). Die einfachste Abrufleistung ist die so genannte Rekognition, d.h. dass wir aus einer Auswahlliste den richtigen Namen – um beim Beispiel zu bleiben – wieder erkennen sollen (z.B. „Uta Meier" oder „Ulla Schmidt"?). Auch was die Einspeicherung von Informationen angeht – also das, was häufig unter Lernen im engeren Sinne verstanden wird – gibt es einige allgemeine Grundsätze. So ist es z.B. einfacher, selbst komplexe Informationen aufzunehmen und abzuspeichern, wenn wir das zu lernende Material organisieren können. Unter Organisation der einzuspeichernden Informationen versteht man z.B. eine Kategorisierung von Einzelinformationen (vgl. Abbildung 1). Für die Bildung von Kategorien können grundsätzlich alle Merkmale der zu lernenden Reize herangezogen werden. Häufig helfen dabei semantische Assoziationen (z.B. Vokabeln nach inhaltlichen Aspekten kategorisieren, wie in Abbildung 1 dargestellt). Bei verbalem Material kann auch eine formal-lexikalische Kategorisierung (z.B. entsprechend des Anfangsbuchstabens) vorgenommen werden. Die Bildung von Kategorien ermöglicht einerseits eine strategische Einspeicherung. Andererseits können die Kategoriennamen auch während des Abrufs der Inhalte als Hinweisreize fungieren (z.B. könnte man sich bei der Wiedergabe erinnern, dass vier der gelernten Englischvokabeln mit dem Buchstaben „E" beginnen).

Abb. 1: Durch die Organisation von Reizkonstellationen wird deren Einspeicherung und deren anschließender Abruf erleichtert. Verschiedene Merkmale können zur Kategorisierung von Reizen dienen. Im Beispiel wurden die zu lernenden Wörter semantisch kategorisiert. Dies ist in der Regel eine sehr effiziente Methode der Reizorganisation, da hierbei semantische Assoziationen gebildet werden, die eine tiefere (semantische) Verarbeitung der Wörter beinhalten. Dies erleichtert eine Einbettung in bereits bestehende semantische Netzwerke. Als Kategorisierung kommen aber prinzipiell auch andere Merkmale in Frage, beispielsweise die Zuordnung der Wörter nach Anfangsbuchstaben, nach Wortart o.ä. Dabei muss jedoch geprüft werden, welche Kategorien sinnvoll sind. Im aufgeführten Beispiel wäre eine Kategorisierung nach Anfangsbuchstaben wenig hilfreich, da insgesamt sechs Kategorien notwendig wären, also keine wesentliche Reduktion der Information stattfinden würde.

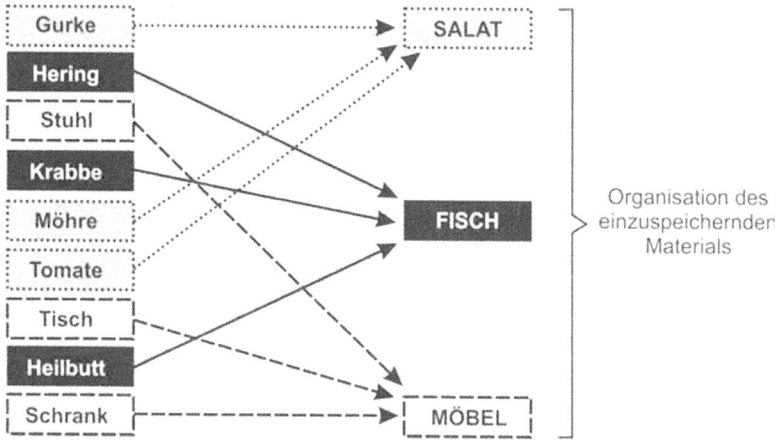

Über solche eher grundsätzlichen Aspekte des Lernens hinausgehend gibt es natürlich auch eine Reihe von Lernbedingungen, die individuell die Lernleistung verbessern oder mindern können. Mit anderen Worten: Es gibt bestimmte Typen von Lernenden, die z.B. besser für sich alleine in einem stillen Raum ein Buch lesen, um bestimmte Inhalte zu verstehen und zu lernen, andere profitieren deutlich von einer Diskussion mit anderen Lernenden über die behandelten Inhalte. Auch unterscheiden sich Personen hinsichtlich ihrer präferierten Modalität, um Inhalte zu verarbeiten: Manche können verbale Informationen am leichtesten visuell (d.h. lesend) aufnehmen, andere sprechen stärker auf gesprochene Sprache an (d.h. sie verwenden am liebsten ein Hörbuch beim Lernen), wieder andere transkodieren die verbal aufgenommenen Informationen zusätzlich in ein Bild (Technik des Mindmappings). Trotz dieser Detailunterschiede haben Lernsituationen gewisse Gemeinsamkeiten (vgl. oben), und es sollte bedacht werden, dass eine Lernsituation – zumindest nach heutigem Kenntnisstand – nur dann eine günstige Lernsituation ist, wenn sie eine vertiefte Auseinandersetzung mit dem Lernstoff ermöglicht. Das bedeutet, dass gewährleistet sein muss, dass die Aufmerksamkeit des Lernenden uneingeschränkt auf die zu lernenden Inhalte gerichtet werden kann. Klingelnde Telefone, laute Musik oder Stimmen aus dem Fernseher sind also – für jeden Lerntyp gleichermaßen – lernmindernd. So sind auch Diskussionen in Lerngruppen, die „über das Ziel hinausschießen", d.h. mehr privater Natur sind als mit dem Fach zu tun zu haben, zwar möglicherweise motivierend (weil die Lernsituation als angenehm empfunden wird), jedoch nicht zielführend.

In den genannten Beispielen wurden bereits einige Aspekte des Lernens besprochen, die sich neurowissenschaftlich erklären lassen. In den folgenden Abschnitten werden wir darlegen, was unter aktivem Lernen aus neurowissenschaftlicher Perspektive verstanden wird. Auch werden wir einzelne Gedächtnissysteme und die Korrelate ihrer Informationsverarbeitung auf Hirnebene beleuchten, um z.B. aufzuzeigen, dass es auch auf Hirnebene einen Unterschied macht, ob man Hauptstädte für den Geographieunterricht auswendig lernt oder im Sportunterricht lernt, Kanu zu fahren. Zunächst stellen wir jedoch einige Grundlagen der Funktionsweise von Nervenzellen vor, um später neurale Mechanismen von Lernen und Gedächtnis zu betrachten.

2 Nervenzellen: die informationsverarbeitenden Zellen unseres Gehirns

Unser Gehirn besteht im Wesentlichen aus Nervenzellen (Neuronen), Nervenzellverbindungen und den so genannten Gliazellen. Die Gliazellen, denen man bis vor einigen Jahren noch nachsagte, sie hätten lediglich Stütz- und Ernährungsfunktionen für Nervenzellen, üben eine nicht zu unterschätzende Hilfsfunktion bei der Kommunikation zwischen Nervenzellen aus: sie sorgen für ein ausgeglichenes Verhältnis der Elektrolyte im die Nervenzellen umgebenden Extrazellulärraum. Dies ermöglicht überhaupt erst eine Kommunikation zwischen Neuronen, da diese auf Elektrolyte angewiesen ist. Die Zellen, die aktiv Informationen aufnehmen und übertragen, sind jedoch die Neurone.

Neurone unterscheiden sich zwar erheblich hinsichtlich ihrer Größe und äußeren Gestalt, sie haben aber alle vier charakteristische morphologische Bereiche: (1) Einen mehr oder weniger ausgeprägten Dendritenbaum, der die Signalempfangsstelle des Neurons darstellt, (2) einen Zellkörper, der das Stoffwechselzentrum der Zelle ist und in dem das Erbgut des Neurons enthalten ist, (3) ein Axon, an dem ein Signal (Aktionspotential) weitergeleitet wird und (4) eine synaptische Endigung, an der ein Signal an eine nachgeschaltete Nervenzelle weitergegeben wird (vgl. Abbildung 2). Die genannten Bereiche sind Bestandteile einer jeden Nervenzelle, wenngleich sich verschiedene Neurone hinsichtlich ihrer Form und Größe differenzieren lassen (z.B. gibt es kleine Interneurone, die kleine Dendritenbäume und ein kurzes Axon haben und deren Aufgabe es ist, Informationen innerhalb verschiedener Ansammlungen von Nervenzellen zu vermitteln. Auch gibt es große Pyramidenzellen, die im Vergleich zu anderen Nervenzellen riesige Dendritenbäume haben und dadurch Signale von sehr vielen verschiedenen Nervenzellen empfangen können) (vgl. die Übersicht in PRITZEL/BRAND/MARKOWITSCH 2003).

Ein Signal wird von einer Nervenzelle vorrangig im Bereich der Dendriten von spezialisierten Empfangsstellen – den Rezeptoren – aufgenommen und in eine elektrische Antwort überführt. Im Grundsatz können Signale, die an Neuronen ankommen, erregend oder hemmend sein. Erregende Signale positivieren das elektrische Ruhepotential eines Neurons, das bei ungefähr -70 Millivolt (mV) liegt. Dabei spricht man auch von Depolarisation, da es das elektrische Potential näher in Richtung Null bringt. Ein hem-

Abb. 2: Abgebildet ist eine prototypische Nervenzelle mit den vier wesentlichen Bereichen: Dem Dendritenbaum (Inputzone), dem Zellkörper (Stoffwechselzentrum), dem Axon (Weiterleitungszone) und der präsynaptischen Endigung (Outputzone).

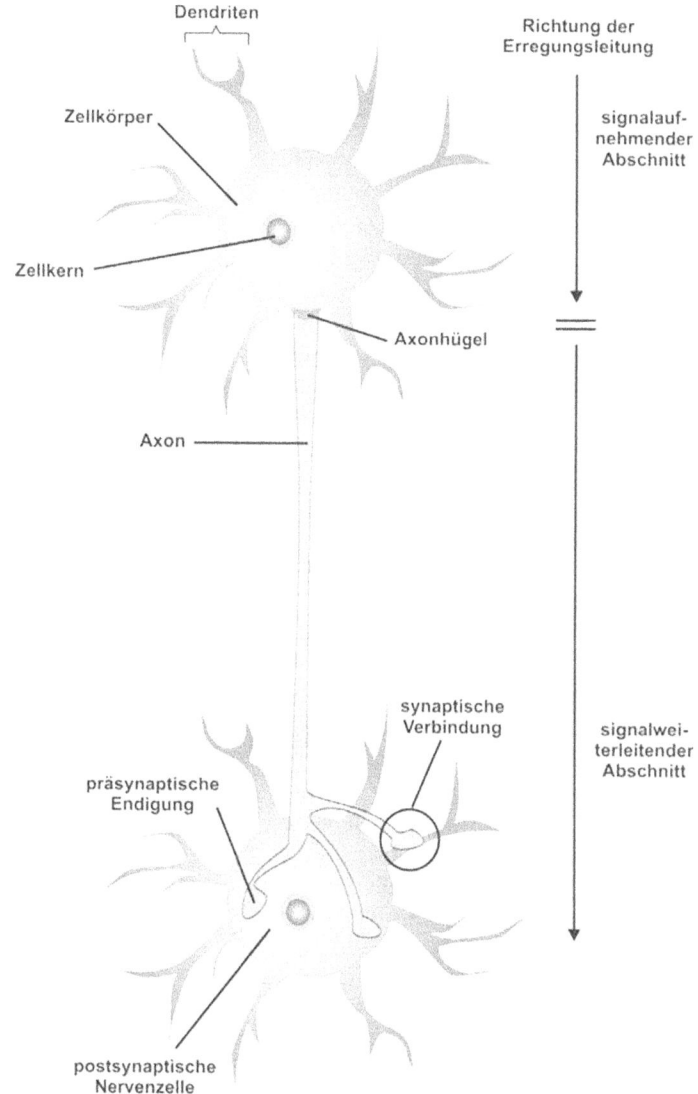

Quelle: in Anlehnung an Abb. 3.3 von PRITZEL, BRAND & MARKOWITSCH, 2003

mendes Signal führt zu einer Hyperpolarisation, macht also das Potential der Nervenzelle negativer. In beiden Fällen spricht man jedoch von so genannten lokalen Potentialen, da sie zunächst passiv bis zum so genannten Axonhügel weitergeleitet werden. Da eine Nervenzelle zumeist gleichzeitig sowohl erregende als auch hemmende Signale empfängt, müssen diese verrechnet werden. Es muss also irgendwo zu einem bestimmten Zeitpunkt entschieden werden, was überwiegt: das Signal „sei erregt" oder das Signal "sei nicht erregt". Die Verrechnung erregender und hemmender Signale findet am Axonhügel statt, indem die einzelnen Signale summiert werden. Bleibt nach der Summation erregender (positiver) und hemmender (negativer) Signale eine Positivierung von ungefähr 15 mV übrig, entsteht ein Aktionspotential, d.h. die Nervenzelle ist erregt. Das Aktionspotential wird dann entlang des Axons zur präsynaptischen Endigung geleitet, so dass dort bestimmte Vorgänge ausgelöst werden, was dazu führt, dass das Signal an eine weitere Nervenzelle gegeben wird. Einfach gesagt gelangt also die Erregung einer Nervenzelle A über ihren Fortsatz (Axon) zu anderen Nervenzellen, die mal weiter mal weniger weit vom Zellkörper der Nervenzelle A entfernt liegen. Da im Hirn fast nie die Erregung einer Nervenzelle, sondern die gleichzeitige Aktivität einer Ansammlung von vielen Nervenzellen unser Verhalten steuert, ist es wichtig, dass diese multiple Erregung auch gebündelt zu entsprechenden Zielregionen geleitet wird. Dazu reihen sich die Axone verschiedener Nervenzellen eng aneinander und bilden einen Faserstrang bzw. eine Faserverbindung, die die Information von Nervenzellen einer Hirnstruktur zu denen einer anderen Hirnstruktur überträgt (eine für Lernfunktionen wichtige Faserverbindung ist beispielsweise der Fornix, der von der hippocampalen Formation zu den Mammillarkörpern zieht).

3 Wie Nervenzellen miteinander kommunizieren

Nervenzellen sind grundsätzlich im Verbund organisiert. Die Aktivität einer Nervenzelle ist also mehr oder weniger unbedeutend für komplexes Verhalten wie Lernen. Erst die synchrone oder nicht-synchrone Aktivität vieler Nervenzellen, die in Schaltkreisen miteinander „kommunizieren", ermöglicht Lernvorgänge. Da Nervenzellen im Hirn nicht direkt miteinander verbunden sind, sondern zwischen zwei Nervenzellen ein Spalt (der so genannte synaptische Spalt) existiert, benötigen Nervenzellen Botenstoffe (Transmitter), die die Information über die Erregung von Nervenzelle A an Nervenzelle B übertragen (vgl. Abbildung 3). Die Botenstoffe befinden sich in kleinen Bläschen (den Vesikeln) verpackt im Bereich der präsynaptischen Endigung. Erreicht ein Aktionspotential die synaptische Endigung, werden die Transmitter in den synaptischen Spalt entlassen (hier spricht man von Exozytose) und gelangen zur Hülle (Membran) der nachgeschalteten Nervenzelle. Dort docken sie an eine Empfangszelle (Rezeptor) an und bringen dadurch einen Ionenkanal beispielsweise dazu, sich zu öffnen und bestimmte Ionen (z.B. positiv geladenes Natrium) ins Zellinnere zu lassen (vgl. Ausschnitt in Abbildung 3). So entsteht ein postsynaptisches Potential, das – wie oben beschrieben – erregend oder hemmend sein kann (abhängig davon, ob z.B. positiv oder negativ geladene Ionen ins Zellinnere gelassen werden). Es gibt viele verschiedene Substanzen, die als Botenstoffe fungieren. Einige lösen durch ihre Interaktion mit spezifischen Rezeptoren nahezu ausschließlich erregende Signale (z.B. Glutamat) oder nur hemmende Potentiale (z.B. γ-Amino-Buttersäure = GABA) aus. Wieder andere können sowohl mit Rezeptoren interagieren, die erregende als auch mit solchen, die hemmende Signale vermitteln (z.B. Dopamin). Wie „gut" eine Nervenzelle Signale empfangen kann, hängt von der Anzahl der Rezeptoren ab, die sie an ihrer Oberfläche besitzt. Rezeptoren können jedoch nicht wahllos mit allen Botenstoffen interagieren. Sie besitzen spezialisierte Bereiche, die exakt zu bestimmten Botenstoffen passen (nach dem „Schlüssel-Schloss-Prinzip"). Die Anzahl spezifischer Rezeptoren ist nicht statisch; sie kann sich verändern, d.h. es können

Abb. 3: Die Kommunikation zwischen Nervenzellen findet an Synapsen statt, die aus einer präsynaptischen Endigung, einem synaptischen Spalt und einer postsynaptischen Membran bestehen. Um den synaptischen Spalt zu überwinden, bedarf es Botenstoffen (Transmittern). Diese werden bei ankommendem Aktionspotential von der präsynaptischen Endigung freigesetzt, gelangen durch den synaptischen Spalt zur postsynaptischen Membran und können dort mit einer Empfangsstelle (Rezeptor) interagieren (vgl. Ausschnitt). So wird die Information von einer Nervenzelle an eine nachgeschaltete Zelle weitergegeben.

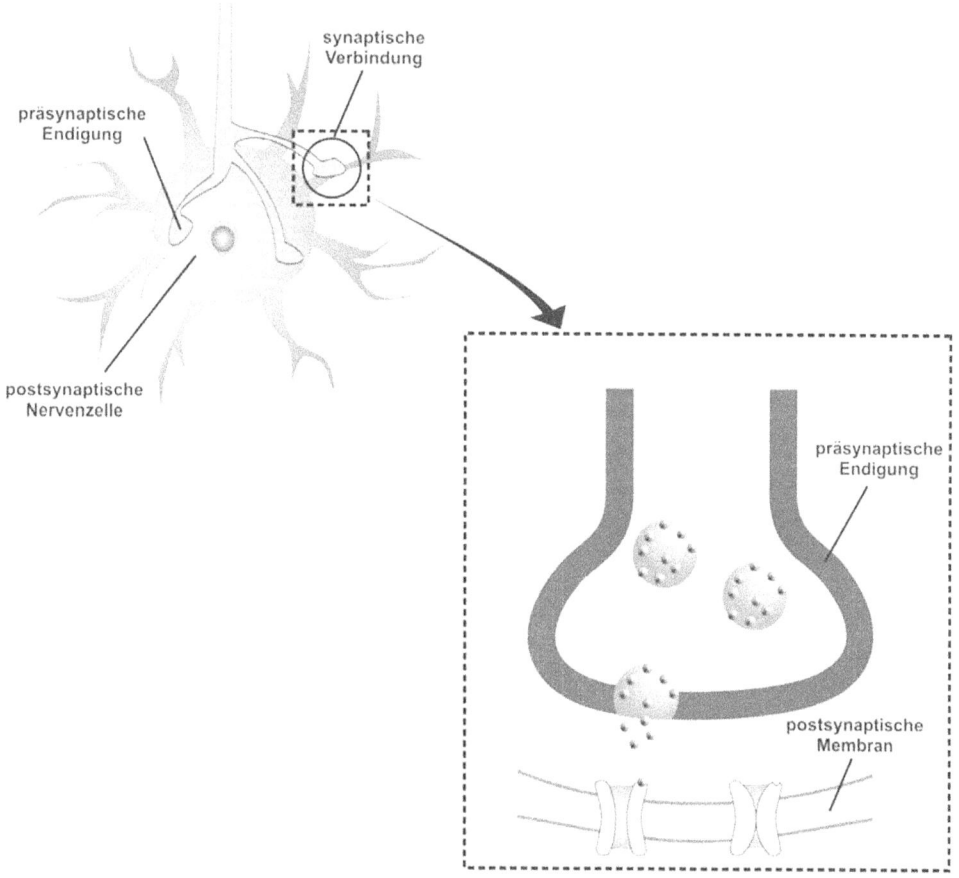

neue Rezeptoren gebildet oder „alte" abgebaut werden. Dies geschieht in Abhängigkeit der „Nutzung" der synaptischen Verbindung. So werden Verbindungen zwischen Nervenzellen, die häufig aktiviert sind, gestärkt, indem die spezifischen Rezeptoren vermehrt werden. Nervenzellen können lernen, neue Rezeptoren in Abhängigkeit ihres Bedarfs zu bilden. Dies ist ein wichtiger zellulärer Mechanismus des Lernens. Aber wie kann eine Nervenzelle merken, dass es sinnvoll wäre, bestimmte Rezeptoren vermehrt zu produzieren? Dies wird im folgenden Abschnitt dargelegt.

4 Lernen auf zellulärer Ebene

Lernen auf zellulärer Ebene bedeutet heutigen Vorstellungen zufolge, dass die Kommunikation (d.h. die synaptische Verbindung) zwischen Nervenzellen spezifischer neuraler Schaltkreise gestärkt wird und andere – für die spezifische Information nicht relevante – Verbindungen unterdrückt werden (vgl. Arbeiten des Nobelpreisträgers Eric Kandel z.B. BAILEY/KANDEL 1995; KANDEL 2001). Zur Festigung der synaptischen Verbindungen gibt es verschiedene Möglichkeiten. Zum Beispiel können sich die Dendriten einer postsynaptischen Nervenzelle weiter verzweigen, um mehr „Angriffsfläche" für ankommende präsynaptische Endigungen zu bieten (Dendriten können sich bis zu sieben Mal verzweigen und dann zusätzlich zur weiteren Oberflächenvergrößerung so genannte Dornen ausbilden). Die Grundlage solch morphologischer Änderungen ist aber zunächst einmal die Bildung neuer Rezeptoren an der postsynaptischen Membran, damit ankommende Botenstoffe mehr Möglichkeiten haben, ihre Signale an die nachgeschaltete Nervenzelle zu übermitteln. Auch kann ein gezielter Abbau anderer Rezeptoren (beispielsweise solcher, die hemmende Signale vermitteln) zu einer Stärkung der synaptischen Verbindung zwischen zwei Nervenzellen führen. Damit Nervenzellen „lernen", gezielt bestimmte Rezeptoren vermehrt zu produzieren, bedarf es Botenstoffe innerhalb der Nervenzelle, die von dem Bereich der Dendriten zum Zellkörper gelangen, um dort die Proteinsynthese zu beeinflussen. Solche Botenstoffe müssen aber direkt an den „Erfolg" einer synaptischen Verbindung gekoppelt sein, damit eben nur effiziente Synapsen zwischen Neuronen weiter gestärkt werden. Hierzu gibt es einen raffinierten intrazellulären Mechanismus, der auf so genannten zweiten Botenstoffen (*second messengers*) beruht. Viele Rezeptortypen sind selbst keine Ionenkanäle. Sie können also, wenn sie einen Transmitter gebunden haben, nicht wie die einfachen kanalgebunden Rezeptoren direkt ein postsynaptisches Potential veranlassen. Sie müssen ihrerseits intrazelluläre Botenstoffe aktivieren, die vom Rezeptor zu einem Ionenkanal gelangen, der sich in Anwesenheit der second messengers öffnet oder schließt. In Abbildung 4 sind vereinfachte Beispiele für direkte und indirekte (second messenger gebundene) Rezeptoren veranschaulicht. Diese second messengers, deren primäre Aufgabe es – wie beschrieben – ist, die Information über die Aktivierung eines Rezeptors an das Effektormolekül (einen Ionenkanal) zu vermitteln, können zudem zum Zellkern diffundieren und somit die „Schaltzentrale" der Nervenzelle über die synaptische Aktivität informieren. Dadurch kann die Synthese neuer Rezeptoren eingeleitet und somit die synaptische Verbindung zwischen Neuronen gestärkt werden.

In der Stärkung synaptischer Verbindungen, die wiederum von der Bildung verschiedener Proteine abhängig ist (STEVENS 1994), wird ein maßgebliches neurales Korrelat für Lernvorgänge gesehen. Jedoch sind diese Vorgänge nicht in allen Hirnregionen gleich stark ausgeprägt. Demnach sind vermutlich für spezifische Lernvorgänge auch nicht alle Hirnregionen gleichermaßen bedeutsam, sondern eben vorrangig solche, die eine hohe synaptische Plastizität (d.h. Veränderbarkeit) aufweisen. Die Strukturen und Faserverbindungen, die für einzelne Lern- und Gedächtnisfunktionen relevant sind, werden in Abschnitt 5.2 beschrieben.

Ein zellulärer Mechanismus, der maßgeblich an Lernprozessen beteiligt ist, ist die der Bildung von second messengers vorausgehende Langzeitpotenzierung (BLISS/LOMO 1973). Darunter versteht man, dass aufgrund einer hochfrequenten und lang anhaltenden Aktivierung von Nervenzellen auf der postsynaptischen Seite die Prozesse, die zur

Abb.4: Es gibt im Grundsatz zwei verschiedene Rezeptortypen: einen direkt gesteuerten und einen indirekt gesteuerten. In (A) ist ein Beispiel für einen direkt gesteuerten Mechanismus des Empfangs von Signalen dargestellt. Hier ist der Rezeptor selbst ein Ionenkanal. Ist ein Transmitter gebunden, kann sich der Ionenkanal selbst öffnen und beispielsweise positiv geladene Ionen ins Zellinnere lassen, was ein erregendes Potential bewirken würde. In (B) ist ein Beispiel eines indirekt gesteuerten Mechanismus der synaptischen Übertragung veranschaulicht. Hier ist der Rezeptor selbst kein Ionenkanal. Er kann also keine Ionen in die Zelle lassen bzw. sich selbst öffnen oder schließen. Hat dieser Rezeptor seinen spezifischen Transmitter gebunden, ändert sich seine Form lediglich in einem kleinen Bereich auf der Innenseite der Nervenzelle. Dadurch kann ein Protein (hier ein G-Protein, das häufig an dem Mechanismus der indirekten Signalleitung beteiligt ist) mit dieser Stelle am Rezeptor interagieren, was zu einer Änderung seiner Gestalt führt, und es kann dadurch ein Enzym anregen, zweite Botenstoffe herzustellen. Diese zweiten Botenstoffe können dann einen Ionenkanal zum Öffnen bringen. Dieser Mechanismus der indirekten Signalleitung hat den Vorteil, dass Signale verstärkt werden können, da die Interaktion eines Transmitters mit einem Rezeptor zur Produktion vieler zweiter Botenstoffe führt, die entsprechend viele Ionenkanäle erregen (und die sich dadurch öffnen oder schließen). Zweite Botenstoffe können zudem zum Zellkörper gelangen und im Zellkern die Produktion neuer Proteine (z.B. neuer Rezeptoren) anregen.

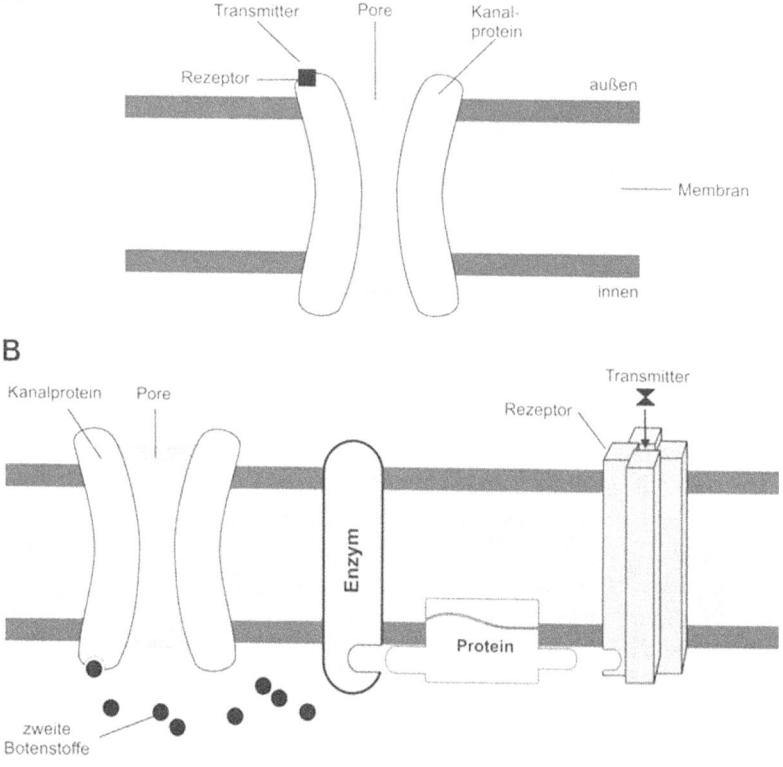

Quelle: in Anlehnung an Abb. 3.18 von PRITZEL et al., 2003

Abb. 5: Eine schematische Darstellung der Hebb'schen Vorstellungen der Übertragung von Informationen vom Kurzzeit- ins Langzeitgedächtnis. Demnach erregen Reize Nervenzellen, die in einem geschlossenen Schaltkreis angeordnet sind. Diese Anordnung sorgt dafür, dass die Aktivität zirkuliert, da die Erregung von einer Nervenzelle zur anderen weitergegeben wird. Diese zirkulierende Erregung führe zu einer Stärkung synaptischer Verbindungen, da eine länger anhaltende Erregung synaptischer Verbindungen intrazelluläre Prozesse initiiert, die eine erneute Erregung wahrscheinlicher machen. Solche längerfristigen Veränderungen der synaptischen Verbindungen zwischen Nervenzellen werden als Korrelat von Gedächtnisspuren verstanden.

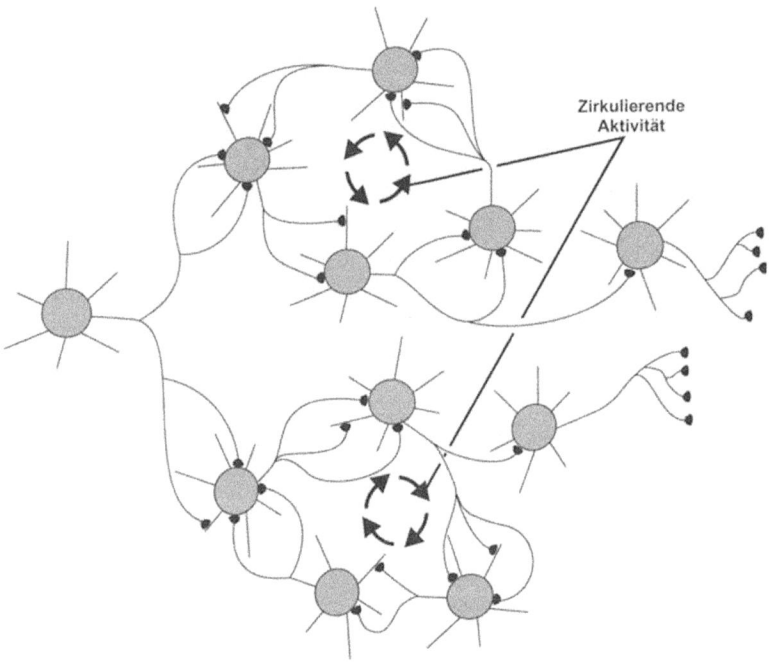

Quelle: nach HEBB, 1949

Bildung der second messengers führen, verstärkt werden. Mittlerweile weiß man, dass die Langzeitpotenzierung auch die zelluläre Grundlage der so genannten „Hebb'schen Synapsen" (vgl. Abbildung 5) ist. HEBB (1949) nahm an, dass der Informationstransfer vom Kurzzeit- ins Langzeitgedächtnis auf einer zirkulierenden Aktivität in Neuronenschleifen beruhe. Diese zirkulierende Aktivität sorge für eine Stärkung eben dieser Schaltkreise, was eine erneute Aktivierung (z.B. beim Erinnern an gelernte Information aufgrund ähnlicher Reizkonstellationen in der Umwelt) wahrscheinlicher macht.

Noch heute gelten im Grundsatz die Annahmen von Hebb, wenngleich sie weiter spezifiziert wurden. So weiß man beispielsweise heute, dass die kurzfristige Speicherung von Calcium in der präsynaptischen Endigung von Nervenzellen eine besondere Rolle bei der Langzeitpotenzierung spielt. Calcium dringt bei einem in der präsynaptischen Endigung ankommenden Aktionspotential in die Nervenzelle ein und wird benötigt, um die Freisetzung der Botenstoffe aus der präsynaptischen Endigung herbeizuführen. Ist ein Neuron dauerhaft aktiv, kann sich in der präsynaptischen Endigung Calcium kurzfristig anreichern, so dass die Freisetzung der Transmitter begünstigt wird. Auch weiß man heutzutage, dass bestimmte Botenstoffsysteme stärker an der Langzeitpotenzierung (und damit an zellulären Lernprozessen im Allgemeinen) beteiligt sind als andere. Als wichtig für die bei der Langzeitpotenzierung notwendige postsynaptische Erregung, die die Kaskaden biochemischer Reaktionen (mit dem Ziel der Bildung von für Lernprozesse bedeutsamen second messengers) auslöst, gilt das glutaminerge System. Dies erklärt auch, warum die Nervenzellen einiger Hirnregionen stärker an Lernvorgängen beteiligt sind als die anderer Hirnabschnitte, da die Dichte spezifischer Glutamatrezeptoren über verschiedene Hirnregionen hinweg variiert. Eine Struktur, die eine besonders hohe Dichte der glutaminergen (NMDA-)Rezeptoren aufweist, ist z.B. die hippocampale Formation (vgl. Exkurs) (die Spezifität der NMDA-Rezeptoren und deren Bedeutung für Lernen ist beschrieben in BRAND/MARKOWITSCH 2004). Zudem hat man die Hebb'schen Vorstellungen in dem Sinne erweitert, als dass man heute davon ausgeht, dass neben der Langzeitpotenzierung auch die so genannte Langzeitdepression für Lernvorgänge wichtig ist (ITO/KANO 1982). Unter Langzeitdepression versteht man eine gezielte Unterdrückung von Nervenzellaktivität (vermittelt über so genannte hemmende Interneurone). Das bedeutet vereinfacht ausgedrückt, dass die gesteigerte Aktivität innerhalb eines neuralen Schaltkreises über hemmende Interneurone zu einer verminderten Aktivität in einem anderen (benachbarten) Schaltkreis führen kann. Dem Prinzip der spezifischen Aktivierung von Nervenzellen folgend, bedeutet dieser Prozess für Lernvorgänge, dass eine bestimmte Information eben „fester" abgelegt wird, wenn die entsprechenden Reizkonstellationen nur zur gesteigerten Aktivität innerhalb spezifischer Nervenzellschleifen führt, nicht jedoch zu einer globalen Aktivitätssteigerung. Zusammenfassend scheint die Langzeitpotenzierung eine wesentliche und notwendige Bedingung für zelluläres Lernen zu sein, nicht jedoch eine hinreichende, da andere Mechanismen, wie beispielsweise die Langzeitdepression, hinzukommen müssen, um stabile und informationsspezifische zelluläre Schaltkreise zu bilden bzw. zu verstärken. Wie bereits erwähnt, sind für bestimmte Lerninhalte auch mehr oder weniger spezifische Hirnregionen wichtiger als andere Strukturen. In den nächsten Abschnitten werden wir die an der Verarbeitung einzelner Gedächtnisinhalte maßgeblich beteiligten Hirnstrukturen und Faserverbindungen beschreiben. Zunächst gehen wir jedoch auf verschiedene Einteilungsmöglichkeiten des Gedächtnisses und dessen inhaltliche Differenzierung ein.

5 Lernen und Gedächtnis aus neurowissenschaftlicher Perspektive

5.1 Einteilungen des Gedächtnisses

Lernen kann – wie oben bereits beschrieben – verstanden werden als die Aufnahme und längerfristige Abspeicherung von Informationen und stellt damit einen Teilaspekt des Gedächtnisses dar. Gedächtnis ist jedoch nicht gleich Gedächtnis. Es kann hinsichtlich der Dimensionen Zeit, Inhalt und Prozess unterteilt werden. Eine bekannte zeitliche Unterteilung von Gedächtnis ist die in Kurzzeit- und Langzeitgedächtnis (ATKINSON/

SHIFFRIN 1968), wobei, anders als im Alltagssprachgebrauch, in der Psychologie das Kurzzeitgedächtnis auf ca. 20-40 Sekunden (bis maximal wenige Minuten) beschränkt gesehen wird. Das Kurzzeitgedächtnis ist zudem auch hinsichtlich seiner Kapazität begrenzt; es umfasst lediglich sieben (plus/minus zwei) Informationseinheiten, nach Ansicht anderer sogar lediglich vier (COWAN 2001). Das bedeutet, dass eine begrenzte Anzahl von Informationen kurzfristig gespeichert wird, die dann entweder weiter verarbeitet und abgespeichert wird oder sich verflüchtigt (ein Beispiel für eine Kurzzeitgedächtnisleistung ist, wenn wir eine Liste von z.B. fünf Vokabeln hören und sie direkt anschließend zu Papier bringen). Eine Art Sonderform des Kurzzeitgedächtnisses ist das Arbeitsgedächtnis (z.B. BADDELEY 1992; 2000), das für das Lernen von Inhalten höchst relevant ist. Im Arbeitsgedächtnis werden – dem Namen ableitbar – Gedächtniseinheiten bearbeitet, d.h. es findet z.B. ein Abgleich zwischen der aktuell aufgenommenen Information und Inhalten, die bereits im Langzeitgedächtnis gespeichert sind, statt. Beispielsweise könnte man Englischvokabeln, die man gerade lernen soll, „bearbeiten", indem man mit Hilfe von semantischen Assoziationen die aktuelle Reizkonstellation „verändert" oder „ausschmückt" und sich dadurch die neue Vokabel besser einprägen kann (z.B. könnte man, wenn man die Vokabel „pig" für Schwein lernen soll, an Miss Piggy aus der Muppetshow denken). Das Arbeitsgedächtnis ist also ein aktives Gedächtnissystem, das immer dann benötigt wird, wenn neue Information gelernt oder bereits gespeicherte Informationen erinnert werden. Das Arbeitsgedächtnis ist ebenfalls hinsichtlich seiner Kapazität beschränkt, wobei durch eine Kategorisierung des Materials eine Reduktion der Gedächtniseinheiten stattfinden kann, was dazu führt, dass wir sehr viel mehr aufnehmen können. Wenn man sich z.B. die Telefonnummer „2, 4, 0, 5, 1, 9, 7, 5" merken will, könnte man daraus ein Geburtsdatum erstellen: 24.05.1975, was bedeutet, dass wir uns nur drei Gedächtniseinheiten (Tag, Monat, Jahr) merken müssen.

Das Langzeitgedächtnis hingegen ist, was die Menge an Informationen, die abgespeichert werden können, betrifft, praktisch unbegrenzt (eine genaue Beschreibung der aktuellen Vorstellungen über die Organisation des Langzeitgedächtnisses ist zu finden in MARKOWITSCH 2005). Auch die Dauer der Speicherung ist eigentlich nicht begrenzt und zumindest im gesunden Gehirn gilt auch nicht der Grundsatz eines Verfalls von Erinnerungen. Ganz im Gegenteil: in der Regel sind alte Erinnerungen, z.B. an die Jugendzeit, von einem altersbedingten Abbau weniger betroffen als unlängst gelernte Informationen. Dieses Prinzip, das von RIBOT (1892) beschrieben und auch als „first-in-last-out-Phänomen" bekannt ist, ist sogar bei Patienten mit schweren Gedächtnisstörungen, wie beispielsweise Patienten mit der Alzheimer'schen Erkrankung, beobachtbar. Zur Veranschaulichung: Nicht selten können Kindheitserinnerungen von Demenzpatienten lebendig erzählt werden, während die eben vergangene Geburtstagsfeier nicht erinnert werden kann. Das Langzeitgedächtnis umfasst Gedächtniseinheiten ganz unterschiedlichen Inhalts. So ist beispielsweise die Erinnerung an den ersten Skiurlaub und an die damit möglicherweise verbundenen Prellungen und blauen Flecke ebenso Teil des Langzeitgedächtnisses, wie die Information, dass London eine Stadt in England ist. Auch die Fähigkeit, mit einem Computer umzugehen, bildet einen Teil des Langzeitgedächtnisses. An diesen wenigen Beispielen ist unschwer zu erkennen, dass sich die Inhalte des Langzeitgedächtnisses zum Teil hinsichtlich ihrer Qualität, ihrer Bildhaftigkeit und des emotionalen Bezugs stark unterscheiden. Deswegen wird in der Psychologie und den Neurowissenschaften auch nicht mehr von einem Langzeitgedächtnis gesprochen sondern von verschiedenen Gedächtnissystemen. Eine bekannte Einteilung des Langzeitgedächtnisses geht auf Endel TULVING (z.B. TULVING 1995) zurück und wurde von TULVING und MARKOWITSCH unlängst erweitert (vgl. MARKOWITSCH 2003). Sie nehmen an, dass es fünf hierarchisch aufgebaute Systeme gibt:

(1) Das prozedurale Gedächtnis, in dem motorische Fähigkeiten (z.B. Skateboardfahren) und Routinehandlungen abgespeichert sind.
(2) Das Primingsystem, worunter eine bessere Wiedererkennensleistung von zuvor unbewusst Wahrgenommenem (gleichen oder verwandten Inhalts) verstanden wird.
(3) Das perzeptuelle Gedächtnis, das uns das Erkennen von Objekten, Personen, Tönen oder anderer Reize aufgrund eines Vertrautheits- oder Bekanntheitsgefühls ermöglicht, ohne dass wir das Objekt etc. benennen müssen („präsemantisch").
(4) Das semantische Gedächtnis, das auch Wissenssystem genannt wird und in dem Fakten des allgemeinen Weltgeschehens abgespeichert sind (z.B. die Formel „Ca^{++} = Calcium" oder dass sich Kanada nördlich von den USA befindet). Somit sind weite Teile des Wissens, das man in der Schule lernt, Inhalte des semantischen Gedächtnisses.
(5) Das episodische Gedächtnis, in dem Ereignisse unserer eigenen Autobiographie gespeichert sind, die jeweils einen klaren Raum-, Zeit- und Situationsbezug haben (z.B. „mein erster Kuss im Ferienlager"). Das episodische Gedächtnis ist das höchste Gedächtnissystem und vermutlich in dieser Form dem Menschen eigen (TULVING 2005). Es erlaubt uns eine Zeitreise in die Vergangenheit und eine Antizipation zukünftiger Handlungen aufgrund unserer Erfahrungen (TULVING 2002). Inhalte des episodischen Gedächtnisses werden auf die eigene Person bezogen und in der Regel emotional bewertet.

Auf der Ebene der Prozesse der Informationsverarbeitung wird unterschieden: die Aufnahme, die Enkodierung (Einspeicherung), die Konsolidierung (Festigung), die Ablagerung und der Abruf von Inhalten. Signale aus der Umwelt werden von unseren Sinnesorganen aufgenommen, in elektrophysiologische Signale transkodiert und bleiben für Millisekunden als sensorische Eindrücke gespeichert (Ultrakurzzeitgedächtnis). Hierbei wird eine Entscheidung getroffen, ob es sich um für das Individuum relevante Reize handelt oder nicht. Dabei stellen Aufmerksamkeitsleistungen die Schlüsselfunktionen dar, die jedoch auch mit emotionalen Verarbeitungsprozessen interagieren (z.B. werden angstbesetzte Reize besonders schnell und intensiv verarbeitet, führen zu einer Fokussierung der Aufmerksamkeit auf diese Reize und zu einer Unterdrückung der Aufnahme und Weiterverarbeitung anderer Signale). Die Einspeicherung von Informationen ist die nächste Verarbeitungsstufe, bei der die eben genannten Aufmerksamkeits- und emotionalen Mechanismen ebenfalls erfolgsbestimmend sind. Während der folgenden Konsolidierungsphase werden die eingespeicherten Inhalte in bereits bestehende Netzwerke von Gedächtniseinheiten integriert, d.h. es werden Assoziationen gebildet zwischen der neu eingespeicherten Information und bereits bestehenden Gedächtnisinhalten. Die Bildung solcher Assoziationen ist jedoch kein singuläres Ereignis; vielmehr können einzelne Inhalte immer wieder ins Arbeitsgedächtnis gelangen und die Bildung neuer oder „festerer" Assoziationen initiieren, was letztlich zu einer längerfristigen Abspeicherung führt. Die Dauer der Konsolidierungsphase wird kontrovers gesehen; einige Autoren gehen davon aus, dass sie bereits nach einigen Stunden (zunächst) beendet sei, andere nehmen eine Konsolidierungsdauer von Tagen oder sogar Monaten und Jahren an (DUDAI 2004).

Der Abruf eines Gedächtnisinhaltes (d.h. das Erinnern) kann theoretisch zu jeder Zeit erfolgen, wobei er abhängig ist von inneren und äußeren Signalen, die Schlüsselreize für die Erinnerung sind. Dies kann z.B. eine Frage sein (z.B. bei einer Klausur), aber auch eine Musik, oder ein Bild. Auch eigene Gedanken können den Abruf bestimmter Informationen einleiten. Wie gut ein Reiz dazu in der Lage ist, eine bestimmte Erinnerung anzuregen, ist abhängig von der Komplexität, dem „Alter" der Erinnerung und der Frequenz des Abrufs dieser Inhalte (MACKAY/JAMES 2002). Wenngleich wir uns theoretisch an alles, was wir erfolgreich abgespeichert haben, erinnern können (solange keine Hirnabbauprozesse, starker Stress oder andere pathologischen Hirnänderungen vorliegen), kommt es nicht selten zu dem Gefühl des Vergessens von Informationen. Doch sind die Inhalte wirklich gelöscht? In den meisten Fällen ist diese Frage zu verneinen, was man auch daran sehen kann, dass man – wie in Abschnitt 1 beschrieben – zwar häufig auf eine offene Frage keine Antwort findet, in der Rekognitionsbedingung jedoch sehr leicht die richtige Auswahl treffen kann. Das bedeutet, dass uns häufig nur die richtigen Abrufhinweise oder Suchstrategien fehlen, d.h. dass wir nicht direkt auf die Information zugreifen können. Auch kann massiver Stress (z.B. während einer Prüfungssituation) zu einer Abrufblockade führen, da Stresshormone mit gedächtnisrelevanten Hirnstrukturen interagieren (z.B. weist die hippocampale Formation eine sehr hohe Dichte an Glucocorticoidrezeptoren auf, deren Aktivierung auch zur Unterdrückung der in Abschnitt 4 beschriebenen Stärkung der synaptischen Verbindungen führen kann, vgl. Exkurs). Die an der Bildung von Gedächtnisspuren und dem Abruf von Gedächtnisinhalten maßgeblich beteiligten Hirnstrukturen und Faserverbindungen werden im folgenden Abschnitt skizziert.

5.2 Gedächtnis und Gehirn

Der Komplexität von Gedächtnisleistungen entsprechend ist ein breites Netzwerk, bestehend aus verschiedenen Hirnstrukturen und Faserverbindungen, an der Einspeicherung, der Ablagerung und dem Abruf von Informationen beteiligt. Dabei sind es nicht nur die so genannten höheren und phylogenetisch (d.h. entwicklungsgeschichtlich) jüngeren Regionen des Großhirns (dem im Allgemeinen die komplexen „menschlichen" Funktionen zugeordnet werden), die Gedächtnisprozesse gewährleisten. Auch „alte" und tiefer gelegene Strukturen – etwa des Zwischenhirns – spielen für einzelne Gedächtnisleistungen eine wesentliche Rolle. Wenngleich also insgesamt betrachtet nahezu alle Hirnbereiche in irgendeiner Art mit Gedächtnis in Verbindung gebracht werden können, gibt es spezifische Strukturen, die stärker als andere für einzelne Funktionen von Lernen und Gedächtnis zuständig sind. Solche Strukturen werden auch als Flaschenhalsstrukturen bezeichnet (MARKOWITSCH 1995; BRAND/MARKOWITSCH 2003), was ausdrückt, dass z.B. bei der Einspeicherung die Informationen durch diese Strukturen „hindurchlaufen" müssen (d.h. von diesen Strukturen verarbeitet werden müssen), um erfolgreich zu einer Gedächtnisspur werden zu können. Um solche Flaschenhalsstrukturen ausfindig zu machen, verfügt die moderne Hirnforschung über vielfältige Methoden. Gerade die in den letzten Jahren immer weiter verbesserten funktionellen bildgebenden Methoden (z.B. die funktionelle Magnetresonanztomographie oder die Positronenemissionstomographie) erlauben es, dem Gehirn „bei der Arbeit zuzusehen". Das bedeutet, dass wir beispielsweise, während ein Proband eine bestimmte Aufgabe löst, die Durchblutung in spezifischen Regionen des Gehirns quantifizieren können. Oder man misst den Sauerstoffgehalt, den Zuckerumsatz oder andere Parameter, die Indikatoren für die Stärke der Aktivität von Nervenzellen in bestimmten Regionen sind (da erregte Nervenzellen, also solche, die schnell hintereinander Aktionspotentiale generieren, einen höheren Bedarf an Zucker und Sauerstoff haben als nicht erregte Neurone). Gerade durch den Einsatz solcher Bildgebungsmethoden haben wir in den letzten Jahren das Wissen über die Funktionsweise des Gehirns im Allgemeinen und über an Lernen und Gedächtnis beteiligten Hirnregionen im Speziellen immens erweitern können. Zusätzlich gewinnt man aber nach wie vor eine Reihe beachtlicher Informationen über die Funktionsweise des gesunden Gehirns durch die gründliche Untersuchung von Patienten mit Hirnschäden (Überblick in MARKOWITSCH 2000; THÖNE-OTTO/MARKOWITSCH 2004). Beobachtet man beispielsweise einen Patienten, dem aufgrund eines Tumors oder einer Epilepsie spezifische Hirnregionen entfernt wurden, und der anschließend in seiner Lernleistung erheblich reduziert ist, so kann man aufgrund solcher Befunde Rückschlüsse auf die Beteiligung einzelner Hirnstrukturen bei kognitiven Funktionen ziehen.

Lernen umfasst – wie in Abschnitt 5.1 beschrieben – die Einspeicherung und die Ablagerung verschiedener Inhalte, wie das Lernen autobiographischer Ereignisse, englischer Vokabeln oder Handballspielen. Im Schulalltag am deutlichsten erkennbar ist jedoch das explizite, bewusste Lernen von Fakten und Ereignissen. Wenngleich diese Inhalte verschiedenen Gedächtnissystemen zugeordnet werden, sind sie im Alltag häufig nicht leicht voneinander zu trennen. So kann auch das Lernen von Fakten (z.B. bestimmter physikalischer Gegebenheiten) eingebettet sein in ein spezifisches Ereignis, das Teil unseres episodischen Gedächtnisses wird (z.B. könnten wir uns während der Beantwortung einer Klausurfrage an die Vorführung eines zum Thema passenden Experimentes erinnern). Im Grundsatz sind auch sehr ähnliche Hirnregionen in die Einspeicherung und Konsolidierung episodischer und semantischer Inhalte involviert. Dies sind vorrangig Regionen des inneren (medialen) Schläfenlappens (Temporallappens, vgl. Abbildung 6).

Wertvolle Hinweise auf die besondere Beteiligung der hippocampalen Formation des medialen Temporallappens für Lern- und Gedächtnisleistungen lieferte bereits in den 60er Jahren des 20. Jahrhunderts die ausführliche Untersuchung des Patienten HM (vgl. SCOVILLE/MILNER 1957; CORKIN 2002). Der 23-jährige Patient litt an einer nicht mit Medikamenten behandelbaren Epilepsie, so dass man ihm auf beiden Seiten des Gehirns Teile des medialen Schläfenlappens (Temporallappens) operativ entfernte, um den Ort des Ursprungs seiner epileptischen Anfälle zu beseitigen. In der Tat traten deutlich weniger epileptische Anfälle nach der Operation auf; allerdings waren seine Lernleistungen gravierend beeinträchtigt. HM konnte sich vom Tag der Operation an nichts Neues mehr merken, die Zeit blieb quasi für ihn stehen. Seine allgemeinen intellektuellen Leistungen (Intelligenz, sprachliche Fähigkeiten) waren nicht gravierend gemindert und an Details seiner früheren Lebensgeschichte konnte er sich ohne größere Schwierigkeiten erinnern. Die Einspeicherung neuer Inhalte war für ihn jedoch nahezu unmöglich. Eine solche, „nach vorne gerichtete" Gedächtnisstörung bezeichnet man auch als anterograde Amnesie (demgegenüber nennt man die Unfähigkeit sich an Ereignisse, die vor einer Hirnschädigung eingespeichert wurden, retrograde Amnesie). Spätere Rekonstruktionen des genauen Schädigungsortes ergaben, dass insbesondere die hippocampale Formation sowie benachbarte Gebiete des medialen Temporallappens betroffen waren, so dass man schlussfolgerte, dass diese Hirnregion maßgeblich an dem Lernen neuer

Abb. 6: Einteilung der Großhirnrinde in vier Lappen (oben) und Strukturen des limbischen Systems und des Zwischenhirns (unten) (Beschreibung der Funktionen im Text).

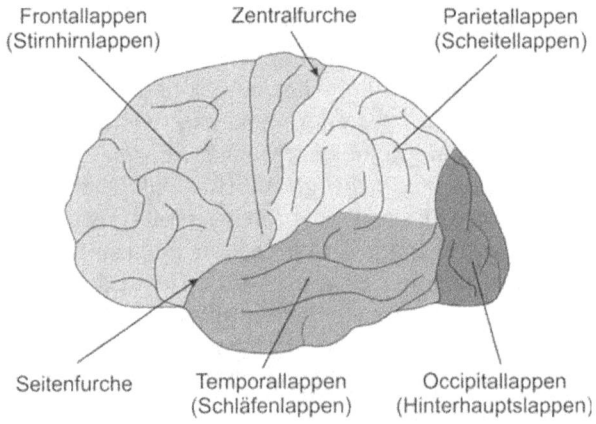

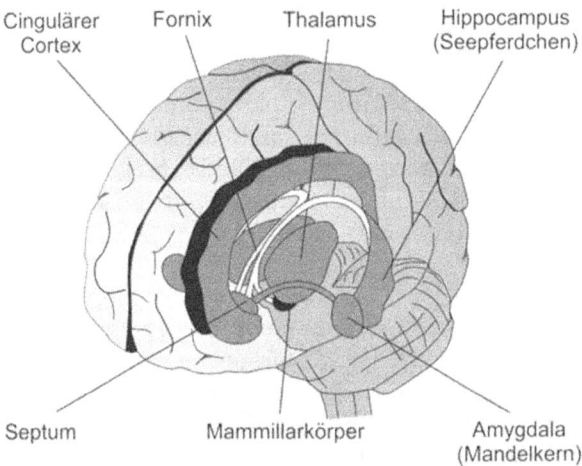

Quelle: in Anlehnung an Abb. 2.14 und 2.21 von PRITZEL et al., 2003

Information (insbesondere des episodischen Gedächtnisses, vgl. Einteilung des Gedächtnisses in Abschnitt 5.1) beteiligt sei. Die besondere Bedeutung des medialen Temporallappens für die Einspeicherung und Konsolidierung (und in Teilen auch für den Abruf) von Inhalten des episodischen und semantischen Gedächtnisses wurde mittlerweile durch Untersuchungen mittels der eben genannten funktionell bildgebenden Verfahren bestätigt (z.B. PIEFKE u. a. 2003).

Exkurs: Hippocampale Formation und Langzeitpotenzierung

Die bislang berichteten Befunde haben gezeigt, dass der hippocampalen Formation (d.h., dem Hippocampus und unmittelbar anschließenden Strukturteilen) eine besondere Bedeutung für Lernleistungen zukommt (zur Lage des Hippocampus vgl. Abbildung 6). Nun kann man sich fragen, was die hippocampale Formation für Lernprozesse in diesem Ausmaß spezialisiert? Die Antwort auf diese Frage liegt unter anderem in der zellulären Organisation des Hippocampus, genauer gesagt in der Dichte spezifischer Rezeptoren, die für die bereits in Abschnitt 4 vorgestellte Langzeitpotenzierung und damit für die Stärkung synaptischer Verbindungen wichtig sind. Die Rede ist hier von den NMDA-Rezeptoren (NMDA steht für N-Methyl-D-Aspartat), die zur Gruppe der glutaminergen Rezeptoren gehören. Glutamat ist der wichtigste erregend wirkende Botenstoff im Hirn, d.h. er ist wie kein anderer Transmitter an der Vermittlung erregender Potentiale an der postsynaptischen Nervenzelle beteiligt. Der NMDA-Rezeptor, der vor allem an den Dendriten postsynaptischer Nervenzellen zu finden ist, interagiert mit Glutamat, indem er sich öffnet und sowohl Calcium als auch Natrium in die postsynaptische Zelle hineinlässt. Da sowohl Calcium als auch Natrium positiv geladen sind, ist ein erregendes (depolarisierendes) Potential die Folge, das eine Erregung der Nervenzelle (d.h. das Auslösen eines Aktionspotentials) wahrscheinlich macht (und eine häufige Erregung nachgeschalteter Nervenzellen zu einer Stärkung dieser Verbindung führt, vgl. Abschnitt 4). Die Dichte der NMDA-Rezeptoren ist in der hippocampalen Formation besonders hoch, d.h. dass hier die Grundlagen für eine Langzeitpotenzierung und damit für Lernen auf zellulärer Ebene besonders gut sind.

Jedoch kann auch gerade dieser Prozess des zellulären Lernens, der auf den glutaminergen NMDA-Rezeptoren basiert, durch physiologische und psychologische Einflüsse sowohl kurz- als auch längerfristig beeinflusst werden. Alkohol beispielsweise hemmt die NMDA-Rezeptoren, d.h. er blockiert diese, was dazu führt, dass Calcium und Natrium nicht in die postsynaptische Zelle gelangen und in der Folge keine erregenden Potentiale entstehen können. Dadurch wird also die Möglichkeit der Langzeitpotenzierung und damit des Lernens gehemmt. Chronischer Alkoholkonsum wiederum führt zu einer Anpassung der Dichte der NMDA-Rezeptoren, um die lernbehindernden Effekte auszugleichen. Fehlt dann jedoch Alkohol im Körper, kommt es aufgrund der erhöhten Anzahl von NMDA-Rezeptoren und der dadurch erhöhten Möglichkeit der Vermittlung erregender Signale zu einer Übererregung der Nervenzellen (was sogar zu epileptischen Anfällen während eines Alkoholentzugs führen kann). Dies kann wiederum das Absterben von Nervenzellen herbeiführen, da eine extrem hohe Konzentration von Calcium innerhalb von Nervenzellen die Bildung freier Radikale einleitet, die toxisch für Neurone sind.

Massiver Stress kann ebenso lernbehindernd wirken. Stress – insbesondere negativ bewerteter Stress – führt zu einer Ausschüttung der so genannten Glucocorticoide (Stresshormone) aus der Nebennierenrinde, die über die Blutbahn ins Hirn gelangen. Rezeptoren für Stresshormone sind unter anderem in hoher Dichte im Bereich der hippocampalen Formation zu finden. Die Glucocorticoidrezeptoren vermitteln ebenfalls Signale, die die Stärkung von Synapsen verhindern (deswegen lernbehindernd) und andererseits können hohe Konzentrationen der Stresshormone zu einem vorzeitigen Altern von Nervenzellen der hippocampalen Formation führen.

Zusätzlich zur hippocampalen Formation sind bestimmte Kerne des Zwischenhirns am Lernen episodischer und semantischer Inhalte beteiligt. Eine Hauptstruktur des Zwischenhirns ist der Thalamus, der – taubeneigroß – ziemlich mittig im Hirn in beiden Hirnhälften (d.h. rechts und links) zu finden ist (vgl. Abbildung 6). Der Thalamus verarbeitet alle sensorischen Reize, weswegen er auch nicht zu Unrecht häufig als „Tor zum Bewusstsein" bezeichnet wird (MARKOWITSCH 1999). Spezifische Kerne des Thalamus (z.B. die vorderen Kerne) haben darüber hinaus große Relevanz für die Einspeicherung von Informationen. Welche Auswirkungen eine Schädigung des Thalamus auf Gedächtnisleistungen haben kann, veranschaulicht unter anderem die Fallbeschreibung von MARKOWITSCH/VON CRAMON/SCHURI (1993). Der Patient erlitt im Alter von 67 Jahren einen Thalamusinfarkt und war fortan anterograd amnestisch (vergleichbar mit dem oben beschriebenen Patienten HM). Seine intellektuellen Leistungen waren jedoch nach wie vor überdurchschnittlich. Interessanterweise waren seine Lernleistungen zwar systemunabhängig gemindert im Vergleich zu den Leistungen, die üblicherweise von Hirngesunden erbracht werden, dennoch konnte demonstriert werden, dass der Patient auf implizitem Wege (besonders ersichtlich bei den ihm gestellten Primingaufgaben) durchaus zu einem Lernerfolg in der Lage war. Der Patient konnte zuvor gesehene visuelle Reize (unvollständige Strichzeichnungen) bei wiederholten Darbietungen auch Tage später schneller wieder erkennen als bei der ersten Präsentation. Er gab jedoch an, die Bilder nie zuvor gesehen zu haben und konnte sich auch nicht daran erinnern, am Tag zuvor bereits untersucht worden zu sein. Der Lernerfolg ist demnach also objektivierbar, ohne dass der Patient eine bewusste Erinnerung hatte. Dieser Befund unterstützt die Annahme, dass auf Hirnebene die beschriebenen Gedächtnissysteme unterschiedlich verarbeitet werden. Die Bedeutung von Strukturen des Zwischenhirns wird des Weiteren durch Studien belegt, die die Gedächtnisleistungen von Patienten mit Hirnschäden aufgrund exzessiven langjährigen Alkoholmissbrauchs (d.h. Patienten mit alkoholbedingtem Korsakowsyndrom) untersucht haben. Alkoholbedingte Hirnabnormitäten zeigen sich deutlich in spezifischen Kernen des Thalamus, den so genannten Mammillarkörpern und in Teilen des Frontallappens und des Kleinhirns (Überblick in KOPELMAN 1995) (zur Lage dieser Hirnstrukturen und des Frontallappens vgl. Abbildung 6). Patienten mit Korsakowsyndrom erbringen in der Regel unbeeinträchtigte prozedurale und Primingleistungen, während episodische und (geringer) semantische Gedächtnisleistungen reduziert sind. Auch sind diese Patienten, ihren Schädigungen im Bereich des Frontallappens folgend, bei der Einspeicherung komplexer Informationen (vgl. Abbildung 1) und in komplexen Problemlöseaufgaben sowie in der Emotionsverarbeitung beeinträchtigt (BRAND u. a. 2003). Diese Befunde sprechen für eine Beteiligung von Strukturen des Zwischenhirns (vorrangig des Thalamus) beim Lernen episodischer und semantischer Inhalte sowie des Frontalhirns an der Bearbeitung komplexer (Lern-)Aufgaben.

Wie in der Einleitung bereits dargelegt, unterscheiden sich Gedächtnisinhalte – insbesondere die des episodischen Gedächtnisses – hinsichtlich ihrer emotionalen Bedeutung für uns, und im Grundsatz können wir uns an emotionale Ereignisse besser und detailgenauer erinnern als an neutrale (Ausnahmen stellen hierbei nicht selten traumatische Erfahrungen dar, für die es stressbedingt sogar eine selektive Erinnerungsblockade geben kann). Sind Inhalte, die wir lernen, emotional bedeutsam, gewinnt eine weitere Struktur des medialen Temporallappens an Bedeutung: die Amygdala (Mandelkern, vgl. Abbildung 6). Die Arbeiten von LEDOUX (2000) beispielsweise haben bereits durch Tierexperimente eruiert, dass die Amygdala an der Verarbeitung emotionaler Reize maßgeblich beteiligt ist. LEDOUX entfernte bei Ratten selektiv die Amygdala und beobachtete, dass die Versuchstiere in Konditionierungsexperimenten nicht mehr mit Furcht auf den konditionierten Stimulus reagierten, d.h. dass die Angstkonditionierung scheiterte. Bei Menschen sind selektive Amygdalaschäden sehr selten, da bei Tumoren oder anderen Hirnerkrankungen, die mit Schäden des Temporallappens einhergehen, zumeist auch weitere Teile dieser Region betroffen sind (z.B. die hippocampale Formation). Jedoch gibt es eine sehr seltene genetisch bedingte Hirnerkrankung – die Urbach-Wiethe-Krankheit (vgl. URBACH/WIETHE 1929) – im Rahmen derer der Mandelkern auf beiden Seiten des Gehirns selektiv geschädigt (kalzifiziert) ist (MARKOWITSCH u. a. 1994). Bislang wurden aufgrund der Seltenheit dieser Erkrankung weltweit nur sehr wenige Patienten mit Urbach-Wiethe neuropsychologisch untersucht (die bislang umfangreichste Studie wurde von SIEBERT/MARKOWITSCH/BARTEL (2003) durchgeführt). Dennoch sind die Ergebnisse recht eindeutig: während gesunde Probanden von dem emotionalen Gehalt einer einzuspeichernden Information profitieren (wenn man ihnen z.B. eine Geschichte mit neutralem Beginn, emotionalem Mittelteil und neutralem Ende erzählt, können die meisten gesunden Probanden später am detailgenausten den emotionalen Mittelteil nacherzählen) zeigen Patienten mit Amygdalaschädigung dieses Muster nicht (CAHILL u. a. 1995). Dieser Befund der besonderen Bedeutung der Amygdala für das Lernen emotionaler Inhalte wird durch Arbeiten mit funktioneller Bildgebung gestützt. In verschiedenen Lernparadigmen mit emotionalem Material (z.B. emotionale Bilder oder Wörter) ist während der Einspeicherung eine verstärkte Aktivität der Amygdala demonstrierbar, die während der Einspeicherung neutraler Reize weitestgehend ausbleibt.

Wir haben in Abschnitt 1 dieses Artikels bereits beschrieben, dass eine erfolgreiche Lernleistung auch von der Organisation des zu lernenden Materials abhängt (vgl. Abbildung 1). Doch welche Region des Gehirns leistet eine Gruppierung der Reize während des Lernens? Die Organisation von Material stellt insgesamt eine hohe Anforderung an unser Gehirn dar, weil unterschiedliche Funktionen miteinbezogen sind (z.B. Aufmerksamkeit, Erkennen von Gemeinsamkeiten, Abruf von Informationen über semantische Kategorien aus dem Langzeitgedächtnis etc.). Entsprechend sind auch zahlreiche „höhere" und „tiefere" Hirnstrukturen daran beteiligt. Regionen des Hirnstamms und des Zwischenhirns sind z.B. mit an Aufmerksamkeitsprozessen beteiligt, hinzu kommen Regionen des hinteren Scheitellappens (posteriorer Parietallappen) und des limbischen Systems (die wesentlichen Strukturen des limbischen Systems sind in Abbildung 6 veranschaulicht). Neben dem Hippocampus und der Amygdala zählt auch der Gyrus cinguli, das Septum und die Mammillarkörper sowie als Faserverbindungen u.a. der Fornix und das Cingulum zum limbischen System. Die Hauptaufgaben limbischer Strukturen umfassen die Verarbeitung emotionaler Reize und Verarbeitungsprozesse des episodischen und semantischen Gedächtnisses. Die Integration der verschiedenen Informationen aus zum Teil recht weit entfernten Hirngebieten findet vermutlich im vorderen Bereich des Frontallappens statt, dem so genannten präfrontalen Cortex (Überblick in FLETSCHER/HENSON 2001). Hier ortet man auch vorrangig den Bereich der so genannten exekutiven (d.h. ausführenden) Funktionen, wie Handlungsplanung, Problemlösen, kognitive Flexibilität, Regellernen, Verarbeitung von Rückmeldungen. Diverse Studien konnten mittlerweile zeigen, dass auch während des Lernens neuer Informationen die Aktivität im Bereich des präfrontalen Cortex zunimmt, wenn das zu lernende Material komplex ist und einer Organisation bedarf.

6 Schlussfolgerung

Die Ausführungen haben gezeigt, dass die Hirnforschung auf verschiedenen Ebenen entscheidend zu einem besseren Verständnis von Lernen beitragen kann. Zum einen gilt es, die zellulären Grundlagen von Lernvorgängen nachvollziehen zu können, um die Mechanismen sowohl physiologischer (z.B. Alkohol) als auch psychologischer (z.B. Stress) Faktoren, die Lernleistungen beeinträchtigen können, zu verstehen. Auf Ebene der Neuroanatomie bzw. der Beschreibung von Hirnstrukturen, die Lernen und Gedächtnis vorrangig gewährleisten, gilt es, das Zusammenspiel zwischen spezifischen Hirnregionen einerseits und deren über Gedächtnis hinausgehenden Funktionen andererseits zu betrachten, um z.B. neuropsychologische Mechanismen zur Verbesserung von Lern- und Gedächtnisleistungen eruieren zu können. Beispielsweise haben wir dargestellt, dass emotionale Inhalte und solche mit persönlichem Bezug besser eingespeichert und erinnert werden können als neutrale, unpersönliche Informationen. Auch haben wir gezeigt, dass bei komplexen Reizen, die es zu lernen gilt, eine Strukturierung und Organisation des Materials sowohl die Einspeicherung als auch den Abruf der Inhalte wesentlich erleichtert.

Aus den genannten Befunden der Hirnforschung lassen sich Implikationen z.B. für den Schulalltag aber auch für Lernprozesse außerhalb der Schule ableiten. Zunächst muss jedoch unterschieden werden zwischen Möglichkeiten der Reduktion von Anforderungen an das Gedächtnis und Strategien zur Steigerung der Lernfähigkeit. Zur Reduktion der Anforderungen ist es beispielsweise hilfreich, die Aufmerksamkeit auf die relevanten Aspekte zu fokussieren. Dadurch wird eine Informationsselektion verstärkt und entsprechend das Gehirn vor einer „Überflutung" von Informationen bewahrt, was in der Folge eine bessere (da einfachere) Einspeicherung der relevanten Inhalte bewirkt. Grundsätzlich ist es ein Vorteil beim Lernen, einen persönlichen Bezug zu dem Gelernten zu finden. Nicht nur, dass dadurch die Motivation, überhaupt etwas zu lernen, gesteigert wird; durch einen persönlichen Bezug erhalten auch im Grunde neutrale Informationen eine emotionale Konnotation, was ebenfalls die Lern- und Erinnerungsleistung begünstigt. Zudem können durch persönliche Bezüge leichter Assoziationen zwischen den zu lernenden Inhalten und bereits im Langzeitgedächtnis (sowohl im semantischen als auch im episodischen Gedächtnis) gespeicherten Fakten und persönlichen Ereignissen hergestellt werden. Dies führt zu einer besseren Konsolidierung und dadurch zu einer festen Abspeicherung. Komplexe Lerninhalte sollten zunächst gegliedert werden, um zum einen die Einspeicherung zu verbessern, und zum anderen können Gliederungsebenen und Kategorien als interne Hinweisreize beim späteren Erinnern fungieren. Die Befunde der Hirnforschung und die eben genannten Anwendungsbeispiele sollen zeigen, dass Lernen ein aktiver Prozess ist, der durch die Anwendung bestimmter Strategien verbessert werden kann.

Literatur

ATKINSON, R.C./SHIFFRIN, R.M. (1968) : Human memory – a proposed system and its control processes. In: SPENCE, K.W./SPENCE, J.T. (Hrsg.): The Psychology of Learning and Motivation: Advances in Research and Theory, 2. – New York, S. 89-195.
BADDELEY, A.D. (1992): Working memory. In: Science, 255, S. 556-559.

BADDELEY, A.D. (2000): The episodic buffer: A new component of working memory? In: Trends in Cognitive Sciences, 4, S. 417-423.
BAILEY, C.H./KANDEL, E.R. (1995): Molecular and structural mechanisms underlying long-term memory. In: Gazzaniga, M.S. (Hrsg.): The cognitive neurosciences. – Cambridge, S. 19-36.
BLISS, T.V.P./LOMO, T. (1973): Long-lasting potentiation of synaptic transmission in the dentate area of the anaesthetized rabbit following stimulation of the perforant path. In: Journal of Physiology, 232, S. 331-356.
BRAND, M./MARKOWITSCH, H.J. (2003): The principle of bottleneck structures. In: KLUWE, R.H./ LÜER, G./RÖSLER, F. (Hrsg.): Principles of learning and memory. – Basel, S. 171-184.
BRAND, M./MARKOWITSCH, H.J. (2004): Lernen und Gedächtnis. In: Praxis der Naturwissenschaften, 53/7, S. 1-7.
BRAND, M./FUJIWARA, E./KALBE, E./STEINGASS, H.-P./KESSLER, J./MARKOWITSCH, H. J. (2003): Cognitive estimation and affective judgments in alcoholic Korsakoff patients. In: Journal of Clinical and Experimental Neuropsychology, 25, S. 324-334.
CAHILL, L./BABINSKY, R./MARKOWITSCH, H. J./MCGAUGH, J. L. (1995): The amygdala and emotional memory. In: Nature, 377, S. 295-296.
CORKIN, S. (2002): What's new with the amnesic patient H.M.? In: Nature Review Neuroscience, 3, S. 153-160.
COWAN, N. (2001): The magical number 4 in short-term memory: A reconsideration of mental storage capacity. In: Behavioral and Brain Sciences, 24, S. 87-114.
DUDAI, Y. (2004): The neurobiology of consolidations, or, how stable is the engram? In: Annual Review of Psychology, 55, S. 51-86.
FLETCHER, P.C./HENSON, R.N.A. (2001): Frontal lobes and human memory: Insights from functional neuroimaging. In: Brain, 124, S. 849-881.
HEBB, D. O. (1949): The organization of behavior. – New York.
ITO, M./KANO, M. (1982): Long-lasting depression of parallel fiber-Purkinje cell transmission induced by conjunctive stimulation of parallel fibers and climbing fibers in the cerebellar cortex. In: Neuroscience Letters, 33, S. 253-258.
KANDEL, E.R. (2001): The molecular biology of memory storage: a dialog between genes and synapses. In: Bioscience Reports, 21, S. 565-611.
KOPELMAN, M.D. (1995): The Korsakoff syndrome. In: British Journal of Psychiatry, 166, S. 154-173.
LEDOUX, J.E. (2000): The amygdala and emotion: A view through fear. In: AGGLETON, J.P. (Hrsg.): The amygdala. – 2. Aufl. – Oxford, S. 289-310.
MACKAY, D.G./JAMES, L.E. (2002): Aging, retrograde amnesia, and the binding problem for phonology and orthography: a longitudinal study of „hippocampal amnesic" HM. In: Aging, Neuropsychology, and Cognition, 9, S. 298-333.
MARKOWITSCH, H.J. (1995): Which brain regions are critically involved in the retrieval of old episodic memory? In: Brain Research Reviews, 21, S. 117-127.
MARKOWITSCH, H.J. (1999): Koma und Hirntod: Funktionelle Anatomie von Bewußtsein und Bewußtseinsstörungen. In: HOPF, H.C./DEUSCHL, G./DIENER, H.C./REICHMANN, H. (Hrsg.): Neurologie in Praxis und Klinik, Bd. 1. – Stuttgart, S. 60-65.
MARKOWITSCH, H. J. (2000): Memory and amnesia. In: Mesulam, M.-M. (Hrsg.): Principles of behavioral and cognitive neurology. – New York, S. 257-293.
MARKOWITSCH, H. J. (2003): Psychogenic amnesia. In: NeuroImage, 20, S. 132-138.
MARKOWITSCH, H. J. (2005): Dem Gedächtnis auf der Spur: Vom Erinnern und Vergessen. – 2. Aufl. – Darmstadt.
MARKOWITSCH, H. J./Von Cramon, D. Y./Schuri, U. (1993): Mnestic performance profile of a bilateral diencephalic infarct patient with preserved intelligence and severe amnesic disturbances. In: Journal of Clinical and Experimental Neuropsychology, 15, S. 627-652.
MARKOWITSCH, H.J./CALABRESE, P./WÜRKER, M./DURWEN, H. F./KESSLER, J./BABINSKY, R./ BRECHTELSBAUER, D./HEUSER, L./GEHLEN, W. (1994): The amygdala's contribution to memory – a study on two patients with Urbach-Wiethe disease. In: NeuroReport, 5, S. 1349-1352.
PIEFKE, M./WEISS, P.H./ZILLES, K./MARKOWITSCH, H.J./FINK, G.R. (2003): Differential remoteness and emotional tone modulate the neural correlates of autobiographical memory. In: Brain, 126, S. 650-668.
PRITZEL, M./BRAND, M./MARKOWITSCH, H.J. (2003): Gehirn und Verhalten. Ein Grundkurs der physiologischen Psychologie. – Heidelberg.

RIBOT, T. (1892): Diseases of memory. – New York.
SCOVILLE, W. B./MILNER, B. (1957): Loss of recent memory after bilateral hippocampal lesions. In: Journal of Neurology, Neurosurgery and Psychiatry, 20, S. 11-21.
SIEBERT, M./MARKOWITSCH, H. J./BARTEL, P. (2003): Amygdala, affect, and cognition: Evidence from ten patients with Urbach-Wiethe disease. In: Brain, 126, S. 2627-2637.
SPITZER, M. (2002): Gehirnforschung und die Schule des Lebens. – Heidelberg.
STEVENS, C. F. (1994): CREB and memory consolidation. In: Neuron, 13, S. 769-770.
THÖNE-OTTO, A./MARKOWITSCH, H.J. (2004): Gedächtnisstörungen nach Hirnschäden. – Göttingen.
TULVING, E. (1995): Organization of memory: Quo vadis? In: GAZZANIGA, M. S. (Hrsg.): The cognitive neurosciences. – Cambridge, S. 839-847.
TULVING, E. (2002): Episodic memory: from mind to brain. In: Annual Reviews of Psychology, 53, S. 1-25.
TULVING, E. (2005): Episodic memory and autonoesis: uniquely human? In: TERRACE, H./METCALFE, J. (Hrsg.): The missing link in cognition: evolution of self-knowing consciousness. – New York, S. 3-56.
URBACH, E./WIETHE, C. (1929): Lipoidosis cutis et mucosae. In: Virchows Archiv, 273, S. 285-319.

Anschrift der Verfasser: Prof. Dr. Hans J. Markowitsch/PD Dr. Matthias Brand, Universität Bielefeld – Physiologische Psychologie, Postfach: 100131, 33501 Bielefeld, E-Mail: m.brand@uni-bielefeld.de

Hans-Joachim Pflüger

Von den Neurowissenschaften erziehen lernen?

Zusammenfassung
Der rasante Aufschwung in der Neurowissenschaft hat zu einer Etablierung eines eigenen Faches und erheblicher öffentlicher Aufmerksamkeit geführt. Allerdings sollte die Übertragung der in den Neurowissenschaften gewonnenen Erkenntnisse in andere Disziplinen mit Vorsicht geschehen. Die Übertragbarkeit von Erkenntnissen in die Erziehungswissenschaft wird kritisch diskutiert. Forschungsfelder werden identifiziert und erziehungswissenschaftlich relevante Erkenntnisse der Hirnforschung benannt.

Schlüsselwörter: Beziehung Neurowissenschaft/ Erziehungswissenschaft

Summary
Learning to Educate From the Neurosciences?
The rapid rise of the neurosciences has lead to their establishment as a discipline and much public attention. However, insights and knowledge gained from the neurosciences should be utilized with caution in other disciplines. The uses of such knowledge for education science will be discussed critically. Fields for research will be identified and results from neurological research that are relevant for educational science will be specified.

Keywords: relationship neuroscience/education science

1 Einführung

Die Neurowissenschaft hat in den letzten 20 Jahren nicht zuletzt durch den rasanten Methodenfortschritt einen enormen Aufschwung erfahren. Allein die Tatsache, dass es an einigen Universitäten eigenständige Einrichtungen einschließlich von Ausbildungsgängen in diesem Fach gibt, ist Ausdruck dieser Etablierung als eigenständiges Fachgebiet. Warum stößt die Neurowissenschaft auch bei einem Nicht-Fachpublikum auf so großes Interesse? Es liegt sicher daran, dass diese sich mit dem Organsystem und insbesondere mit dem Gehirn beschäftigt, das alle unsere Körperfunktionen und unser Verhalten steuert und kontrolliert und nach allgemeiner Auffassung auch der Sitz unserer Gedanken, unseres Gedächtnisses, unserer Träume, unserer Seele und unserer Gefühle ist. Kurz, will man etwas über die individuelle Persönlichkeit erfahren, sollte man zuerst im Gehirn nachsehen (ROTH 2001).

Mit der Umsetzung biologischer Erkenntnisse (und das gilt in gleichem Maße für die Neurobiologie oder Neurophysiologie) in gesellschaftspolitische Handlungsmaximen sollte jedoch ein großes Maß an Vorsicht verbunden sein. Zu sehr ist das Fach der Biologie in seiner Geschichte von der Politik für ihre eigenen Zwecke missbraucht worden und ließen sich manche Wissenschaftler vor den Karren eines derartigen Missbrauchs spannen. Dies muss man immer dann als eine Art „warnend relativierender Stimme" vorausschicken, wenn sich Naturwissenschaftler anschicken, Handlungsregeln für die

Gesellschaft aufzustellen. Es ist aber ein durchaus kluges Vorgehen, die Ergebnisse neuer wissenschaftlicher Erkenntnisse zu berücksichtigen, um Anpassungen oder Änderungen bestehender Regeln vorzunehmen. Zumindest seit den Zeiten des Kopernikus sollte dies Gemeingut geworden sein. Es wird heute wohl kaum bestritten, dass ökologische Forschung und damit verbunden die Beschäftigung mit dem Umweltschutz und der damit verbundenen Problematik des sparsamen Umgangs mit begrenzten Ressourcen zu wichtigen Veränderungen in unserem eigenen Umweltbewusstsein und im Spektrum politischer Handlungen geführt hat (oder führen sollte, wenn man einen mehr pessimistischen Standpunkt einnimmt!). Zwar mag das vielen engagierten Menschen nicht weit genug gehen, aber unbestritten ist, dass durch naturwissenschaftliche Erkenntnisse ein (Um)denkprozess eingeleitet wurde.

2 Hirnforschung und Erziehungswissenschaft

Im Folgenden möchte ich fragen, ob Erkenntnisse der Hirnforschung zu ähnlich (r)evolutionären Anpassungen und Veränderungen der Erziehungswissenschaft führen sollten. Dabei soll gleich eingestanden sein, dass der Autor dieses Artikels ein Neurobiologe ist, der sich mit der nicht-assoziativen Plastizität des Nervensystems von Insekten, jedoch weniger mit der Lernpsychologie und Erziehungswissenschaft beschäftigt hat und deshalb auf diesem Gebiet als ein Laie betrachtet werden muss. Meiner Meinung nach kann es auch nicht darum gehen, unmittelbare neurobiologische Erkenntnisse in erziehungswissenschaftliche Gebrauchsanleitungen umzusetzen, sondern es können die Ergebnisse der Neurobiologie benutzt werden, um bestehende unterschiedliche Vorstellungen in den Erziehungswissenschaften mit naturwissenschaftlichen Erkenntnissen zu vergleichen oder zur grösstmöglichen Deckung zu bringen. In dieser Vorgehensweise sehe ich den einzigen Sinn einer solchen Begegnung zwischen Neuro- und Erziehungswissenschaft.

Ein wichtiger Methodenfortschritt der Neurobiologie mit exponentiell anwachsender Ergebnisflut ist das „Neuroimaging", worunter man all die verschiedenen nicht-invasiven Methoden der Aufzeichnung von Gehirnaktivitäten versteht (LYON/RUMSEY 1996, SINGER 2002). Dabei wird zumeist von einer hohen Stoffwechselrate auf die besonders aktiven Gehirnteile geschlossen, die mittels computergestützter Auswertung in einem dreidimensionalen Gehirnmodell dargestellt werden. Mit dieser Methode kann man also dem Gehirn bei seiner Arbeit zuschauen, und wir können unserer Phantasie freien Lauf lassen, unter welchen unterschiedlichen Bedingungen menschlichen Lebens diese Methode einsetzbar ist. Ob nun beim Sex oder bei der Meditation, alles ist machbar und wird bereits umgesetzt, da es keine „Weltethik-Kommission" gibt. Allerdings ist die räumliche und zeitliche Auflösung des Neuroimaging noch ziemlich grob und man kann bis jetzt nicht feststellen, ob sich die neuronale Aktivität schnell ändert oder ob die Aktivität in einem Gehirnbereich beispielsweise auf einen oder mehrere Zelltypen oder sogar nur subzelluläre Kompartimente beschränkt ist. Zu vergleichen wäre das eventuell mit der Sicht auf die Erde durch einen Beobachter im Weltraum, der bemerkt, dass ein Gebiet der Größe Deutschlands entsprechend aktiv ist, weil nachts Lichter eingeschaltet wurden. Es besteht keinerlei Möglichkeit, die Auflösung so zu verbessern, dass die jeweilige Aktivität von Berlin, von Hamburg oder von München getrennt erfasst werden könnte, da alle Städte in dem einen Aktivitäts(Licht-)punkt enthalten sind.

Dennoch könnte man mit dieser Methode aber untersuchen, ob beim Vokabellernen des Klassenbesten und des Klassenletzten Unterschiede in den Gehirnaktivitäten feststellbar sind, um so Unterschiede in den Lernstrategien (d.h. in den beteiligten Hirnstrukturen) besser fassen zu können.

Allerdings gibt es im Wissen über das Gehirn und seine Netzwerke große Diskrepanzen. Man weiß sehr viel über die molekularen und zellulären Mechanismen (Funktionen) von Einzelzellen oder Zellen im Nervensystem (*in vivo*) oder in Zellkultur (*in vitro*), und nun dank des Neuroimaging auch zunehmend über aktive Gehirnbereiche. Aber die dazwischenliegenden Netzwerke (Mikro-Schaltkreise oder „Microcircuits") sind viel weniger untersucht. Dies liegt zum einen an technischen und experimentellen Schwierigkeiten des Zugangs zu den relevanten Gehirnbereichen, aber auch daran, dass die systemische oder organismische Analyse von den Neuronen im größeren Verband bzw. Netzwerk ganz zu unrecht ein wenig „aus der (wissenschaftlichen) Mode" gekommen ist (vgl. auch DAS MANIFEST 2004).

Unbestritten ist heute unter den meisten Neurobiologen, dass die circa 10^{12} Nervenzellen des menschlichen Gehirns und ihre Verschaltungen in Netzwerken die Grundlagen all unseres Handelns, Denkens, Lernens und Fühlens sind. Eine Mehrheit aller Neurobiologen ist davon überzeugt, dass die kognitiven Prozesse inklusive der Ich-Erfahrung, des Denkens, des Bewusstseins aus den Eigenschaften des Gehirns erwächst und keine separate Seinssphäre darstellt, sodass letztlich der Geist aus den Systemeigenschaften der neuronalen Netzwerke erklärt werden kann (evolutionistische Identitätstheorie). Für diese Annahme sprechen gute und plausible Gründe, aber es gibt keinen stringenten naturwissenschaftlichen Beweis dafür. Allerdings ist das die einfachste Erklärung, zumindest aus der Sicht des Naturwissenschaftlers, und wesentlich unkomplizierter als die Theorie des psychoneuralen Dualismus, der von zwei verschiedenen, miteinander in engen Wechselwirkungen bestehenden Substanzen, Geist und Materie, ausgeht (siehe ROTH 2002).

Aus dieser Tatsache einer neurophysiologischen Grundlage des Geistes allerdings zu schließen, dass damit die Kulturwissenschaften weitgehend überflüssig würden, ist ganz sicher falsch, denn die verschiedenen Kulturen entstehen in Gesellschaften, die neurobiologisch gesehen, quasi hirnmäßig, die gleichen Voraussetzungen besitzen.

3 Erziehungswissenschaftlich relevante Erkenntnisse

Im Folgenden sollen einige der neuen Erkenntnisse vorgestellt werden, die für die Erziehungswissenschaften relevant sein könnten.

3.1 Das Gehirn produziert zeitlebens neue Nervenzellen

Schon lange ist bekannt, dass die Riechsinneszellen in unserer Nasenschleimhaut dauernd neu gebildet werden und sich dann in die entsprechenden Gehirnareale des Vorderhirns funktionell richtig einpassen, was durch molekulare Erkennungsmechanismen der verschiedenen Geruchsrezeptoren geschieht.

Von den Gehirnen von Vögeln, die zeitlebens im Frühjahr neue Gesangsrepertoires erwerben (lernen), ist bekannt, dass immer wieder neue Nervenzellen gebildet werden

(Neurogenese), und dass sich diese neu entstandenen Neurone vorwiegend in Areale, welche beim Gesangslernen beteiligt sind, einpassen. Derartige Neubildungen von Nervenzellen kommen auch bei Säugetieren vor, und interessanterweise konnte dieser Vorgang für das Gehirngebiet gezeigt werden, welches für das Lernen und die Bildung eines deklarativen Langzeitgedächtnisses verantwortlich ist, den Hippocampus. Man kann annehmen, dass es auch im menschlichen Gehirn zu einer derartigen Neurogenese kommt. Es ist allerdings völlig unklar und sicher ein Gegenstand zukünftiger Forschung, wie und unter welchen Bedingungen sich diese neu gebildeten Neurone in die funktionellen Netzwerke einpassen und ob sie zum lebenslangen Lernen beitragen (vgl. PRICKAERTS et al. 2004)

Während der frühen Entwicklung des menschlichen Gehirns wächst die Zahl der Verknüpfungen (Synapsen) zwischen den Nervenzellen, um im Alter von vier bis acht Jahren ein Maximum zu erreichen. Daraus wurde der allerdings voreilige Schluss gezogen, dass Lernen bis zu diesem Alter in besonderer Weise gefördert werden sollte, da danach die Lernfähigkeit abnehme. Die Voreiligkeit und wahrscheinlich Unrichtigkeit dieses Schlusses liegt darin, dass ein Zusammenhang zwischen Lernfähigkeit und Synapsendichte nicht nachgewiesen ist. Es ist vielmehr davon auszugehen, dass Menschen zeitlebens lernen können, wenn auch die Lernfähigkeit ab der Pubertät aufgrund hormonell gesteuerter Umstellungen in der neuronalen Plastizität des Gehirns abnimmt und die Einspeicherung neuer Inhalte schwerer zu erfolgen scheint.

Das Gehirn behält also eine gewisse Plastizität, die umso besser ausgeprägt ist, je stärker das Gehirn „trainiert" wird. Geboren wird unser Gehirn mit einer Überzahl von Verbindungen, die dann im Laufe der individuellen Erfahrungen vermindert, aber dafür immer stärker werden: Synapsen, die Kontaktstellen zwischen Neuronen, werden also durch Gebrauch stabilisiert, eine Hypothese, die durch HEBB (1949) schon in der Mitte des letzten Jahrhunderts formuliert wurde und mittlerweile experimentell gut untermauert ist. Teilweise sind die molekularen Vorgänge bei der Stabilisierung und Reifung von synaptischen Verbindungen sehr gut bekannt. Für manche dieser „reifenden" Netzwerke gibt es sensible Phasen, in denen eine derartige Stabilisierung von Synapsen besonders effizient vonstatten geht. Solche sensiblen Phasen bestehen teilweise sehr früh in der Individualentwicklung, was zum Beispiel von der Entwicklung des visuellen Systems her bekannt ist. Besonders stabile Ergebnisse von nur wenigen Lernakten kommen ganz zu Anfang unserer Individualentwicklung vor, wenn wir beispielsweise durch Geruchsreize auf unsere Mutter geprägt werden. Dies sind zu einem gewissen Grad vorprogrammierte Lernakte in der frühen ontogenetischen Entwicklung, die möglicherweise weniger mit den späteren plastischen Veränderungen zu tun haben, obwohl einige der Mechanismen ganz ähnlich sind. Experimentell gebotene Reize außerhalb dieser sensiblen Perioden haben meistens keinen Einfluss auf die spätere Entwicklung oder mögen sogar schädlich sein. Diese sensiblen Perioden können als durch Gene geöffnete Fenster betrachtet werden, durch die Reize bzw. individuelle Erfahrungen besonders effektiv wirken können.

Genetisch besteht sicher eine Disposition für das Lernen, ohne dass unser Gehirn aber „ein Sklave der Gene" ist. Die Plastizität des Gehirns ist eindrucksvoll, selbst ein so radikaler Eingriff wie die Entfernung einer Hemisphäre (Gehirnhälfte) im Alter von ca. acht Jahren führte zu einer erwachsenen Person mit zwar vermindertem IQ, aber flüssiger Rede. Das gilt vielleicht nicht für alle Systeme im Gehirn, denn manche Gendefekte lassen sich trotz lebenslanger Therapie nur schwer mildern (etwa im Sprachzentrum).

Zudem ist vielmals nicht klar, ob ein Defekt in einem bestimmten Gen nicht die Regulation hunderter bis tausender anderer Gene beeinflusst und sich dadurch Schwierigkeiten in der Therapie erklären lassen.

Unser Gehirn erwartet und beantwortet vor allem neue Reize, die es dann im Kontext vorher gemachter Erfahrungen entsprechend bewertet. Dieser Bewertung kommt im übrigen eine ganz entscheidende Rolle zu, was und wie gelernt wird. Was es heißt, nichts Neues mehr lernen zu können, zeigen Patienten, bei denen der Hippocampus, das entscheidende Gehirnzentrum für die neue Gedächtnisbildung, ausfällt. Es können keine neuen Inhalte eines deklarativen Gedächtnisses mehr gebildet werden (z.B. Namen, Zusammenhänge, räumliche Orienterung), das heißt, alles wird unmittelbar wieder vergessen, nur was bereits vor dem Ausfall im Langzeitgedächtnis enthalten war, wird erinnert. Diese Patienten zeigen auch, dass für das motorische Lernen, also z.B. das Erlernen neuer Bewegungsabläufe bzw. die Bildung eines prozeduralen Gedächtnisses, der Hippocampus keinen Einfluss hat.

Ein weiterer Gesichtspunkt ist die Multimodalität des Gehirns. Die gleichzeitige Verarbeitung von Signalen verschiedener Modalitäten und ein Vergleich dieser verschiedenen Informationen ist eine Aufgabe, für die unser Gehirn wie geschaffen ist. Vereinfacht könnte man sagen, dass sich das Gehirn dann das positiv bewertete Signal aus dem „Angebot" selbst aussucht. Hier könnte es also meines Erachtens durchaus Ansätze für die Erziehungswissenschaft geben, indem man Lernen eher mit Neuigkeitsreizen und Belohnung verknüpft als mit mechanisch automatisierten Wiederholungen. Alle Gehirne, und der Mensch macht da keine Ausnahme, haben ihr eigenes Belohnungssystem entwickelt, an dem der Transmitter Dopamin wesentlich beteiligt ist, und das man mit Geschick beim Lernen benutzen (einsetzen) kann (vgl. dazu die interessante Diskussion bei SPITZER 2002). Zwar mag Lernen, das mit Bestrafungsreizen arbeitet, sehr schnelle und oft beeindruckende Ergebnisse erzielen , aber die Nachteile liegen sicher in der Langzeitwirkung und in einer nachteiligen psychischen Komponente. Darüber hinaus ist heute klar, dass auch ein erwachsener Mensch bis ins hohe Alter seine Lernfähigkeit bewahren kann. Dabei ist der Erfolg sicher davon abhängig, wie einsichtig die Lernbeispiele sind und am besten ist es, wenn man lernt, die Regeln des Lernens selbst zu verstehen.

3.2 Die soziale Umwelt hat Einfluss auf die Plastizität des Gehirns

Interessante Ergebnisse liegen hier wiederum von Vögeln vor, zum Beispiel hinsichtlich der Schallortung von Eulen. Eulen können ihre Beute anhand der Geräusche in voller Dunkelheit lokalisieren, aber dennoch sind die Augen an dieser Lokalisation beteiligt. Normalerweise wendet eine Schleiereule ihren Kopf genau in die Richtung des Schallereignisses, das heißt eine visuelle Information stimmt mit einer akustischen Information überein. In einer frühen Phase lernen Eulen zeitweise verursachte Diskrepanzen zwischen visueller und akustischer Information zu kompensieren, was durch das Aufsetzen von verzerrenden Prismenbrillen erreicht wird. Werden diese experimentell verursachten Diskrepanzen zu einem späteren Zeitpunkt in der Individualentwicklung beseitigt, kommt es bei Eulen, die nur in einer verarmten Umwelt ohne Sozialkontakte gehalten wurden, zur verminderten oder zu gar keiner Rekompensation, während Eulen mit Sozialkontakten und mit reichhaltig strukturierter Umwelt zeitlebens die Fähigkeit zur Kompensation, also zu einer großen Plastizität, behalten (KNUDSEN 2004, 2002). Ein solches Beispiel könnte man getrost als eine neurobiologische Basis für eine alte „Binsenweisheit" nehmen, dass nämlich stabile emotionale Verhältnisse und lebendige Umwelten während der Erziehung nur von Vorteil sein können.

3.3 Aktives Lernen ist am besten

Am besten wird gelernt, wenn man selbst möglichst viel ausprobieren und versuchen kann. Der Konstruktivismus besagt, dass der Mensch sein Wissen in einem schöpferischen Prozess konstruiert, wobei sowohl die angebotenen Informationen als auch die bereits im Gedächtnis gespeicherten Informationen eine Rolle spielen. Eine Konzentration auf den zu lernenden Gegenstand ist hilfreich (bewusste Aufmerksamkeit), und umso besser, wenn beim Lernen emotionale Komponenten beteiligt sind. In Zeiten einer geradezu atemberaubenden Reizüberflutung vor allem auch hinsichtlich der fast unbegrenzten Möglichkeiten des Wissenserwerbs durch das Internet kommt dem Lehrer die wichtige Rolle eines Koordinators und Moderators zu, der die enorme Informationsflut strukturieren, bändigen, einordnen und Hilfe zur Bewertung geben muss. Und am besten lernt man, wenn mit dem aktiven Lernen ein „Lustgewinn" verbunden ist, das heißt, wenn durch das Begreifen von Neuem ein „Glücksgefühl" entsteht, was nichts anderes bedeutet, als dass sich das Gehirn durch die Freisetzung entsprechender Transmitter (Botenstoffe), beispielsweise Dopamin, selbst belohnt. Dieses Lustgefühl führt dann zu einem besonders nachhaltigen und stabilen Lernergebnis.

3.4 „Lernen im Schlaf" ein Märchen?

Neue Untersuchungen zur Erforschung der Bedeutung des Schlafs zeigen, dass, während wir schlafen, Gedächtnisinhalte vom Hippocampus, dem Einspeicherort und Sitz des Kurzzeitgedächtnisses, in höhere Gebiete des Vorderhirns und damit ins Langzeitgedächtnis übertragen werden (WILSON/MCNAUGHTON 1994). Es findet also während des Schlafs eine Konsolidierung des deklarativen Gedächtnisses und im übrigen auch des motorisch Gelernten statt. Damit verbunden kann man als Handlungsregel aufstellen, dass es besser ist zu schlafen als die Nacht durch zu lernen. Allerdings hilft das nur, wenn man vorher gelernt und die Lerninhalte ins Kurzzeitgedächtnis eingespeichert hat. „Den Seinen gibt's der Herr im Schlaf" ist also nach wie vor ein frommes Wunschdenken.

Danksagung

Ich danke für Anregungen Prof. Constance Scharff, Prof. Randolf Menzel, Dr. Carsten Duch und Dr. Einar Heidel, alle FU Berlin.

Literatur

HEBB. D.O. (1949): The Organization of Behavior. – New York.
KNUDSEN, E.I. (2004) Sensitive periods in the development of the brain and behavior. J Cogn Neurosci.16(8), S. 1412-1425.

KNUDSEN, E.I. (2002): Instructed learning in the auditory localization pathway of the barn owl. Nature 417(6886), S. 322-328.
LYON, G.R./RUMSEY, J.M. (1996): Neuroimaging: A window to the neurological foundations of learning and behavior in children. Brookes Publ. Comp.
DAS MANIFEST. Hirnforschung im 21. Jahrhundert (2004): In: Gehirn und Geist, Vol 6: S. 30-38.
PRICKAERTS, J./ KOOPMANS, G./BLOKLAND, A./ SCHEEPENS, A. (2004) Lerning and adult neurogenesis: survival with or without proliferation? Neurobiol Learn Mem 81, S.1-11.
ROTH, G. (2001): Fühlen, Denken, Handeln. Die neurobiologischen Grundlagen des menschlichen Verhaltens. – Frankfurt a.M.
SINGER, W. (2002): Der Beobachter im Gehirn – Essays zur Hirnforschung, – Frankfurt a.M.
SPITZER, M. (2002): Lernen. Gehirnforschung und die Schule des Lebens. – Heidelberg, S. 1-511.
WILSON, E.O.(1998): Consilience. The unity of knowledge. – New York.
WILSON, M.A./MCNAUGHTON, B.L. (1994): Reactivation of hippocampal ensemble memories during sleep. Science 265, S. 676-679.

Anschrift des Verfassers: Prof. Dr. Hans-Joachim Pflüger, Freie Universität Berlin; Fachbereich Biologie, Chemie, Pharmazie; Institut für Biologie, Neurobiologie, Königin-Luise-Straße 28-30, D-14195 Berlin, E-Mail: pflueger@neurobiologie.fu-berlin.de

Sebastian Jentschke/Stefan Koelsch

Gehirn, Musik, Plastizität und Entwicklung

Zusammenfassung
Musik ist eine wichtige menschliche Fähigkeit, die sowohl kulturgeschichtlich sehr alt als auch kulturübergreifend ist. Das Wahrnehmung und Ausüben von Musik ist eine für das Gehirn äußerst aufwändige Aufgabe, die eine Vielzahl kognitiver Prozesse erfordert. Unterschiedliche Stufen musikalischer Expertise erlauben, Einflüsse von Training und Lernen auf das Beherrschen nicht alltäglicher Fertigkeiten zu betrachten und zu zeigen, wie das Gehirn funktionelle und strukturelle Anpassungen an außerordentliche Herausforderungen realisiert. Eine Vielzahl von Befunden konnte anatomische und funktionelle Unterschiede in der neuronalen Verarbeitung zwischen Musikern und Nichtmusikern nachweisen. Die Unterschiede zeigen sich auf verschiedenen Ebenen der Wahrnehmung und der Produktion von Musik. Diese Verarbeitungsprozesse laufen in Musikern schneller und effizienter ab, als in Nichtmusikern. Auch bei der Betrachtung des Entwicklungsverlaufs der Musikwahrnehmung finden sich Hinweise, dass die Verarbeitungsprozesse mit zunehmendem Alter effizienter ablaufen oder dass Fertigkeiten hinzugewonnen werden, die zu neuen oder veränderten Verarbeitungsprozessen führen.

Schlüsselwörter: Beziehung Neurowissenschaft/Erziehungswissenschaft; Musik; Gehirn; Lernen; Plastizität

Summary
Brain, Music, Plasticity and Development
Music is an important human ability, which transcends cultures and has been present already since prehistoric times. Perceiving and practicing music is an extremely challenging task for the brain, which necessitates numerous cognitive processes. Different levels of musical expertise enable us to investigate the impact of training and learning on the mastery of non-common competences. By this means it can be shown how the brain realizes functional and structural adaptation of exceptional challenges. Results of numerous studies show anatomical and functional differences between musicians and non-musicians. These differences can be observed at various levels during the perception and production of music and certain processes run faster and more efficiently in musicians than in non-musicians. By observing the development of musical perception, there are signs that such processes become more efficient with a person's age and that new competences can be gained, which lead to new or modified processes of perception and practice.

Keywords: relationship neuroscience/education science; music; brain; learning; plasticity

1 Einleitung

Musik ist ein kulturübergreifendes und kulturgeschichtlich sehr altes Phänomen. Menschen singen, sie lernen ein Instrument zu spielen, sie musizieren in Gruppen und einige komponieren Musik. Das Wahrnehmen von Musik und noch mehr das Singen und Musizieren ist für das Gehirn eine immens aufwändige Aufgabe, welche eine Vielzahl kognitiver Prozesse erfordert. Musik erlaubt so, die menschliche Kognition und die ihr zugrundeliegenden Verarbeitungsprozesse sowie Plastizität im Gehirn zu untersuchen. Mit musikalischen Laien, Amateurmusikern und Profimusikern gibt es unterschiedliche Stufen musikalischer Expertise, was es ermöglicht, Einflüsse von Training und Lernen auf das Beherrschen nicht alltäglicher Fertigkeiten[1] zu betrachten. Der Vergleich dieser Gruppen kann zeigen, wie das Gehirn funktionelle und strukturelle Anpassungen an außerordentliche Herausforderungen realisiert.

Lernen ist die Fähigkeit, neue Informationen aufzunehmen und für eine spätere Nutzung im Langzeitgedächtnis zu behalten (GAZZANIGA/IVRY/MANGUN 1998). Es ist die Grundlage für Erziehung und Bildung – den lebensbegleitenden Entwicklungsprozess des Menschen. In diesem Prozess erweitert ein Individuum seine geistigen, kulturellen und lebenspraktischen Fertigkeiten und seine personalen und sozialen Kompetenzen.

Kortikale Repräsentationen und deren Verbindungen werden durch Anlagen zwar zum Teil determiniert, sie werden aber auch durch individuelle Erfahrung und die Umwelt modifiziert (BUONOMANO/MERZENICH 1998; PANTEV et al. 2001a). Die Anpassung sensorischer oder motorischer kortikaler Repräsentationen an Umwelteinflüsse wird als Plastizität bezeichnet. Sie ist verbunden mit der Stärkung bestehender oder der Formation neuer Nervenverbindungen (HEBB 1949) und der Akquisition zusätzlichen Hirngewebes. Plastizität spielt eine entscheidende Rolle für die kortikale Entwicklung. Das Wahrnehmen und Ausüben von Musik führt zur vermehrten Verarbeitung somatosensorischer und auditorischer Informationen, der Integration dieser Informationen und der Überwachung der eigenen Ausführung. Da Musiker oft bereits in sehr jungem Alter beginnen ein Instrument zu lernen und mehrere Stunden am Tag mit Üben verbringen, stellen sie ein ideales Modell dar, Plastizität zu untersuchen (PANTEV et al. 2001a; SCHLAUG 2001; MÜNTE/ALTENMÜLLER/JÄNCKE 2002).

In diesem Artikel soll die Plastizität als Folge musikalischen Trainings und die Veränderungen im Entwicklungsverlauf betrachtet werden. Beide führen zur Modifikation der während des Wahrnehmens und Ausübens von Musik ablaufenden Kognitionsprozesse. Hiermit verbunden sind funktionelle und anatomische Veränderungen im Gehirn. Der Darstellung des Einflusses von musikalischem Training auf die Hirnanatomie und auf kognitive Prozesse widmen sich die beiden nächsten Abschnitte. Auf Veränderungen innerhalb der Entwicklung geht der dritte Abschnitt ein.

Um Kognitionsprozesse – darunter auch die beim Wahrnehmen oder Ausführen von Musik ablaufenden – besser zu verstehen, nutzen die Neurowissenschaften verschiedene Methoden, beispielsweise Verhaltensstudien, Läsionsstudien, bildgebende Verfahren (PET, MRT), elektrophysiologische Methoden (EEG, MEG) oder Modellierung im Computer (z.B. neuronale Netze). Sie arbeiten außerdem mit verschiedenen Wissenschaftsdisziplinen – beispielsweise Psychoakustik, Psychologie, Medizin und Neurophysiologie – zusammen. Zwei für die Hirnforschung besonders wichtige Verfahren sollen etwas genauer vorgestellt werden. Die Magnetresonanztomografie (MRT) ist ein nichtinvasives[2] Verfahren zur Darstellung von anatomischen Strukturen im Inneren des Körpers. Bei der Untersuchung der Frage, welche anatomischen Unterschiede zwischen den Gehirnen von Musikern und Nichtmusikern bestehen, finden oft morphometrische Verfahren Anwendung. Zunächst werden dabei anatomische Aufnahmen der Gehirne individueller Musiker und Nichtmusiker auf ein Standardgehirn projiziert (um sie miteinander vergleichbar zu machen). Dann wird untersucht, inwiefern sich die Größe bestimmter Gehirnareale zwischen diesen beiden Gruppen unterscheidet. MRT lässt sich aber nicht nur zur Untersuchung der Gehirnanatomie nutzen, sondern funktionelle

MRT (fMRT) erlaubt auch Aussagen darüber, welche Hirnregionen bei bestimmten Aufgaben aktiviert sind. Dies geschieht auf der Basis des Sauerstoffgehalts des Bluts – die Aktivierung von Nervenzellen bedingt eine stärkere Versorgung dieser Hirnregion mit sauerstoffreichem Blut, welches andere magnetische Eigenschaften hat als sauerstoffarmes Blut. Die fMRT erlaubt eine gute Lokalisierung von Hirnaktivität, hat aber nur eine geringe zeitliche Auflösung (meist einige Sekunden). Elektroenzephalographie (EEG) bzw. Magnetenzephalographie (MEG) haben im Gegensatz dazu eine hohe zeitliche (im Millisekunden-Bereich), erlaubt aber meist nur eine weniger genaue Lokalisation. EEG ist die Aufzeichnung der elektrischen Aktivität des Gehirns durch Elektroden auf der Kopfoberfläche[3]. Auf diese Weise lassen sich Aussagen über die Gehirnaktivität ableiten, da die elektrische Aktivität an das Ausmaß der Aktivierung von Nervenzellen gebunden ist. Eine spezielle Form des EEG sind ereigniskorrelierte Potentiale (EKP, *event-related potentials*)[4]. Hierbei wird eine große Anzahl von Stimuli des gleichen Typs präsentiert (z.B. ein bestimmter Ton) und anschließend der Mittelwert der EEG-Aktivität für einen bestimmten Zeitbereich nach dem Einsetzen dieses Stimulus ermittelt. Dadurch wird die Gehirnaktivität sichtbar, die mit der Verarbeitung dieses Stimulus korreliert.

2 Anatomische Unterschiede zwischen den Gehirnen von Musikern und Nichtmusikern

Musizieren ist eine äußerst komplexe Tätigkeit, die eine Vielzahl kognitiver Prozesse erfordert und zu einer Reihe funktioneller und struktureller Anpassungen des Gehirns führt. Die Untersuchung von Unterschieden zwischen Musikern und Nichtmusikern baut auf Studien zur Plastizität des Gehirns auf.

Zum einen konnte Plastizität – als funktionelle Reorganisation des Gehirns – in Folge ausgefallener neuronaler Verbindungen nachgewiesen werden:

(1) Im motorischen Bereich, z.B. als Folge von Amputationen (bei Tieren z.B. von KELAHAN/DOETSCH 1984; MERZENICH et al. 1984; PONS et al. 1991; bei Menschen z.B. von RAMACHANDRAN et al. 1992; FLOR et al. 1995).
(2) Im auditorischen Bereich z.B. nach Läsionen von Teilen der Cochlea (ROBERTSON/IRVINE 1989).

Zum anderen konnte sie auch als Folge zusätzlichen Trainings nachgewiesen werden:

(1) Im motorischen Bereich z.B. nach Training in einer Feinmotorikaufgabe oder nach dem Erlernen von Braille-Schrift (bei Tieren z.B. von JENKINS et al 1990; RECANZONE et al. 1992a, 1992b; bei Menschen z.B. von PASCUAL-LEONE/TORRES 1993; PASCUAL-LEONE et al. 1995; KARNI et al. 1995; WANG et al. 1995).
(2) Im auditorischen Bereich z.B. nach Training in einer Frequenzdiskrimationsaufgabe (bei Tieren z.B. RECANZONE/SCHREINER/MERZENICH 1993; bei Menschen z.B. CANSINO/WILLIAMSON 1997) oder nachdem Ratten einer Umgebung mit komplexen Tönen ausgesetzt wurden (ENGINEER et al. 2004). Auch Rückbildungen kortikaler Repräsentationen finden sich, z.B. wenn Ratten einer Umgebung mit ständigem moderaten Lärm ausgesetzt wurden (CHANG/MERZENICH 2003) oder nach dem Hören von Musik, aus der eine Frequenz entfernt wurde (PANTEV et al. 1999).

Abb. 1: Laterale Ansicht des Gehirns – [1, 3] *sulcus temporalis medium;* [2] *gyrus temporalis inferior;* [4, 33] *gyrus temporalis medium;* [5, 30] *sulcus temporalis superior;* [6, 32] *gyrus temporalis superior;* [7] *gyri orbitofrontalis;* [8, 28] Sylvische Fissur; [9] *gyrus frontalis inferior, pars opercularis;* [10] *gyrus frontalis inferior;* [11] *sulcus frontalis inferior;* [12, 20] *gyrus precentralis;* [13] *gyrus frontalis medium;* [14] *sulcus frontalis superior;* [15] *gyrus frontalis superior;* [16, 19] *sulcus precentralis;* [17, 21] *gyrus postcentralis;* [18] Rolandische Fissur *(sulcus centralis);* [22] *sulcus postcentralis; [23] gyrus supramarginalis;* [24] *lobulus parietalis superior;* [25] *sulcus interparietalis;* [26] *gyrus angularis;* [27] *lobulus parietalis inferior;* [29] *gyri occipitalis lateralis;* [31] *incisura preoccipitalis*

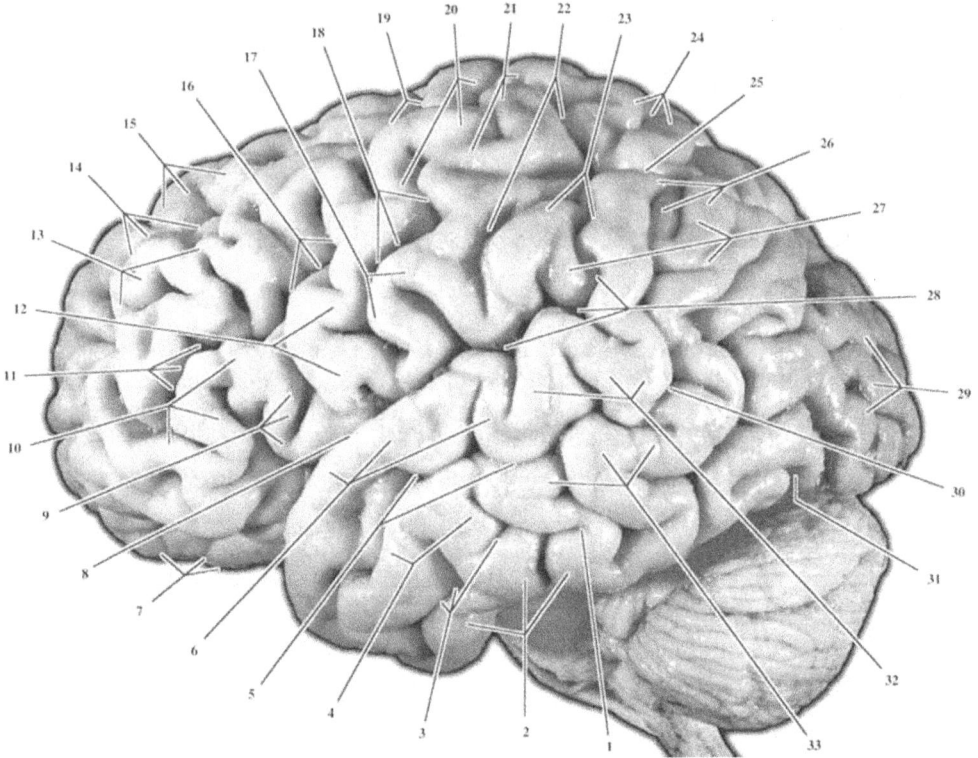

Quelle: modifiziert nach WARNER, 2001

Unterschiede zwischen den Gruppen mit unterschiedlicher musikalischer Expertise sollten sich besonders deutlich (1) für die Planung und Ausführung motorischer Bewegungen und (2) für die auditorische Verarbeitung nachweisen lassen. Für beide Bereiche existieren daher eine Vielzahl von Studien, die in den folgenden Absätzen überblicksartig dargestellt werden.

Einen wichtigen Fragenkomplex neurokognitiver Forschung zu den Einflüssen musikalischem Trainings stellt die Untersuchung von Unterschieden in Bezug auf die Planung und Ausführung motorischer Bewegungen dar. Die erhöhten Anforderungen an die motorische Verarbeitung bei Musikern ist u.a. verbunden mit einem höheren Ausmaß an zu verarbeitenden somatosensorischen Informationen.

In einer Morphometrie-Studie von SCHLAUG et al. (1995) wurden Unterschiede im *corpus callosum* (einem Bündel von Faserverbindungen zwischen den beiden Hirnhemisphären) berichtet. Bedingt ist diese Veränderung dadurch, dass Musizieren oft komplexe beidhändige Bewegungen erfordert, die eine stärkere inter-hemisphärische Kommunikation notwendig machen. Vergleichbare Ergebnisse fanden LEE/CHEN/SCHLAUG (2003), OZTURK et al. (2002) und SCHMITHORST/WILKE (2002). BANGERT/ALTENMÜLLER (2003) trainierten zwei Gruppen von Personen, die begannen, ein Instrument zu lernen. Eine Gruppe lernte das Klavierspielen über die übliche Tonhöhe-zu-Tasten-Zuordnung. In der anderen Gruppe war die Zuordnung eines Tones zu einer Taste zufällig und wurde in jeder Trainingssitzung verändert. Nur für die Gruppe mit der festen Zuordnung zeigte sich eine stärkere Aktivierung rechts-anteriorer Regionen, die der Integration auditorischer und motorischer Informationen dienen. Die Ergebnisse zeigten eine stabile (auch nach fünf Wochen noch erhaltene) und schnelle Veränderung (bereits nach 20 min Training) der zugrundeliegenden Verarbeitungsprozesse.

HUTCHINSON et al. (2003) konnten neben signifikanten Unterschieden zwischen Musikern und Nichtmusikern im absoluten und im relativen Volumen des Cerebellums[5] auch eine positive Korrelation des relativen Volumens mit der Intensität des Übens nachweisen. Verhaltensstudien konnten zeigen, dass Klavierspieler eine größere Genauigkeit bei Bewegungen haben und leichter einzelne Finger unabhängig voneinander bewegen können (SLOBOUNOV et al. 2002). Überraschenderweise geht die größere Schnelligkeit und Genauigkeit der Ausführung von Bewegungen bei Klavierspielern mit einem verringerten Ausmaß an Gehirnaktivität einher (KRINGS et al. 2000). Vermutlich führt das Üben zu einer starken Automatisierung, verbunden mit einer erhöhten Effizienz der Bewegungen, die sich in der Verringerung der zerebralen Aktivierung widerspiegelt. RAGERT et al. (2004) konnten außerdem zeigen, dass professionelle Pianisten eine deutlich erhöhte Berührungsempfindlichkeit ihrer Finger aufwiesen. Diese erhöhte Empfindlichkeit korrelierte mit dem Umfang des täglichen Übens während der Jahre intensiven musikalischen Trainings. Nicht zuletzt, scheint es für Musiker einfacher zu sein, mentale Pläne (mit denen eine bestimmte Handlung vorbereitet wird) auf andere Handlungen zu transferieren (PALMER/MEYER 2000).

ELBERT et al. (1995) konnten nachweisen, dass die somatosensorischen Repräsentationen der Finger der linken Hand bei Musikern vergrößert sind. Die Größe der kortikalen Repräsentation war negativ mit dem Zeitpunkt korreliert, zu dem mit dem Spielen eines Instruments begonnen wurde. Das heißt, je länger ein Instrument gespielt wurde, desto größer war das Areal, in dem die Verarbeitung dieser motorischen Aktivität kortikal repräsentiert wurde. AMUNTS et al. (1997) fanden ein vergleichbares Ergebnis, als sie die anatomische Struktur des motorischen Kortex' bei Klavierspielern und Nichtmusikern verglichen. Sie beobachteten dabei eine geringere Links-Rechts-Asymmetrie bei Klavierspielern als bei Nichtmusikern.[6] Auch JÄNCKE/SCHLAUG/STEINMETZ (1997) fanden bei Musikern ein geringeres Maß an Links-Rechts-Asymmetrie. In beiden Fällen war das Ausmaß der Asymmetrie negativ mit dem Beginn des musikalischen Trainings korreliert. Das bedeutet, je früher begonnen wurde ein Instrument zu spielen, desto geringer war die Asymmetrie bzw. desto stärker waren Areale, welche die linke Hand repräsentieren, vergrößert.

Die Unterschiede in der Verarbeitung auditorischer Reize aufgrund musikalischen Trainings stellen den zweiten Schwerpunkt neurokognitiver Forschung dar. SCHNEIDER et al. (2002) konnten nachweisen, dass professionelle Musiker mehr graue Substanz im primären auditorischen Kortex haben, deren Volumen mit musikalischer Fertigkeit korreliert war. Des weiteren zeigten JÄNCKE et al. (2001) in einem fMRT-Experiment, dass das Ausmaß der Aktivierung im auditorischen Kortex nach einem Frequenzdiskriminationstraining verringert war und dass die Aktivierung sich am stärksten bei den Tönen verminderte, die am leichtesten unterschieden werden konnten, was eine vereinfachte und verbesserte Verarbeitung dieser Töne indiziert.

Bei der Betrachtung von anatomischen Differenzen zwischen Musikern und Nichtmusikern im gesamten Gehirn konnten GASER/SCHLAUG (2003) Unterschiede in einer Vielzahl von Arealen nachweisen. Im Einklang mit den zuvor beschriebenen Befunden fanden sich Unterschiede in Regionen, die der motorischen und auditorischen Verarbeitung dienen. Neben diesen Differenzen fanden sich aber auch Unterschiede in Regionen, die der Integration von Informationen aus verschiedenen Sinnesbereichen dienen. Dabei konnten zum einen Differenzen in anterior-superioren parietalen Arealen nachgewiesen werden, in denen visuell-räumliche Verarbeitung stattfindet und die der Integration von Informationen aus verschiedenen Sinnesbereichen dienen. Außerdem fanden sich auch Unterschiede im linken *gyrus frontalis inferior*. Teil dieser Hirnregion ist das Broca-Areal, für welches SLUMING et al. (2002) Unterschiede zwischen Musikern und Nichtmusikern fanden. Es ist wichtig für bestimmte Aspekte der Sprachverarbeitung.

3 Funktionelle Unterschiede zwischen Musikern und Nichtmusikern bei der Wahrnehmung und Produktion von Musik

Die im vorigen Abschnitt dargestellten anatomischen Unterschiede gehen oft mit funktionellen Unterschieden einher. Aus diesem Bereich gibt es eine Vielzahl von Studien, oft unter Verwendung von EEG-Messungen, da diese – wie beschrieben – eine hohe zeitliche Auflösung erlauben. Betrachten lassen sich hierbei zum einen Aspekte der zeitlichen Abfolge, der Schnelligkeit und Effizienz dieser Prozesse, die sich z.B. durch kürzere Latenzen oder eine größere Amplitude der gemessenen EKP-Komponenten nachweisen lassen. Es kann aber zum anderen auch der Frage nachgegangen werden, ob sich die zugrundeliegenden Verarbeitungsprozesse unterscheiden, z.B. indem sich unterschiedliche EKP-Komponenten in den beiden Gruppen zeigen. Zur Beschreibung der Prozesse, die bei der Wahrnehmung und der Produktion von Musik ablaufen, wurde in unserer Arbeitsgruppe ein Modell entwickelt (s. Abb. 2, KOELSCH, im Druck).

Eine frühe, subkortikale Verarbeitung der auditorischen Signale erfolgt bereits im auditorischen Hirnstamm und im Thalamus. Die erste Stufe der kortikalen Verarbeitung ist die Merkmalsextraktion (*feature extraction*). Diese findet v.a. im primären und sekundären auditorischen Kortex statt. Dabei werden bestimmte Merkmale des auditorischen Signals extrahiert und repräsentiert. Dazu gehören z.B. die Höhe und das Chroma eines Tons (z.B. c^4 oder $_3E$), seine Klangfarbe (z.B. welches Instrument und welche Vortragsart, z.B. *pizziccato*), seine Intensität und seine Rauhigkeit (z.B. ein Klavierton vs. das Kratzen von Kreide auf einer Tafel). Die hiermit verbundenen Verarbeitungs-

Abb. 2: Modell zur Beschreibung der bei der Wahrnehmung und der Produktion von Musik ablaufenden Verarbeitungsprozesse.

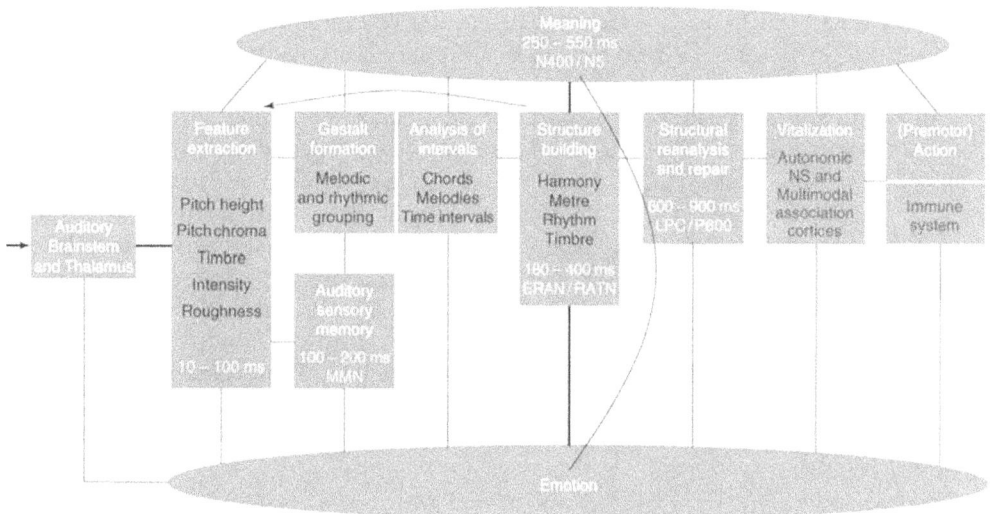

Quelle: KOELSCH, im Druck

prozesse finden in den ersten ca. 100 ms nach Beginn eines Tons statt. Sie zeigen sich deshalb v.a. in frühen EKP-Komponenten, die auch als exogene Komponenten bezeichnet werden, da sie stark von den physikalischen Eigenschaften des Stimulus' abhängen (DONCHIN/RITTER/MCCALLUM 1978).

In einer Studie von PANTEV et al. (1998) wurden in einem MEG-Experiment Unterschiede in den kortikalen Repräsentationen von Klavier- und Sinustönen bei Musikern und Nichtmusikern untersucht. Die untersuchte EKP-Komponente N1 reflektiert die Detektion[7] einer Veränderung des auditorischen Signals, z.B. Beginn, Ende oder Frequenzänderung. Die zugrundeliegenden Verarbeitungsprozesse sind nicht-attentiv (und erfordern keine Aufmerksamkeitszuwendung). Die N1-Amplitude war bei Musikern für Klaviertöne um 25% erhöht, während sich für Sinustöne kein Unterschied fand. Das unterschiedliche Ausmaß der Aktivierung war korreliert mit dem Alter, in dem begonnen wurde, ein Instrument zu lernen. Daher lassen sich die Unterschiede als eine Konsequenz musikalischen Trainings und damit einhergehender funktioneller Reorganisation beschreiben. In einem Folgeexperiment (PANTEV et al. 2001b) konnte gezeigt werden, dass die stärkere Aktivierung sich v.a. beim „eigenen" Instrument zeigt, was erneut auf die Einflüsse musikalischen Trainings und die der besonderen akustischen Umwelt von Musikern hindeutet. Unterschiede lassen sich aber auch für die Verarbeitung einfacher musikalisch-akustischer Reize (Sinustöne) finden. SCHNEIDER et al. (2002) konnten so zeigen, dass die N19-P30-Amplituden (frühe EKP-Komponenten, welche die Aktivität im primären auditorischen Kortex reflektieren) bei Musikern doppelt so groß ist wie bei Nichtmusikern. Die vergrößerte Amplitude sowie ein damit einhergehendes größeres Volumen an grauer Substanz im primären auditorischen Kortex sind positiv mit musikalischen Fertigkeiten korreliert. Weitere Unterschiede zeigten sich auch in behavioralen Experimenten, in denen eine bessere Unterscheidung des instrumentalen Timbres bei

Musikern nachgewiesen werden konnte (DOWLING 1984). Unterschiede fanden sich nicht nur auf Grund von musikalischer Expertise sondern auch in Folge von Training in einer Frequenzdiskrimationsaufgabe. BOSNYAK/EATON/ROBERTS (2004) konnten so zeigen, dass Nichtmusiker, die trainiert wurden amplitudenmodulierte Sinustöne zu differenzieren, verbesserte Leistungen bei der Frequenzdiskrimination zeigten, die sich auch in höheren Amplituden der untersuchten EKP-Komponenten widerspiegelten.

Die zweite Stufe des Modells (*Gestalt formation, analysis of intervals*) beschreibt das Zusammensetzen der auf der ersten Stufe extrahierten Merkmale zu auditorischen Gestalten (melodische und rhythmische Abschnitte). Des Weiteren werden auf dieser Stufe Intervalle, z.B. in Akkorden, in melodischen oder in rhythmischen Abschnitten analysiert. Eine wichtige Verarbeitungsinstanz auf dieser Stufe ist das auditorisch-sensorische Gedächtnis. Viele Experimente zur Untersuchung der Arbeitsweise des auditorisch-sensorischen Gedächtnisses verwenden MMN-Paradigmen (*mismatch negativity*; NÄÄTÄNEN 2000; vgl. auch ALHO 1995; CSEPE 1995). Bei der MMN handelt es sich um eine EKP-Komponte, die entsteht, wenn ein (z.B. in Frequenz, Dauer, etc.) abweichender auditorisch dargebotener Reiz innerhalb einer Reihe von Standardreizen dargeboten wird. Diese Reaktion des Gehirns entsteht auch, wenn Probanden die auditorischen Stimuli nicht beachten.

In einer Studie von KOELSCH/SCHRÖGER/TERVANIEMI (1999) hörten Violinisten und Nichtmusiker entweder reine oder leicht verstimmte Dur-Dreiklänge (ca. 4 Hz Abweichung beim mittleren Ton). Letztere riefen nur in Musikern eine MMN hervor. Beide Gruppen sind jedoch in der Lage, die Frequenzen, wenn sie als Einzeltöne gespielt werden, zu unterscheiden, denn in diesem Fall findet sich für beide Gruppen eine MMN. Wurden beide Gruppen gebeten, durch Tastendruck auf leicht verstimmte Akkorde zu reagieren, erkannten Nichtmusiker weniger als 1% der abweichenden Akkorde korrekt, Musiker hingegen im Mittel 83%. RÜSSELER et al. (2001) präsentierten Musikern und Nichtmusikern Tonsequenzen mit unterschiedlichen zeitlichen Abständen zwischen den Tönen. Wurden Töne ausgelassen oder der Pausenabstand variiert, zeigte sich bei Musikern in allen Bedingungen eine MMN, bei Nichtmusikern erst bei erheblichen Unterschieden. Diese Ergebnisse belegen, dass Musiker ein besseres auditorisches Gedächtnis besitzen, so dass sie die gehörten Töne über längere Zeiträume integrieren und Abweichungen im Metrum besser registrieren können als die Kontrollgruppe. MÜNTE et al. (2001) fanden, dass auch die Fertigkeit von Dirigenten Klänge genau zu lokalisieren mit höheren Amplituden der gemessenen EEG-Reaktion verbunden war.

GAAB/SCHLAUG (2003) wiesen nach, dass Musiker und Nichtmusiker beim Erinnern von Tonhöhen verschiedene Hirnregionen nutzen, obwohl die Gruppen so gewählt wurden, dass die Leistungen beim Erinnern vergleichbar waren. Andere Studien konnten zeigen, das Musiker und Nichtmusiker melodische und harmonische Aspekte von Musik unterschiedlich verarbeiten, auch wenn sie passiv Musik hören (SCHMITHORST/HOLLAND 2003). Die dargestellten Studien stützen die Annahme, dass Musiker und Nichtmusiker unterschiedliche zugrunde liegende Verarbeitungsprozesse nutzen, wenn sie Musik wahrnehmen. Der Grund hierfür sind vermutlich Unterschiede in der Art, die Musik zu analysieren und umfangreichere oder andere Assoziationen.

Die dritte Stufe des Modells (*structure building*) beschreibt die Verarbeitung struktureller Merkmale längerer Abschnitte von Musik (z.B. der Tonartzugehörigkeit von musikalischen Phrasen). Ähnlich wie Sprache besteht Musik aus einzelnen Elementen, die in hierarchisch strukturierten Sequenzen aufgebaut sind (PATEL 2003). Syntax bezeichnet das Regelsystem für die Anordnung dieser Elemente in Sequenzen. Analog zur Sprache, wo festgelegt ist, an welcher Stelle bestimmte Wortklassen im Satz vorkommen dürfen, existieren für Musik Regeln – z.B. für angemessene Folgen von Akkorden oder rhythmische Gruppierungen – die als musikalische Struktur oder musikalische Syntax bezeichnet werden können (RIEMANN 1877).

KOELSCH/SCHMIDT/KANSOK (2002) verglichen in einem EEG-Experiment Musiker und Nichtmusiker, denen Akkordsequenzen vorgespielt wurden, die entweder auf einem regulären oder einem irregulären Akkord endeten. Hierbei zeigten Musiker mit einer größeren Amplitude der ERAN (early right anterior negativity), dass sie auf Verletzungen der musikalischen Struktur neuronal stärker reagieren als Nichtmusiker. Die ERAN ist eine EKP-Komponente, die durch schnelle und relativ automatische Prozesse der Verarbeitung musikalischer Struktur entsteht (vgl. KOELSCH et al. 2000; MAESS et al. 2001) und sich sowohl bei Musikern als auch bei Nichtmusikern nachweisen lässt. Gehörte Musik wird auf der Basis des meist impliziten Regelwissens über musikalische Struktur verarbeitet. Musiker verfügen auf Grund ihres umfangreicheren impliziten und expliziten musikalischen Wissens über spezifischere Strukturerwartungen, so dass Verletzungen dieser Erwartungen zur beobachteten vergrößerten Amplitude der ERAN führen. Dies steht im Einklang mit einer Reihe von Befunden, die indizieren, dass Musiker bessere Strategien besitzen, Musik wahrzunehmen und zu erinnern (SIEGEL/SIEGEL 1977; BARTLETT/DOWLING 1980; DOWLING/LUNG/HERRBOLD 1987; CARTERETTE/KENDALL 1999). Der Unterschied in der ERAN-Amplitude geht auch einher mit einer besseren behavioralen Performanz beim Beurteilen, ob es sich beim letzten Akkord einer Sequenz um ein angemessenes oder ein unangemessenes Ende handelt (KOELSCH/JENTSCHKE/SAMMLER, eingereicht). In einer fMRT-Folgestudie (KOELSCH et al. 2005) fand sich eine stärkeren Aktivierung des linken und des rechten inferioren frontolateralen Kortex' (*pars opercularis*) und des anterioren Teils des rechten *gyrus temporalis superior*, also von Gehirnarealen, welche musikalische Regularitäten verarbeiten.

In einem der wenigen Experimente zum Transfer zwischen Musik und einem anderen kognitiven Bereich konnten MAGNE/SCHÖN/BESSON (2003; vgl. auch SCHÖN/MAGNE/BESSON 2004) zeigen, dass sich bei Kindern mit musikalischem Training neben besseren Leistungen beim Differenzieren kongruenter bzw. inkongruenter Enden von musikalischen und sprachlichem Material auch unterschiedliche EKP-Komponenten finden lassen, die Differenzen in der Verarbeitung in den beiden Gruppen indizieren. Die suprasegmentalen Merkmale der Sprache – ihre Prosodie – stellen so etwas wie die Musik der Sprache dar und werden wie Musik eher rechtshemisphärisch verarbeitet (vgl. FRIEDERICI/ALTER 2004). Auf Grund ähnlicher neuronaler Ressourcen dieser Verarbeitungsprozesse war es plausibel, zu erwarten, dass Kinder mit musikalischem Training auch eine veränderte Verarbeitung prosodischer Eigenschaften von Sprache haben. Im Experiment wurden zum einen Sprachstimuli (Sätze aus Kinderbüchern) verwendet, bei denen die Grundfrequenz[8] des letzten Wortes nicht verändert wurde, eine leichte Erhöhung (35%) oder eine deutliche Erhöhung (120%) erfuhr. Zum anderen wurden Musikstimuli (Kinderlieder) genutzt, bei denen die letzte Note nicht verändert, leicht erhöht (1/5-Ton) oder deutlich erhöht (1/2-Ton) wurde. Aufgabe der Probanden war, die inkongruenten Stimuli zu erkennen. Generell waren die Leistungen in der Prosodie-Aufgabe besser als in der Musik-Aufgabe. Musiker hatten generell bessere Leistungen als Nichtmusiker, besonders bei schwacher Inkongruität. Für die Verarbeitung von Musik fand sich nur bei Kindern mit musikalischem Training eine frühe Negativierung (maximal um 200 ms, vergleichbar der ERAN [s. oben]), gefolgt von einer Positivierung (P3a) in beiden Gruppen, die eine Aufmerksamkeitszuwendung widerspiegelt. Für sprachliches Material zeigte sich für Kinder ohne musikalisches Training eine stärkere Negativierung (möglicherweise eine N400), die eine verstärkte Konzentration auf die Semantik in dieser Gruppe nahe legt und erneut ein P3a-ähnliches Muster. Die Studie weist nach, dass beide Gruppen vermutlich unterschiedliche Verarbeitungsstrategien für das Ausführen der gleichen Aufgabe nutzen.

Neben den dargestellten Studien konnten auch weitere EEG-Studien Unterschiede in den Verarbeitungsstrategien von Musikern und Nichtmusikern aufzeigen, die sich in quantitativ (z.B. Latenz, Amplitude) oder qualitativ unterschiedlichen Ausprägungen der untersuchten EKP-Komponenten äußerten (vgl. MÜNTE et al. 2003; PANTEV et al. 2003).

4   Entwicklung der Musikwahrnehmung

Ähnlich wie die Betrachtung von Plastizität Einblicke erlaubt, welche Veränderungen im Gehirn die Folge vermehrten musikalischen Trainings sind, erlaubt auch der Blick auf Veränderungen im Entwicklungsverlauf Rückschlüsse auf eine Modifikation der neuronalen Verarbeitungsprozesse. Bei den Prinzipien des Wahrnehmens und des Erinnerns von Musik lassen sich angeborene Dispositionen und Erfahrungen mit der Musik der eigenen Kultur unterscheiden. So lassen sich Merkmale finden, die in fast jeder musikalischen Kultur vorkommen (z.B. melodische Konturen) und Merkmale, die eher typisch für bestimmte musikalische Kulturen sind (z.B. Dur-moll-tonale Harmonie in westlicher Musik). Merkmale, die kulturübergreifend vorkommen, sind meist einfacher wahrnehmbar. Daher können Kinder leichter die melodische Kontur eines Stückes erinnern und Verletzungen der Kontur erkennen. Sie verarbeiten Musik meist in ähnlicher Weise wie Erwachsene. Die Unterschiede, die sich innerhalb der Entwicklung finden lassen, ergeben sich auf Grund des unterschiedlichen Ausmaßes an Erfahrungen mit der Musik der eigenen Kultur. Durch das Akkumulieren solcher Erfahrung entstehen oder verändern sich die zugrundeliegenden neuronalen Repräsentationen.

Säuglinge bevorzugen die „musikalische" Gestaltung von sprachlichen Mitteilungen ihrer Eltern („*motherese*" oder „*babytalk*"). Diese zeichnen sich durch eine erhöhte Tonlage, starke Variationen der Grundfrequenz, verlangsamtes Tempo, betonte Rhythmik, viele Wiederholungen und einen starken emotionalen Gehalt aus. Kinder wenden sich diesen Nachrichten affektiv und attentional stärker zu. Wahrscheinlich erleichtern diese musikalischen Merkmale der Sprache die Segmentierung des Sprachflusses und das Extrahieren von Sinn aus sprachlichen Mitteilungen (*prosodic-bootstrapping*-Theorien; vgl. PINKER 1989; MORGAN/DEMUTH 1996; HÖHLE/WEISSENBORN 1999). Daher sind psychologische Qualitäten von Klängen (z.B. Tonhöhe, Dauer, Lautstärke und Klangfarbe) nicht nur für Musik sondern auch für Sprache bedeutsam (TREHUB 2000). Sich wiederholende Sequenzen von Tönen werden auf Grund von ähnlichen Tonhöhen, Klangfarben etc. gruppiert, wobei die Wahrnehmung melodischer und rhythmischer Muster interagiert und fehlende Übereinstimmung beider Muster zu schlechterer Verarbeitung führt. Diese Einflüsse des auditorischen Kontexts haben Parallelen in der Sprachverarbeitung – so lenken Rhythmusvariationen die Aufmerksamkeit auf wichtige Teile der Nachricht und die Bildung perzeptueller Kategorien und Äquivalenzklassen beruht auf der Auswertung der zeitlichen Struktur. Ähnlich wie Erwachsene (PERETZ/ MORAIS 1980; PERETZ 1987) zeigen bereits Säuglinge (im achten Lebensmonat; BALABAN/ANDERSON/WISNIEWSKI 1998) eine Präferenz des linken Ohrs für die Verarbeitung von Konturen und des rechten Ohrs für die von Intervallen.

Wie zuvor bei der Betrachtung der Auswirkungen musikalischen Trainings soll wieder das dort vorgestellte Modell (Abbildung 2) zu Hilfe genommen werden, um die Besonderheiten der kindlichen Wahrnehmung von Musik auf den verschiedenen Verarbeitungsstufen darzustellen.

Die Verarbeitungsschritte der Merkmalsextraktion (*feature extraction*) sind nicht nur für das Wahrnehmen von Musik wichtig, sondern auch für die Verarbeitung von Sprache. KRUMHANSL/JUSCZYK (1990) konnten zeigen, dass bereits Säuglinge (im sechsten Lebensmonat) erkennen können, ob sich die Pausen in musikalischen Phrasen an angemessenen Stellen befinden. Die Säuglinge nutzen zur Segmentierung und Gruppierung der gehörten Musik vermutlich verschiedene Hinweisreize, wie Veränderungen der Tonhöhe, der Dynamik und des Timbres, Verlängerung der letzten Note und Veränderungen der melodischen Kontur bzw. der metrischen, tonalen oder harmonischen Betonung. Sie bevorzugen daher natürliche Pausen und wenden natürlich gegliederten Stücken länger ihre Aufmerksamkeit zu. Dieser Befund bedeutet auch, dass die Segmentierung von Musik keine ausgeprägte musikalische Erfahrung zu benötigen scheint. Stattdessen scheinen die beschriebenen Hinweisreize eine angemessene Segmentierung des musikalischen Stroms zu ermöglichen. Eine große Bedeutung hat die Verwendung dieser Hinweisreize auch beim Erlernen von Sprache (s. oben, *prosodic-bootstrapping*-Theorien).

Eine EEG-Studie von PANG/TAYLOR (2000) geht der Frage nach, wie sich die N1 entwickelt. Im Laufe der Entwicklung wird zunächst eine höhere Zahl von Synapsen (~150%) für die Generierung dieser Reaktion verwendet, diese Anzahl verringert sich jedoch und führt mit ca. 3 Jahren zu einer Reaktion, die der N1 von Erwachsenen ähnelt. SHAHIN/ROBERTS/TRAINOR (2004) gingen einer Veränderung der auditorisch evozierten Potentiale (AEP)[9] im Entwicklungsverlauf und in Abhängigkeit von musikalischem Training nach. Gemessen wurden diese Potentiale bei Klavier-, Violin- und Sinustönen. Einige der gemessenen Potentiale (P1) waren bei Kindern, welche musikalisches Training erhielten, für alle verwendeten Töne vergrößert, bei anderen (P2) zeigte sich ein spezifischer Einfluss des gelernten Instruments. Die AEPs von vier bis fünf Jahre alten Kindern, die ein Instrument lernten, waren vergleichbar denen von 3 Jahre älteren Kindern. Dies indiziert, dass die Entwicklung der für die Verarbeitung von Tönen verwendete Neuronenpopulation vom Ausmaß der Erfahrung abhängig ist. Kinder, die kein musikalisches Training erhielten, müssen die notwendige Erfahrung daher über einen längeren Zeitraum akkumulieren und erreichen daher eine vergleichbare Stufe der Entwicklung dieser Verarbeitungsprozesse erst zu einem späteren Zeitpunkt.

Für die Stufe der Merkmalsintegration (*Gestalt formation, analysis of intervals*) existiert eine Reihe von Kinder-Studien mit MMN-Paradigmen. Darunter gibt es kaum Studien zur Musikwahrnehmung, aber einige Studien zur Verarbeitung prosodischer Elemente (Betonung, Rhythmen, etc.) der Sprache. In einer solchen Studie verglichen WEBER et al. (2004) die beiden Betonungsmuster des Trochäus (erste Silbe betont, [baa-ba]) und des Jambus (zweite Silbe betont [ba-baa]). Säuglinge im vierten Lebensmonat zeigen keine erkennbare Detektionsreaktion (MMN) wenn ein einzelner Stimulus des abweichenden Betonungsmusters innerhalb vieler Stimuli des anderen Musters dargeboten werden (z.B. ein einzelner Trochäus in einer Reihe von Jamben und *vice versa*). Im fünften Lebensmonat sind sie dagegen in der Lage, den Trochäus (d.h. das im Deutschen häufiger vorkommende Betonungsmuster) in einer Reihe von Jamben zu detektieren.

In den Bereich der Verarbeitung musikalischer Struktur (*structure building*) gehören z.B. das Erkennen von Veränderungen einer Melodie oder das Erinnern von Ausschnitten aus Musikstücken. Kinder haben zunächst ein geringes implizites Wissen über Tonartzugehörigkeit (KRUMHANSL/KEIL 1982; TRAINOR/TREHUB 1992; 1993; 1994). Der Erwerb solcher – die musikalische Struktur betreffender – Regeln wird dadurch erleichtert, dass die meisten Kinderlieder häufige Wiederholungen musikalischer Muster enthalten und dass sie strukturell eher einfach aufgebaut sind, z.B. enden die Lieder meist auf einer Tonika und weisen viele Wiederholungen von Tönen auf. Dieser Lernprozess ist vermutlich primär gebunden an Häufigkeitsverteilungen (vgl. TILLMANN/BHARUCHA/BIGAND 2000), aber auch deren Interaktion mit Wahrnehmungsdispositionen. Auf Grund solcher Dispositionen verarbeiten Kinder Musik bevorzugt relational und bevorzugen einfache Frequenz- und Rhythmusbeziehungen (vgl. TREHUB 2000). Die Verarbeitung von Melodie und Rhythmus basiert auf der Extraktion der Beziehungen zwischen den einzelnen Tönen. Die Gruppierung erfolgt oft in Anlehnung an Gestaltprinzipien, d.h. auf Grund von Nähe, Kontinuität, Zusammenhang, Ähnlichkeit und Geschlossenheit.

Bei der Rhythmusverarbeitung werden die Töne aufgrund von Frequenz, Dauer und Intensität gruppiert. Das Erinnern einer Melodie basiert meist auf einer abstrakten Repräsentation der melodischen Kontur, d.h. von Informationen über den Verlauf der Tonhöhe. Kinder beurteilen daher Musik, deren Kontur oder deren Rhythmus verändert wurde, als ungleich. TRAINOR/TREHUB (1992) untersuchten die Fähigkeit von Kindern und Erwachsenen, herauszufinden, ob Melodien sich gleichen oder ob sie verändert wurden. Die Melodien blieben gleich oder ein Ton der Melodie wurde so modifiziert, dass er entweder weiter zur Tonart der Melodie gehörte oder nicht. Kinder sind in der Lage, beide Arten von Abweichung zu detektieren – anders als Erwachsene, die eher Veränderungen, die mit dem Verlassen der Tonart verbunden sind, erkennen.

SAFFRAN/LOMAN/ROBERTSON (2000) konnten zeigen, dass bereits Säuglinge (im siebten Lebensmonat) in der Lage sind, längere Passagen aus einem Musikstück wiederzuerkennen. Die Kinder wurden 14 Tage lang mit Passagen aus Klaviersonaten (20 sec aus der Satzmitte) vertraut gemacht. Danach zeigten sie eine Präferenz für neue Passagen, vermutlich wegen der Unnatürlichkeit der Wahl der Ausschnitte (aus der Mitte des Satzes). Wurde dagegen der Beginn der Sonatensätze gewählt ergab sich eine deutliche Präferenz für die bekannten Passagen. Dies erlaubt drei Schlussfolgerungen: (1) Kinder erinnern gehörte Musik, (2) der Kontext ist relevant, z.B. ob der Beginn oder die Mitte eines Musikstücks erinnert werden soll und (3) Kinder haben hoch entwickelte Fähigkeiten der Musikwahrnehmung, d.h. sie hören nicht undifferenziert Sequenzen von Tönen, sondern setzen Passagen zu kohärenten musikalischen Ereignissen zusammen. Dies steht im Einklang mit Befunden, die zeigen, dass Kinder strukturierte Informationen leichter implizit lernen und erinnern.

Neben Verhaltensstudien existieren auch EEG- und fMRT-Studien, in denen die Verarbeitung musikalischer Struktur bei Kindern untersucht wurde. Verwendet wurden hier – wie im oben beschriebenen Experiment (KOELSCH et al. 2002) – Akkordsequenzen, die entweder mit einem regulären oder einem irregulären Akkord endeten.

KOELSCH et al. (2003) wiesen nach, dass bereits Fünfjährige mit einer ERAN auf diese Strukturverletzung reagieren und daher Repräsentationen musikalischer Regularitäten besitzen und dass die ERAN-Amplitude sich in Abhängigkeit vom Grad der Verletzung der musikalischen Struktur verändert. KOELSCH et al. (2005) konnten außerdem zeigen, dass Kinder im wesentlichen dasselbe kortikale Netzwerk zur Verarbeitung musikalischer Struktur nutzen wie Erwachsene.

JENTSCHKE/KOELSCH/FRIEDERICI (2005) untersuchten (1) den Entwicklungsverlauf der Prozesse, die der Verarbeitung musikalischer und linguistischer Syntax zugrunde liegen, (2) Unterschieden in diesen Verarbeitungsprozessen bei Kindern mit und ohne musikalischem Training und (3) ob sich Transfereffekte von Musik zur Sprache als Folge musikalischen Trainings oder Auffälligkeiten in der Verarbeitung von sowohl Sprache als auch Musik bei Kindern mit verzögerter Sprachentwicklung finden lassen. Ausgehend von dem Wissen, dass die Verarbeitungsprozesse von sprachlicher Syntax und musikalischer Struktur eine Reihe von Gemeinsamkeiten aufweisen und in vergleichbaren Hirnregionen ablaufen, war es plausibel anzunehmen, dass es solche Transfereffekte geben könnte. Eine weitere Fragestellung war, ob Kinder mit einer Sprachentwicklungsstörung, sowohl bei der Verarbeitung von sprachlicher als auch von musikalischer Struktur Auffälligkeiten aufweisen. Versuchsteilnehmer waren zum einen Kinder mit und ohne musikalisches Training (zehntes bis elftes Lebensjahr), zum anderen Kinder mit einer Sprachentwicklungsstörung und sprachnormale Kinder (viertes bis fünftes Lebensjahr). Diesen Kindern wurden in einen Experiment Akkordsequenzen dargeboten, die entweder ein reguläres oder ein irreguläres Ende aufwiesen (bei einem irregulären Ende bildete eine Subdominantparallele den Abschluss der Sequenz, diese tritt normalerweise nicht am Ende von musikalischen Phrasen auf). In einen zweiten Experiment hörten sie syntaktisch korrekte bzw. inkorrekte Sätze (vgl. HAHNE/ECKSTEIN/FRIEDERICI 2004; z.B. „Die Forelle wurde geangelt." vs. „Der Karpfen wurde im geangelt."). Die musikalisch trainierten Kinder zeigten eine größere ERAN-Amplitude. Daraus lässt sich ableiten, bereits einige Jahre musikalischen Trainings bei Kindern ausreichen, um die in der ERAN reflektierten Prozesse der Verarbeitung musikalischer Struktur bei diesen Kindern effizienter ablaufen zu lassen. Außerdem zeigte sich auch eine größere Amplitude der syntaktischen Negativierung, die mit Prozessen der sprachlichen Syntaxverarbeitung verbunden ist. Kinder mit musikalischem Training zeigen daher auch eine effizientere Verarbeitung sprachlicher Syntax. Somit ließ sich ein positiver Transfer von der Musik- in die Sprachdomäne nachweisen. Musikalisches Training kann also nicht nur zur Veränderung der Verarbeitungsprozesse bei der Musikwahrnehmung führen, sondern auch Prozesse der Syntaxverarbeitung im Sprachbereich fördern. Umgekehrt zeigte sich bei den sprachentwicklungsgestörten Kindern keine ERAN. Diese Ergebnisse deuten darauf hin, dass sprachlicher Syntax- und musikalischer Strukturverarbeitung ähnliche neuronale Prozesse zugrunde liegen.

Musik ist auch in der Lage Emotionen (*emotion* in Abbildung 2) hervorzurufen und Stimmungen zu verändern. Repräsentationen auf annähernd allen Verarbeitungsstufen der Musikwahrnehmung können Emotionen auslösen, z.B. durch Konsonanz bzw. Dissonanz (KOELSCH/FRITZ 2003) oder durch die Erfüllung oder Nichterfüllung musikalischer Erwartungen, die zum Empfinden von Anspannung oder Entspannung führen (MEYER 1956). Beispielsweise werden durch Kinderlieder die Stimmung und die Aufnahmefähigkeit des Kindes moduliert (z.B. sind schnelles Tempo und hohe Tonlage mit Fröhlichkeit, Zuneigung, Zärtlichkeit und erhöhter Erregung [*arousal*] verbunden; TRE-

HUB 2000). DALLA BELLA et al. (2001) untersuchten, wie sehr der affektive Gehalt von Musikstücken durch das Tempo und den Modus (Dur vs. moll) bestimmt wird. Die Gewichtung beider Einflussgrößen ändert sich im Laufe der Entwicklung: Erwachsene reagieren auf Veränderungen des Modus stärker als auf Tempovariationen, ältere Kinder (sechstes bis achtes Lebensjahr) sind sensitiv für beide Faktoren und jüngere Kinder (fünftes Lebensjahr) gründen ihre Beurteilung eher auf Tempoveränderungen. Diese Befunde zeigen, dass auch komplexe, gelernte Repräsentationen (z.B. musikalischer Regularitäten) beim Empfinden einer Emotion eine Rolle spielen können – Kinder reagieren zwar bereits im ersten Lebensjahr auf Veränderungen des Tempos (BARUCH/DRAKE 1997), strukturelle Eigenschaften der Musik (z.B. Modus) werden erst später auf Grund zunehmender Erfahrung mit Musik der eigenen Kultur erworben.

RAUSCHER/SHAW/KY (1993) meinten, einen „Mozart-Effekt" nachweisen zu können. Sie fanden verbesserte Leitungen beim räumlichen Denken nach dem Hören eines zehnminütigen Ausschnitt aus Mozarts Sonate für zwei Klaviere (D-Dur, KV 448). Wiederholungen des Experiments mit erweiterten Instruktionen (u.a. der Instruktion, sich zu entspannen) und zusätzlichem Versuchsmaterial (z.B. ein Ausschnitt aus einer Erzählung von Stephen King, „*Music with Changing Parts*" von Philip Glass und Entspannungsmusik) konnten aber nicht replizieren, dass der Effekt mit dem Hören Mozartscher Musik verbunden ist (STEELE et al. 1999; NANTAIS/SCHELLENBERG 1999). Stattdessen konnten THOMPSON/SCHELLENBERG/HUSAIN (2001) zeigen, dass die Leistungen beim räumlichen Denken abhängig von der durch die Musik induzierten Freude, Erregung [*arousal*] und Stimmungslage waren. Wurden Unterschiede in diesen Einflussgrößen statistisch kontrolliert, verschwand der „Mozart-Effekt". Eine ähnliche Erklärung (Freude und Erregung als Moderator) fand eine Meta-Analyse verschiedener Replikationsversuche des Mozart-Effekts von CHABRIS (1999).

5 Schlussfolgerungen

Dargestellt wurden in den vorangegangenen Abschnitten Studien, in den anatomische und funktionelle Unterschiede von Musikern und Nichtmusikern sowie Veränderungen im Entwicklungsverlauf.

In den ersten beiden Abschnitten konnte beim Vergleich von Musikern und Nichtmusikern eine Vielzahl von anatomischen und funktionalen Unterschieden in der neuronalen Verarbeitung gezeigt werden. Diese Unterschiede zeigen sich auch auf verschiedenen Verarbeitungsebenen – sowohl bei einfachen (z.B. Repräsentation von Tonhöhen) und komplexen Merkmalen akustischer Reize (z.B. Intervallbeziehungen, metrische Beziehungen und räumliche Lokalisation) als auch auf der Ebene struktureller Beziehungen (musikalische Syntax) und bei der Vorbereitung und Ausführung motorischer Handlungen. Ähnlich wie sich ein Zusammenhang zwischen herausragenden Fertigkeiten und dem Ausmaß des Übens nachweisen ließ (ERICSSON/KRAMPE/TESCH-RÖMER 1996) sind die Veränderungen neuronaler Verarbeitungsprozesse höchstwahrscheinlich nicht Vorraussetzung sondern Ergebnis musikalischen Trainings. Das zeigen besonders die Studien, welche eine korrelative Beziehung zwischen der Veränderung der Verarbeitungsprozesse und ihren neuronalen Grundlagen mit dem Ausmaß des musikalischen Trainings nachweisen konnten (ELBERT et al. 1995; AMUNTS et al. 1997; RAGERT et al. 2004). Weitere Evidenz hierfür bieten Studien, die instrumentspezifische Unterschiede in der Verarbeitung nachweisen konnten (PANTEV et al. 2001b; MÜNTE et al. 2003). Nicht zuletzt gehen unterschiedliche neuronale Verarbeitungsmechanismen mit zahlreichen behavioralen Unterschieden zwischen Musikern und Nichtmusikern einher, für die sich (zumindest zum Teil) eine Beziehung mit der Intensität des Übens oder bestimmten Fertigkeiten finden lässt (AMUNTS et al. 1997; SCHNEIDER et al. 2002). Musiker sind also aufgrund ihres intensiven Trainings in der Lage, viele der Verarbeitungsprozesse, die der Wahrnehmung und der Produktion von Musik dienen, schneller und effizienter auszuführen als Nichtmusiker. Die Befunde zeigen, dass das Ausführen komplexer, herausfordernder Aufgaben und die besonderen Fertigkeiten von Musikern eher Lernprozessen zuzuschreiben sind und dass Begabung eine untergeordnete Rolle spielen dürfte (vgl. KOELSCH 2001).

Ebenso wie zuvor für anatomische und funktionelle Unterschiede zwischen Musikern und Nichtmusikern finden sich auch bei einer Betrachtung des Entwicklungsverlaufs der Musikwahrnehmung Hinweise auf eine Anpassung des Gehirns an die zu leistenden Verarbeitungsprozesse. Diese laufen oft mit zunehmendem Alter schneller und genauer ab oder Kinder gewinnen Fertigkeiten hinzu, die sich in neuen oder veränderten neuronalen Verarbeitungsprozessen äußern.

Sowohl für die Auswirkungen musikalischen Trainings als auch für Entwicklungsveränderungen findet sich eine Vielzahl von Hinweisen auf eine Anpassung des Gehirns und der Verarbeitungsprozesse an die Anforderungen der Umwelt. Die bessere Verarbeitung von Musik bei Musikern resultiert dabei nicht allein aus musikalischen Fertigkeiten sondern auch aus deren Verknüpfung mit anderen Fähigkeiten. Obwohl einleuchtend ist, dass Musik auch zur Modulation von Stimmungen beiträgt und dass Musizieren in einer Gruppe Prozesse des sozialen Zusammenhalts fördert, gibt es leider kaum Studien, die solche komplexeren kognitiven Prozesse untersuchen und die uns Aufschluss über die dabei zugrundeliegenden Verarbeitungsprozesse im Gehirn geben. Zwar gibt es bisher nur wenige Studien zum Transfer durch musikalisches Training erworbener oder veränderter Verarbeitungsprozesse auf andere kognitive Bereiche. MAGNE et al. (2003), SCHÖN et al. (2004) und JENTSCHKE et al. (2005) konnten aber solche Transfereffekte für bestimmte Aspekte der Musik- und Sprachverarbeitung nachweisen. Ein wichtiges Fazit aus den dargestellten Studien ist, dass herausragende Fertigkeiten gelernt werden können. Hirnforschung kann – durch Aufdecken der zugrundeliegenden Verarbeitungsmechanismen – helfen, diese Lernprozesse besser zu verstehen. Sie kann so der Pädagogik bei ihrer Aufgabe helfen, den Erwerb grundlegender und besonderer Fertigkeiten zu unterstützen.

Anmerkungen

1 Im Gegensatz zu Fähigkeiten, bei denen es sich um angeborene Attribute handelt, werden Fertigkeiten erlernt. Das Erlernen einer Fertigkeit ist aber nicht ausschließlich von Fähigkeiten abhängig, sondern auch von Übung, bereits Erlerntem und inneren Voraussetzungen (z.B. Motivation). Der Begriff der Begabung als spezielle oder überdurchschnittliche Fähigkeit ist umstritten, eine kritische Diskussion findet sich in KOELSCH (2001).
2 Nicht-invasiv bedeutet, dass für eine Anwendung von MRT keine Gegenstände oder Medikamente in den Körper eingeführt werden müssen (z.B. werden keine Kontrastmittel injiziert) und dass auch keine (in höheren Dosen gewebeschädigenden) Röntgenstrahlen genutzt werden.
3 MEG ähnelt in seiner Funktionsweise dem EEG, bei MEG werden jedoch an Stelle von Spannungsdifferenzen Unterschieden in der magnetischen Feldstärke gemessen.

4 Ereigniskorrelierte Potentiale (EKP) sind Wellenformen im EEG, die entweder von Sinneswahrnehmungen ausgelöst oder mit kognitiven Prozessen korreliert sind. Komponenten sind Teile dieser Wellenformen, die in einem zeitlich umschriebenen Bereich auftreten (z.B. 80-100 ms nach dem Reiz) und die eine bestimmte Polarität aufweisen (Positivierung oder Negativierung, dies bedeutet z.B. eine verstärkte Aktivierung von Nervenzellen bzw. Faserverbindungen). Beispiele für EKPs sind: P1, N1, P2, MMN oder ERAN.
5 Das Cerebellum dient der unbewussten Steuerung der Motorik, dem motorischen Lernen, der sensomotorischen Integration und der Zeitanpassung motorischer Reaktionen. Relatives Volumen bezeichnet das Volumen des Cerebellum relativ zur Größe des gesamten Gehirns.
6 Nichtmusiker sind meist Rechtshänder und weisen daher vergrößerte motorische Repräsentationen in der linken Hemisphäre auf. Die Asymmetrie ist bei rechtshändigen Klavierspielern nicht so deutlich ausgeprägt.
7 Detektion ist die Fähigkeit des Entdeckens oder Registrierens von Unterschieden.
8 Veränderungen in der Grundfrequenz (F_0) sind z.B. entscheidend für die Klassifikation in Aussage- und Fragesätze, so dass parametrische Veränderungen der F_0 verwendet werden können, um zu untersuchen, ob solche Veränderungen für Sprache und Musik vergleichbare Auswirkungen haben.
9 Bei AEPs handelt es sich um Potentiale, die exogen, d.h. z.B. durch das Hören eines Tones evoziert werden.

Danksagung

Wir möchten Katrin Schulze für ihre Hilfe bei der Darstellung von Studien zur Plastizität danken. Julia Grieser, Clemens Maidhof, Julia Neugebauer, Stephan Sallat und Andrea Thamm danken wir für ihre Hinweise bei der Überarbeitung dieses Manuskripts. Die Arbeit von Sebastian Jentschke wird gefördert durch die Deutsche Forschungsgemeinschaft (KO 2266/2-1/2).

Literatur

ALHO, K. (1995): Cerebral generators of mismatch negativity (MMN) and its magnetic counterpart (MMNm) elicited by sound changes. In: Ear and Hearing, 16, S. 38-51.
AMUNTS, K./SCHLAUG, G./JÄNCKE, L./STEINMETZ, H./SCHLEICHER, A./DABRINGHAUS, A./ZILLES, K. (1997): Motor cortex and hand motor skills – structural compliance in the human brain. In: Human Brain Mapping, 5, S. 206-215.
BALABAN, M.T./ANDERSON, L.M./WISNIEWSKI, A.B. (1998): Lateral asymmetries in infant melody perception. In: Developmental Psychology, 34, S. 39-48.
BANGERT, M./ALTENMÜLLER, E. (2003): Mapping perception to action in piano practice – a longitudinal DC-EEG study. In: BMC Neuroscience, 4, S. 1-14.
BARTLETT, J.C./DOWLING, W.J. (1980): The recognition of transposed melodies – A key-distance effect in developmental perspective. In: Journal of Experimental Psychology: Human Perception and Performance, 6, S. 501-515.
BARUCH, C./DRAKE, C. (1997): Tempo discrimination in infants. In: Infant Behavior and Development, 20, S. 573-577.
BOSNYAK, D.J./EATON, R.A./ROBERTS, L.E. (2004): Distributed auditory cortical representations are modified when non-musicians are trained at pitch discrimination with a 40 hz amplitude modulated tones. In: Cerebral Cortex, 14, S. 1088-1099.
BUONOMANO, D.V./MERZENICH, M.M. (1998): Cortical plasticity – from synapses to maps. Annual Review of Neuroscience, 21, S. 149-186.
CANSINO, S./WILLIAMSON, S.J. (1997): Neuromagnetic fields reveal cortical plasticity when learning an auditory discrimination task. In: Brain Research, 764, S. 53-66.
CARTERETTE, E.C./KENDALL, R.A. (1999): Comparative Music – Perception and Cognition. In: DEUTSCH, D. (Hrsg.): The Psychology of Music. – San Diego, S. 725-791.

CHABRIS, C.F. (1999) : Prelude or requiem for the 'Mozart effect'? In: Nature, 400, S. 826.
CHANG, E.F./MERZENICH, M.M. (2003): Environmental noise retards auditory cortical development. In: Science, 300, S. 498-502.
CSEPE, V. (1995): On the origin and development of the mismatch negativity. In: Ear and Hearing, 16, S. 91-104.
DALLA BELLA, S./PERETZ, I./ROUSSEAU, L./GOSSELIN, N. (2001): A developmental study of the affective value of tempo and mode in music. In: Cognition, 80, B1-10.
DONCHIN, E./RITTER, W./MCCALLUM, W. (1978): Cognitive Psychology – the endogenous components of the ERP. In: CALLAWAY, E./TUETING, P./KOSLOW, S. (Hrsg.): Event-related brain potentials in man. – New York, S. 349-411.
DOWLING, W.J. (1984): Assimilation of tonal structure: Comment on Castellano, Bharucha and Krumhansl. In: Journal of Experimental Psychology, General, 113, S. 417-420.
DOWLING, W.J./LUNG, K.M./HERRBOLD, S. (1987): Aiming attention in pitch and time in the perception of interleaved melodies. In: Perception and Psychophysics, 41, S. 642-656.
ELBERT, T./PANTEV, C./WIENBRUCH, C./ROCKSTROH, B./TAUB, E. (1995): Increased cortical representation of the fingers of the left hand in string players. In: Science, 270, S. 305-307.
ENGINEER, N.D./PERCACCIO, C.R./PANDYA, P.K./MOUCHA, R./RATHBUN, D.L./KILGARD, M.P. (2004): Environmental enrichment improves strenght, threshold, selesctivity, and latency of auditory cortex neurons. In: Journal of Neurophysiology, 92, S. 73-82.
ERICSSON, K.A./KRAMPE, R.T./TESCH-RÖMER, C. (1993): The role of deliberate practice in the acquisition of expert performance. In: Psychological Review, 100, S. 363-406.
FLOR, H./ELBERT, T./KNECHT, S./WIENBRUCH, C./PANTEV, C./BIRBAUMER, N./LARBIG, W./TAUB, E. (1995): Phantom-limb pain as a preceptual correlate of cortical reorganisation following arm amputation. In: Nature, 375, S. 482-484.
FRIEDERICI, A.D./ALTER, K. (2004): Lateralization of auditory language functions: A dynamic dual pathway view. In: Brain and Language, 89, S. 267-276.
GAAB, N./SCHLAUG, G. (2003): The effect of musicianship in performance mateched groups. In: Neuroreport, 14, S. 2291-2295.
GASER, C./SCHLAUG, G. (2003): Brain structures differ between musicians and nonmusicians. In: The Journal of Neuroscience, 23, S. 9240-9245.
GAZZANIGA, M.S./IVRY, R.B./MANGUN, G.R. (1998): Cognitive neuroscience – the biology of the mind. – New York.
HAHNE, A./ECKSTEIN, K./FRIEDERICI, A.D. (2004): Brain signatures of syntactic and semantic processes during children's language development. In: Journal of Cognitive Neuroscience, 16, S. 1302-1318.
HEBB, D. (1949): The organization of behavior: a neuropscholoical theory. – New York.
HÖHLE, B./WEISSENBORN, J. (1999): Discovering grammar: Prosodic and morpho-syntactic aspects of rule formation in first language acquistion. In: FRIEDERICI, A.D./MENZEL, R. (Hrsg.): Learning: Rule extraction and representation. – Berlin, S. 37-69.
HUTCHINSON, S./HUI-LIN, L./GAAB, N./SCHLAUG, G. (2003): Cerebellar volume of musicians. In: Cerebral Cortex, 13, S. 943-949.
JÄNCKE, L./GAAB, N./WÜSTENBERG, T./SCHEICH, H./HEINZE, H.J. (2001): Short-term functional plasticity in the human auditory cortex: an fMRI study. In: Cognitive Brain Research, 12, S. 479-485.
JÄNCKE, L./SCHLAUG, G./STEINMETZ, H. (1997): Hand skill asymmetry in professional musicians. In: Brain and Cognition, 34, S. 424-432.
JENKINS, W.M./MERZENICH, M.M./OCHS, M.T./ALLARD, T./GUIC-ROBLES, E. (1990): Functional reorganisation of primary somatosensory cortex in adult owl monkeys after behaviorally controlled tactile stimulation. In: Journal of Neurophysiology, 63, S. 82-104.
JENTSCHKE, S./KOELSCH, S./FRIEDERICI, A.D. (2005): Children Processing Structure in Music and Language – Influences of Musical Training and Language Impairment. Annals of the New York Academy of Sciences, 1060, im Druck.
KARNI, A./MEYER, G./JEZZARD, P./ADAMS, M.M./TURNER, R./UNGERLEIDER, L.G. (1995): Functional MRI evidence for adult motor cortex plasticity during motor skill learning. In: Nature, 377, S. 155-158.
KELAHAN, A./DOETSCH, G.S. (1984): Time-dependent changes in the functional organization of somatosensory cerebral cortex following digit amputation in racoons. In: Somatosensory Research, 2, S. 49-81.

KOELSCH, S./SIEBEL, W.A. (2005): Towards a neural basis of music perception. Trends in Cognitive Science, 9, im Druck.

KOELSCH, S. (2001): Der soziale Umgang mit Fähigkeit: die geschlossene Gesellschaft und ihre Freunde. – Wiesbaden.

KOELSCH, S./FRITZ, T. (2003): Untersuchung von Emotion mit Musik: eine funktionell-bildgebende Studie. In: Sprache, Stimme, Gehör, 27, S. 62-65.

KOELSCH, S./FRITZ, T./SCHULZE, K./ALSOP, D./SCHLAUG, G. (2005): Adults and children processing music: An fMRI study. In: NeuroImage, 25, S. 1068-1076.

KOELSCH, S./GROSSMANN, T./GUNTER, T.C./HAHNE, A./SCHRÖGER, E./FRIEDERICI, A.D. (2003): Children processing music: Electric brain responses reveal musical competence and gender differences. In: Journal of Cognitive Neuroscience, 15, S. 683-693.

KOELSCH, S./GUNTER, T.C./FRIEDERICI, A.D./SCHRÖGER, E. (2000): Brain indices of music processing: Non-musicians are musical. Journal of Cognitive Neuroscience, 12, S. 520-541.

KOELSCH, S./JENTSCHKE, S./SAMMLER, D.: Investigating abstract auditory information processing with a music-syntactic mismatch negativity. Zur Veröffentlichung eingereichtes Manuskript.

KOELSCH, S./SCHMIDT, B.-H./KANSOK, J. (2002): Effects of musical expertise on the early right anterior negativity: an event-related brain potential study. In: Psychophysiology, 39, S. 657-663.

KOELSCH, S./SCHRÖGER, E./TERVANIEMI, M. (1999): Superior pre-attentive auditory processing in musicians. In: Neuroreport, 10, S. 1309-1313.

KRINGS, T./TÖPPER, R./FOLTYS, H./ERBERICH, S./SPARING, R./WILLMES, K./THRON, A. (2000): Cortical activation patterns during complex motor tasks in piano players and control subjects: A functional magnetic resonance imaging study. In: Neuroscience Letters, 278, S. 189-193.

KRUMHANSL, C.L./JUSCZYK, P.W. (1990): Infants' perception of phrase structure in music. In: Psychological Science, 1, S. 70-73.

KRUMHANSL, C.L./KEIL, F.C. (1982): Acquisition of the hierarchy of tonal functions in music. In: Memory & Cognition, 10, S. 243-251.

LEE, D.J./CHEN, Y./SCHLAUG, G. (2003): Corpus callosum: musicians and gender effects. In: Neuroreport, 14, S. 205-209.

MAESS, B./KOELSCH, S./GUNTER, T.C./FRIEDERICI, A.D. (2001): Musical syntax is processed in the area of Broca: An MEG study. In: Nature Neuroscience, 4, S. 540-545.

MAGNE, C./SCHÖN, D./BESSON, M. (2003) : Prosodic and melodic processing in adults and children. Behavioral and electrophysiologic approaches. In: Annals of the New York Academy of Sciences, 999, S. 461-476.

MERZENICH, M.M./NELSON, R.J./STRYKER, M.P./CYNADER, M.S./SCHOPPMANN, A./ZOOK, J.M. (1984): Somatosensory map changes following digit amputation in adult monkeys. In: Journal of Comparative Neurology, 224, S. 591-605.

MEYER, L. (1956): Emotion and meaning in music. – Chicago.

MORGAN, J.L./DEMUTH, K. (1996): Signal to syntax: Bootstrapping from speech to grammar in early acquisition. – Hillsdale.

MÜNTE, T.F./ALTENMÜLLER, E./JÄNCKE, L. (2002): The musician's brain as a model of neuroplasticity. In: Nature Reviews Neuroscience, 3, S. 473-478.

MÜNTE, T.F./KOHLMETZ, C./NAGER, W./ALTENMÜLLER, E. (2001): Superior auditory spatial tuning in conductors. In: Nature, 409, S. 580.

MÜNTE, T.F./NAGER, W./BEISS, T./SCHROEDER, C./ALTENMÜLLER, E. (2003): Specialization of the Specialized: electrophysiological investigations in professional musicians. In: Annals of the New York Academy of Sciences, 999, S. 131-139.

NÄÄTÄNEN, R. (2000): Mismatch negativity (MMN): perspectives for application. In: International Journal of Psychophysiology, 37, S. 3-10.

NANTAIS, K.M./SCHELLENBERG, E.G. (1999): The Mozart effect: An artifact of preference. In: Psychological Science, 10, S. 370-373.

OZTURK, A.H./TASCIOGLU, B./KURTOGLU, Z./ERDEN, I. (2002) : Morphometric comparison of the human corpus callosum in professional musicians and non-musicians by using in vivo magnetic resonance imaging. In: Journal of Neuroradiology, 29, S. 29-32.

PALMER, C./MEYER, R.K. (2000): Conceptual and motor learning in music performance. In: Psychological Science, 11, S. 63-68.

PANG, E.W./TAYLOR, M.J. (2000): Tracking the development of the N1 from age 3 to adulthood: an examination of speech and non-speech stimuli. In: Clinical Neurophysiology, 111, S. 388-397.

PANTEV, C./ENGELIEN, A./CANDIA, V./ELBERT, T. (2001a): Representational cortex in musicians. In: ZATORRE, R. J./PERETZ, I. (Hrsg.): The cognitive neuroscience of Music. – Oxford, S. 382-395.
PANTEV, C./OSTENVELD, R./ENGELIEN, A./ROSS, B./ROBERTS, L.E./HOKE, M. (1998): Increased auditory cortical representation in musicians. In: Nature, 392, S. 811-814.
PANTEV, C./ROBERTS, L.E./SCHULZ, M./ENGELIEN, A./ROSS, B. (2001b): Timbre specific enhancement of auditory cortical representations in musicians. In: Neuroreport, 12, S. 169-174.
PANTEv, C./ROSS, B./FUJIOKA, T./TRAINOR, L.J./SCHULTE, M./SCHULZ, M. (2003): Music learning-induced cortical plasticity. In: Annals of the New York Academy of Sciences, 999, S. 438-450.
PANTEV, C./WOLLBRINK, A./ROBERTS, L.E./ENGELIEN, A./LÜTKENHÖNER, B. (1999): Short-term plasticity of the human auditory cortex. In: Brain Research, 842, S. 192-199.
PASCUAL-LEONE, A./NGYET, D./COHEN, L.G./BRASIL-NETO, J. P./CAMMAROTA, A./HALLETT, M. (1995): Modulation of muscle responses evoked by transcranial magnetic stimulation durig the acuisition of new fine motor skills. In: Journal of Neurophysiology, 74, S. 1037-1045.
PASCUAL-LEONE, A./TORRES, F. (1993): Plasticity of the sensorimotor cortex representation of the reading finger in Braille readers. In: Brain, 116, S. 39-52.
PATEL, A.D. (2003): Language, music, syntax and the brain. In: Nature Neuroscience, 6, S. 674-681.
PERETZ, I. (1987): Shifting ear-asymmetry in melody comparison through transposition. In: Cortex, 23, S. 317-323.
PERETZ, I./MORAIS, J. (1980) : Modes of processing melodies and ear-asymmetry in nonmusicians. In: Neuropsychologia, 20, S. 477-489.
PINKER, S. (1989): Language acquisition. In: POSNER, M. (Hrsg.): Foundations of cognitive science. – Cambridge, S. 359-399.
PONS, T.P./GARRAGHTY, P.E./OMMAYA, A.K./KAAS, J.H./TAUB, E./MISHKIN, M. (1991): Massive cortical reorganisation after sensory deafferenatation in adult macaques. In: Science, 252, S. 1857-1860.
RAGERT, P./SCHMIDT, A./ALTENMÜLLER, E./DINSE, H.R. (2004): Superior tactile performance and learning in professional pianists: evidence for meta-plasticity in musicians. In: European Journal of Neuroscience, 19, S. 473-478.
RAMCHANDRAN, V.S./ROGER-RAMACHANDRAN, D./STEWART, M./PONS, T.P. (1992): Perceptual correlates of massive cortical reorganisation. In: Science, 258, S. 1159-1160.
RAUSCHER, F.H./SHAW, G.L./KY, K.N. (1993): Music and spatial task performance. In: Nature, 365, S. 611.
RECANZONE, G.H./JENKINS, W.M./HRADEK, G.H./MERZENICH, M.M. (1992a): Progressive improvement in discriminative abilities in adult owl monkeys performing a tactile frequency discrimination task. In: Journal of Neurophysiology, 67, S. 1015-1030.
RECANZONE, G.H./MERZENICH, M.M./JENKINS, W.M./GRAJSKI, K.A./DINSE, H.R. (1992b): Topographic reorganisation of the hand representation in cortical area 3b of owl monkeys trained in a frequency-discrimination task. In: Journal of Neurophysiology, 67, S. 1031-1056.
RECANZONE, G.H./SCHREINER, C.E./MERZENICH, M.M. (1993): Plasticity in the frequency representation of primary auditory cortex following discrimination training in adult owl monkeys. In: Journal of Neuroscience, 13, S. 87-104.
RIEMANN, H. (1877): Musikalische Syntaxis: Grundriss einer harmonischen Satzbildungslehre. – Leipzig, Niederwalluf [Reprint 1971].
ROBERTSON, D./IRVINE, D. (1989): Plasticity of frequency organization in auditory cortex of guinea pigs with partial unilateral deafness. In: Journal of Comparative Neurology, 282, S. 456-471.
RÜSSELER, J./ALTENMÜLLER, E./NAGER, W./KOHLMETZ, C./MÜNTE, T. F. (2001): Event-related potentials to sound omissions differ in musicians and nonmusicians. In: Neuroscience Letters, 308, S. 33-36.
SAFFRAN, J.R./LOMAN, M.M./ROBERTSON, R.R. (2000): Infant memory for musical experiences. In: Cognition, 77, B15-23.
SCHLAUG, G. (2001): The brain of musicians – a model for functional and structural adaption. In: Annals of the New York Academy of Sciences, 999, S. 281-299.
SCHLAUG, G./JÄNCKE, J./HUANG, Y./STAIGER, J.F./STEINMETZ, H. (1995): Increased corpus callosum size in musicians. In: Neuropsychologia, 33, S. 1047-1055.
SCHMITHORST, V.J./HOLLAND, S.K. (2003): The effect of musical training on music processing: a functional magnetic resonance imaging study in humans. In: Neuroscience Letters, 11, S. 65-68.

SCHMITHORST, V.J./WILKE, M. (2002): Differences in white matter architecture between musicians and non-musicians: a diffusion tensor imaging study. In: Neuroscience Letters, 321, S. 57-60.
SCHNEIDER, P./SCHERG, M./DOSCH, H.G./SPECHT, H.J./GUTSCHALK, A./RUPP, A. (2002): Morphology of Heschls gyrus reflects enhanced activation in the auditory cortex of musicians. In: Nature Neuroscience, 5, S. 688-694.
SCHÖN, D./MAGNE, C./BESSON, M. (2004): The music of speech: Music training facilitates pitch processing in both music and language. In: Psychophysiology, 41, S. 341-349.
SHAHIN, A./ROBERTS, L.E./TRAINOR, L.J. (2004): Enhancement of cortical development by musical experience in children. In: Neuroreport, 15, S. 1917-1921.
SIEGEL, J. A./SIEGEL, W. (1977): Absolute identification of notes and intervals by musicians. In: Perception & Psychophysics, 21, S. 143-152.
SLOBOUNOV, S./CHIANG, H./JOHNSTON, J.,/RAY, W. (2002): Modulated cortical control of individual fingers in experienced musicians: an EEG study. In: Clinical Neurophysiology, 113, S. 2013-2024.
SLUMING, V./BARRICK, T./HOWARD, M./CEZAYIRLI, E./MAYES, A./ROBERTS, N. (2002): Voxel-based morphometry reveals increased gray matter density in Broca's area in male symphony orchestra musicians. In: Neuroimage, 17, S. 1613-1622.
STEELE, K. M./DALLA BELLA, S./PERETZ, I./DUNLOP, T./DAWE, L.A./HUMPHREY, G.K./SHANNON, R.A./KIRBY, J.L./OLMSTEAD, C.G. (1999): Prelude or requiem for the 'Mozart effect'? In: Nature, 400, S. 827.
THOMPSON, W.F./SCHELLENBERG, E.G./HUSAIN, G. (2001): Arousal, mood, and the Mozart effect. In: Psychological Science, 12, S. 248-251.
TILLMANN, B./BHARUCHA, J.J./BIGAND, E. (2000): Implicit learning of tonality: A self-organizing approach. In: Psychological Review, 107, S. 885-913.
TRAINOR, L.J./TREHUB, S.E. (1992): A comparison of infants' and adults' sensitivity to Western musical structure. In: Journal of Experimental Psychology: Human Perception and Performance, 18, S. 394-402.
TRAINOR, L.J./TREHUB, S.E. (1993): Musical context effects in infants and adults: Key distance. In: Journal of Experimental Psychology: Human Perception and Performance, 19, S. 615-626.
TRAINOR, L.J./TREHUB, S.E. (1994): Key membership and implied harmony in Western tonal music: Developmental perspectives. In: Perception & Psychophysics, 56, S. 125-132.
TREHUB, S.E. (2000): Human processing predispositions and musical universals. In: WALLIN, N.L./ MERKER, B./BROWN, S. (Hrsg.): The Origins of Music. – Cambridge, S. 427-448.
WANG, X./MERZENICH, M.M./SAMESHIMA, K./JENKINS, W.M. (1995): Remodeling of hand presentation in adult cortex determined by timing of tactile stimulation. In: Nature, 378, S. 71-75.
WARNER, J.J. (2001): Atlas of Neuroanatomy: With Systems Organization and Case Correlation. – Boston.
WEBER, C./HAHNE, A./FRIEDRICH, M./FRIEDERICI, A.D. (2004): Discrimination of word stress in early infant perception: Electrophysiological evidence. In: Cognitive Brain Research, 18, S. 149-161.

Anschrift der Verfasser: Dr. Sebastian Jentschke / PD Dr. Stefan Koelsch, MPI für Kognitions- und Neurowissenschaften, Stephanstr. 1A, D-04103 Leipzig,
E-Mail: jentschke@cbs.mpg.de

Arthur M. Jacobs/Florian Hutzler/Verena Engl

Dem Geist auf der Spur: Neurokognitive Methoden zur Messung von Lern- und Gedächtnisprozessen

Zusammenfassung
Zahlreiche aktuelle neurokognitive Untersuchungen deuten an, dass identifizierbare neuronale Netzwerke an wichtigen Prozessen beteiligt sind, die vielen schulischen und alltäglichen Lernaufgaben zugrunde liegen, insbesondere Informationsverarbeitungsvorgängen beim zielbezogenen und leistungsgerechten Umgang mit Buchstaben und Wörtern, Zahlen oder Bildern (Lesen, Rechnen, Objekterkennung). Im Vordergrund stehen dabei Fragen des Erwerbs und der Enkodierung (Lernen), der Konsolidierung und des Abrufs (Gedächtnis) von Informationen. Dieser Übersichtsaufsatz gibt Antworten auf die Fragen i) welche methodischen und messtheoretisch-epistemologischen Voraussetzungen und Einschränkungen solche Arbeiten kennzeichnen ii) inwieweit empirisch-neurokognitive Belege für messbare Hirnplastizität bei alltäglichen und schulisch relevanten Lernvorgängen als Voraussetzung für mögliche Anwendungen überhaupt vorliegen und iii) welche aktuellen oder zukünftigen Methoden für den Einsatz in (vor)schulischen Kontexten geeignet scheinen, um den Erfolg von Interventionsmaßnahmen auf neurokognitiver Ebene zu evaluieren.

Schlüsselwörter: neuronale Netzwerke, neurokognitive Befunde, messbare Hirnplastizität, Lernvorgänge; neurokognitive Intervention, Evaluation

Summary
Neurocognitive methods for measuring learning and memory processes
Numerous current neurocognitive studies indicate that identifiable neural networks support important processes that underlie performance in many daily learning tasks, in particular information processing operations involving letter, word, number and picture recognition (reading, calculating, object processing). Issues of information acquisition, encoding, consolidation, and retrieval are central to these studies. This survey paper provides answers to the following questions i) which methodological and epistemological a prioris and constraints characterize such studies, ii) to what extent empirical neurocognitive evidence exists for measurable brain plasticity in daily and pedagogical learning processes which might form the basis for possible applications, and iii) which current or future methods seem adequate for application in (pre-)school contexts in order to evaluate the success of neurocognitive interventions.

Keywords: neural networks, neurocognitive evidence, measurable brain plasticity, learning process; neurocognitive intervention, evaluation

Neurokognitive Methoden

Neurokognitive Methoden sollen helfen, Fragen nach dem Funktionieren mentaler Vorgänge in doppelter Hinsicht zu beantworten: einerseits bezogen auf die Ebene beobachtbaren Verhaltens, andererseits bezogen auf die Ebene der zeitlich und örtlich messbaren

Hirnaktivität. Wie funktionieren Modelllernen, emotionales Gedächtnis oder Sprachproduktion, Lesen, Schreiben oder Rechnen? Die klassischen Verhaltensmessparadigmen der Psychologie liefern zur Beantwortung solcher Fragen nur Daten über Fehlerraten und Reaktionszeiten, d.h. sie messen das behaviorale Endprodukt mentaler Vorgänge. Ergänzend dazu bilden Methoden der Hirnaktivitätsmessung das vermutliche, materielle Substrat psychischer Funktionen in Zahlen ab. Sie erlauben Antworten auf Fragen nach den zeitlichen und örtlichen Korrelaten geistiger Prozesse, dem Wann (im Verlauf der beobachtbaren Reaktion) und Wo (im Gehirn) und, unter bestimmten Bedingungen, auch auf Fragen nach deren Ursachen.

Zahlreiche aktuelle neurokognitive Untersuchungen deuten an, dass identifizierbare neuronale Netzwerke an wichtigen Prozessen beteiligt sind, die vielen schulischen und alltäglichen Lernaufgaben zugrundeliegen, insbesondere Informationsverarbeitungsvorgängen beim zielbezogenen und leistungsgerechten Umgang mit Buchstaben und Wörtern, Zahlen oder Bildern (Lesen, Rechnen, Objekterkennung). Im Vordergrund stehen dabei Fragen des Erwerbs und der Enkodierung (Lernen), der Konsolidierung und des Abrufs (Gedächtnis) von Informationen.

Die Frage, inwieweit auf solche Forschungsbefunde gestützte Interventionsmaßnahmen in Schulen neurokognitive Prozesse so maßgeblich verändern können, dass sie auf Situationen generalisieren, die über die spezifische Aufgabenstellung hinausgehen, wird jedoch hochkontrovers diskutiert (STERN, GRABNER & SCHUMACHER, 2005). Bevor diese Frage sinnvoll behandelt werden kann, sollte diskutiert werden:

– welche methodischen und messtheoretisch-epistemologischen Voraussetzungen und Einschränkungen solche Arbeiten kennzeichnen
– inwieweit empirisch-neurokognitive Belege für messbare Hirnplastizität bei alltäglichen und schulisch relevanten Lernvorgängen als Voraussetzung für mögliche Anwendungen überhaupt vorliegen und
– welche aktuellen oder zukünftigen Methoden für den Einsatz in (vor)schulischen Kontexten geeignet scheinen, um den Erfolg von Interventionsmaßnahmen auf neurokognitiver Ebene zu evaluieren.

Methodische Voraussetzungen und Einschränkungen der Messung von Hirnaktivität

Tabelle 1 zeigt eine Auswahl gängiger neurokognitiver und Hirnaktivitätsmessmethoden, welche mit kognitiven Tests (z.B. Aufmerksamkeitsspanne, Worterkennung, Arbeitsgedächtniskapazität usw.) kombinierbar sind. Von der Qualität dieser Kombination hängt der Erfolg einer neurokognitiven Studie ab. Wichtige methodische Voraussetzungen zur sinnvollen Anwendung solcher Verfahren sind deswegen die Validität des kognitiven Paradigmas, welches für die Messung bestimmter mentaler Vorgänge geeignet sein soll, und die Güte des Untersuchungsdesigns. Will man etwa wissen, welche neuronalen Netzwerke am Lesen(lernen) beteiligt sind und sucht nach den Hirnarealen, die beim basalen Lesevorgang – der Einzelworterkennung – aktiviert werden, so spielt es eine entscheidende Rolle, ob die in diesen Fällen als Standardmethode benutzte lexikalische Entscheidungsaufgabe tatsächlich ausschließlich den Zugriff auf das mentale Lexikon misst oder möglicherweise auch noch andere Prozesse ins Spiel bringt, die nicht unbe-

Tabelle 1: Auswahl wichtiger neurokognitiver Methoden

METHODE	Messung behavioral/physikalisch/ physiologisch	Auflösung räumlich/zeitlich
Blickbewegungen	Fixationsanzahl und -dauer, Sakkadenanzahl, -richtung und -größe	mm/msek
EEG/EKP	Spannung/Neuronenaktivität	cm/msek
MEG	Magnetfeld/Neuronenaktivität	cm/msek
PET	Radioaktive Strahlung/Blutfluss, Metabolismen, Neurotransmitter	mm-cm/min
fMRT	Magnetfeldänderungen/Kapillare Sauerstoffsättigung [d(Hb)], Blutfluss	mm/sek
NIRS	Lichtdichteänderungen/kapillare Sauerstoffsättigung [d(HbO$_2$) und d(Hb)],	mm/sek

dingt etwas mit der Worterkennung als Kernvorgang des natürlichen Lesens zu tun haben (GRAINGER & JACOBS, 1996).

Nicht alle Methoden aus Tabelle 1 sind allerdings gleichgut mit sämtlichen kognitiven Paradigmen kombinierbar. Auch unterscheiden sie sich bezüglich der verwendbaren Untersuchungsdesigns in vielerlei Hinsicht. Dies sei am Beispiel von Lesestudien bezogen auf die drei meistverwandten Methoden illustriert: Blickbewegungsmessung (Elektrookulogramm/EOG und modernere Verfahren), Elektroenzephalogramm (EEG) bzw. Ereigniskorrelierte Potenziale (EKP) und funktionelle Magnetresonanztomographie (fMRT). Diese Methoden ergänzen sich bezüglich ihres Informationsgehalts wegen der hohen zeitlichen Auflösung von EKP/EEG, der hohen räumlichen Auflösung von fMRT, sowie der hohen Einsatzflexibilität von Blickbewegungsmessungen, so dass ihr kombinierter Einsatz aktuell als vielversprechendster Ansatz gilt (für eine ausführlichere Darstellung der EEG und fMRT Methoden s. JACOBS, 2005).

Was die Erforschung des schulisch relevanten Lese(lern)vorgangs angeht, ist die online Blickbewegungsmessung sicherlich die neurokognitive Methode der Wahl. Obwohl sie nicht direkt zu den Hirnaktivitätsmessmethoden gezählt werden kann, liefert sie millimetergenaue Signale über die Position der Augen im Raum mit ähnlich hoher zeitlicher Auflösung wie das EEG (bis zu 500 Messwerte pro Sekunde). Dank modernster Technik ist es heute möglich, vor Ort auf dem Schulhof die Blickbewegungen von Kindern mit einer in einem Minivan (dem sog. GUCKOMOBIL) installierten Blickbewegungskamera (dem GUCKOMETER) zu registrieren, um Aufschlüsse über die Leseleistung und mögliche Lesestörungen unter quasi-natürlichen Bedingungen zu bekommen (www.guckomobil.de; ENGL, HUTZLER & JACOBS, 2005).

Die beiden anderen Methoden unterliegen bezüglich der Untersuchung des Lesen(lernen)s jedoch gewissen Einschränkungen. Wegen der Interferenzen zwischen der durch Blickbewegungen hervorgerufenen elektrischen Artefakte und der für ein bestimmtes Experiment zum Lesen interessierenden, ereigniskorrelierten Aktivität verwenden alle bisherigen EKP Lesestudien ausschließlich eine serielle Wort-für-Wort Darbietung, bei der Blickbewegungen durch die kurzzeitige Darbietung der Wörter (ca. 100 ms) keine Rolle spielen (gleiches gilt für fMRT Studien). Inwieweit die so erhaltenen Befunde die einer natürlichen Lesesituation approximieren ist noch unklar. Dank eines neuartigen Verfahrens zur Filterung elektrischer Signale, die sich aus blickmotorischen Aktivitäten ergeben, ist es kürzlich allerdings gelungen, EKPs auch in einer natürlichen Lesesituation – unter gleichzeitiger Registrierung der Blickbewegungen – aufzuzeichnen (DIMIGEN, HOHLFELD, JACOBS, SOMMER, ENGBERT, & KLIEGL, 2005). Somit könnten in Zukunft im „Guckomobil" sowohl Blickbewegungen als auch EKPs vor Ort auf dem Schulhof aufgezeichnet werden.

Im Gegensatz zur Blickbewegungsmessung sind mit den beiden anderen Methoden bisher keine zuverlässigen Einzelfallanalysen durchführbar, weil der geringe Signal-Rausch Abstand die Mittelung über viele Probanden und Einzeldurchgänge erforderlich macht. Für individualdiagnostische Zwecke kommt somit, zumindest gegenwärtig, nur die Blickbewegungsmessung in Frage.

Messtheoretisch-epistemologische Fragen: das korrelative Prinzip

Wird in einer Elektrostimulationsstudie am Tier durch Aktivierung einer bestimmten Nervenzelle (oder einer Gruppe von Zellen) eine bestimmte Reaktion ausgelöst oder in einer Läsionsstudie durch Zerstörung dieser Zellen die Reaktionsmöglichkeit genommen, so gehen Neurowissenschaftler oft von der Identifikation hinreichender bzw. notwendiger Bedingungen für das Auslösen eines bestimmten Verhaltens aus. Dagegen ist der Versuch, eine solche Identifizierung auch unter Einsatz bildgebender Verfahren zu versuchen ein relativ neues Phänomen. Erst kürzlich behaupteten PRICE, MUMMERY, MOORE, FRACKOWIAK & FRISTON (1999), man könne mittels funktionaler Bildgebung (fMRT) notwendige und hinreichende neuronale Systeme in neuropsychologischen Patientenstudien identifizieren. Wie die Autoren einige Jahre später zugeben mussten, unterlag diesem Ansatz der logische Fehler, nicht zu bedenken, dass prinzipiell immer mehrere Wege zum Ziel führen, d.h. dieselbe kognitive Aufgabe durch die Rekrutierung unterschiedlicher neurokognitiver Systeme erledigt werden kann, die damit alle „hinreichend" wären (PRICE & FRISTON, 2002). Somit wurde auch das seit langem in der Neurobiologie bekannte „Degenerationsprinzip" ignoriert: die Fähigkeit strukturell unterschiedlicher neurobiologischer Elemente, die gleiche Funktion auszuführen oder den gleichen output zu erzeugen (TONONI, SPORNS & EDELMAN, 1999).

Die allgemeinere Frage nach der Beziehung zwischen Hirnaktivität und beobachtbarem Verhalten kann anhand eines Gleichungssystems, das hier vereinfacht dargestellt wird, behandelt werden. Die mit einer bestimmten neurokognitiven Methode registrierten Signalunterschiede (ΔS, z.B. Magnetfeldschwankungen), welche auf Veränderungen neurophysiologischer Parameter (ΔP, z.B. erhöhter Sauerstoffgehalt des Blutes aufgrund von erhöhter, lokaler Stoffwechselaktivität des Gehirns) basieren, messen die Hirnaktivität (ΔN, z.B. lokale Stoffwechselaktivität des Gehirns aufgrund von Neurotransmitterfluss), welche mit der Manipulation mentaler Prozesse (ΔM, z.B. Wiedererkennen) assoziiert ist, d.h.

$$\Delta S = \Delta P = \Delta N = \Delta M \quad (1)$$

wobei die vier Variablen eindeutige Funktionen voneinander sein sollen (SHULMAN, 2001).

An jede Methode muss allerdings die Frage gerichtet werden, genau welche Hirnaktivität für die interessierenden mentalen Prozesse relevant ist (z.B. Zellfeuerraten, lokale

Feldpotenziale, Neurotransmitterfluss) und genau welche neurophysiologischen Parameter (z.B. Blutfluss, Energieverbrauch) für welche Hirnaktivität (JACOBS, 2005).

Das korrelative Prinzip, von dem die meisten neurokognitiven Forscher ausgehen, besagt, dass die Beziehung zwischen einer reiz-, aufgaben- und kontextabhängig gemessenen Hirnaktivität N und einem mentalen Vorgang M am besten durch eine bedingte Wahrscheinlichkeit, x, beschrieben werden kann:

p(N,M) = x (mit 0 < x < 1)   (2)

Man beachte die Reihenfolge der Bedingung: nicht die Hirnaktivität bedingt in dieser Gleichung den mentalen Prozess, sondern umgekehrt. Somit sind etwa EKP Amplituden oder fMRT Aktivitätsmuster abhängige Variablen (AV) wie andere auch (Reaktionszeiten oder Fehlerraten), deren Veränderungen in einem Experiment durch die Manipulation der unabhängigen Variablen (UV; Schwierigkeitsgrad der Aufgabe, Vertrautheitsgrad der Reize usw.) bedingt werden.

Eine über aussichtsreiche Anwendungsmöglichkeiten entscheidende Frage ist, inwieweit kognitive Modelle mentaler Vorgänge auch zur Vorhersage von Hirnaktivität (oder neurophysiologischen Parametern bzw. Signalunterschieden) benutzt werden können. Solange solche Modelle nur Reaktionszeiten und Fehlerraten vorhersagen können, existiert eine Theorielücke, die zuverlässige Anwendungen von Hirnaktivitätsmessmethoden etwa in pädagogischen Kontexten wenig aussichtsreich erscheinen lässt (JACOBS & CARR, 1995). Aktuelle Ansätze der komputationellen Modellierung von EKP oder fMRT Daten sind in dieser Hinsicht jedoch erfolgversprechend (ANDERSON, QIN, STENGER, & CARTER, 2004; BRAUN, JACOBS, HAHNE, RICKER, HOFMANN, & HUTZLER, 2005).

Neurokognitive Evidenz für funktionelle und strukturelle Gehirnplastizität

Dank neurokognitiver Methoden liegen zahlreiche Nachweise für die Veränderung von Hirnaktivität und -strukturen im Zuge von Wiederholens-, Lern- oder Übungstätigkeiten vor. Dies sei an einigen der spektakuläreren Beispiele aus der ständig wachsenden Zahl von Arbeiten aufgezeigt.

Die Braille Studie von PASCUAL-LEONE & HAMILTON (2001) deutet an, dass die Restriktion visueller Reize bei Sehenden deren Fähigkeit verbessert, über taktile Reize den visuellen Kortex zu aktivieren und damit das Erlernen der Blindenschrift erleichtert.

In der Studie von TURKELTAUB, GAREAU, FLOWERS, ZEFFIRO, & EDEN (2003) wird deutlich, dass Lesenlernen mit zwei Veränderungsmustern der Hirnaktivität korreliert: i) mit dem Lesealter steigende Aktivität im linkshemisphärischen mittleren temporalen und inferioren Gyrus Frontalis, ii) bei steigender Lesekompetenz sinkende Aktivität in rechtshemisphärischen infero-temporalen Arealen. Diese Befunde stützen Ortons frühe, aus der Mode gekommene Theorie des Lesenlernens, laut der „visuelle Engramme" von Wörtern in der rechten Hemisphäre die (links-hemisphärisch-phonologische) Leseentwicklung stören und deswegen „unterdrückt" werden müssen.

Dass Lernvorgänge oft mit der gleichzeitigen Erhöhung von Hirnaktivität in einem Areal und der Verminderung bzw. Elimination in einem anderen Areal korrelieren, hatte bereits die Studie von RAICHLE, FIEZ, VIDEEN, MACLEOD, PARDO, FOX, & PETERSEN (1994) angedeutet, laut der das wiederholte Generieren spezifischer Nomen Aktivität im linken inferior-frontalen und anterioren Gyrus Cinguli eliminiert (diese ist oft mit anspruchsvollen, nicht automatisierten Tätigkeiten korreliert), während es die Aktivität in der vorderen Insula erhöht (diese ist u.a. mit mehr automatisierten Tätigkeiten korreliert).

Solche Evidenz für funktionelle Hirnplastizität, d.h. Aktivierungsänderungen beim Lernen oder Üben wird ergänzt durch aufsehenerregende Belege für strukturelle Plastizität. So wirkt sich der Fremdspracherwerb offenbar nachweislich auf Hirnstrukturen aus, wie eine rezente Studie aus London nahelegt. MECHELLI, CRINION, NAPPENEY, O'DOHERTY, ASHBURN, FRACKOWIAK, & PRICE (2004) untersuchten monolinguale, frühe bilinguale und späte bilinguale Probanden mit voxelbasierter Morphometrie (einem auf MRT beruhenden Verfahren zur Bestimmung hirnstruktureller Unterschiede zwischen Probandengruppen) und stellten signifikant lineare Beziehungen zwischen der Zweitsprachfertigkeit sowie dem Erwerbsalter und der Dichte der grauen Substanz (Hirnrinde) im linken inferioren Parietallappen fest (einem Areal, welches mit der verbalen Flüssigkeit assoziiert wird). Dieser Nachweis für eine strukturelle Reorganisation von Hirnarealen als Folge des Erlernens einer Fremdsprache öffnet die Tür für viele weitere Forschungsfragen. So wäre es beispielsweise interessant zu untersuchen, inwieweit eine funktionelle Reorganisation phonologischen Wissens beim Erlernen der Schreibsprache mit einer hirnstrukturellen Reorganisation korreliert ist.

Fortschritte in der neurokognitiven Lern- und Gedächtnisforschung

Mangels eines dem Rahmen dieses Aufsatzes nicht gerecht werdenden, umfassenden Überblicks über aktuelle neurokognitive Forschung zu Lern- und Gedächtnisprozessen werden im folgenden einige herausragende Entwicklungen der letzten 15 Jahre angerissen, deren Relevanz für schulisches Lernen auf der Hand liegt.

Imitationslernen

Im Vordergrund dieser Entwicklungen steht die Entdeckung der sog. Spiegelneurone durch Rizzolati (RIZZOLATTI, CAMADA, FOGASSI, GENTILUCCI, LUPPINO, & MATELLI, 1988), welche bereits bezüglich ihrer Tragweite mit der Entdeckung der DNA verglichen wird und eine lange vernachlässigte Lernart – das Imitationslernen- ins Zentrum der neurokognitiven Forschung beförderte. Eine Untermenge von Nervenzellen im Motorcortex (Area F5) von Rhesusaffen, sowie ihre vermeintlich homologen Gegenstücke im menschlichen Frontallappen (Area BA 44 und 45 der linken Hirnhälfte) werden Spiegelneurone genannt, weil ihre Aktivität nicht nur mit der Ausführung einer motorischen Handlung korreliert, sondern auch mit der Beobachtung (durch den Affen) der Ausführung einer ähnlichen Bewegung durch einen Menschen oder einen anderen Affen. Diese Neurone bilden das „Spiegelsystem des Greifens" beim Affen und liefern den neuronalen Kode für den Abgleich von Ausführung und Beobachtung von Arm- oder Handbewegungen. Einer aktuell viel Forschung und Diskussion generierenden Hypothese zufolge bilden diese Zellen die neuronale Grundlage der Evolution von Kommunikation und Sprache bei Tier und Mensch und wären somit wichtig, wenn nicht notwendig für die Entwicklung von Zivilisation und Kultur (ARBIB, 2005). Inwiefern die Aktivität dieser Neurone eine entscheidende Rolle beim kindlichen Spracherwerb oder auch beim Lernen einfacher oder komplexer Handlungsabläufe (in Spiel, Tanz oder Sport) spielt, dies sind sicherlich spannende Fragen, die mithilfe von neurokognitiven Methoden in den nächsten Jahren beantwortet werden könnten. Spiegelfunktionen sind mittlerweile auch außerhalb der klassisch motorischen Hirnareale nachgewiesen, etwa in der Insula, die bei der emotionalen Informationsverarbeitung und möglicherweise auch bei der sozialen Kognition (Perspektivenübernahme, Hineinversetzen in Andere) eine Rolle spielt (BAUER, 2005).

Wortschatzerwerb und Sprachgedächtnis

Gibt es eine angeborene Disposition zum Spracherwerb oder folgt Sprachlernen allgemeinen Lernprinzipien? Diese klassische Frage ist in den letzten Jahren um neue Antwortelemente bereichert worden. Seit BATES & GOODMANs (1997) These einer Untrennbarkeit von Grammatiklernen und Wortschatzerwerb deuten die Befunde vieler Studien an, dass die modularistische Perspektive, laut der sich Grammatiklernen und Wortschatzerwerb unabhängig voneinander entwickeln, eher nicht der Wirklichkeit entspricht. Die Emergenz grammatikalischen Wissens scheint stark von der Größe des Wortschatzes abzuhängen. Zahlreiche Untersuchungen widmeten sich als Folge der Bates'schen These dem Wortschatzerwerb. Ältere Ansätze einfachen statistischen, assoziativen Lernens (Assoziationen zwischen Gesehenem und Gehörtem als Basis des Wortlernens: „Sieh mal! Ein Hund") wurden dabei durch die Pionierarbeiten von SAFFRAN (2003) gestärkt. In einer ihrer Studien wurden Übergangswahrscheinlichkeiten zwischen Silben bereits von 8-monatigen Babies so gut gelernt, dass sie als Grundlage des Erwerbs wortartiger akustischer Einheiten in Frage kommen.

Ebenso einflussreich für den Wiederaufstieg des Ansatzes statistischen Lernens war die Entwicklung der „Latenten Semantischen Analyse" (LSA) durch LANDAUER und DUMAIS (1997). Dieser statistische Algorithmus lernt die Bedeutung eines bestimmten Wortes ausschließlich aufgrund von Kollokationsfrequenzen, d.h. Auftretenshäufigkeiten benachbarter Wörter in bestimmten Kontexten. Wörter erhalten ihre Bedeutung durch den Kontext (Phrase, Satz, Paragraph, Text, Buch), mit dem sie am häufigsten assoziiert sind. Je semantisch ähnlicher sich zwei Wörter sind, desto eher tauchen sie in gleichen Kontexten anderer Wörter auf, unabhängig davon, ob diese über verschiedene Textstellen, Zeitschriften oder Bücher verteilt sind. Mit 64,4% korrekter Antworten im Synonym Untertest des TOEFL schneidet die LSA ebenso gut ab, wie eine große Stichprobe ausländischer Bewerber für amerikanische Colleges (64,5%). Auch bei Textwiedergabe- und Vokabellernaufgaben sind die Ergebnisse der LSA unter bestimmten Bedingungen mit denjenigen von Schulkindern vergleichbar, ein Umstand, den man sich bei der Evaluation von Schulleistungen zunutze machen kann, indem man die LSA sozusagen als „Nullmodell" verwendet.

Kleinkinder lernen zunächst das Aussprechen einzelner Phoneme, gefolgt von Phonemfolgen (Konsonant-Vokal-Verbindungen, Silben) und ganzen Wörtern. Spätestens in der Grundschule sollen Kinder dann lernen, bereits bekannte und neu hinzukommende Sprachlautfolgen durch Schriftzeichen abzubilden. Abhängig von der Konsistenz (Lauttreue) einer Schriftsprache erfordert dies weitreichende Umorganisationsprozesse im Sprachgedächtnis und – zumindest in alphabetischen oder phonographischen Sprachen wie dem Deutschen- das Internalisieren des *Alphabetischen Prinzips (*die Tatsache, dass die alphabetischen Schriftzeichen wie Buchstaben oder Grapheme Phoneme kodieren; Jacobs, 2002). Dies ist gleichbedeutend mit der *Entdeckung der Basisebene*, auf der sich die elementaren orthographischen und phonologischen Repräsentationen der graphischen und lautlichen Symbole treffen. Jedoch wird das Erlernen dieser Identitätsrelation durch eine Reihe von Problemen erschwert (Konsistenz-, Zugänglichkeits- und Granularitätsproblem), die im Rahmen dieses Aufsatzes nicht behandelt werden können. Dazu sei auf die Arbeiten von JACOBS (2002), JACOBS und GRAF (2005), ZIEGLER und & GOSWAMI (2004), sowie ZIEGLER, PERRY, JACOBS und BRAUN (2001) verwiesen. Die Arbeit von ZIEGLER et al. (2001) liefert eindrucksvolle empirische Evidenz für die These, dass der Worterwerb von der Lauttreue abhängt: beim leisen Lesen verarbeiten englischsprachige Kinder in beiden Sprachen identische „Wörter" wie „ZOO", „SAND" oder „PARK" anders, d.h. in größeren perzeptiven Einheiten (Reime), als deutschsprachige, welche sich durch graphem/phonem-basiertes Lesen auszeichnen.

Der Erwerb von Wissen über lautliche und visuelle Wortformen geht einher mit dem Erwerb der Semantik, welcher wiederum untrennbar vom Erwerb des syntaktischen Wissen gesehen werden kann (BATES und GODDMAN, 1997). Die vielzitierten Arbeiten BLOOMs (2000) sprechen dafür, dass Kinder Bedeutungsaspekte neuer Wörter extrem schnell auf der Grundlage einiger weniger Auftretensfälle lernen, ohne explizite Instruktion oder Rückmeldung („fast mapping"). Ob der Hund „Rico" Wörter aufgrund derselben assoziativen Mechanismen lernt wie Kleinkinder, (KAMINSKI, CALL, & FISCHER, 2004) und ob „Rico" Wörter mental so repräsentiert wie man es von Kindern und Erwachsenen bisher annimmt, nämlich als Symbole, die auf Kategorien und Individuen in der Außenwelt referieren, sind derzeit heftig debattierte Fragen.

Die Standardsichtweise der mentalen Repräsentation von Wörtern – Wörter als „Operanden", die von einem Syntaxprozessor aus einem passiven Speicher (mentales Lexikon) zur Konstruktion von Phrasen und Sätzen abgerufen werden (JACKENDOFF, 2002)- wird jedoch kontrovers diskutiert. Aktuelle neurokognitive Befunde sprechen eher für die Vorstellung, dass Wörter als „Operatoren" – sensorische Reize wie andere auch –, auf neuronale bzw. mentale Zustände wirken. Aus der komplexen Interaktion zwischen Reiz und Gehirn entstehen so die orthographischen, phonologischen oder semantischen „Worteigenschaften" kontextabhängig und dynamisch, in Analogie zur Funktionsweise von nonlinearen, dynamischen Computersimulationsmodellen der Muster- und Worterkennung (ELMAN, 2004; GRAINGER & JACOBS, 1996; JACOBS, GRAF, & KINDER, 2003; JACOBS & GRAF, 2005).

Abschließend sei noch darauf verwiesen, dass von der ursprünglich, zumindest unter Linguisten Chomsky'scher Prägung, theoretisch sehr breit angelegten angeborenen Disposition zum Spracherwerb laut neuesten Erkenntnissen nicht mehr als die Fähigkeit zur Rekursion als einzige spezifisch menschliche „faculty of language" übrig geblieben scheint (HAUSER, CHOMSKY & FITCH, 2002).

Lernschwächen und -störungen

Das Thema Lernstörungen würde eines eigenen Aufsatzes bedürfen. Hier soll nur auf einige herausragende Neuerungen hingewiesen werden. Die erste betrifft den Bereich Lesestörungen. Trotz gegebener sprach- und damit kulturspezifischer Unterschiede, die bisher oft als Argument gegen die Anerkennung der Dyslexie (Legasthenie) als Hirnentwicklungsstörung und Krankheit verwendet wurden, weisen aktuelle Studien auf eine universelle neurokognitive Grundlage für schwere Lesestörungen hin: die multilinguale Studie von PAULESU, DEMONET, FAZIO, MCCRORY, CHANOINE, BRUNSWICK, CAPPA, COSSU, HABIB, FRITH & FRITH (2001) findet eine sprachübergreifende Hypoaktivierung im linken Temporallappen (temporale, inferiore und superiore Gyri, sowie mittlerer okzipitaler Gyrus). Obwohl noch keine der vier großen Verursachungstheorien zur Dyslexie (phonologisches Defizit, magnozelluläres Defizit, zeitlich-auditives Defizit und Kleinhirndefizit) endgültig als bestätigt oder falsifiziert angesehen werden kann, häufen sich die Belege für die phonologische Defizittheorie zu ungunsten der drei anderen (HUTZLER, KRONBICHLER, JACOBS & WIMMER, 2005; RAMUS, 2003).

Auch im Bereich Rechenschwächen und -störungen (Dyskalkulie) sprechen viele aktuelle Befunde für die These eines universellen neurokognitiven Defizits, dessen funktionelles neuroanatomisches Korrelat eine Hypoaktivierung des inferioren Parietallappens (intraparietaler Sulcus) und linken Gyrus Angularis wäre (ANSARI & KARMILOFF-SMITH, 2002). Ähnlich verhält es sich mit Aufmerksamkeitsschwächen und Hyperaktivitätsstörungen (ADS, ADHS, HKS). Aktuelle fMRT Studien deuten auf strukturelle neuroanatomische Korrelate hin: bestimmte Regionen des Frontallappens (anterior, supeiror und inferior), sowie der Basalganglien (Nucleus Caudate und Globus Pallidus) scheinen bis zu 10% kleiner bei Menschen mit ADHD zu sein, die zusätzlich genetische Polymorphismen (Dopamin D4 Rezeptorgen) aufweisen (SWANSON, CASTELLANOS, MURIAS, LAHOSTE & KENNEDY, 1998).

Obwohl genetische Unterschiede bisher nur einen kleinen Varianzanteil behavioraler oder funktionell und strukturell neuroanatomischer Befunde zu Lernen und Lernstörungen erklären können, spricht vieles dafür, dass mit der ständig steigenden Zahl neurogenetischer Studien auch die Evidenz für genetische Korrelate anwächst (POSNER & ROTHBART, 2005).

Implizites Lernen

Viele der im Abschnitt zum Wortschatzerwerb erwähnten Befunde zum Sprachlernen sprechen für die wichtige Rolle, die implizite Lernprozesse in Schule und Alltag spielen. Implizites Lernen ist eine komplexe Form von Gedächtnispriming basierend auf neuronalen Bahnungsprozessen in einem kontinuierlich lernenden Nervensystem. Das über mehrere neuronale Netzwerke verteilte Wissen, das so erworben wird, kann kausal wirken, ohne dass man sich darüber bewusst ist, dass dieses Wissen erworben wurde, oder dass es gerade Informationsverarbeitung, Entscheiden und Handeln beeinflusst, d.h. ohne Metawissen (CLEEREMANS, DESTREBECQZ & BOYER, 1998). Implizites Lernen ist damit eine Form assoziativen Lernens, welches Mechanismen statistischer Abhängigkeiten zwischen Umweltreizen nutzt, um hochspezifische Wissensrepräsentationen zu generieren (FRENSCH & RÜNGER, 2003).

Die kritische Frage in experimentellen Untersuchungen zum impliziten Lernen (z.B. anhand künstlicher Grammatiken oder Sequenzlernaufgaben) betrifft oft die Methoden, die eingesetzt werden, um den Bewusstheitsgrad der Probanden bezüglich des Lernvorgangs zu prüfen. Hier haben sich wegen der in vieler Hinsicht problematischen Befragung von Probanden sowohl mathematische als auch Computersimulationsmodelle als entscheidende Hilfsmittel bewährt (BUCHNER, STEFFEN, & ROTHKEGEL, 1997; KINDER & SHANKS, 2003).

Kausalitätslernen

Auch bezüglich der entwicklungspsychologisch wichtigen Frage, wie Kinder kausale Strukturen auf der Grundlage von Fakten lernen, deuten viele aktuelle Studien in die Richtung impliziten Lernens gestützt auf die schnelle, unbewusste Erfassung statistischer Regelmäßigkeiten (z.B. bedingte Wahrscheinlichkeiten). Befunde aus Testaufgaben, in denen Kinder beispielsweise lernen sollen, welche Farbkombination von zwei Blumen einen Affen zum Niesen bringt und welche nicht, stimmen gut überein mit Vorhersagen aus induktiven Lernalgorithmen vom Typ kausaler Bayes Netze (GOPNIK & SCHULZ, 2004). Solche allgemeinen induktiven Lernalgorithmen werden auch erfolgreich zur Simulation des Worterwerbs eingesetzt (REGIER, 2003).

Fehlerfreies Lernen

Einer der kritischen Prozesse des menschlichen Gedächtnisses ist die Entdeckung und Eliminierung von Fehlern beim Abrufen von Informationen, die laut neuesten neurokognitiven Erkenntnissen durch einen Selbstmonitoringprozess gesteuert wird, der mit neuronalen Netzwerken im rechten dorsolateralen präfrontalen Kortex assoziiert ist. Lernen vollzieht sich oft in einem Versuchs-und-Irrtums Prozess, bei dem auch inkorrekte interne Reaktionen (mentale Repräsentationen) aktiviert werden, die bei späteren Abrufprozessen Interferenzen erzeugen können. Deswegen empfehlen Gedächtnispsychologen vor allem bei Probanden mit Gedächtnisproblemen, die Lernphase eines Gedächtnistests immer unter fehlerfreien Bedingungen durchzuführen, weil ansonsten in der Testphase viele Fehlalarme, d.h. falsche Erinnerungen, auftreten können (BADDELEY & WILSON, 1994). Eine spezifische Komponente des EKPs, die sog. „error negativity" oder ERN tritt systematisch in Verbindung mit Fehlalarmen unter fehlerfreien Lernbedingungen auf. Sie wird als elektrophysiologisches Korrelat des Selbstmonitoringprozesses interpretiert, der die Korrektheit einer Gedächtnisspur überprüft (RODRIGUEZ-FORNELLS, KOFIDIS & MÜNTE, 2004). Die ERN könnte somit als Diagnostikum zur Aufdeckung von effizienten Lernbedingungen bzw. guten vs. schlechten Lernern eingesetzt werden.

Assoziatives Belohnungslernen und Motivation

Die neurobiologischen Mechanismen des Belohnungslernens werden immer besser verstanden. Tierversuche und fMRT Experimente an Menschen deuten darauf hin, dass Dopamin-Neurone in bestimmten Hirnarealen (Striatum/Nucleus Caudate, Nucleus Accumbens, orbitofrontaler Kortex, Amygdala) Belohnungen und Belohnungen versprechende Umweltreize entdecken und diese Information an Hirngebiete weiterleiten, die bei Entscheidungsprozessen aktiviert sind (dorsolateraler präfrontaler Kortex und parietaler Kortex; SCHULTZ, 2004). Neuesten Erkenntnissen zufolge wird beim assoziativen Belohnungslernen zuerst der Nucleus Caudate des Striatums aktiviert, welcher dann Informationen an die langsameren Lernmechanismen im dorsolateralen präfrontalen Kortex (BA 9 und 46) übermittelt (PASUPATHY & MILLER, 2005). Die schnellen, subkortikalen Basalganglien trainieren sozusagen den langsameren präfrontalen Kortex beim (visuomotorischen) dopaminergen Belohnungslernen. Damit stünden zwei zeitlich dissoziierbare Belohnungslernmechanismen zur Verfügung.

Eine Schlüsselfrage für pädagogisch-psychologische Zwecke ist allerdings, inwieweit solche hauptsächlich an Tieren gefundenen Resultate sich auf sprachbegabte soziale Wesen übertragen lassen. Die große Rolle der Sprache beim schulischen und alltäglichen Belohnungslernen ist neurowissenschaftlich so gut wie nicht untersucht. Aktiviert verbales Lob („Prima, weiter so!" oder „Fein, das hast du aber gut gemacht!") ähnliche Belohnungslernmechanismen wie Nahrung oder Drogen? Sind die o.a. subcortikalen Netzwerke auch am verbalen Verstärkungslernen beteiligt? Hier eröffnet sich womöglich ein eigenes Forschungsprogramm, das jedoch auf bestimmte Methoden, die bei Ratten und Affen eingesetzt werden, verzichten muss.

Lebenslanges Lernen und Verlernen

Bedeutsame Fortschritte verzeichnet auch die Forschungsrichtung „Lebenslanges Lernen". In Entwicklungs- und Gerontopsychologie sowie der Altersforschung allgemein geht der Trend eindeutig hin zum kombinierten Einsatz klassisch psychometrischer Papier-Bleistift Verfahren zusammen mit experimentellen neurokognitiven Methoden. Außerdem rücken intraindividuelle Veränderungen mehr in den Fokus der Forschung (LI, LINDENBERGER, HOMMEL, ASCHERSLEBEN, PRINZ, & BALTES, 2004). Dass elementare kognitive Leistungsparameter wie Kurzzeitgedächtnis- und Aufmerksamkeitsspanne oder die allgemeine Informationsverarbeitungsgeschwindigkeit mit steigendem Alter abnehmen war schon vorher bekannt. Die möglichen neurobiologischen und -kognitiven Ursachen dieser Leistungsdefizite werden aber erst dank neuer Methoden wie bildgebende Verfahren, Genanalysen und neuronale Netzwerkmodelle langsam beleuchtet. Progressives Zellsterben, welches Pathologien wie Alzheimer kennzeichnet, scheint nicht der Grund für mildere kognitive Probleme im Alter zu sein, sondern neurochemische Veränderungen innerhalb noch weitgehend intakter neuronaler Strukturen. Insbesondere Neurotransmitterfunktionen (Katecholamine wie Dopamin und Norepinephrin) werden in bestimmten Hirnregionen (präfrontaler Kortex, Basalganglien) defizitär. Die Dopamin Ausschüttung und die Anzahl der Dopamin Rezeptoren in diesen Hirnregionen sinkt mit jeder Dekade Lebensalter um 5 bis 10%. Der Neurotransmitterverlust moduliert wahrscheinlich die kurzzeitige Aktivierung mentaler Repräsentationen von externen Reizen im präfrontalen Kortex. Diese Aktivierungen dienen der vitalen Funktion, das ständige sich Verlassen auf Umweltreize zumindest kurzzeitig zu umgehen und die Aufmerksamkeit auf relevante Reize und situationsadäquate Reaktionen zu fokussieren.

Welche Auswirkungen dieser Verlust auf Lern- und Gedächtnisleistungen haben könnte, zeigen Computersimulationsstudien in Verbindung mit kognitiven Tests (LI, 2002). Lis These ist, dass die altersbedingte defizitäre Neuromodulation zu einer Dedifferenzierung mentaler Repräsentationen führt, die auf ein vermindertes neurokognitives Signal-Rausch Verhältnis zurückgeht. Das bedeutet, dass im Alter die Schärfe perzeptiver oder mnestischer Repräsentationen leidet. Demnach werden beispielsweise die mentalen Abbilder der während einer Kunstausstellung betrachteten Bilder weniger distinktiv und daher leichter miteinander verwechselbar. Lernleistungen im Alter dauern generell länger, aber leider erreichen sie auch nach vielen Übungsdurchgängen nicht mehr die Niveaus der Jüngeren. Zur Reduktion der Lerngeschwindigkeit und Leistungsasymptote gesellt sich ein Zuwachs an Ablenkbarkeit (durch irrelevante Umweltreize) und an Reaktionsvariabilität. Es wird also schwieriger, sich zu konzentrieren und stabile Leistungswerte zu reproduzieren. Da die eigene, nicht mehr voll funktionsfähige Sensomotorik (Körperhaltung, Gleichgewicht usw.) mehr Aufmerksamkeit und Selbstregulation in Anspruch nimmt, stehen nicht mehr so viele mentale Ressourcen für die konzentrierte Verarbeitung von Umweltinformationen zur Verfügung. Dies wiederum verschlechtert die Ausgangsbedingungen für die Abspeicherung scharfer mentaler Repräsentationen. Auch diese Alterseffekte konnte LI (2002) mit dem Dedifferenzierungsmechanismus überzeugend simulieren. Was das verbale Gedächtnis angeht, zeigen aktuelle fMRT Studien ebenfalls eine besondere Form der Dedifferenzierung: während verbale Gedächtnisaufgaben bei Jüngeren sehr selektiv linkshemisphärische Regionen aktivieren (im Gegensatz zu Raumgedächtnisaufgaben, die typischerweise mit rechtshemisphärischen Aktivierungen korrelieren), zeigen sich bei Älteren Aktivierungen in beiden Hemisphären in beiden Aufgabentypen (CABEZA, 2002).

Bei Affen zeigen bestimmte dopaminsteigernde Medikamente jedoch Verbesserungseffekte in der Arbeitsgedächnisleistung, was auch einen Hoffnungsschimmer für ihre Vettern bedeuten könnte. Neurokognitive Methoden werden zukünftig auch im Bereich der Effizienzkontrolle von vermeintlich gedächtnisfördernden Medikamenten oder Trainingsmaßnahmen spielen. Neben der Funktionsverbesserung durch Restitutionsmethoden wie „Gehirnjogging" oder „Gedächtnispillen", setzen Gerontopsychologen primär auf Kompensationsmaßnahmen, wie interne und externe Gedächtnisstützen und Mnemotechniken („Methode der Orte"), Beseitigung von Störquellen oder Aufbau von Verhaltensroutinen (Schlüssel immer am gleichen Ort).

Neueste Studien fordern die klassische Sichtweise eines progressiven mentalen Niedergangs zunehmend heraus. Erstens weil viele der in der Altersforschung benutzten Standardlabortests junge Menschen bevorteilen, indem sie die speziellen Fertigkeiten der Älteren weniger gut erfassen un damit viele klassische Befunde die Altersdefizite deutlich überschätzt haben könnten (HELMUTH, 2003). Zweitens weil Belege für funktionelle neurokognitive Reorganisation, Kompensation und erfolgreiche Interventionsmaßnahmen sich häufen und damit auch die Zwangsläufigkeit kognitiver Altersdefizite in Frage gestellt werden kann, zumindest, was das sog. Dritte Alter der 60- bis 70-Jährigen angeht (REUTER-LORENZ & LUSTIG, 2005).

Computermodelle zu Lern- und Gedächtnisprozessen

Der Schwerpunkt neuronaler Netzwerkmodelle allgemeiner menschlicher Lern- und Gedächtnisprozesse liegt aktuell auf Modellen des Hippocampus. Im Einklang mit neurokognitiven Befunden, simulieren diese Modelle zwei Hauptfunktionen dieser für Lern- und Gedächtnisvorgänge so entscheidenden Hirnregion: inkrementelles Lernen bei der Entwicklung neuer mentaler Repräsentationen, die für statistische Regelmäßigkeiten und Kontexte von Umweltreizen empfindlich sind, sowie schnelles Speichern und Abrufen episodischer Informationen (GLUCK, MEETER, & MYERS, 2003).

Für eine Vielzahl von kognitiven Prozessen liegen außerdem sehr spezifische Simulationsmodelle vor (Überblick in JACOBS, 2003 oder GRAINGER und JACOBS, 1998), beispielsweise für das implizite Wortgedächtnis (JACOBS et al., 2003), explizite Wortgedächtnis (YONELINAS, 1999) oder für implizites Lernen (KINDER und SHANKS, 2004). Diese Modelle können nicht nur zur quantitativen Vorhersagen von Minimal- oder Optimalleistungen in Lern- und Gedächtnisaufgaben eingesetzt werden, sondern auch zu heuristisch-diagnostischen Zwecken, wenn etwa ein teilweise ge- oder zerstörtes Netzwerk neurokognitive Prozesse bei Probanden mit Störungen simuliert, wie in LIS (2002) Simulation altersbedingter neurokognitiver Störungen. Auch bei der Erforschung möglicher Ursachen von Sprach- und Leseleistungen bzw. -störungen hat sich der Einsatz solcher Modelle bereits bewährt (HUTZLER, ZIEGLER, PERRY, WIMMER, & ZORZI, 2004; JACOBS, HELLER, & NAZIR, 1992; JACOBS, REY, ZIEGLER, & GRAINGER, 1998).

Welche aktuellen oder zukünftigen neurokognitiven Methoden scheinen für den Einsatz in (vor)schulischen Kontexten geeignet, um den Erfolg von Interventionsmaßnahmen auf neurokognitiver Ebene zu evaluieren?

Auch in naher Zukunft werden Interventionsmaßnahmen in Schulen primär mit Papier-Bleistift Verfahren (PISA, TIMMS) oder computergestützten Versionen derselben evaluiert werden. Da solche Verfahren jedoch ebenso wenig über mögliche Ursachen von Interventionserfolg bzw. -misserfolg aussagen können wie über Lernerfolg oder -störungen, wird man gesteigert auf ergänzende behaviorale und neurokognitive Methoden zurückgreifen müssen, um die notwendigen Erkenntnisfortschritte erzielen zu können. Zur Untersuchung kleinerer, selektiver Stichproben eignen sich im Prinzip alle in Tabelle 1 erwähnten Methoden, wobei der Blickbewegungsregistrierung – evtl. in Kombination mit EEG- aufgrund ihres Mobilitäts- und Kostenvorteils aktuell die größten Chancen eingeräumt werden können.

Literatur

ANDERSON, J.R., QIN, Y., STENGER, V.A., & CARTER, C.S. (2004). The Relationship of Three Cortical Regions to an Information-Processing Model, Journal of Cognitive Neuroscience 16, 637-653.
ANSARI, D., & KARMILOFF-SMITH, A. (2002). Atypical trajectories of number development: a neuroconstructivist perspective, Trends in Cognitive Sciences, 6, 511-516.

ARBIB, M.A. (2005). From Monkey-like Action Recognition to Human Language: An Evolutionary Framework for Neurolinguistics. Behavioral and Brain Sciences, in press.
BATES, E., & GOODMAN, J. (1997). On the inseparability of grammar and the lexicon: Evidence from acquisition, aphasia and real-time processing. Language & Cognitive Processes, 12, 507-586.
BAUER, J. (2005). Warum ich fühle, was du fühlst. Hoffmann und Campe.
BADDELEY, A., & WILSON, B.A. (1994). When implicit learning fails: amnesia and the problem of error elimination, Neuropsychologia, 32, 53-68.
BLOOM, P. (2000). *How children learn the meanings of words.* – Cambridge.
BRAUN, M., JACOBS, A.M., HAHNE, A., RICKER, B., HOFMANN, M., & HUTZLER, F. (2005). Model-generated lexical activity predicts graded ERP amplitudes in lexical decision. Cognitive Brain Research, submitted.
BUCHNER, A., STEFFENS, M.C. AND ROTHKEGEL, R. (1998). On the role of fragmentary knowledge in a sequence learning task. Quarterly Journal of Experimental Psychology, 51, 251-281.
CABEZA, R. (2002). Hemispheric asymmetry reduction in older adults: The HAROLD model, Psychology and Aging, 17, 85-100.
CLEEREMANS, A., DESTREBECQZ, A., & BOYER, M. (1998). Implicit learning: news fromthefront, Trends in Cognitive Science, 2, 406-416.
DIMIGEN, O., HOHLFELD, A., JACOBS, A.M., SOMMER, W. ENGBERT, R. & KLIEGL, R. (2005). Event-related potentials during natural, left-to-right reading: A combined EEG / eye tracking study. Paper presented at the ICON, Havanna.
ELMAN, J.L. (2004). An alternative view of the mental lexicon. Trends in Cognitive Sciences 8(7): 301-306.
ENGL, V., HUTZLER, F., & JACOBS, A.M. (2005). Orthografie oder Orthographie? Lesen nach der Rechtschreibreform – Eine Blickbewegungsstudie, eingereicht.
FRENSCH, P.A., & RÜNGER, D. (2003). Implicit learning. Current Directions in Psychological Science, 12, 13-18.
FRISTON, K.J., & C.J. PRICE (2003). Degeneracy and redundancy in cognitive anatomy. Trends in Cognitive Sciences, 7, 151-152.
GLUCK, M.A., MEETER, M., & MYERS, C.E. (2003). Computational models of the hippocampal region: linking incremental learning and episodic memory, Trends in Cognitive Sciences, 7, 269-276.
GOPNIK, A., & SCHULZ, L. (2004). Mechanisms of theory formation in young children. Trends in Cognitive Sciences, 8, 371-377.
GRAINGER, J., & JACOBS, A. M. (1996). Orthographic processing in visual word recognition: A multiple read-out model. Psychological Review, 103, 518-565.
GRAINGER, J. & JACOBS, A.M. (eds.). Localist connectionist approaches to human cognition. Mahwah, NJ: Lawrence Erlbaum Associates.
HAUSER, M., CHOMSKY, N., & FITCH, T. (2002). The Faculty of Language: What Is It, Who Has It, and How Did It Evolve?. Science, 298, 1569-1579.
HELMUTH, L. (2003). The Wisdom of the Wizened, Science, 299, 1300-1302.
HUTZLER, F., ZIEGLER, J. C., PERRY, C., WIMMER, H. & ZORZI, M. (2004). Do current connectionist learning models account for reading development in different languages? Cognition, 91 (3), 273-296.
HUTZLER, F., KRONBICHLER, M., JACOBS, A.M., & WIMMER, H. (2005). Perhaps correlational but not causal: No effect of dyslexic readers' magnocellular system on their eye movements during reading. Neuropsychologia, in press.
JACKENDOFF, R.S. (2002). Foundations of Language: Brain, Meaning, Grammar, and Evolution. – Oxford.
JACOBS, A.M. (2002). The cognitive psychology of literacy. In N.J. Smelser & P.B. Baltes (eds.), International Encyclopedia of the Social and Behavioral Sciences, (pp. 8971-8975). – Amsterdam.
JACOBS, A.M. (2003). Simulative Methoden. In G. Rickheit, T. Herrmann & W. Deutsch (eds.). Handbuch der Psycholinguistik. (pp. 125-142). – Berlin.
JACOBS, A.M. (2005). Messung der Hirnaktivität. In Funke, J. & P. Frensch (eds.). Handbuch der Psychologie. – Göttingen, im Druck.
JACOBS, A.M., & CARR, T. H. (1995). Mind mappers and cognitive modelers: Toward cross-fertilization. Behavioral and Brain Sciences, 18, 362-363.
JACOBS, A.M., & GRAF, R. (2005). Wortformgedächtnis als intuitive Statistik in Sprachen mit unterschiedlicher Konsistenz, Zeitschrift für Psychologie, 213, 133-144.

JACOBS, A.M., GRAF, R., & KINDER, A. (2003). Receiver-Operating Characteristics in the Lexical Decision Task: evidence for a simple signal detection process simulated by the Multiple Read-Out Model. Journal of Experimental Psychology: Learrning, memory and cognition, 29, 481-488.

JACOBS, A.M., HELLER, D., & NAZIR, T.A. (1992). Möglichkeiten einer experimentellen Dyslexieforschung auf der Basis der aktuellen Lesepsychologie. Schweizerische Zeitschrift für Psychologie, 51, 26-42.

JACOBS, A M., REY, A., ZIEGLER, J.C., & GRAINGER, J. (1998). MROM-P: An interactive activation, multiple read-out model of orthographic and phonological processes in visual word recognition. In J. Grainger, J. & A.M. Jacobs (Eds.), Localist connectionist approaches to human cognition, (pp. 147-187). Mahwah, NJ: Lawrence Erlbaum Associates.

KAMINSKI, J., CALL, J., & FISCHER, J. (2004). Word Learning in a Domestic Dog: Evidence for „Fast Mapping", Science, 304, 1682-1683.

KINDER, A., SHANKS, D.R. (2004). Neuropsychological Dissociations Between Priming and Recognition: A Single-System Connectionist Account, Psychological Review, 110, 728-744.

LANDAUER, T.K., & DUMAIS, S.T. (1997). A solution to Plato's problem: The latent semantic analysis theory of acquisition, induction, and representation of knowledge. Psychological Review, 104, 211-240.

LI, S.-C. (2002). Connecting the many levels and facets of cognitive aging. Current Directions in Psychological Science, 11(1), 38-43.

LI, S.-C., LINDENBERGER, U., HOMMEL, B., ASCHERSLEBEN, G., PRINZ, W., & BALTES, P.B. (2004). Lifespan Transformations in the Couplings of Mental Abilities and Underlying Cognitive Processes. Psychological Science, 15, 155-163

MECHELLI, A., CRINION, J.T., NOPPENEY, U., O'DOHERTY, J., ASHBURNER, J., FRACKOWIAK, R.S., & PRICE, C.J. (2004). Structural plasticity in the bilingual brain. Nature, 431.

PASCUAL-LEONE, A., & HAMILTON, R. (2002). Metamodal Cortical Processing in the Occipital Cortex of Blind and Sighted Subjects. In Lomber S.G. and Galuske R. (Eds): Virtual Lesions: Understanding Perception and Cognition with Reversible Deactivation Technique. – Oxford.

PASUPATHY, A., & MILLER, E.K. (2005). Different time courses of learning-related activity in the prefrontal cortex and striatum, Science, 433, 873-875.

PAULESU, E., DEMONET, J.F., FAZIO, F., MCCRORY, E., CHANOINE, V., BRUNSWICK, N., CAPPA, S.F., COSSU, G., HABIB, M., FRITH, C.D. und FRITH, U. (2001). Dyslexia: Cultural Diversity and Biological Unitythan in languages with deep orthography. Science, 291, 2165-2167.

POSNER, M.I., & ROTHBART, M.K. (2005). Influencing brain networks: implications for education, Trends in Cognitive Science, 9, 99-103.

PRICE, C.J., & FRISTON, K.J. (2002). Degeneracy and cognitive anatomy, Trends in Cognitive Science, 6, 416-421.

PRICE, C.J., MUMMERY, C.J., MOORE, C.J., FRACKOWIAK, R.S.J., & FRISTON, K.J. (1999). Delineating necessary and sufficient neural systems with functional imaging studies of neuropsychological patients. Journal of Cognitive Neuroscience, 11, 4371-4382

RAICHLE, M.E., FIEZ, J.A., VIDEEN, T.O., MACLEOD, A.M., PARDO, J.V., FOX, P.T., & PETERSEN, S.E. (1994): Practice-related changes in human brain functional anatomy during nonmotor learning. Cerebral Cortex, 4, 8-26.

RAMUS, F. (2003). Developmental dyslexia: specific phonological deficit or general sensorimotor dysfunction? Current Opinion in Neurobiology, 13, 212-218.

REUTER-LORENZ, P.A., & LUSTIG, C. (2005). Brain aging: reorganizing discoveries about aging mind, Current Opinion in Neurobiology, 15, 245-251.

REGIER, T. (2003). Emergent constraints on word-learning: a computational perspective, TRENDS in Cognitive Sciences, 7, 263-268.

RIZZOLATTI, G., CAMARDA, R., FOGASSI, L., GENTILUCCI, M., LUPPINO, G., & MATELLI, M. (1988). Functional organization of inferior area 6 in the macaque monkey. II. Area F5 and the control of distal movements. Experimental Brain Research, 71, 491-507.

RODRIGUEZ-FORNELLS, A., KOFIDISA, C., & MÜNTE, T. (2004). An electrophysiological study of errorless learning, Cognitive Brain Research 19, 160-173.

SAFFRAN, J.R. (2003). Statistical Language Learning: Mechanisms and Constraints. Current Directions in Psychological Science, 12, 110-114.

SCHULTZ, W. (2004). Neural coding of basic reward terms of animal learning theory, game theory, microeconomics and behavioural ecology, Current Opinion in Neurobiology, 14, 139-147.

SHULMAN, R.G. (2001). Functional Imaging Studies: Linking Mind and Basic Neuroscience, *American Journal of Psychiatry, 158, 11-20*

STERN, E., GRABNER, R., & SCHUMACHER, R. (2005). Lehr-Lern-Forschung und Neurowissenschaften: Erwartungen, Befunde, Forschungsperspektiven. – Berlin.

SWANSON, J., CASTELLANOS, F.X., MURIAS, M., LAHOSTE, G., & KENNEDY, J. (1998). Cognitive neuroscience of attention deficit hyperactivity disorder and hyperkinetic disorder, Current Opinion in Neurobiology, 8, 263-271.

TONONI, G., SPORNS, O., & EDELMAN, G.M. (1999). Measures of degeneracy and redundancy in biological networks. PNAS, 96, 3257-3262,

TURKELTAUB, P.E., GAREAU, L., FLOWERS, D.L., ZEFFIRO, T.A., EDEN, G.F. (2003). Development of neural mechanisms for reading, Nature Neuroscience, 6, 767-773.

YONELINAS, A.P. (1999). The contribution of recollection and familiarity to recognition and source-memory judgments: A formal dual-process model and an analysis of receiver operating characterstics, Journal of Experimental Psychology: Learning, Memory, & Cognition, 25, 1415-1434.

ZIEGLER, J.C., & GOSWAMI, U.C. (2004). Reading acquisition, developmental dyslexia and skilled reading across languages: A psycholinguistic grain size theory. Psychological Bulletin. Im Druck.

ZIEGLER, J.C., PERRY, C. JACOBS, A.M., & BRAUN, M. (2001). Identical words are read differently in different languages. Psychological Science, 27, 547-559.

Anschrift: Prof. Dr. Arthur Jacobs, Freie Universität Berlin, Allgemeine Psychologie, Habelschwerdter Allee 45, 14195 Berlin, E-Mail: ajacobs@zedat.fu-berlin.de

Cornelius Borck

Lässt sich vom Gehirn das Lernen lernen?

Wissenschaftshistorische Anmerkungen zur Anziehungskraft der modernen Hirnforschung[1]

Zusammenfassung
Die Fortschritte der Neurowissenschaften und die Faszination, die gegenwärtig von der Hirnforschung ausgeht, legen die Frage nahe, ob die Pädagogik sich ihrer für erfolgversprechende Modelle und Strategien bedienen sollte. Aus wissenschaftshistorischer Perspektive fällt aber neben den unbezweifelbaren Erfolgen vor allem eine erstaunliche Persistenz der leitenden Forschungsfragen ins Auge; seit mehr als hundert Jahren postuliert die Hirnforschung im Vorgriff auf einen vermeintlich unmittelbar bevorstehenden Durchbruch die Lösung so zentraler Fragen, wie der nach dem Wesen des Bewusstseins oder nach der Willensfreiheit. Die aktuelle Dominanz der Hirnforschung verweist deshalb zugleich auf kulturelle und gesellschaftliche Umorientierungen, die weit über die Reichweite fachwissenschaftlicher Theorien hinausreichen. Vorläufig dürften sich die meisten für die Pädagogik relevanten Befunde ohnehin mit deren Einsichten decken. Wenn die Hirnforschung sich heute die endgültige Entschlüsselung des menschlichen Erbguts zum Vorbild nimmt, stellt sich vielmehr die Frage, ob damit nicht zentrale Merkmale unserer Kultur leichtfertig zur Disposition gestellt werden. Vor allem aber ignoriert diese Vision die unvorhersehbare Dynamik der Hirnforschung selbst.

Schlüsselwörter: Hirnforschung; Willensfreiheit; Wissenschaftsgeschichte; Neurowissenschaft/Gesellschaft

Summary
Can Learning be Learnt from the Brain? Scientific-historic notes on the appeal of modern brain research
The progress of the neurosciences and the fascination, with which brain research is currently regarded, leads to the question of whether pedagogy should adopt this discipline's promising models and strategies. From a historical point of view, it is, however, astounding to note how – besides unquestionable successes – neurological research has been persistently focused on the same research questions. For over one hundred years brain research has claimed to be on the verge of a break-through concerning such dominant questions as the character of consciousness or free will. The current dominance of brain research highlights, therefore, concurrently cultural and social re-orientations, which reach far beyond scientific theories. In the interim most of the findings relevant for pedagogy are indeed shared between the disciplines anyway. If brain research takes a final breakthrough such as the decoding of the human genome as its model, the question must instead be raised as to whether central characteristics of our culture are being flippantly cast aside in the process. Above all, this vision ignores the dynamic of the discipline of brain research itself.

Keywords: brain research; free will; history of science; neuroscience/society

Ein Kennzeichen der gegenwärtigen Konjunktur der Hirnforschung ist es, dass ihre Ergebnisse weit über die beteiligten Fachwissenschaften hinaus auf breite gesellschaftliche Resonanz stoßen. Als Larry Summers, der Präsident der Harvard Universität, kürzlich eine physiologischerweise geringere Wissbegierde von Frauen im Vergleich zu Männern dafür verantwortlich machen wollte, dass nur so wenige Frauen in akademischen Spitzenpositionen zu finden sind, löste er damit einen Sturm der Entrüstung aus, der das amerikanische Wochenmagazin TIME zu einer Titelgeschichte „The real truth about women's brains" veranlasste (Ausgabe vom 7. März 2005). Während die Hirnforschung im 19. Jahrhundert noch weitgehend einhellig die gesellschaftliche Diskriminierung von Frauen schlicht nachvollzogen und anhand von Parametern wie dem Hirngewicht als naturwissenschaftlich begründbare Tatsache gerechtfertigt hätten, so war dort zu lesen, würden heute geschlechtsspezifische Unterschiede als Hinweise auf differente Spezialisierungen des menschlichen Gehirns angesehen, die bei aller evolutionärer Fixierung vor allem die enorme individuelle Formbarkeit des Gehirns belegten.

Wenn das menschliche gegenüber anderen Gehirnen vor allem durch seine Fähigkeit zum Lernen herausgehoben zu sein scheint, folgt dann daraus nicht geradezu eine Aufforderung an die Pädagogik, ihre Anschauungen an die Einsichten aus der Hirnforschung anzupassen, um damit verlässlich erreichbare Ziele zu formulieren und sich selbst zugleich auf ein solides naturwissenschaftliches Fundament zu stellen? Die folgenden Überlegungen wollen den möglichen Sinn solcher Bemühungen keineswegs in Abrede stellen, aber zugleich appellieren sie an die Pädagogik, ihre fachwissenschaftliche Kompetenz nicht vorschnell einem Konkurrenzunternehmen unterzuordnen, nur weil es aufgrund seiner gegenwärtigen Dominanz als idealer Referenzpunkt erscheint. Konjunkturen wissenschaftlicher Leitwissenschaften können transdisziplinäre Innovationen induzieren und indizieren, vor allem aber bündeln sich in ihnen gesellschaftliche Orientierungsbewegungen, wie die gegenwärtigen Debatten um die Hirnforschung geradezu paradigmatisch veranschaulichen.

> Die Ergebnisse der Hirnforschung (werden) in dem Maße, in dem sie einer breiten Bevölkerung bewusst werden, auch zu einer Veränderung unseres Menschenbildes führen. (...) Was unser Bild von uns selbst betrifft, stehen uns also in sehr absehbarer Zeit beträchtliche Erschütterungen ins Haus. Geisteswissenschaften und Neurowissenschaften werden in einen intensiven Dialog treten müssen, um gemeinsam ein neues Menschenbild zu entwerfen. (ELGER u. a. 2004, S. 37)

Wenn Vertreter der Hirnforschung sich in einem „Manifest" schon gar nicht mehr um ein Interesse für ihre Fachwissenschaft bemühen müssen, sondern schlichtweg vom Rest der Menschheit die Anpassung an ein Menschenbild gemäß den Forschungserfordernissen ihrer Disziplin erwarten, lohnt sich ein von den aktuellen Erfolgen der Hirnforschung distanzierender Blick auf ihren Siegeszug, der im Manifest gar nicht erst zur Debatte gestellt wurde. Nach dem Vorbild des Gehirns Strategien des Lernens formen zu wollen, bliebe auch dann noch eine sinnvolle und viel versprechende Maxime, aber die aktuellen Ansichten der Hirnforschung sollten nicht vorschnell mit der Komplexität des Gehirns verwechselt werden.

Aber was sind die „beträchtlichen Erschütterungen", die unserem Menschenbild im Zuge der gegenwärtigen Hirnforschung „ins Haus stehen"? Ein Stück klassisches Kulturgut mag als Beispiel dienen. Die Unglücksfahrt der *Schwalbe* über den Eriesee, die Theodor Fontane in seiner Ballade *John Maynard* verewigt hat, wurde bekanntlich nur deshalb nicht zum Todesschicksal für die Passagiere, weil der Steuermann einwilligte, zur Rettung der Passagiere aus dem Feuer an Bord den eigenen Tod in Kauf zu nehmen, um das Schiff so schnell als möglich ans flache Ufer gelangen zu lassen:

Der Zugwind wächst, doch die Qualmwolke steht,
Der Kapitän nach dem Steuer späht,
Er sieht nicht mehr seinen Steuermann,
Aber durchs Sprachrohr fragt er an:
„Noch da, John Maynard?"
„Ja, Herr. Ich bin."
„Auf den Strand! In die Brandung!"
„Ich halte drauf hin."
Und das Schiffsvolk jubelt: „Halt aus! Hallo!"
Und noch zehn Minuten bis Buffalo. –
„Noch da, John Maynard?" Und Antwort schallt's
Mit ersterbender Stimme: „Ja, Herr, ich halt's!"
Und in die Brandung, was Klippe, was Stein,
Jagt er die „Schwalbe" mitten hinein.
Soll Rettung kommen, so kommt sie nur so.
Rettung: der Strand von Buffalo.
Das Schiff geborsten. Das Feuer verschwelt.
Gerettet alle. Nur einer fehlt![2]

Auf dem Boden der Ergebnisse der modernen Hirnforschung muss man sich die Frage stellen, ob John Maynard überhaupt frei war sich selbst zu opfern. Denn dieser Entschluss wird zweifelsohne Resultat eines neurophysiologisch regulierten Gehirnzustands gewesen sein. Was Fontane so beschrieb, als habe der Steuermann willentlich diesen Entschluss gefasst, muss zweifelsohne zugleich das Ergebnis neuronaler Aktivität gewesen sein. Wenn sich dieses neuronale Geschehen als Verkettung einzelner Aktivierungsschritte hinreichend genau naturwissenschaftlich beschreiben ließe, entpuppte es sich nicht als frei, sondern als determiniert gemäß den Gesetzen neuronaler Aktivierung. – So wenigstens argumentiert eine Reihe von Hirnforschern, die die Zeit für gekommen hält, die „letzte große Frage der Menschheit", das „Rätsel des Bewusstseins" auf ihre Agenda zu schreiben.

Erst kürzlich wieder wurde diese Debatte von der *Frankfurter Allgemeinen Zeitung* (FAZ) inszeniert. Zwischen Herbst 2003 und Ostern 2004 bot die FAZ im Feuilleton in lockerer Regelmäßigkeit und beständiger Abwechslung führenden Hirnforschern und Geisteswissenschaftlern jeweils zwei lange Spalten zu einer Stellungnahme zur „Herausforderung Hirnforschung".[3] Mit dankenswerter Klarheit formulierte dabei Christof Koch die Position des *advocatus diaboli*:

Den Geisteswissenschaften ist es trotz oftmals heroischer Bemühungen über viele Jahrhunderte nicht gelungen, allgemein anerkannte Erkenntnisse zu entwickeln, wie die Kluft zwischen Körper und Geist, die als Leib-Seele-Problem bekannt ist, überwunden werden kann. Das Instrumentarium der Philosophen – eine durch Introspektion angereicherte logische Argumentation – ist der enormen Komplexität und Unzugänglichkeit des menschlichen Geistes einfach nicht gewachsen. Bei der naturwissenschaftlichen Methode ist das anders. Die Methoden der Hirnforschung werden immer feiner und genauer. (...) In den letzten Jahrzehnten haben wir mehr über das Gehirn gelernt als in der gesamten Menschheitsgeschichte zuvor. (...) Im Laufe der Zeit wird die Wissenschaft die neuronalen Korrelate des Bewusstseins vollständig beschreiben. (KOCH 2004)

Kaum einen Schritt weiter sei das Unternehmen Geisteswissenschaften „über viele Jahrhunderte" gekommen, weil die Philosophen ihr Instrumentarium der logischen Untersuchung lediglich mit Introspektion angereichert hätten, während mittlerweile längst leistungsfähigere Methoden zur Hand seien – allerdings nicht in Händen der Philosophen. Die Neurowissenschaften hingegen werden das Leib-Seele-Problem zielstrebig bewältigen, in dem sie „die Kluft zwischen Körper und Geist" einfach mit immer feineren und genaueren Untersuchungsmethoden Stück um Stück schließen und damit – so darf man vermuten – die logischen Argumentationen der Geisteswissenschaften überflüssig machen werden. Wie hatte es in der 11. Feuerbach-These geheißen? „Die Philosophen haben die Welt nur verschieden interpretiert, es kömmt drauf an, sie zu verändern."[4] Ihrem eigenen Verständnis nach interpretieren die Neurowissenschaften nicht das Gehirn, sondern ersetzen falsche Vorstellungen vom Geist, auch wenn noch so ehrwürdige Traditionen damit verknüpft sein mögen, durch ihre Daten. Bis dato aufklärungsresistente Probleme vergrößern lediglich die Herausforderung, der sich die Hirnforschung stellen kann. *Fiat scientia et pereat mundus.*[5]

Was wird aus der Figur eines John Maynard, wenn die Welt der psychischen Prozesse erst einmal kausal erklärt und wissenschaftlich beschreibbar geworden ist? Ließe er sich dann überhaupt noch von einem John Maynard unterscheiden, der im Rauch erstickt und lediglich zufällig so über dem Steuer zusammenbricht, dass sein lebloser Körper das Schiff auf dem richtigen Kurs hält, wie der Psychologe Dietrich DÖRNER (2000) in einem aufschlussreichen Gedankenexperiment ausführt? Gemäß Dörners Analyse leistete Fontanes Ballade auf dem Boden eines solchen neurowissenschaftlichen Wissens nicht mehr und nicht weniger, als dass sie uns Mitmenschen auf sozial zweckdienliches Handeln programmierte, anstatt uns an eine moralische Pflicht zu gemahnen. Ist menschliche Willens- und Handlungsfreiheit also nur mehr eine „nützliche Illusion", die menschliche Gesellschaften wenigstens auf dem Boden ihrer derzeitigen Verfasstheit zum Funktionieren benötigen, obwohl ihr kein Realitätsgehalt zukommt?

Der wohl prominenteste deutsche Hirnforscher, Wolf Singer vom Frankfurter MPI scheint das so zu sehen, wenn er unter der Überschrift „Keiner kann anders, als er ist" ebenfalls in der *FAZ* folgendes Kontinuum determinierender Faktoren aufzählt:

Genetische Faktoren, frühe Prägungen, soziale Lernvorgänge und aktuelle Auslöser, zu denen auch Befehle, Wünsche und Argumente anderer zählen, wirken stets untrennbar zusammen und legen das Ergebnis fest, gleich, ob sich Entscheidungen mehr unbewussten oder bewussten Motiven verdanken. Sie bestimmen gemeinsam die dynamischen Zustände der „entscheidenden" Nervennetze. (SINGER 2004)

Während dem ersten Satz wohl kaum zu widersprechen ist, verschleift der zweite den entscheidenden Unterschied zwischen kausaler Verursachung auf der Ebene neurophysiologischer Prozesse und semantischer Geltung auf der Ebene diskursiver Argumente, wenn er von „entscheidenden Nervennetzen" spricht.

Wird die Frage so zugespitzt, dass von einem hoch komplexen Problem mit zahllosen geistesgeschichtlichen *und* neurowissenschaftlichen Verzweigungen nur noch ein wissenschaftspolitischer Machtkampf übrig zu bleiben scheint, der wenigstens hinsichtlich der Ressourcen-Allokation längst zugunsten der Neurowissenschaften entschieden ist, kann es nur hilfreich sein, das Für-und-Wider der Argumente für einen Moment beiseite zu lassen, einen Schritt zurück zu treten und zunächst die Genese der erhitzten Debatte in Augenschein zu nehmen.[6]

Seit ungefähr 200 Jahren entwerfen Hirnforscher Programme zur empirischen Entschlüsselung des Geisteslebens auf der Basis der Hirnfunktionen. Das 19. Jahrhundert sah an seinem Beginn Franz Joseph Galls Lokalisierung der menschlichen Talente, Neigungen und Eigenschaften in voneinander abgegrenzten Regionen der Gehirnrinde. Kritik an dieser materialistischen Doktrin meldeten vor allem Verteidiger einer christlichen Seelenlehre oder des cartesischen Dualismus an, die auf der Eigenständigkeit und Unsterblichkeit der menschlichen Seele beharrten. Dennoch wurde die einmal gesäte Idee der cerebralen Lokalisierung geistiger Qualitäten vor allem in der zweiten Hälfte des 19. Jahrhunderts zur zentralen Stütze der rasch expandierenden Hirnforschung. Sigmund Freud eröffnete am Beginn des zwanzigsten Jahrhunderts eine neue Front in dem Streit über die Frage, ob der Mensch im eigenen Haus das Sagen habe. Fortan waren freier Wille und unsterbliche Seele weniger gegen die Neuroanatomen als gegen die unbewusste Welt der Triebe und Verdrängungen zu verteidigen.

Ob es einen Sitz der Seele oder des Bewusstseins gibt, ob wir über einen freien Willen verfügen oder nicht; ob das, was wir als Geist bezeichnen, nur eine Chimäre ist, die uns von einem bestimmten Neuronenverbund vorgegaukelt wird – all das sind seit beinahe 200 Jahren diskutierte Fragen, deren historische Persistenz zunächst erst einmal zur Kenntnis genommen werden sollte. Daraus folgt allerdings mitnichten, dass die Neurowissenschaften heute nichts anderes sind und leisten als vor hundert oder zweihundert Jahren. Wenn die Betriebsblindheit der Neurowissenschaftler darin bestehen soll, stets mit neuen Versprechen alte Fragen aufzuwärmen, so wird man umgekehrt dem Historiker vorwerfen, für alles Neue immer eine Parallele aus der Vergangenheit hervorzuzaubern zu müssen. Gerade die Wissenschaftsgeschichte würde ihre Aufgabe nicht nur schlecht, sondern gar nicht erfüllen, wenn sie nicht das spezifische Profil aktueller wissenschaftlicher Entwicklungen zu konturieren versuchte.

Unzweifelhaft hat die Forschung zum Gehirn in den vergangenen zwei bis drei Jahrzehnten quantitativ enorm zugenommen und sich auch qualitativ in ganz neue Richtungen entwickelt. Das wird allein schon durch Dutzende neuer Zeitschriften zu Spezialgebieten innerhalb der Hirnforschung wie „Neurocomputing" und „Brain Topography", „NeuroImage" and „Neurobiology of Learning and Memory" dokumentiert. Wir sind also eindeutig Zeugen einer immensen Vergrößerung und Vertiefung dieses Wissensraums um das Gehirn. Aber wenn heute davon die Rede ist, dass es der Gehirn- und Kognitionsforschung aufgrund ihrer wissenschaftlichen Erkenntnisse gelingen wird, die Stellung des Menschen zur Welt zu verändern, so wird damit vor allem ein Diskurs mit erstaunlich langer Tradition fortgeschrieben. Den Neurowissenschaften scheint in besonderer Weise die Figur der Prolepsis eingeschrieben zu sein: In ihrer langen Beschäftigung mit relativ gleichbleibenden Problemen schließen sie zwar immer neue, faszinierende Wissensräume auf, die zentralen Fragen jedoch, wie sie spätestens seit dem 19. Jahrhundert formuliert wurden, waren und sind sie stets nur thetisch zu lösen in der Lage – gleichsam in einem chronischen Vorgriff auf die Lösung des Rätsels des Bewusstseins. Genau in diesem von den Neurowissenschaften aufgespannten Erwartungshorizont, der durch neue Entwicklungen der Technologien und Wissensregister permanent reaktiviert wird, scheint ein nicht geringer Anteil der Faszinationskraft des Unternehmens Hirnforschung zu stecken.

Ähnlich wie heute die Frage „Was ist Geist?", wurde im 19. Jahrhundert die Frage „Was ist Leben?" sicher auch nur proleptisch gelöst. Die biologischen Theorien, vom Physikochemismus der Physiologie über die Biomechanik der Embryologie bis zum Protoplasma der Biologen, gaben auf die diskutierten Fragen allenfalls programmatisch zu nennende Antworten. Das hat dem Projekt einer „Materialisierung des Lebens" jedoch keinen Abbruch getan, sondern ganz im Gegenteil vermutlich wesentlich dazu beigetragen, dass die Frage nach einem Spezifikum von Leben selbst im Strudel der mit diesen Programmen erzeugten empirischen Befunde obsolet geworden ist. Die Frage wäre also, welche Mobilisierungseffekte die moderne Hirnforschung zuwege bringt, und ob sie möglicherweise mit ihren Rekonstruktionen des menschlichen Geistes in ähnlicher Weise nicht den Geist verifiziert oder falsifiziert, sondern die Frage nach dem Geist selbst dekonstruiert.

Wohl kaum zufällig beschreibt Christof Koch in seinem Beitrag zur Serie in der *FAZ* seine Kooperation mit Francis Crick, dessen Revolution der Biologie nun auch der Hirnforschung zum Modell dienen soll:

> Als Francis Crick und James Watson erkannten, dass die DNS aus zwei komplementären, zu einer Helix verbundenen und in entgegengesetzter Richtung verlaufenden Strängen besteht, war das Geheimnis der Vererbung mit einem Schlage enthüllt. Ganz ähnlich könnte es beim Bewusstsein geschehen. (...) Die Fortschritte im Bereich der experimentellen Verfahren haben es Francis Crick und mir ermöglicht, einen begrifflichen Rahmen für das Bewusstsein zu erstellen. Dieser ist natürlich noch provisorischen Charakters, aber die zugehörigen Hypothesen gestatten es uns, neue Beobachtungen zu interpretieren, neue Experimente und Hypothesen zu entwickeln. (...) Natürlich gibt es keine Garantie dafür, dass die Menschen in der Lage sind, das Wesen des Bewusstseins vollkommen zu verstehen. Ob uns eine endgültige Theorie des Bewusstseins aus praktischen, methodischen oder ontologischen Gründen versagt bleiben wird, kann allerdings nur die Neurowissenschaft ergründen. (KOCH 2004)

Wie seinerzeit bei der Phrenologie, der Assoziationspsychologie, der Triebdynamik oder der Reflexlehre ist die Theorie schon da; im konzeptionellen Vorgriff ist das Problem bereits gelöst, jetzt müssen nur noch ein paar Experimente durchgeführt werden – und überhaupt können sowieso nur die Neurowissenschaften selbst entscheiden, wohin das führt, was sie tun.

Selbstverständlich haben Kognitionsforscher vollkommen recht, wenn sie darauf hinweisen, dass es die Kognitionswissenschaften selbst sind, die über die Richtigkeit der von ihr selbst aufgestellten Prämissen, Hypothesen und Definitionen zu urteilen haben. Und gleiches gilt für die Neurophysiologie, die genetische Verhaltensbiologie oder das Neuroimaging, denn nur so ist eine sinnvolle fachwissenschaftliche Arbeit möglich. Aber daraus folgt noch nicht, dass die Definitionen von Bewusstsein, Aufmerksamkeit oder Gedächtnis, wie sie der Kognitionswissenschaft zugrunde liegen, automatisch auch für andere Wissens- oder Erfahrungsbereiche gelten oder gelten sollten. Denn die Ausbreitung forschungsleitender Paradigmen über die einzelnen Fachkontexte hinaus unterliegt typischerweise gerade nicht den Legitimationsstandards ihrer internen Anerkennung und kann ihnen auch gar nicht unterworfen werden. Was Hirn- und Bewusstseinsforscher als wegweisend einschätzen bzw. für anthropologisch relevant halten, ist nicht unbedingt identisch mit dem, was andere, die sich mit „Geist" beschäftigen – wie z.B. Linguisten, Ethnologen, Philosophen, Kulturwissenschaftler, Künstler –

daran untersuchen. Hier besteht vielmehr ein Spielraum für Moden und Zeitströmungen.

Die Dominanz einzelwissenschaftlicher Forschungsprojekte und die Durchsetzung ihrer forschungsleitenden Paradigmen gehört zu den zweifelhafteren Triumphen aufklärerischen Wissenschaftsfortschritts. Die Denunzierung alltagsweltlich gesättigten und lebenspraktischen Wissens als „Folk Psychology" im Hinblick auf ihre angebliche Überwindung in einer „Neurophilosophy" in den Debatten zum Gehirn-Geist-Problem im Ausgang der 80er Jahre bot dafür reichlich Anschauungsmaterial.[7] Restriktive Definitionen sind zweifelsohne oft die Möglichkeitsbedingungen für Resultate in hochspezifischen Fragestellungen. Aber die Summe solcher Resultate gleicht nicht dem Ganzen möglicher Antworten, sondern spiegelt vielmehr den konkreten, realisierten Ausschnitt. Es gehört zum paradoxen und gleichwohl konstruktiven Charakter wissenschaftlichen Fortschritts, dass die Selektion der Probleme und Fragestellungen zugleich eine Absage an gar nicht weiter bestimmbare Alternativen einschließt. Über die Ergebnisse, die solche Forschung dann in Erfolge verwandelt, entstehen neue Ontologien, die nicht nur die weitere Selektion neuer Fragestellungen vorantreiben, sondern die ihrerseits nicht mehr fachwissenschaftlich kontrollierbar sind. Bisher haben sich die kulturhistorisch etablierten und gesellschaftlich verankerten Vorstellungen zum Ich, zum Denken oder vom Bewusstsein als resistenter erwiesen als die neuroszientifischen Aufklärungspostulate, mit denen sie überwunden werden sollten. Gleichwohl illustriert die Geschichte der Hirnforschung, dass auch ohne einen geradlinigen Erfolg aller Theoreme zweihundert Jahre Forschung das Terrain, auf dem sich Konzepte und Theorien nun zu bewähren haben, massiv mit- und umgestaltet haben.

Genau an dem von Koch aufgerufenen Beispiel der Erforschung der Erbsubstanz hat der französische Wissenschaftshistoriker Georges Canguilhem bereits vor über dreißig Jahren diesen eigentümlichen Konstruktivismus der modernen Lebenswissenschaften herausgestellt:

> Betrachten wir heute ein DNS-Kristall. Eine im wahrsten Sinne lange Arbeit, eine technische und theoretische Arbeit, hat dessen Existenz nicht als Artefakt, sondern als „surreales", d.h. nicht-natürliches Objekt erst ermöglicht. Es ist das letzte in einer ganzen Reihe neuer wissenschaftlicher Objekte, die seit dem Ende des 19. Jahrhunderts erfunden wurde. (...) So ist die neue Biologie die Wissenschaft eines Objektes, (...) für das man auf eine Fülle von Merkmalen verzichtete, die bis dahin als Kennzeichen von Lebewesen gegolten hatten. (CANGUILHEM 1979, S. 148)

Konstruktivismus ist hier nicht als Vorwurf gemeint, die Biowissenschaften würden das „richtige" Leben verfehlen oder es falsch darstellen, sondern als Hinweis, dass das moderne, molekularbiologische Wissen vom Leben nicht ohne spezielle Techniken und in spezifischer Richtung ausdifferenzierte Forschungskulturen hätte geformt werden können. Die Molekularbiologie ist in präzise bestimmbarer Weise historisch entstanden, und das Wissen, das sie generiert, adressiert eine Wirklichkeit, die selbst erst in diesem Prozess ihre Konturen gewonnen hat. – Mit anderen Konzepten und Techniken wäre Leben schlicht anders dargestellt worden, auch wenn wir selbstverständlich von diesen Alternativen nichts wissen. Der entscheidende Punkt hier, auf den bereits Canguilhem hingewiesen hat, ist also, dass die Gegenstände der Lebenswissenschaften, selbst wenn sie als präexistente Naturdinge supponiert werden, nicht ohne die technischen Verfahren, die künstlichen Bedingungen moderner Laborforschung und die sich nur in diesen Anordnungen materialisierenden Begriffe in Erscheinung gebracht werden können.

Diese Einsicht bringt zwei wichtige Konsequenzen mit sich. Erstens verschiebt sie das Aufgabenfeld der Wissenschaftsgeschichte von einer Rekonstruktion wissenschaftlicher Theorien und Entdeckungen zu einer Analyse der Entstehung von Neuem in konkreten materialen Kulturen, in denen Theorien und Konzepte immer schon verwoben sind mit bestimmten Experimentalanordnungen, technischen Repräsentationsverfahren und Materialisierungen vorausgegangener Forschungen.[8] Zweitens versieht sie naturwissenschaftliches Wissen mit einem unhintergehbaren historischen Index, der in eine letztlich nicht auflösbare Spannung zu dessen eigenem a- oder trans-historischen Geltungsanspruch tritt. Das Wissen der Lebenswissenschaften kann nicht als zeitloses Abbild einer stabilen Realität begriffen werden, sondern wird als Produkt historischer Prozesse selbst zum Akteur neuer Forschungsentwicklungen und Weltbeschreibungen.

Ein aktuelles Beispiel vermag die geschichtsphilosophischen Verwirrungen zu veranschaulichen, die auf dem Boden einer unterkomplexen Temporalisierung molekularbiologischen Erkenntnisfortschritts entstehen: Der berühmte kurze Aufsatz von Watson und Crick, in dem sie eine Struktur der DNS vorschlagen, ist längst zum Klassiker avanciert, der aus dem Strom wissenschaftlicher Veröffentlichungen herausragt und beständig weiter zitiert wird. Der Aufsatz selbst ist gewissermaßen zeitlos geworden. Eine Zusammenstellung von einschlägigen Quellentexten zur Molekularbiologie geht jedoch noch einen entscheidenden Schritt weiter, wenn es in der Einleitung zu diesem Text heißt: „The year 1953 could be said to mark, in biology at least, the end of history." (MILLER/LEVINE 2003). Ähnlich wie Koch im oben erwähnten Zitat behauptet hatte, Watson und Cricks Modell der DNS habe „das Geheimnis der Vererbung mit einem Schlage enthüllt", scheint auch hier im Hintergrund die Vorstellung zu stehen, das Rätsel der Struktur der Erbsubstanz habe unabhängig von jedweder historisch verfassten Biologie seit der Existenz von Leben auf seine wissenschaftliche Lösung gewartet.

Vermutlich denken die Autoren bei ihrer Einschätzung des Stellenwertes von Watson und Cricks Aufsatz an eine Revolution im Wissen, mit der gewissermaßen eine Vorgeschichte der Erforschung des Lebens zu ihrem Ende gekommen sei, weil von nun an die Struktur des Erbguts, so wie sie „wirklich" ist, vorliegt und der Biologie als dauerhaftes wissenschaftliches Fundament dient. Selbstverständlich, die Veröffentlichung der DNS-Struktur markiert ein legendäres Datum in der Geschichte der Biologie, aber zur Demarkationslinie ihres Endes wurde diese Veröffentlichung mitnichten. Vielmehr hat sich die Geschichte der Biologie in der zweiten Hälfte des zwanzigsten Jahrhunderts enorm beschleunigt, was ja nichts anderes besagt, als dass ihr Wissen einem starken Alterungsprozess unterworfen ist.

Etwas Ähnliches hat sich kürzlich mit der Entzifferung des menschlichen Genoms wiederholt. Für eine kurze Zeit schien es so, als vollende sich, wofür Watson und Crick (und viele andere Forscherinnen und Forscher) die Fundamente gelegt hatten. Nun beginne ein neues Zeitalter, in dem an der Wahrheit über das Leben, so wie sie die Molekularbiologie ein für alle Mal herausgefunden hat, nicht mehr zu rütteln sei. Aber stattdessen hat weitgehend stillschweigend eine Phase der postgenomischen Protein-Forschung begonnen. Als Konsequenz der enormen Forschungsanstrengungen und gerade aufgrund der Bedeutung ihrer Ergebnisse vergrößert sich die historische Relativität des Wissens, d.h. seine von der Zukunft begrenzte Reichweite. Der beschleunigte Wandel der Biowissenschaften während der vergangenen Jahre und Jahrzehnte dokumentiert eben gerade nicht das Erreichen eines stabilen, zeitlosen Wissens, sondern vor allem die dynamische Produktivität dieses Wissenschaftszweiges, mit der seine Geschichte trotz aller Erfolge, Durchbrüche und scheinbar endgültigen Erkenntnisse mit Sicherheit so lange nicht an ein Ende kommt, solange mit jeder Beobachtung vor allem neue Fragen produziert werden. Ein so produktiver Konstruktivismus wie der der Biowissenschaften scheint deswegen gar kein Ende finden zu können.

Und gleichwohl wird die molekularbiologische Revolution von Akteuren wie Koch als Modell für einen bevorstehenden Durchbruch in den Neurowissenschaften bemüht. – In dieser Situation scheint die hier angestellte wissenschaftshistorische Reflexion vor allem zur Gelassenheit aufzufordern: Die Neurowissenschaften mögen noch so erstaunliche Resultate erbringen und noch so viele bahnbrechende Entdeckungen machen, bei zeitlosen Erklärungen von Geist und Denken werden sie auf absehbare Zeit nicht ankommen. Und Grund zur Gelassenheit besteht heute möglicherweise mehr als je zuvor paradoxerweise in der Produktivität der Neurowissenschaften. Nicht aus Mangel an Forschungsergebnissen, sondern umgekehrt: weil so unübersehbar viele Forschungsergebnisse vorliegen, scheint die große Synthese, der erhoffte Durchbruch gar nicht im Bereich des vernünftigerweise zu Erwartenden zu liegen.

Was für die gesellschaftliche Debatte zählt und in den Medien unermüdlich hervorgehoben wird, sind das Verhältnis von Geist und Gehirn, die Natur der Sprache, der kognitiven und der emotionalen Prozesse, und die Möglichkeit, die normalen oder die pathologisch veränderten Bewusstseinsprozesse abzubilden und therapeutisch zu beeinflussen. Der allergrößte Teil der Forschungsergebnisse in den Neurowissenschaften lässt sich jedoch kaum diesen zentralen Fragen zuordnen, sondern folgt weitgehend einer intrinsischen Forschungslogik. Mehr noch, auch die aktuellen Fachdiskussionen – z.B. um die neuronalen Korrelate von Bewusstsein – haben, obwohl sie genau um diese allgemeinen Fragen arrangiert sind, mittlerweile eine solche disziplinäre Komplexität angenommen, dass sich ihre Winkelzüge nicht einfach auf die Fragen einer Selbstverständigung des Menschen umbrechen lassen.

Die großen zentralen Fragen verstellen den Blick dafür, dass die Neurowissenschaften eine heterogene Wissenschaftslandschaft darstellen, die keinen allgemeinen Überblick mehr erlaubt. Wer die Jahrestagungen der American Association of Neuroscience mit ihren mehr als 20.000 Teilnehmern besucht und sich den zahllosen Themengebieten zuzuwenden versucht, wird wohl noch bemerken, dass die von den Vertretern der verschiedensten Disziplinen vorgestellten Forschungen zwar alle in irgendeiner Weise um das Gehirn oder ein anderes Nervensystem situiert sind; aber er wird vermutlich daran zweifeln, dass sie alle es mit ein- und demselben, geschweige denn einem einheitlichen Forschungsgegenstand zu tun haben. Es ist ein viel zu wenig beachtetes Faktum, dass die verschiedenen Forschungszweige innerhalb der Neurowissenschaften trotz solcher gemeinsamen Meetings bis zur gegenseitigen Verständnislosigkeit auseinanderdriften.

Wenn diese Diagnose richtig ist, stellt sich allerdings die Frage, wie trotz der skizzierten Ausdifferenzierung der Neurowissenschaften in oftmals inkommensurable Forschungsrichtungen dennoch der allgemein wahrgenommene Eindruck einer bereits bestehenden Einheit der Hirnforschung zustande kommt und welche Funktion er erfüllt. So wie von Descartes einst die Zirbeldrüse wegen ihrer Einzigartigkeit zum Sitz der Seele erklärt worden war, scheint heute „das Gehirn" eine Einheit stiften zu sollen, die in der Forschungspraxis obsolet geworden ist bzw. nur in zeitlich und thematisch begrenzten Forschungsprojekten eine Wissenschaftswirklichkeit erhält. Ist das Gehirn also zum letzten Stützpfeiler der abendländischen Metaphysik geworden, um hinreichend naturwissenschaftlich fundiert, aber auch anthropologisch befriedigend Auskunft über uns selbst zu geben? Unter der Überschrift „Hohepriester des Gehirns" hat denn auch Christian GEYER (2004) die von den Hirnforschern im eigenen Blatt ausgebreiteten Anschauungen als „wissenschaftlichen Osterglauben" kommentiert.[9]

Nun könnte man argumentieren, dass metaphysische Bedürfnisse und anthropologische Fragen bei den Hirnforschern wohl kaum schlechter aufgehoben sind als bei jenen, die sich bisher für zuständig erklärten, zumal so doch wenigstens kein Schindluder mit ihnen getrieben würde und mindestens sinnvolle Wissenschaft, möglicherweise sogar nützliche Forschung um sie herum betrieben würde. So oder so ähnlich denken vermutlich eine Reihe von Hirnforschern, wenn sie bereitwillig die Rolle des öffentlichen Intellektuellen wahrnehmen und zu Themen wie moderne Kunst, Geschichtswissenschaften oder Erziehung aus Sicht der Neurowissenschaften sprechen und z.B. die Entwicklung eines geisteswissenschaftlichen Verlagsprogramms beratend begleiten. Gleichwohl mischt sich an dieser Stelle nun allerdings auch Sorge in die wissenschaftshistorische Gelassenheit, denn wo es allem Anschein nach um so viel mehr und vor allem auch anderes geht, als berechtigterweise von der Hirnforschung erwartet werden kann, steht zu befürchten, dass der öffentliche Diskurs beim Stichwort Hirnforschung nicht mehr von den Argumenten und Befunden gelenkt wird, die für die jeweiligen Positionen vorgebracht werden.

Diese Sorge speist sich aus zwei ineinander greifenden Überlegungen, einer wissenschaftssoziologischen und einer epistemologischen. Die gegenwärtige Konjunktur neurowissenschaftlicher Erklärungsansätze und die damit verbundene kulturelle Aufladung des Gehirns mobilisiert Effekte positiver Rückkopplung weit über den Geltungsanspruch fachwissenschaftlicher Befunde hinaus. Die Wissenschaftsforschung hat immer wieder gezeigt, wie Paradigmen nicht nur konzeptionell forschungsleitend wirken, sondern z.B. auch über die Vergabe von Forschungsmitteln und damit über die Richtung wissenschaftlicher Debatten entscheiden. Der Ausdifferenzierungszwang der verschiedenen Zweige der Neurowissenschaften wird zwar wirksam alle vermeintlich großen Synthesen in der Hirnforschung zu lediglich partiellen und passageren Ereignisse machen, aber z.B. die gegenwärtige biologistische Wende in der Psychiatrie belegt, wie aus massiven Investitionen in Hirnforschungsprogramme eine intellektuelle Verarmung resultieren kann.

Die zweite, epistemologisch-wissenschaftshistorische Überlegung knüpft unmittelbar an den oben skizzierten produktiven Konstruktivismus moderner lebenswissenschaftlicher Forschungen an. Wenn es denn stimmt, dass für die modernen Lebenswissenschaften ebenso charakteristisch wie konstitutiv ist, dass ihre Gegenstände überhaupt erst in ihrer Forschungskultur Gestalt gewinnen und von ihnen konstituiert werden, dann scheint die Prognose wahrscheinlich, dass die Paradigmen der Neurowissenschaften in dem Maße sich durchsetzen werden, wie sich die damit verbundenen Rekonfigurationen und Dekonstruktionen des menschlichen Geistes gesellschaftlich plausibilisieren lassen – und zwar gerade nicht deswegen, weil es sich hier um Machtfragen handelt und die Neurowissenschaften zu den dominanten Akteuren zählen, sondern weil es sich um Wissensformationen, um epistemische Anordnungen handelt, die sich diskursiv im Verbund von Laborforschung und öffentlicher Debatte durchsetzen.

Hier lohnt sich ein Blick auf die neuen Verfahren zur Visualisierung des Gehirns, die am Erfolg der Dekade der Hirnforschung so maßgeblich beteiligt waren. Veranschaulicht wird das Gehirn als dreidimensionales Organ, als Raum kleinster, abgrenzbarer Orte, als Adresse der Zentren von Aktivierung. Die Theorien des modernen Neuroimaging sind nicht neu, aber die Repräsentationen sind mehr als nur nachträgliche und illustrative Veranschaulichungen neurowissenschaftlicher Forschungserträge; sie sind zentraler Gegenstand dieser Forschungen selbst. Es entstehen Bilder- und Vorstellungsräume des Wissens, die die Repräsentationen immer schon als Interventionen erscheinen lassen, auch solange sie lediglich im Raum wissenschaftlicher Theorien verbleiben. Dass sie das im Falle der neuen Hirnbilder jedoch nicht tun, sondern der Weg in populären Medien kaum länger ist als der in die wissenschaftlichen Publikationsorgane, legt nahe, dass die neuen Repräsentationen der Neurowissenschaften Interventionen im öffentlichen Raum darstellen: Werden sie dabei zum integralen Bestandteil unserer Kultur als Wissensgesellschaft? Werden die bildgebenden Verfahren der Neurowissenschaften die philosophischen Fragen nach Leib und Seele, Hirn und Geist in technologisch und pharmakologisch erzeugte Machbarkeiten transformieren?

Hier eine Prognose stellen zu wollen, wäre vermessen. Aber es sollte deutlich geworden sein, dass dies Fragen sind, die sich nur zum Teil am Forschungsertrag der Neurowissenschaften selbst und vor allem daran entscheiden, wie stark sich deren forschungsleitenden Paradigmen auf andere Wissens- und Erfahrungsbereiche ausbreiten. D.h. der kulturelle Erfolg der Neurowissenschaften wird maßgeblich von gesellschaftlichen Aushandlungsprozessen abhängen. Hier sehe ich eine zentrale Aufgabe der Wissenschaftsgeschichte. Sie muss das Bewusstsein dafür schärfen, dass wissenschaftliche Entdeckungen und technische Erfindungen intellektuelle Ereignisse ersten Ranges sind, die gleichwohl immer eingebettet bleiben in ein komplexes Netz sozialer und kultureller Verflechtungen. In diesem Sinne werden letztlich nie die Neurowissenschaftler darüber entscheiden, ob sie das Rätsel des Bewusstseins gelöst haben.

Welche Schlussfolgerungen lassen sich aus diesen Überlegungen für die eingangs gestellte Frage ziehen, ob die aktuelle Hirnforschung die Pädagogik anzuleiten vermag und welche Optionen sie nahe legt? Welche Befunde hat die Hirnforschung über das Lernen zusammen getragen und welche Konsequenzen ergeben sich daraus für die Pädagogik? Zunächst einmal ist zu konstatieren, dass es keinesfalls an vermeintlich neurowissenschaftlich inspirierten pädagogischen Empfehlungen mangelt. Die Angebote auf dem Markt neuromythologischer Allgemeinplätze sind bunt und mannigfach. Instrumentalunterricht fördere die Plastizität des Gehirns, und mache aus der vermeintlich bildungsbürgerlichen Disziplinierung ein für weit mehr als die geförderte Spezialfertigkeit nützliches Gehirntraining. Die meisten Menschen ließen 90% ihres Hirnpotentials brachliegen, weil sie nur entlang weniger, einmal erlernter Strategien agierten. Das abstrakte linke Gehirn bedürfe einer permanenten Interaktion mit dem kreativen rechten, um das volle Potential menschlicher Leistungsfähigkeit zu realisieren. Superlearning versetze das Gehirn in einen besonders rezeptiven Trancezustand, in dem z.B. fremde Sprachen selbst noch spät im Leben mühelos zu lernen seien. – Die Liste ließe sich beinahe beliebig verlängern und zeigt wohl vor allem eines: die enorme kulturelle Aufladung des Gehirns.

Dass die gegenwärtige Konjunktur der Hirnforschung bisweilen bizarre Blüten treibt, desavouiert freilich noch nicht die selbstverständlich ernst zu nehmende Frage, ob die Hirnforschung nicht eine Reihe Befunde zusammengetragen habe, die in guter Übereinstimmung mit bestimmten pädagogischen Strategien stehen. Wir wissen heute, dass menschliche Gehirne bestimmte Entwicklungsphasen durchlaufen, die für den Erwerb besonderer Fähigkeiten besonders günstig sind. Einzelne Leistungen wie z.B. räumliches Sehen oder Sprachanalyse können offenbar nur während relativ kurzer Fenster in der kindlichen Entwicklung erworben werden. Andere wie z.B. Mehrsprachigkeit gelingen zumindest leichter, wenn sie in die natürlichen Entwicklungsphasen fallen, das lehrte schon die Erfahrung, und die moderne Hirnforschung hat dafür einschlägige Befunde geliefert. Wenn moderne Gesellschaften also gesteigerten Wert auf Fremdsprachenkompetenz legen, sollten sie tunlichst Strukturen schaffen, in denen Kinder frühzeitig und in möglichst alltäglichen Situationen mit einer anderen Sprache konfrontiert werden, damit sie die Chance bekommen, sich diese quasi automatisch wie ihre Muttersprache anzueignen.

So wichtig diese Befunde sind, so wenig scheinen sie mir eine Antwort auf die im Titel gestellte Frage zu geben. Was Lernen ist, d.h. wie das Gehirn Lernen realisiert, dazu hat die Hirnforschung zwar eine ganze Reihe Theorien, aber als neurowissenschaftliche Theorien folgen diese weitgehend fachwissenschaftlichen Spezifikationen, die sich nicht unvermittelt in pädagogische Maximen übersetzen lassen. Meine Häme über Irrläufer einer vorschnellen Neuropädagogik bezieht sich dabei aber weniger auf eine Überschätzung neurowissenschaftlicher Forschungserträge, sondern vielmehr auf eine schleichende Erosion entscheidender epistemischer Differenzen. Lernen ist kein Ding und auch kein Gehirnzustand, sondern ein biologisches und vor allem kulturelles Phänomen. Es ist ein zentrales, kulturell sedimentiertes Charakteristikum unser spezifisch menschlichen Lebenswelt. Selbstverständlich ist es legitim, wenn Neurowissenschaftler dieses Phänomen untersuchen, denn nach allem, was wir bereits von Gehirnen wissen, werden Gehirne maßgeblich an der Realisierung von Lernen beteiligt sein. Aber der Prozess, der mit einer neurowissenschaftlichen Aufklärung des Lernens in Gang gesetzt wird, gleicht nicht einer geradlinigen Aufklärung darüber, was Lernen neurophysiologisch „wirklich" ist. Vielmehr gehen bestimmte, kulturell fest verankerte Basisannahmen über Lernen in das Design erster Experimente ein, die zu Beobachtungen führen, die bestimmte Aspekte am Lernen herausstreichen und andere abblenden. Aufgrund dieser Beobachtungen und ihrer Interpretation können dann bestimmte Korrekturen an den Basisannahmen oder den Versuchsanordnungen gemacht werden, die zu weiteren Beobachtungen führen und so weiter. D.h. mit der neurowissenschaftlichen Erforschung von Lernen beginnt eine nicht-antizipierbare Kette von Wechselwirkungen, an dessen Ende vieles nicht mehr so ist, wie es am Anfang war – schon gar nicht „Lernen" und die beteiligten Fachwissenschaften. Gesellschaften wie die unsere, die sich auf eine neurowissenschaftliche Erforschung zentraler Bestände ihrer Wissensordnungen einlassen, haben damit *nolens volens* eingewilligt, ihre kulturelle Umwelt in einem hohen Maße dynamisch nach dem Maße wissenschaftlicher Einsichten zu gestalten.

Aus wissenschaftshistorischer Perspektive scheint diese Nicht-Antizipierbarkeit der Zukunft die einzige sichere Prognose zur Dynamik der Herausforderung Hirnforschung zu sein, die gleichwohl in der gegenwärtigen Debatte nur selten thematisiert wird. Man vergegenwärtige sich nur einmal die radikale Differenz in der gesellschaftlichen Reaktion auf die Pisa-Studie mit der auf Georg Pichts Diagnose einer Bildungskatastrophe im Jahr 1964. Wo damals eine sozialwissenschaftlich und gesellschaftspolitisch angeleitete Bildungspolitik neue Standards setzen sollte, wird heute von den Neurowissenschaften eine Lösung erhofft.

Karl Jaspers hatte seine intellektuelle Bestandsaufnahme aus dem Jahr 1931 „Die geistige Situation der Zeit" genannt. Im heutigen Stimmengewirr wird keiner sich mehr einen solchen Überblick, geschweige denn sich selbst die Rolle eines Sprachrohrs des Geistes zutrauen. Aber bisweilen ergeben sich Konstellationen, die weit über ihren aktuellen Anlass hinaus signifikant zu sein scheinen. Wenn heute zum Stichwort „Bildung" eine Unternehmensberatung einen Hirnforscher zu einem Vortrag in die Deutsche Bibliothek in Frankfurt bittet, ist das eine solche signifikante Konstellation. Artikuliert sich nicht in dieser Veranstaltung eine Hoffnung, mit dem objektiven Wissen der Hirnforschung und der Handlungsrationalität der Unternehmensberatung endlich festen Boden gewinnen zu können in der Unübersichtlichkeit der Postmoderne? Aber warum soll die Hirnforschung endlich Lernen in ein klar geregeltes Management überführen?

In einer solchen Welt perfekter Sozialtechnologien wäre dann in der Tat kein Unterschied mehr zu machen zwischen John Maynard, dem vorbildlichen Helden, und dem John Maynard, der nur zufällig im Zusammenbrechen das Steuer arretiert. Dank kollektiver und selbstkritischer Einsicht in die Geschlossenheit neurophysiologischer Reaktionsabläufe hätten menschliche Gesellschaften den Begriff der Willensfreiheit zum wissenschaftlich nicht mehr haltbaren Ideal vergangener Weltanschauungen erklärt und Moralphilosophie konsequent zu einem behavioristisch optimierten Neuroprogramming umfunktioniert. Gemäß den neuesten Einsichten der Hirnforschung in die kritischen Phasen die Ausprägung sozialverträglichen Handelns würden zentral organisierte Schulungszentren exakt den Zeitpunkt festgelegen, zu dem jugendliche Gehirne dem Reiz „Fontane-Ballade" ausgesetzt werden, um verantwortliches Handeln zu implementieren. Manche Hirnforscher werden in dieser Vision nicht den Untergang des Abendlandes, sondern vielmehr die Anpassung des Menschenbildes an den wissenschaftlichen Fortschritt sehen wollen. Vor allem aber ist ein solches Szenario das Produkt einer einfältigen Phantasie, die nicht mit dem rechnet, was Lernen und Wissenschaft, die Neurowissenschaften eingeschlossen, eint: Sie sind intellektuelle Ereignisse mit unvorhersehbaren Konsequenzen. Hirnforschung ist, wie Heinz von FOERSTER (1994) einmal formulierte, eine „Wissenschaft des Unwissbaren".

Anmerkungen

1 Der Text basiert auf einem Vortrag 2004 in einem gemeinsamen Kolloquium des Instituts für Anthropologisch-Historische Bildungsforschung und des Instituts für Geschichte und Ethik der Medizin der Friedrich-Alexander-Universität Erlangen-Nürnberg.
2 Fontanes 1886 erstmals gedruckte Ballade ist vielfältig zugänglich, sogar im Internet, z.B. unter http://www.lyrikwelt.de/gedichte/fontaneg2.htm (30.3.2005).
3 Die Beiträge dieser Serie sind mittlerweile auch als Buch erschienen, vgl. GEYER (Hrsg.) (2004).
4 Hier zitiert nach dem Sammelband zur 11. Feuerbachthese von GERHARDT (1996), S. 298.
5 Diese Variatio ist so naheliegend, dass sie schon von anderen zur Charakterisierung der Lebenswissenschaften geprägt wurde, z.B. von Erwin Chargaff (http://www.fuente.de/ bioethik/loren22a.htm (21.4.2004)).
6 Vgl. zum Folgenden HAGNER/BORCK (1996).
7 Für eine wissenschaftssoziologische Analyse dieser Abgrenzungsstrategien vgl. KUSCH (1997).
8 Hierzu beispielhaft RHEINBERGER (2001).
9 Auf der Titelseite der Ausgabe vom Ostersamstag!

Literatur

CANGUILHEM, C. (1979): Zur Geschichte der Wissenschaften vom Leben seit Darwin. In: CANGUILHEM, C.: Wissenschaftsgeschichte und Epistemologie. – Frankfurt a.M., S. 134-153.
DÖRNER, D. (2000): Bewußtsein und Gehirn. In: ELSNER, N./LÜER, G. (Hrsg.): Das Gehirn und sein Geist. – Göttingen, S. 147-165.
ELGER u.a. (2004) = ELGER, C.E./FRIEDERICI, A.D./KOCH, C./LUHMANN, H./MALSBURG, C. VON DER/MENZEL, R./MONYER, H./RÖSLER, F./ROTH, G./SCHEICH, H./SINGER, W. (2004): Das Manifest. Elf führende Neurowissenschaftler über Gegenwart und Zukunft der Hirnforschung. In: Gehirn und Geist, 3. Jg., H. 6, S. 31-37.
FOERSTER, H. VON (1994): Wissenschaft des Unwißbaren. In: FEDROWITZ, J./MATEJOVSKI, D./KAISER, G. (Hrsg.): Neuroworlds: Gehirn – Geist – Kultur. – Frankfurt a.M., S. 33-59.
GERHARDT, V. (Hrsg.) (1996): Eine angeschlagene These. Die 11. Feuerbach-These im Foyer der Humboldt-Universität zu Berlin. – Berlin.
GEYER, C. (2004): Hohepriester des Gehirns. In: Frankfurter Allgemeine Zeitung, 10.04.2004.
GEYER, C. (Hrsg.) (2004): Hirnforschung und Willensfreiheit. Zur Deutung der neuesten Experimente. – Frankfurt a.M.
HAGNER, M. / BORCK, C. (1999): Brave Neuro Worlds. In: Neue Rundschau, 110. Jg., H. 3, S. 70-88.
JASPERS, K. (1931): Die geistige Situation der Zeit [Sammlung Göschen, Bd. 1000]. – Berlin.
KOCH, C. (2004): Wir sind keine Zombies. In: Frankfurter Allgemeinen Zeitung, 20.02.2004.
KUSCH, M. (1997): The sociophilosophy of folk psychology. In: Studies in History and Philosophy of Science, Bd. 28, S. 1-15.
MILLER, K./LEVINE, J. (2003): Welcome to Biology – The Living Science. A Web Resource dedicated to teachers using Biology TLS. In: http://biocrs.biomed.brown.edu/ Books/Chapters/Ch%208/DH-Paper.html (21.04.2004).
PICHT, G. (1964): Die deutsche Bildungskatastrophe. – Olten.
RHEINBERGER, H.-J. (2001): Experimentalsysteme und epistemische Dinge. Eine Geschichte der Proteinsynthese im Reagenzglas. – Göttingen.
SINGER, W. (2004): Keiner kann anders, als er ist. In: Frankfurter Allgemeine Zeitung, 08.01.2004.

Anschrift des Verfassers: Cornelius Borck, M.D., Ph.D., Associate Professor, Canada Research Chair in Philosophy and Language of Medicine, Department for Social Studies of Medicine & Department for Art History and Communications Studies, McGill University, 3647 Peel Street, Montreal, Quebec, Canada, H3A 1X1,
E-Mail: cornelius.borck@mcgill.ca

II VERHALTEN UND HANDELN

Eckart Voland

Lernen – Die Grundlegung der Pädagogik in evolutionärer Charakterisierung

Zusammenfassung
Dieser Beitrag liefert Anregungen zu einem konsequent naturalistischen Verständnis des Lernens auf der Basis evolutionärer Theorie. Danach lässt sich Lernen als die Ausführung genetischer Programme interpretieren. Aus der adaptiven Spezialisierung der Informationsverarbeitung im Gehirn folgt, dass nicht Beliebiges gelernt werden kann, sondern das gelernt wird, auf das der Mensch naturgemäß eingestellt ist. Lernen vollzieht adaptive Einpassungen und wird geleitet durch evolvierte Eigeninteressen.

Schlüsselwörter: Lernen; Genetik; Determinismus; Adaptivität; darwinische Algorithmen; evolutionäre Pädagogik,

Summary
Learning – Founding pedagogy on an evolutionary characterization
This contribution offers suggestions for a thoroughly naturalistic understanding of learning on the basis of evolutionary theory. Accordingly, learning should be interpreted as the realization of genetic programs. Adaptive specialization of information processing in the brain means that not just anything can be learnt, but only those things are learnt, which a person is naturally adapted to. Learning is, therefore, adaptive adjustment and is lead by evolved personal interests.

Keywords: learning; genetics; Determinism; adaptation; Darwinian algorithms; evolutionary pedagogy

1 Ein Missverständnis

Es wird immer wieder behauptet, dass die Lernfähigkeit des Menschen seine „angeborene Biologie" überdecke und deshalb evolutionsbiologische Erklärungen menschlichen Verhaltens bestenfalls zur Analyse von Primärbedürfnissen und basalen Verhaltensweisen wie angeborenen Reflexen taugen, keinesfalls aber auf die kulturell entwickelten und ausdifferenzierten Aspekte des menschlichen Lebensvollzugs anzuwenden seien. Kultur – so die im Cartesianischen Dualismus verwurzelte und in der abendländischen Denktradition fest fixierte Sichtweise – sei aufzufassen als über oder jenseits der organismischen Welt schwebend, nicht zu verstehen als Manifestation der Natur, sondern als etwas Freies, davon Unabhängiges, nur durch sich selbst Begrenztes, nur eigenen Regeln und Gesetzen unterworfen, auch nur durch sich selbst Erklärbares, kurz: als Kategorie eigener Art.

Derartige anti-naturalistische Auffassungen von Verhalten und Kultur speisen das, was TOOBY/COSMIDES (1992) als kulturistisches „Standard Social Science Model" bezeichnet haben. Die angeborene Natur des Menschen, also eine Konstante, die allen Menschen gleichermaßen eigen ist, könne nicht die Vielfalt menschlicher Unterschiede erklären. Das „Angeborene" sei marginal und rudimentär, so heißt es, jedenfalls kommen Kinder ohne kulturelle Kompetenzen zur Welt. Diese müssten sie erst mühsam erwerben und zwar notwendigerweise von einer Quelle, die außerhalb ihrer selbst liegt. Es ist die Gesellschaft (bzw. Kultur), in die die Kinder hineingeboren werden, die mit den jeweils vorherrschenden Verhaltensnormen, Glaubenssystemen, Gruppenstrukturen, Einstellungen, Mentalitäten usw. dem als mehr oder weniger „unbeschriebenes Blatt" (tabula rasa) zur Welt gekommenen Menschen ihren Stempel aufdrücke und profiliere. Erst während der Sozialisation, also erst durch sozial vermittelte Lernprozesse würde das ursprünglich inhaltsleere Gehirn sinnvoll strukturiert, weshalb der Mensch (fast) unbegrenzt formbar und anpassungsfähig erscheint. Folglich scheint der Schluss verführerisch nahe liegend, dass der menschlichen Natur kein nennenswerter Anteil an dem Zustandekommen kulturell divergierenden Verhaltens zukommen kann. Stammesgeschichtlich ende demnach die Bedeutung der Biologie für das menschliche Verhalten mit der Entstehung jenes überaus lernfähigen Gehirns, mit dem sich die Evolution ganz offensichtlich selbst ausgehebelt habe. Wenngleich extreme Versionen der Idee von der tabula rasa heutzutage kaum mehr wissenschaftlich vertreten werden, hat das relativ wenig an der außerhalb der engeren Fachkreise weit verbreiteten Vorstellung zu ändern vermocht, wonach die lebenswichtigen Programme, die das Verhalten steuern, erst installiert werden müssten. Das Gehirn – als eine Art „Allzweckcomputer" gedacht – ist in dieser Sicht trotz (oder gerade wegen) seiner komplizierten Architektur für alles offen. Lernen ersetzt den Instinkt und emanzipiert deshalb weitestgehend von biologischen Grenzen und Zwängen.

Wenn dem tatsächlich so wäre, bliebe eine Frage unbeantwortet: „Warum leben wir eigentlich nicht im Paradies"? Gelehrt und gepredigt wird seit Menschen Gedenken das Gute. Erziehung wollte immer schon den besseren Menschen und dennoch: eine unvoreingenommene Bestandsaufnahme des pädagogisch historisch Erreichten fällt eher desillusionierend aus: Es sind immer wieder der alte Adam und die alte Eva, die uns begegnen, während der im Denken, Fühlen und Verhalten verbesserte Mensch trotz aller religiös oder weltlich motivierter Anstrengungen in dieser Richtung einfach nicht aufscheinen will. Das Paradies erscheint heutzutage genau so fern, wie es immer schon war. Der Irrtum liegt auf der Hand. Er besteht darin, Lernen mit Offenheit gleich zu setzen, Lehren als Instruktion aufzufassen, Entwicklung als Innovation zu deuten.

Die evolutionäre Pädagogik entwirft demgegenüber ein anderes Bild (LIEDTKE 1972; SCHEUNPFLUG 2001, 2004; TREML 2002, 2004; VOLAND, E./VOLAND, R. 2002). Sie arbeitet die Einsichten der evolutionären Anthropologie und benachbarter Naturwissenschaften wie der evolutionären Kognitionswissenschaften auf, um deren Einsichten für die Pädagogik und Erziehungswissenschaft nutzbar zu machen. Mit seinem 1859 erschienenen Hauptwerk „The Origin of Species by Means of Natural Selection" leitete Charles Darwin eine wissenschaftliche wie weltanschauliche Revolution ein, deren Konsequenzen für das menschliche Selbstverständnis auch heute, rund 150 Jahre später noch nicht vollständig überblickt werden. Die Anthropologie Darwins, wonach der Mensch ein reines Produkt des natürlichen Geschehens sei, also in allen seinen vielfältigen Facetten und Lebensvollzügen – einschließlich seiner aus dem sonstigen Organismenreich in besonderer Weise herausragenden Merkmale wie Selbstbewusstsein, Symbolsprache, Moral, Kultur – Teil einer monistischen Natur sei, widerspricht nicht selten etablierten pädagogischen Grundannahmen und auch der persönlichen Selbstwahrnehmung und ist deshalb kontraintuitiv. Gleichwohl konnte diese konsequent naturalistische Perspektive nach allen wissenschaftlichen Erkenntnissen bis heute nicht ausgeschlossen werden.

Aus der Funktionslogik des Darwinischen Prinzips gewinnen die Merkmale der Lebewesen Qualitäten, die der unbelebten Natur fremd ist, nämlich „Funktionen". Während man kaum behaupten kann, es gäbe die Sonne, um die Erde zu beleuchten, entspricht es evolutionsbiologischer Einsicht beispielsweise zu behaupten, es gibt das Gehirn, um Information zu verarbeiten. Damit wird der Naturinterpretation eine neuartige, „teleonom" genannte Perspektive zugefügt. Unter „Teleonomie" versteht man die Programm gesteuerte Zweckmäßigkeit von Organismen. Sie ist das Ergebnis Darwinischer Evolution und fehlt der nicht belebten Natur (MAYR 1998). Die Sperrigkeit der Darwinischen Evolutionstheorie und die Skepsis, die sie bei Anwendung auf pädagogische Vorgänge häufig hervorruft, liegt nicht zuletzt darin begründet, dass sie der persönlich erfahrenen Welt, die voller Pläne, Ziele, Absichten und Wünsche ist, ganz unvermittelt die teleonome Weltsicht gegenüberstellt, die zwar Zwecke kennt, aber eben gerade nicht Pläne, Ziele, Absichten und Wünsche. Aber genau das suggeriert eine intuitive Alltagspsychologie, die gewöhnlich Entwicklungen als Ziel gerichtet interpretiert. Der Paradigmenwechsel, der von der evolutionären Pädagogik eingefordert wird, besteht nun darin, teleonomes Denken ganz konsequent auch in die Pädagogik einzuführen (TREML 2002).

Diese Konsequenz der Darwinischen Idee, einschließlich ihrer weltanschaulichen Implikationen wurde erst lange nach Darwin in ihrer vollen Brisanz verstanden. Erst mit der Entwicklung der Soziobiologie in den 70er Jahren des zwanzigsten Jahrhunderts und in Folge davon der Evolutionspsychologie in den 90er Jahren und auch angesichts einschlägiger Einsichten aus Neurobiologie und Genetik dämmerte die Einsicht durch, dass die teleonome Perspektive ganz entscheidend zum Verständnis menschlichen Verhaltens beitragen kann, denn natürlich gilt das berühmte Bonmot des Genetikers Dobzhansky auch uneingeschränkt für den Menschen, seinen Geist und dessen Produkte: „Nichts in der Biologie hat Sinn außer im Lichte der Evolution". Dies gilt uneingeschränkt auch und gerade für das Lernen, jener kognitiven Kompetenz, von der das eingangs skizzierte kulturistische Standardmodell menschlichen Verhaltens irrigerweise angenommen hat, es habe die Zwänge evolutionärer Determination weitgehend überwunden. Um Lernen und sein Eingebundensein in die evolutionäre Natur des Menschen soll es in diesem Aufsatz gehen.

2 Lernen exekutiert Programme

In dem Zurückgeworfensein des intentional angelegten und final denkenden Menschen auf pure Determination, Ziellosigkeit und biologische Zwecke liegt die Quelle, die Richard DAWKINS (1978) veranlasst hat, in Verlängerung der Freudschen Formel von den drei Kränkungen der narzistischen Eigenliebe des Menschen von einer vierten Kränkung zu sprechen. Freud sprach von den Kränkungen durch die Kopernikanische Wende mit der Ablösung des geozentrischen Weltbildes, durch Darwins Deszendenztheorie mit der Enttronung des Menschen als Krone der Schöpfung und durch die Psychoanalyse mit der Depotenzierung von Bewusstsein und Rationalität. Die vierte große Kränkung schließlich, so Dawkins, besteht in der Wahrnehmung von der Programmsteuerung allen Verhaltens. Die zuvor als selbstverständlich angenommene menschliche Handlungssouveränität erscheint in vollkommen neuem Licht. Evolution ist eine nie unterbrochene und potenziell nie endende Replikation von Programmen, nämlich der Erbinformation. Wir Menschen, wie alle Organismen neben uns, sind letztlich nur Vehikel, die die Gene sich geschaffen haben, um in einem ökologisch hostilen und einem sozial kompetitiven struggle for life ihre eigene Replikation bestmöglich zu bewerkstelligen. Der einzige Zweck dieser Programme ist ihr eigener Erhalt, und diesem Zweck sind die Phänotypen, die von diesen Programmen konstruiert werden, bedingungslos unterworfen. Es geht in der Evolution nicht um Fortschritt, nicht um Ziele, nicht um das Wohlergehen der Mitspieler auf der Bühne des Lebens, nicht um die Arten, noch nicht einmal um Individuen, sondern nur um den Ausbreitungserfolg der Programme. Das „Ich" als erlebtes Zentrum von Autonomie, Identität und Intention wird als bloße Strategie der Genprogramme entlarvt. Auch Lernen gehorcht den biologischen Imperativen. Es dient dem Zweck, Leben und Reproduktion angesichts kontingenter Hindernisse zu bewältigen, um bestmögliche Programmreplikation zu erzielen.

Gemäß gängiger Lexikon- und Lehrbuchdarstellungen gehören drei Komponenten zum Lernen: erstens organismische Systeme (künstliche Systeme, wie lernende Automaten, seien hier der Einfachheit halber von vornherein ausgeschlossen); zweitens: eine geregelte Informationsaufnahme dieser Systeme und drittens: dadurch verursachte Entwicklungs- oder Verhaltensänderungen dieser Systeme. Von besonderem Interesse, weil in der Erziehung von prominenter Bedeutung, ist die organische Eingliederung von externer Information in Programme des Nervensystems mit mehr oder weniger nachhaltigen Effekten für den Lebensverlauf. Die weitergehende Frage nach der Art der Lernprozesse, ob es sich nun um Konditionierungen, Prägungen, Habituationen, Imitationen oder noch andere Vorgänge handelt, kann im Zusammenhang dieses Aufsatzes zunächst ausgespart bleiben.

Lernen, im Sinne obiger Explikation verstanden als Programm gesteuerte Nutzbarmachung externer Information für die eigene Entwicklung und Verhaltensproduktion ist eine evolutionär ausgesprochen erfolgreiche Strategie, mit der Organismen (und keineswegs nur vermeintlich Instinkt reduzierte Menschen) sich in die je vorgefundenen Gegebenheiten ihres Lebens einpassen können (TREML 2004). Lernfähigkeit ist genetisch fixiert, was heißt, dass alle Menschen darüber verfügen und obligat lernen müssen. Oder in den knappen Worten von VERBEEK (2004): „Lernen ist angeboren".

Wenn aber Lernfähigkeit angeblich so vorteilhaft ist, weil damit funktionale Einpassungen an unterschiedliche sozio-ökologische Milieus ebenso gelingen wie an kontextuelle Kontingenzen, dann stellt sich automatisch die Frage, warum wir eigentlich nicht noch klüger sind, sondern so häufig vor der Komplexität und Unvorhersagbarkeit der Lebenswelt kapitulieren müssen? Warum hat uns die Evolution nicht noch lernfähiger werden lassen? Die Antwort ist unprätentiös einfach: Lernen ist nicht nur mit Vorteilen verbunden, sondern auch mit ganz realen Kosten. Und wenn die Kosten des Lernens im Durchschnitt und auf Dauer den Nutzen übersteigen, kann die Evolution gesteigerte Lernfähigkeit nicht favorisieren. Es lohnt sich in der Bilanz des „egoistischen Gens" schlichtweg nicht, noch klügere Phänotypen zu produzieren, wenn damit ruinöse Konstruktionskosten verbunden wären. Zwei Kostenfunktionen seien beispielhaft genannt: Obwohl das erwachsene menschliche Gehirn nur ca. 2% des Körpergewichts ausmacht, verbraucht es rund 20% der Stoffwechselenergie. Denken macht – evolutionär gesehen – hungrig, was der Intelligenzevolution klare Grenzen setzt (MARTIN 1996).

Neben rein physiologischen Kosten schlagen auch Opportunitätskosten zu Buche, denn Lernen erfordert Lebenszeit. Nicht zufällig durchlaufen von allen Primaten Menschenkinder die längste Entwicklung bis sie als erwachsen gelten. Dies kostet Zeit, die angesichts der Fährnisse des Lebens eine riskante Investition darstellt. Man könnte schließlich während einer langen Entwicklungszeit sterben und so ohne Nachkommen bleiben. Vor die Alternative gestellt, dumm Kinder zu bekommen oder schlau, aber kinderlos zu sterben, favorisiert die natürliche Selektion unbarmherzig die erste Option. Zeitinvestition in Lernfähigkeit und Intelligenz muss aller Darwinischen Logik entsprechend sich durch zukünftige reproduktive Vorteile amortisieren, wenn sie selektiv bestehen will (KAPLAN et al. 2000). Die je artspezifisch realisierte Lernfähigkeit – auch die des Homo sapiens – unterliegt deshalb der strengen Logik eines ökonomischen Kalküls gehorchenden Abgleichproblems („trade-off").

Wenn nun Lernen mit jener Ergebnisoffenheit verbunden wäre, die die oben kurz skizzierte weit verbreitete Grundannahme suggeriert, würde die natürliche Selektion ganz automatisch und zwangsläufig in dem gleichen Maße für das Verschwinden der Genotypen sorgen, wie diese Freiheit zulassen. Investitionen, die sich nicht rechnen, sind evolutionär gesehen Verluste. Lebewesen, die sich von der Diktatur der Gene befreien – einmal angenommen, so etwas sei überhaupt möglich – wären auf Dauer chancenlos, weil die Programme, die Freiheit ermöglichen, genau dafür bestraft würden, dass sie das tun. Programme, die nicht ihre bestmögliche Replikation bewerkstelligen, bleiben logischerweise im Darwinischen Fitness-Wettbewerb hinter konkurrierenden Programmen zurück. Die evolutionäre Geschichte des Lernens kann deshalb nicht verstanden werden als erfolgreiche Revolution gegen die despotische Diktatur der Gene, sondern im Gegenteil: Der evolutionäre Erfolg der Lernfähigkeit ist notwendigerweise der Erfolg jener Gene, die Lernfähigkeit ermöglichen. Lernen exekutiert Programme.

Um an dieser Stelle nicht das derzeitige Wissen über molekulargenetische Determination des Lernens referieren zu müssen, sei der/die interessierte Leser/in an die Übersichtsarbeit von HESCHL (2002) verwiesen. Für die verschiedenen Ebenen und Komplexitätsgrade zeigt er auf, welche genetischen Programme das Lernen regulieren: Gene für die Sensitivität der Sinnesorgane, Gene für das Entstehen einfacher Verhaltensassoziationen, Gene für Habituation und für das Vergessen, Gene für komplexes Lernen und Gedächtnisbildung, Gene für symbolische Kommunikation, soziale Intelligenz und allgemeine Intelligenz (IQ). Neueste Untersuchungen belegen ferner, dass die Gene, die für Gehirnentwicklung, Intelligenz und Lernen zuständig sind, auch dem Phänomen „genetischer Prägung" („genetic imprinting") unterliegen (GOOS/SILVERMAN 2001; KEVERNE et al. 1996). Dies bedeutet, dass dieselben Allele, je nachdem ob sie vom Vater oder von der Mutter stammen zu unterschiedlichen phänotypischen Effekten führen können. Aus alledem folgt, dass Lernen ohne die konstruktive Rolle der Erbprogramme nicht adäquat verstanden werden kann. Die traditionelle Sichtweise, in der sich Lernen und Genetik geradezu antinomisch begegneten, ist nicht mehr zu verteidigen.

Verhaltensgenetische und entwicklungspsychologische Befunde ergänzen und verlängern diese Interpretation auf sinnfällige Weise. Fachleute sprechen nämlich in diesem Zusammenhang von „Selbstsozialisation" und meinen damit ein Entwicklungskonzept, bei dem die intra- und interindividuell variierende, aktive, selektive Wahrnehmung, Imitation und Teilnahme an ausgewählten interaktionalen Kontexten maßgeblich zur eigenen Entwicklung beitragen (FALLER 2003; ROWE 2001). Beispielsweise werden Kinder sich ihre Spielgefährten danach auszusuchen, wie sie zum eigenen Temperament und zur eigenen Persönlichkeit passen. Es ist deshalb ausgesprochen schwierig, genetische und Milieueinflüsse in der Verhaltensentwicklung von einander trennen zu wollen. Genetische Faktoren spielen eine aktive Rolle bei der Selektion und Konstruktion der persönlichen Umwelt, weshalb man durchaus berechtigterweise von den „Genen der Umwelt" sprechen kann (FALLER 2003). Selbst Sozialisationsfaktoren, die traditionell als reine Umweltfaktoren gedeutet wurden, wie beispielsweise elterliche Erziehungsstile, erfahrene soziale Unterstützung, ja sogar traumatische Ereignisse, werden den neueren Ergebnissen der Verhaltensgenetik zu Folge nicht unerheblich durch genetische Faktoren beeinflusst (FALLER 2003). Dies ist so, weil Programme auf ihre spezifische Art und Weise Umwelteinflüsse zulassen, modifizieren und konstruieren. Oder kurz: Anlagen suchen ihre Umwelt, Temperamente ihre Nischen.

Diese Sicht, die Lernen und biologische Determination zur Deckung bringt, führt einen überaus interessanten und für das Verständnis von Erziehungsprozessen äußerst erhellenden Aspekt im Schlepptau. In dem Zusammenspiel von Programmen und externer Information gibt es nämlich klare Dominanzverhältnisse, denn es sind notwendigerweise die Programme, die darüber entscheiden, welche externe Information in welchem Umfang und mit welchen Folgen in die Konstruktion der Phänotypen einfließt. Auch wenn zwischen der genetischen Information und den Lernprogrammen des Nervensystems, sagen wir beispielsweise denen des Spracherwerbs, eine komplexe Kaskade von ontogenetischen Entwicklungsschritten liegt, im Zuge derer wiederum externe Information konstruktiv nutzbar gemacht wurde, ändert das nichts an der Tatsache, dass das gesamte Wissen, wie der Phänotyp aufgebaut werden soll, letztlich genetisch kodiert und phylogenetisch mehr oder weniger tief verwurzelt ist. Kinder lernen beispielsweise ihre Muttersprache spontan, ohne Belehrung und anstrengungslos, weil während der Evolution des *Homo sapiens* vor möglicherweise ca. 200.000 Jahren, sich das FOXP2-Gen in der menschlichen Population fixiert hat und damit eine entscheidende Programmvoraussetzung für den Erwerb einer Sprechsprache, gleichsam der „angeborene Lehrmeister" geschaffen war (ENARD et al. 2002).

3 Lernen vollzieht adaptive Einpassung

Lernfähigkeit und ihr Ergebnis, nämlich phänotypische Plastizität und Flexibilität sollte nicht mit biologischer Unterdeterminiertheit verwechselt werden. Phänotypische Plastizität und Flexibilität entstehen, wenn dieselben Programme für dieselben adaptiven Probleme je nach Kontext unterschiedliche Lösungen parat halten. Adaptive Probleme sind solche, denen eine Art während ihrer Stammesgeschichte wiederholt ausgesetzt und deren Lösung nicht unerheblich für den Lebensreproduktionserfolg und damit für die Darwinische Fitness war. Phänotypische Plastizität und Flexibilität spiegeln deshalb funktionale Angepasstheit der Organismen an ihre je vorgefundene soziale und/oder ökologische Lebenssituation. Dieselben Genprogramme einer Löwenzahnpflanze konstruieren große Blätter auf feuchten, schattigen Standorten und kleine Blätter auf sonnigen und trockenen Standorten. Dieselben Genprogramme der Australischen Tigerschlange konstruieren je nach Lebensraum (und damit je nach unterschiedlichem Profil der Beutetiere) unterschiedlich große Kieferknochen (AUBRET et al. 2004). Dieselben Genprogramme der Menschen konstruieren je nach Lebenssituation unterschiedliche Bindungsfähigkeiten (CHISHOLM 1993). Kurz: Dieselben Genprogramme können konditional zu unterschiedlichen adaptiven Ergebnissen führen. Allerdings können diese Anpassungen nur dann evolutionär stabil sein, wenn sie erfolgreich zur Lösung der adaptiven Probleme beitragen, wenn sie also die Prüfung durch die natürliche Selektion bestehen. Biologen werden den letzten Satz sofort als Tautologie entlarven, denn in der Tat sind überhaupt nur solche Merkmale als Angepasstheiten zu verstehen, die durch die Naturgeschichte des survival of the fittest geformt und stabilisiert worden sind (BUSS et al. 1998). Kurz: man lernt eingerichteter Weise und ohne große Anstrengung lokale und individuelle Lösungen für artspezifische adaptive Probleme. Dieser Vorgang ist als „Einpassung" (TREML 2004) zu unterscheiden von „Anpassung", also von evolutionären Genfrequenzverschiebungen angesichts spezifischer Selektionsbedingungen. Einpassungen erfordern Lernprozesse beispielsweise hinsichtlich: Muttersprachenerwerb, Bindungsfähigkeit, Kooperationsstrategien, Genealogische Netzwerke, Fairnessregeln, Elternverhalten, sexuelles Werbeverhalten und vieles andere mehr, worüber die Lehrbücher der Evolutionspsychologie und Soziobiologie (VOLAND 2000; BARRETT et al. 2002; BUSS 2004) und der evolutionären Pädagogik (SCHEUNPFLUG 2001; TREML 2004) im Detail Auskunft geben.

Interessanter ist allerdings die Schlussfolgerung, die sich aus dem in diesem Fall erlaubten Umkehrschluss ergibt: Man lernt nicht, oder bestenfalls unter günstigsten Umständen mit großem Aufwand und dann nur in Ansätzen, was nichts mit den adaptiven Problemen unserer Artgeschichte zu tun hat und für das es entsprechend kein Einpassungsprogramm gibt. Logisches Denken beispielsweise war nicht per se überlebenswichtig in den steinzeitlichen Milieus (vgl. aber KANAZAWA 2004), und entsprechend erschwert ist der Versuch, es lehren und lernen zu wollen (vgl. Cosmides/Tooby 1992). Die Evolution der menschlichen Intelligenz nahm nicht den Weg einer ständigen Verbesserung des logischen Denkens – wie man naiv meinen könnte – sondern sie erfolgte über die stetige Verbesserung einer Reihe von bereichsspezifischen Intelligenzen – jede entstanden unter dem Druck eines spezifischen adaptiven Problems (TOOBY/COSMIDES 1997).

„Mit Komplexität umgehen lernen" gibt ein weiteres Beispiel dafür ab, wie das Erreichen von Lernzielen durch die adaptive Natur der Lernprozesse frustriert werden kann. Unsere stammesgeschichtlichen Ahnen haben ihre Welt nicht deshalb gemeistert, weil sie zunehmend Komplexität zu durchschauen vermochten, sondern im Gegenteil, weil sie die Komplexität und die Kompliziertheit der Welterscheinungen in kognitiv einfache pi-mal-Daumen-Regeln gepresst haben (TODD/GIGERENZER 2000). Diese einfachen Algorithmen, die gemäß wissenschaftlicher Erkenntnis durchaus absolut falsch sein können, setzen sich evolutionär durch, solange ihr Nutzen für eine erfolgreiche Lebensbewältigung im Durchschnitt und auf Dauer größer ist, als die durch Irrtümer entstehenden Nachteile. Intuitive Ontologien sind hier zu nennen, die dabei helfen, die Welt spontan zu klassifizieren und sich in ihr angemessen zu verhalten. Sie konnten sich durchsetzen ohne dass irgendjemand die Rationalität ihres Erfolgs durchschaut hätte und auch ohne dass irgendjemand die real existierende Komplexität tatsächlich epistemisch durchdrungen hätte. Religionen, obwohl in ihren metaphysischen Grundannahmen wissenschaftlich nicht zu verifizieren, sind einfache, gleichwohl offensichtlich äußerst erfolgreiche Strategien der Kontingenzbewältigung (VOLAND/SÖLING 2004), allein schon deshalb, weil sie die Idee strafender und liebender Götter anbieten und nicht etwa, weil sie eine im wissenschaftlichen Sinn logisch-wahre Analyse lebensweltlicher Komplexität leisten. Eine Religion zu erlernen gelingt leicht, gleichsam nebenbei, weil ihre kognitiven Komponenten auf dem beruhen, was man als „adaptive toolbox" (GIGERENZER 1999) bezeichnet hat. Evolutionär bewährte Instrumente zum Umgang mit realer Komplexität setzen paradoxerweise auf Vereinfachung der Realität – u.U. sogar unter Inkaufnahme von Realitätsverzerrungen. Sachverhalte zu verstehen, für die der adaptive kognitive Werkzeugkasten keine geeigneten Instrumente zur Verfügung steht, sagen wir beispielsweise die Relativitätstheorie, gelingt demgegenüber nur Ausnahmepersönlichkeiten.

Aus allen diesen Überlegungen folgt, dass Lernen gerade nicht von biologischer Determination emanzipiert sondern sie unter Umständen sehr differenziert zum Vorschein bringt. Von welchen Milieueigenschaften sich ein Organismus in seiner Entwicklung in welcher Weise beeinflussen lässt und welche externe Information in welcher Weise kognitiv verarbeitet wird, also die Umweltsensibilität eines Organismus, ist genauso Produkt des evolutionären Erbes wie der Informationsgehalt der Gene selbst. Die Abhängigkeit der menschlichen Verhaltensentwicklung von den je vorherrschenden kulturellen Bedingungen kann deshalb selbst als eine evolutionäre Ausstattung des *Homo sapiens* gelten. Vor diesem Hintergrund wird das eigentliche Problem der sogenannten „nature/nurture-Debatte" sichtbar: die unter manchen Biologen und Kulturwissenschaftlern gleichermaßen weit verbreitete Auffassung, wonach „Sozialisation" oder „Kultur" Alternativen zur evolutionären Erklärung menschlichen Verhaltens sein sollen, beruht schlichtweg auf einem Kategorienfehler. Die Frage ist nicht, ob ein bestimmtes Verhalten Ergebnis der natürlichen Selektion oder eines kulturellen Lernprozesses ist, sondern die Frage ist letztlich, aus welchen Gründen welche Lernprozesse aus der natürlichen Selektion hervorgegangen sind (TOOBY/COSMIDES 1992).

Aus der adaptiven Spezialisierung der zentralnervösen Informationsverarbeitung folgt für die Pädagogik, dass sie nur spezifische, biologisch evolvierte kognitive Programme gut bedienen kann. Für diese Programme sind in der evolutionären Kognitionspsychologie auch die Begriffe „Module" (COSMIDES/TOOBY 1997), „mental organs" (FODOR 1983), „Instinkte" (PINKER 1994) oder „Darwinische Algorithmen" (ALEXANDER 1990) gebräuchlich. Die adaptive Spezialisierung des Gehirns bedeutet, dass der Mensch nur lernt, worauf er naturgemäß eingestellt ist. Und deshalb ist Lernen – wie häufig irrtümlicherweise angenommen – keineswegs zufallsartig und deshalb besonders kreativ und innovativ, weil „jedes lernende System bereits im Voraus, d.h. *a priori* im Sinne von Kant, genau wissen muß, in welcher Weise es auf ganz bestimmte raumzeitliche Beziehungen zwischen oft sehr komplexen Reizen zu reagieren hat" (HESCHL 1998, S. 99f.). In der Individualentwicklung entstehen durch Interaktion mit der Umwelt keine neuen kognitiven Strukturen, sondern sich entfaltende Programme reagieren nach einem vorliegenden Plan selektiv auf ihre Umwelt.

Einpassungsprozesse vollziehen sich mit unterschiedlicher Nachhaltigkeit. Frühe Lernprozesse können geradezu prägenden Charakter haben und einer ganzen Biografie mehr oder weniger markant ihren Stempel aufdrücken. Prägungen, ursprünglich von Konrad LORENZ (1935, 1987) entdeckt und beschrieben, werden modern verstanden als Bestätigung von neuronalen Programmen durch anstrengungslose Informationsaufnahme (PÖPPEL 2000). Weil Prägung mit dem Abbau von angelegten neuronalen Potenzen einhergeht, gleicht sie interessanterweise eher einer Destruktion als einer Konstruktion. Das ungeprägte Gehirn ist in gewisser Hinsicht komplexer strukturiert als das geprägte, weshalb Prägung als persönlicher Justierungsvorgang durch Verzicht auf stammesgeschichtlich zwar angelegte und bevorratete, aber für die persönliche Lebensführung überflüssige Potenzen verstanden werden können. Prägungslernen ist also in gewisser Weise Verzicht auf unnötigen Ballast. Damit mag zusammenhängen, dass Prägungen ausgesprochen revisionsstabil sind, denn was erst einmal verloren ist, kann nicht so ohne weiteres rekonstruiert werden. Als Beispiele für derartige Lernprozesse gelten der Mutterspracherwerb (PINKER 1994), die Entstehung von Nahrungspräferenzen und -aversionen (CASHDAN 1994), Landschafts- und Heimatprägungen (RUSO et al. 2003), das Gerechtigkeitsgefühl (COSMIDES/TOOBY 1992), Risikobereitschaft und der Umgang mit Zeit (CHISHOLM 1999), und Partnerwahlstandards (BERECZKEI et al. 2004). Sie funktionieren, indem biologische Antriebe die Aufmerksamkeit der Lernenden auf überlebenswichtige Aspekte ihrer Umwelt lenken, aus der sie in sensiblen Phasen relevante Information ziehen – ohne Verstärkung durch Belohnung zu erfahren.

VERBEEK (2004) ergänzt diese Aufzählung um Merkmale, die mit Identität stiftenden in-group / out-group-Markern zu tun haben. Die Religions- und Ethnokonflikte, die die Welt in Atem halten und die für den distanzierten Beobachter jegliche Rationalität vermissen lassen, persistieren deshalb so hartnäckig, weil – so Verbeeks überaus plausible Hypothese – die Akteure revisionsstabil auf ihre jeweilige in-group geprägt und rational nicht zu erreichen sind. Was immer im Einzelfall die jeweiligen ökologisch-ökonomischen, historischen, kulturellen, sozialen und sonstigen Gründe abgeben mag, dass sich Gruppen feindselig begegnen – diese Gründe sind letztlich nur ein Teil der Ursachenanalyse, weil sie lediglich die Rahmenbedingungen beschreiben, unter denen Konflikte eskalieren. Sie berühren aber nicht die Frage, warum eigentlich Menschen überhaupt zu Gruppenkonflikten neigen. Hierbei spielt ein Selbstwert dienlicher „cognitive bias", eine Rolle, der eine unvoreingenommene Weltsicht von vornherein ausschließt. „Wahrnehmungsstörung" mag man dies nicht nennen, weil die intuitive Ontologie, die das „Wir" in besonderer Weise von „den Anderen" distinguiert, gerade eine adaptive Leistung unserer evolvierten Psyche und ihren Mechanismen der Informationsverarbeitung ist – und nicht etwa Ausdruck von Dysfunktion und Devianz. Menschen sind Konstruktivisten. Ihre Nervensysteme konstruieren sich ihre Welt so, wie sie sie sehen wollen (d.h. wie sie sie aus adaptiven Gründen sehen sollen), und genau das bewerkstelligen Prägungen. Prägungen sorgen auch für eine Weltsicht, in der ganz selbstverständlich angenommen wird, dass die eigene Moral die bessere ist, und weil Prägungen dieser Art änderungsresistent sind, bleiben die Wurzeln der Gruppenkonflikte fest im Boden der menschlichen Natur verhaftet.

Das „Wir" gehört in seiner ontologischen wie normativen Konnotation zur evolutionär implementierten menschlichen Natur. Angesichts der Zufälligkeit der Geburt, muss halt nur noch gelernt werden, wer „Wir" eigentlich sind – genau so wie angesichts der Zufälligkeit der Geburt das Sprachvermögen mit den Parametern der je vorgefundenen Muttersprache aufgefüllt werden muss.

Aber natürlich haben nicht alle Lernprozesse Prägungscharakter. Lernen kann auch situative Kontexteinpassung bedeuten, denn schließlich sind menschliche Verhaltensstrategien in aller Regel konditionale Strategien. Soziobiologen begreifen eine konditionale Verhaltensstrategie als eine evolvierte Regelsammlung, die festlegt, mit welcher Wahrscheinlichkeit welches Verhalten unter welchen Bedingungen gezeigt wird. Die Konditionalität menschlichen Verhaltens kommt beispielsweise im Kontext der Elternliebe zum Ausdruck. Wissenschaftliche Studien, auch aus der eigenen Arbeitsgruppe (VOLAND 1995), zeigen, dass in vielen Fällen den einzelnen Kindern innerhalb ein und derselben Familie ein individuell ganz unterschiedlicher Stellenwert zukommt. Dies hat zur Folge, dass es innerhalb derselben Familien bevorzugte und weniger bevorzugte Kinder gibt oder dass ihnen ganz unterschiedliche Rollen innerhalb des Familiengeschehens zugewiesen werden. Eine genauere Analyse dieser Zusammenhänge offenbart, dass Unterschiede in der Erwünschtheit und Behandlung von Kindern einen biologisch funktionalen Hintergrund haben. In welche Kinder emotional und materiell bevorzugt investiert wird und in welche nicht, hängt von biologisch evolvierten Reproduktionsstrategien ab, die konditional auf die je vorfindlichen Parameter der Lebenssituation reagieren (VOLAND 2000). Verhaltensvarianz ist in diesen Fällen Ausdruck eines biologisch funktionalen strategischen Pluralismus zur Lösung des Einpassungsproblems.

4 Lernen ist Eigeninteresse geleitet

Strategischer Pluralismus ist nicht gut erklärbar, wenn nicht das *cui bono* in den Blick genommen wird. Das Evolutionsgeschehen prämiert biologische Vorteile, also Effekte, die die Selbsterhaltung und Fortpflanzung mit bestmöglicher Effizienz fördern. Allerdings war mit der Formulierung der Theorie von der natürlichen Zuchtwahl durch Darwin im Jahre 1859 nicht von vornherein klar, um wessen Vorteile es letztlich geht. Stehen im struggle for life die Arten in Konkurrenz zu einander, was bedeuten würde, das biologische Merkmale nach ihrer Funktion für das Artwohl ausgelesen würden? Oder konkurrieren soziale Gruppen miteinander, so dass das Gemeinwohl das Maß aller biologischen Funktionalität ist – oder sind es die Individuen oder gar die Gene? Aus empirischen und theoretischen Gründen, die an anderer Stelle referiert werden (BARRETT et al. 2002; BUSS 2004; DAWKINS 1978; VOLAND 2000), steht nach längerer fachinterner Diskussion fest, dass das biologische Evolutionsgeschehen ein gen-zentriertes Prinzip ist. Indem Gene phänotypische Effekte produzieren, bauen sie sich ein möglichst brauchbares Vehikel für den Lebensweg und sorgen für ein möglichst vorteilhaftes Milieu, um ihre eigene Replikation möglichst erfolgreich zu bewerkstelligen. Die natürliche Selektion kann aber nicht direkt an der genetischen Information ansetzen, weil diese ja in ihren Phänotypen gleichsam verwoben ist. Selektiert werden also die phänotypischen Vehikel der Gene nach Maßgabe ihres Abschneidens auf der Bühne der Darwinischen Konkurrenz. Bewertet wird der persönliche Lebensreproduktionserfolg der individuellen Mitbewerber um genetische Fitness. Gemeinwohl und Arterhaltung, streng genommen selbst Individuen und die aus Symbionten aufgebauten Zellen sind Epiphänomene dessen, was DAWKINS (1978) populär aber leider missverständlich „Gen-Egoismus" genannt hat.

Versteht man evolvierte Tendenzen (und nicht etwa bewusste Präferenzen oder reflektierte strategische Entscheidungen) als Interessen, verfolgen Lebewesen ihre ureigensten, „gen-egoistischen" Interessen – der Mensch natürlich nicht ausgenommen. In diesem Sinne ist Lernen, wie jeder phänotypische Effekt eines genetischen Programms, aus evolutionären Gründen notwendigerweise Interesse geleitet und arbeitet zwangsläufig den Lebens- und Reproduktionsinteresse des Lernenden zu und nicht etwa denen der Lehrenden. Lernen ist eine durch und durch eigen interessierte, „gen-egoistische" und strategische Maßnahme im Dienst des biologischen Imperativs. Die individuellen Einpassungsprozesse an die biografischen und kontextuellen Besonderheiten der persönlichen Lebensnische, die durch Lernen gelingen, zielen deshalb auf persönliche Lebens- und Reproduktionsvorteile in einem prinzipiell kompetitiven Umfeld.

Die strategische Ausrichtung von Verhaltensänderungen auf Wettbewerbsvorteile im Darwinischen Fitnessrennen engt von vornherein die Bandbreite möglicher Lerninhalte ein. So kann es aus soziobiologischer Sicht als sicher gelten, dass Lernziele, die erkennbar die Interessen des „egoistischen Gens" transzendieren wollen, um beispielsweise Feindesliebe oder andere evolutionär nicht vorgesehene Kompetenzen etablieren zu wollen, trotz aller eventuell humanistisch gespeisten Rationalität unerreichbar bleiben. Wo es dennoch gelingt, sind Helden und Heilige geboren. Für den Durchschnittsmenschen freilich liegen derartige Ziele nicht im Opportunitätsraum.

Überlegungen dieser Art münden in die Prognose, dass Lernerfolge nicht von der Intention des Lehrenden abhängen (wäre dem so, lebten wir ohne Zweifel längst in dem Paradies, von dem eingangs die Rede war), sondern einzig von dem Interesse des Lernenden. Damit wird einmal mehr das Grunddilemma pädagogischen Handelns sichtbar: „Ein direktes Einwirken auf das Bewusstsein oder auf den Lernerfolg ist nicht möglich, dieses entzieht sich allen Lehrversuchen" (SCHEUNPFLUG 2004). HESCHL (2002) vergleicht die Situation des Lernenden mit der eines ständig zu Entscheidungen Gezwungenen. Permanent wird entschieden, welche Information wie nutzbar gemacht wird, um in welche Entwicklungsrichtung zu gehen. Diese Entscheidungen werden von dem Lernenden getroffen (letztlich von seinen genetischen Programmen) und nicht etwa von der Umwelt. Wäre es tatsächlich die Umwelt, die diese Entscheidungen träfe, sollte es in der Lebenswelt eigentlich keinerlei Scheitern geben. Für das seit LUHMANN und SCHORR (1982) so bezeichnete Technologiedefizit der Erziehungswissenschaft gibt es zunehmend erkennbare Gründe. Sie liegen in der evolvierten, notwendigerweise eigen interessierten Natur des Menschen.

Zweifellos brisant ist die logische Schlussfolgerung aus diesen Erkenntnissen. Danach wären Menschen prinzipiell nicht belehrbar – genauso wie alle anderen Organismen neben ihnen. Sie lernen nur, was sie – teleonomisch, nicht normativ gemeint – lernen sollen, denn „[a]uch das Lernen der Gehirne [bleibt] eingebettet in einem letztlich teleonomen Prozess der Evolution" (TREML 2004, S. 114). Genetisch eigen motiviert wie Menschen und alle anderen DNA-konstruierten Geschöpfe nun einmal sind, sollen sie lernen, was ihren evolvierten Interessen dient. Sie sind wesentlich mehr als bisher angenommen Manager in eigener Sache und keineswegs nur Auffangbehälter für den Nürnberger Trichter. Freilich verliert Erziehung damit keineswegs an Wirkung, schließlich verändert sie Umwelten und unterbreitet auf diese Weise Lernangebote (RUTTER 2003; SCHEUNPFLUG 2001, 2004) – aber „Belehrung" wird man dies kaum nennen können.

Literatur

ALEXANDER, R. (1990): Epigenetic rules and Darwinian algorithms - The adaptive study of learning and development. In: Ethology and Sociobiology, 11, S. 241-303.
AUBRET, F./SHINE, R./BONNET, X. (2004): Adaptive developmental plasticity in snakes. In: Nature, 431, S. 261-262.
BARRETT, L./DUNBAR, R./LYCETT, J. (2002): Human Evolutionary Psychology. – Basingstoke.
BERECZKEI, T./GYURIS, P./WEISFELD, G.E. (2004): Sexual imprinting in human mate choice. Proceedings of the Royal Society London, B 271, S. 1129-1134.
BUSS, D.M. (2004): Evolutionäre Psychologie. – 2. Aufl. – München.
BUSS, D.M./HASELTON, M.G./SHAKELFORD, T.K./BLESKE, A.L./WAKEFIELD, J.C. (1998): Adaptations, Exaptations, and Spandrels. In: American Psychologist, 53, S. 533-548.
CASHDAN, E. (1994): A sensitive period for learning about food. In: Human Nature, 5, S. 279-291.
CHISHOLM, J.S. (1993): Death, Hope, and Sex – Life history and the development of reproductive strategies. In: Current Anthropology, 34, S. 1-24.
CHISHOLM, J.S. (1999): Attachment and time preference – Relations between early stress and sexual behavior in a sample of American university women. In: Human Nature, 10, S. 51-83.

COSMIDES, L./TOOBY, J. (1992): Cognitive adaptations for social exchange. In: BARKOW, J. H./ COSMIDES, L./TOOBY, J. (Hrsg.): The Adapted Mind – Evolutionary Psychology and the Generation of Culture. – New York, S. 163-228.
COSMIDES, L./TOOBY, J. (1997): The modular nature of human intelligence. In: SCHEIBEL, A. B./ SCHOPF, J.W. (Hrsg.): The Origin and Evolution of Intelligence. – Sudbury MA, S. 71-101.
DAWKINS, R. (1978): Das egoistische Gen. – Berlin.
ENARD, W./PRZEWORSKI, M./FISHER, S.E./LAI, C.S.L./WIEBE, V./KITANO, T./MONACO, A.P./PÄÄBO, S. (2002): Molecular evolution of FOXP2, a gene involved in speech and language. In: Nature, 418, S. 869-872.
FALLER, H. (2003): Verhaltensgenetik – Was bringt die Genetik für das Verständnis der Entwicklung von Persönlichkeitseigenschaften und psychischen Störungen? In: Psychotherapeut, Bd. 48, S. 80-92.
FODOR, J.A. (1983): The Modularity of the Mind. – Cambridge.
GIGERENZER, G. (1999): The adaptive toolbox. In: GIGERENZER, G./SELTEN, R. (Hrsg.): Bounded Rationality – The Adaptive Toolbox. – Cambridge MA, S. 37-50.
GOOS, L.M./SILVERMAN, I. (2001): The influence of genomic imprinting on brain development and behavior. In: Evolution and Human Behavior, 22, S. 385-407.
HESCHL, A. (1998): Das intelligente Genom. – Berlin.
HESCHL, A. (2002): Genes for learning – Learning processes as expression of preexisting genetic information. In: Evolution and Cognition, 8, S. 43-54.
KANAZAWA, S. (2004): General intelligence as a domain-specific adaptation. In: Psychological Review, 111, S. 512-523.
KAPLAN, H./HILL, K./LANCASTER, J./HURTADO, A.M. (2000): A theory of human life history evolution: Diet, intelligence, and longevity. In: Evolutionary Anthropology, 9, S. 156-185.
KEVERNE, E.B./FUNDELE, R./NARASIMBA, M./BARTON, S.C./SURANI, M.A. (1996): Genomic imprinting and the differential roles of parental genomes in brain development. In: Developmental Brain Research, 92, S. 91-100.
LIEDTKE, M. (1972): Evolution und Erziehung – Ein Beitrag zur integrativen pädagogischen Anthropologie. – Göttingen.
LORENZ, K. (1987) (ursprüngl. 1935): Die Prägung des Objektes arteigener Triebhandlungen. In: SCHERER, K. R./STAHNKE, A./WINKLER, P. (Hrsg.): Psychobiologie. – München, S. 21-32.
LUHMANN, N./SCHORR, K.-E. (1982): Das Technologiedefizit der Erziehung und die Pädagogik. In: LUHMANN, H./SCHORR, K.-E. (Hrsg,): Zwischen Technologie und Selbstreferenz. Fragen an die Pädagogik. – Frankfurt a.M., S. 11-39.
MARTIN, R.D. (1996): Hirngröße und menschliche Evolution. In: SOMMER, V. (Hrsg.): Biologie des Menschen. – Heidelberg, S. 2-9.
MAYR, E. (1998): *Das* ist Biologie: Die Wissenschaft des Lebens. – Heidelberg.
PINKER, S. (1994): The Language Instinct. – London.
PÖPPEL, E. (2000): Die Grenzen des Bewusstseins. – Frankfurt a.M.
ROWE, D.C. (2001): Do people make environments or do environments make people? In: DAMASIO, A.R./HARRINGTON, A./KAGAN, J./MCEWEN, B. S./MOSS, H./SHAIKH, R. (Hrsg.): Unity of Knowledge – The Convergence of Natural and Human Science [= Annals of the New York Academy of Scieces, 935], S. 62-74.
RUSO, B./RENNINGER, L.A./ATZWANGER, K. (2003): Human habitat preferences. A generative territory for evolutionary aesthetic research. In: VOLAND, E./GRAMMER, K. (Hrsg.): Evolutionary Aesthetics. – Heidelberg, S. 279-294.
RUTTER, M. (2003): Now that we know that genes are all-important does education still matter? In: Zeitschrift für Erziehungswissenschaft, 6. Jg., S. 91-105.
SCHEUNPFLUG, A. (2001): Biologische Grundlagen des Lernens. – Berlin.
SCHEUNPFLUG, A. (2004): Lernen als biologische Notwendigkeit. In: DUNCKER, L./SCHEUNPFLUG, A./SCHULTHEIS, K. (Hrsg.): Schulkindheit – Anthropologie des Lernens im Schulalter. – Stuttgart, S. 172-251.
TODD, P.M./GIGERENZER, G. (2000): Précis of Simple heuristics that make us smart. In: Behavioral and Brain Sciences, 23, S. 727-780.
TOOBY, J./COSMIDES, L. (1992): The psychological foundations of culture. In: BARKOW, J.H./ COSMIDES, L./TOOBY, J. (Hrsg.): The Adapted Mind – Evolutionary Psychology and the Generation of Culture. – New York, S. 19-136.

TREML, A.K. (2002): Evolutionäre Pädagogik – Umrisse eines Paradigmenwechsels. In: Zeitschrift für Pädagogik, 48. Jg., S. 652-669.
TREML, A.K. (2004): Evolutionäre Pädagogik – Ein Einführung. – Stuttgart.
VERBEEK, B. (2004): Die Wurzeln der Kriege – Zur Evolution ethnischer und religiöser Konflikte. – Stuttgart.
VOLAND, E. (1995): Kalkül der Elternliebe – ein soziobiologischer Musterfall. In: Spektrum der Wissenschaft, H. 6, S. 70-77.
VOLAND, E. (2000): Grundriss der Soziobiologie. – 2. Aufl. – Heidelberg.
VOLAND, E./SÖLING, C. (2004): Die biologische Basis der Religiosität in Instinkten – Beiträge zu einer evolutionären Religionstheorie. In: LÜKE, U./SCHNAKENBERG, J./SOUVIGNIER, G. (Hrsg.): Darwin und Gott – Das Verhältnis von Evolution und Religion. – Darmstadt, S. 47-65.
VOLAND, E./VOLAND, R. (2002): Erziehung in einer biologisch determinierten Welt – Herausforderung für die Theoriebildung einer evolutionären Pädagogik aus biologischer Perspektive. In: Zeitschrift für Pädagogik, 48. Jg., S. 690-706.

Anschrift des Verfassers: Prof. Dr. Eckart Voland, Zentrum für Philosophie und Grundlagen der Wissenschaft der Universität Giessen, Otto-Behaghel-Straße 10 C, 35394 Giessen, E-Mail: eckart.voland@phil.uni-giessen.de

Annette Scheunpflug

Elterninvestment – eine Annäherung an für Erziehung relevantes Verhalten aus soziobiologischer Perspektive

Zusammenfassung
Mit evolutionärer Theoriebildung wird seit einigen Jahren daran gearbeitet, Verhalten, das bisher eher in den Sozial- und Geisteswissenschaften reflektiert wurde, aufzuklären. Es ist fraglich, ob dieser Zugang auch im interdisziplinären Dialog zwischen Bio- und Erziehungswissenschaft Erklärungs- und Reflexionskraft entfalten könnte. An einem Beispiel, dem Investment von Eltern in ihre Kinder, werden der Theoriehintergrund und der Forschungsstand soziobiologischer Theoriebildung umrissen. Es zeigt sich, dass sich die aus biowissenschaftlicher Perspektive beschriebenen Zusammenhänge auch in erziehungswissenschaftlich relevanten Kontexten wiederfinden lassen. Ob diese Theoriebildung aber damit auch zur erziehungswissenschaftlichen Erkenntnisgenerierung beitragen kann, bleibt offen.

Schlüsselwörter: Evolutionäre Pädagogik; Soziobiologie; Eltern; Elterninvestment

Summary
Parental Investment – Towards identifying relevant behavior for educating from the viewpoint of socio-biology
Using theoretical approaches based on evolutionary theories, attempts have been made within the last few years to explain behaviors, which have hitherto been analyzed by the social sciences and humanities. Whether these approaches can also lead to an effective interdisciplinary dialogue between biological and educational sciences remains, however, questionable. Based on the example of parental investment in their children, the theoretical background and state of research of socio-biological theories can be outlined. It can be shown that the relationships identified by bioscience approaches can also be found in contexts relevant for educational science. However, whether such theories can also contribute directly to educational research remains to be seen.

Keywords: evolutionary education; socio-biology; parents; parental investment

1 Forschungskontext und Forschungsfrage

Die Beschreibung und Erklärung kultureller Phänomene war lange Zeit eine Domäne der Geisteswissenschaften. In den letzten Jahren wird die Beschäftigung mit Kultur jedoch zunehmend auch ein Thema der Naturwissenschaften, und die Kluft zwischen Natur- und Geisteswissenschaften scheint sich zu verringern. Diese entstehende Nähe zwischen beiden Wissenschaften hängt eng mit der Entwicklung der Theoriebildung wie der empirischen Basis in den Biowissenschaften der letzten zwanzig Jahren zusammen, die sich unter dem Label „evolutionäre Theorie" zusammenfassend beschreiben lässt (vgl. zur Rezeption dieser Theorieansätze in Deutschland und spezifischen Rezeptionsproblemen VOLAND/EULER 2001). Kulturelle und natürliche Grundlagen menschlichen Verhaltens werden nicht länger dichotom gegenüber gestellt, sondern die menschliche

Fähigkeit zur Kultur als Resultat der biologischen Angepasstheit des Menschen an seine Umwelt interpretiert. Kultur wird als ein Ausdruck menschlicher Natur beschrieben; mit anderen Worten: „Es ist uns natürlich, unser Dasein durch eine Kulturtradition zu bewältigen." (MARKL 1983, S. 40) Die Kulturfähigkeit wird über die biologische Evolution erklärt und damit nach dem biologischen Anpassungswert von Kulturausprägungen gefragt (vgl. TOOBY/COSMIDES 1992). Mag es unter verschiedenen Theorieschulen in Details unterschiedliche Akzentuierungen geben (vgl. im Überblick LALAND/BROWN 2002), gemeinsam ist ihnen die Frage nach dem Anpassungswert und dem Selektionsvorteil von Verhalten und die Distanz zu dem simplen genetischem Determinismus, der häufig biowissenschaftlicher Argumentation unterstellt wird (so zum Beispiel aus der Erziehungswissenschaft bei LIEGLE 2002; DIETRICH/KOHLRAUSCH-SANIDES 1994)[1].

Biowissenschaftliche Erklärungsmuster stellen geistes- und sozialwissenschaftliche Theorien zur Beschreibung und Erklärung kultureller Phänomene nicht grundsätzlich in Frage oder treten gar mit dem Anspruch auf, diese Theorien abzulösen. Vielmehr kann das Verhältnis der einen zu der anderen Theorietradition in Hinblick auf unterschiedliche Zugänge beschrieben werden. Der biologische Anpassungswert von Kulturausprägungen ist in einer Reihe von Aspekten beleuchtet worden; zum Beispiel kulturell bedingte Nahrungsbeschaffungsstrategien (HILL/HURTADO 1996; KAPLAN/HILL 1992), der Umgang mit Krankheiten (NESSE/WILLIAMS 1997), Nahrungspräferenzen (SHERMAN/BILLING 1999), Formen der Ehe (im Überblick VOLAND 2000) sowie der Erbschaft (BOSSONG 1998) und kulturell vermittelte reproduktive Entscheidungen (VOLAND 1998). Kultur wird als Teil der biologischen Angepasstheit des Menschen verstanden (vgl. COSMIDES/TOOBY 1992; VOGEL 2000; WEINGART u.a. 1997). Sie dient „in letzter Analyse der möglichst gewinnbringenden Gestaltung reproduktiver Ressourcen, also: Gesundheit, Sexualpartner, Besitz, Kinder, andere Verwandte, Freunde, Prestige, Status, Gruppenzugehörigkeit – all jener Facetten einer menschlichen Gemeinschaft also, deren Handhabung mit Konsequenzen für den persönlichen Lebensreproduktionserfolg verbunden sind" (VOLAND 2002, S. 278).

Im Folgenden soll es darum gehen, einen solchen Theoriezugang auch für erziehungswissenschaftlich relevante Fragestellungen zu erproben. Als Untersuchungsfeld wurde das Investment von Eltern in ihre Kinder gewählt. Der Zusammenhang zwischen sozioökonomischen Status der Eltern und deren Bildungsniveau bzw. kulturellem Kapital einerseits sowie dem Kompetenzerwerb ihrer Kinder anderseits ist gut belegt (vgl. im Überblick Baumert u.a. 2003). Aus *sozialwissenschaftlicher Perspektive* wird in Hinblick auf das Investment von Eltern in ihre Kinder überwiegend danach gefragt, wie und durch welche Mechanismen der soziale und kulturelle Status über Bildungsstrategien erhalten wird bzw. in welcher Form sich soziale Disparitäten in der Institution Schule fortsetzen. Aus einer *soziobiologischen Perspektive* lässt sich die Fragestellung erweitern. Hier steht die Frage im Mittelpunkt, *warum* Eltern ihren Kindern den Zugang zu sozialem Aufstieg über schulischen Kompetenzerwerb ermöglichen bzw. nicht ermöglichen. Diese Frage ist motiviert durch die grundlegende Annahme der Soziobiologie, dass sich Eltern gegenüber ihren Kindern differentiell verhalten. Danach sollten Eltern dann mehr in ein Kind investieren, wenn sie sich von diesem Kind durch Bildung einen höheren Reproduktionserfolg erwarten. Es wird also nicht davon ausgegangen, dass Eltern gemäß ihrer finanziellen und sozialen Möglichkeiten in jedes Kind gleich investieren, sondern aus genegoistischem Interesse innerhalb ihrer Möglichkeiten differieren.

2 Reproduktives Investment im Kontext von Bildung

2.1 Theoriehintergrund

Die Kernthese der Soziobiologie für das Verständnis des Verhältnisses zwischen Eltern und Kindern lautet, dass alle Lebewesen reproduktive Interessen verfolgen, die in bestimmten Umwelten bestimmte Verhaltensweisen bedingen. Menschen werden – wie alle Säuger – als Reproduktionsstrategen interpretiert. Der Hintergrund dieser Annahme liegt in der Funktionslogik biologischer Entwicklung. Diese ist durch drei Systemeigenschaften der Lebenswelt charakterisiert: die Begrenzung von Fortpflanzungsmöglichkeiten, die Verschiedenartigkeit von Individuen und die genetische Vererbung. Diese Faktoren ziehen zwangsläufig Anpassungsprozesse nach sich, die zur „Angepasstheit" von Organismen an ihre Lebensbedingungen führen. Organismen sind deshalb biologisch auf *maximale Reproduktion* unter den jeweiligen Lebensumständen eingerichtet. MARKL spricht von diesem mit der Wirkweise der Evolution erklärbaren Lebenszweck der Genreplikation als „biogenetischem Imperativ" (MARKL 1983). Die evolvierte Mechanismus der maximalen Genreplikation ist eine konditionale Strategie, die die jeweiligen Umweltbedingungen sorgfältig kalkuliert. Es geht nicht darum, möglichst viele Genreplikate zu schaffen, sondern möglichst viele Genreplikate, die wiederum die Chance auf Genreplikate haben. Idealtypisch unterschieden gibt es dafür unterschiedliche Strategien: Man kann möglichst viele Genreplikate in die Welt setzen und hoffen, dass irgendeines irgendwie überlebt oder man kann wenige Genreplikate hervorbringen und diesen durch besondere Brutpflegefürsorge gute Chancen des Weiterlebens ermöglichen. Es kann auch eine erfolgreiche Strategie sein, keine eigenen Nachkommen zu haben, sondern die eigenen Genreplikate in Nichten, Neffen und der weiteren Verwandtschaft zu unterstützen. Reproduktionsstrategisches Verhalten heißt also nicht zwangsläufig, viele *eigene* Nachkommen zu haben, sondern in einer bestimmten Umwelt sich unter Genreproduktionsperspektiven günstig zu verhalten.[2]

Das Aufziehen von Kindern ist für Eltern ein erhebliches Investment. Sie bringen Kraft, Zeit, Geld, Liebe und Fürsorge für ihre Kinder auf. Eltern investieren in ihre Kinder so viel, wie sie – zumindest im statistischen Durchschnitt – für keine anderen Personen aufwenden. Jedes einzelne Kind bedeutet für die Eltern Kosten, die sie speziell für dieses Kind eingehen. In der darwinischen Theorie wird der Nutzen dieses Verhaltens in der Weitergabe der eigenen Gene gesehen. Dieser zu erwartende Nutzen steht mit der spezifischen (zukünftigen) Lebenssituation des Kindes in Zusammenhang. „Aus der Verrechnung dieser beiden Konten resultiert eine Nettobilanz, die über den adaptiven Wert eines möglichen Investments entscheidet." (PAUL/VOLAND 1997, S. 126) Das Investment in ein Kind wird nach dieser Theorie als adaptive Strategie bzw. als eine „gen-egoistische Strategie" (DAWKINS 1996) verstanden (vgl. im Überblick VOLAND 1998).

Nach dieser Theorie ist nicht zu erwarten, dass Eltern in gleichem Maße in ihre Kinder investieren. Vielmehr sind es folgende Faktoren, die Ungleichheit in der Ausgangslage der Nachkommenschaft bedingen und zu differierendem Investment führen (vgl. im Überblick VOLAND 2000):

a) *Sozio-ökologische Schwankungen*: Lebenssituationen unterscheiden sich hinsichtlich der zu erwartenden Lebensmöglichkeiten des Nachwuchses. Unwirtliche Zeiten durch Nahrungsmittelknappheit oder Instabilität sollten von daher zu geringerem

Investment oder zum Abbruch des Investments führen (vgl. z.B. zum Zusammenhang zwischen Säuglingssterblichkeit und politischer Instabilität am Beispiel der beiden deutschen Staaten und der Wiedervereinigung im zweiten Teil des zwanzigsten Jahrhunderts WIESNER u.a. 1995).

b) *Das Reproduktionspotenzial der Eltern*: Männer und Frauen haben physiologisch bedingtes unterschiedliches (theoretisches) Reproduktionspotenzial (die Anzahl der theoretisch möglichen leiblichen Kinder eines Mannes sind im Vergleich zu denen einer Frau deutlich höher). Daraus leitet sich ein geschlechtsbezogenes differierendes Elterninvestment ab: Frauen investieren physiologisch durch Schwangerschaft, Geburt und Stillphase stärker in Kinder als Männer (vgl. zur Funktionalität der Zweigeschlechtlichkeit PAUL/VOLAND 1998). Sie werden sich von daher potenziell auch in ihrem nachgeburtlichen Investment in Kinder unterscheiden (vgl. SKAMEL/VOLAND 2001). Bei Säugetieren mit innerer Befruchtung ist zudem zu erwarten, dass es für Männer aufgrund der potenziellen Vaterschaftsunsicherheit weniger profitabel sein könnte, in Kinder zu investieren. Die Kosten/Nutzen-Relation elterlichen Investments sieht für männliche Säuger statistisch ungünstiger aus als für weibliche Säuger (vgl. BUSS 2004, S. 260ff.; VOLAND 2000, S. 246). Tendenziell ist beim Menschen zudem zu erwarten, dass Mütter in ihre Kinder und Väter in die Mütter ihrer Kinder investieren (vgl. PAUL/VOLAND 1997, S. 132ff.), die Großeltern mütterlicherseits mehr als die Großeltern väterlicherseits (vgl. EULER/WEITZEL 1996; VOLAND/BEISE 2002) sowie matrilaterale Tanten und Onkel stärker als patrilaterale (vgl. HOIER/EULER/HÄNZE 2001). Außerdem spielt das lebensgeschichtliche Reproduktionspotenzial für das Investment der Eltern eine Rolle. Junge Eltern, die noch die Möglichkeit zu weiteren Kindern haben, sollten weniger in diese investieren, als ältere Eltern dies nach dieser Theorie tun sollten (vgl. zu dem damit zusammenhängenden Forschungsproblem durch die Bestimmung des Reproduktionsaufwands angesichts der durch Alter steigenden Lebenserfahrung etc. VOLAND 2000, S. 214 ff; bei Vögeln im Überblick MONTGOMERIE/WEATHERHEAD 1988). Gleichzeitig ruhen auf Erstgeborenen und vor allem auf Einzelkindern in besonderem Maße die reproduktiven Erwartungen der Eltern, und sie haben deshalb von ihren Eltern besondere materielle und immaterielle Unterstützung zu erwarten (vgl. SULLOWAY 1997). Einzelkinder älterer Eltern dürften damit in besonderem Maße hohes elterliches Investment erwarten können.

c) *Das Reproduktionspotenzial der Kinder*: Das Reproduktionsinvestment sollte auch durch das unterschiedliche potenzielle Reproduktionspotenzial der Kinder bedingt sein. Das Reproduktionspotenzial der Kinder differiert nach deren Vitalität. Das Risiko, dass Kinder mit angeborener Fehlbildung (wie Spina bifida, Down Syndrom etc.) von ihren Eltern umgebracht werden, ist etwa doppelt so hoch wie das nicht behinderter Kinder (DALY/WILSON 1981). MANN (1992) konnte zeigen, dass Mütter von Zwillingskindern mehr in das gesunde und vitale Kind investieren als in ein kränkelndes, ohne dass ihnen dieses bewusst ist. Das Reproduktionspotenzial eines Kindes differiert zudem nach Geschlecht. Die Soziobiologen TRIVERS und WILLARD (vgl. 1973) formulierten die Theorie, dass Eltern, die über überdurchschnittlich viele Ressourcen verfügen, eher in männliche Nachkommen investieren, während Eltern mit begrenzten Möglichkeiten eher weibliche Nachkommen bevorzugen. Diese Erwartung wird vor dem Hintergrund formuliert, dass Ressourcen die Reproduktionsmöglichkeiten männlicher Säuger steigern (vgl. für Säuger im Überblick VOLAND 2000, S. 245 ff.; für Primaten BOESCH 1997, für Menschen VOLAND/ CHASIOTIS 1998; für die erziehungswissenschaftliche Geschlechterforschung SCHEUNPFLUG 2004). Da der Reproduktionserfolg weiblicher Nachkommen unabhängig vom Sozialstatus der Eltern ist, sollten diese besonders bei einem niedrigen Status der Eltern bevorzugt werden, da dann ein größerer Reproduktionserfolg erwartet werden kann. Auch in Gesellschaften mit einem Männer dominant bevorzugenden Sozialsystem nimmt der relative Vorteil, ein Sohn zu sein, mit dem Sozialstatus zu (vgl. ausführlich VOLAND 2000, S. 274). Das differentielle Elterninvestment je nach Geschlecht des Kindes und Sozialstatus der Eltern wurde unabhängig vom kulturellen Hintergrund beobachtet und ist auch in der Tierwelt belegt (vgl. VOLAND 2000, S. 265 - 278).

d) *Genetische Beziehung:* Es wird erwartet, dass die genetische Beziehung eine Rolle für das Elterninvestment spielt. Stiefelternschaft oder Vaterschaftsunsicherheit sollte das Investment senken bzw. in extremen Fällen zum Abbruch bringen (vgl. DALY/ WILSON 1988; im Überblick SCHAIK/JANSON 2000; kritisch TEMRIN u.a. 2000). Familien sind auf persönliche Reproduktion angelegte kooperative Systeme. In Stieffamilien treten die evolvierten Interessen der einzelnen Mitglieder potenziell in Konflikt, d.h. hier kann es zu widersprechenden Reproduktionsinteressen kommen. Je nach Reproduktionsmöglichkeiten der Betroffenen kann es mehr oder weniger opportun sein, in Stiefkinder zu investieren. Männer sollten die Investition in Stiefkinder dann in Kauf nehmen, wenn damit die Möglichkeiten auf eigenen Nachwuchs steigen. Ebenso kann für Frauen die Fürsorge für die Nachkommen eines Mannes dann von Interesse sein, wenn damit fremde Ressourcen auch auf die eigenen Kinder umgeleitet werden. Männer werden potenziell wahrscheinlich aufgrund der zwischen Männern und Frauen unterschiedlichen Partnerwahlstrategien zudem eher in die Kinder einer Partnerin investieren, um die Gunst der Mutter zu sichern als Frauen in die Kinder eines alleinerziehenden Vaters (vgl. im Überblick BUSS 2004, S. 149ff.; bes. S. 176f.). Grundsätzlich sind Familienformen mit Stiefverhältnissen potenziell häufiger durch Konflikte um Investment geprägt, als Familienformen mit beiden leiblichen Eltern.

Das differentielle Elterninvestment wird in unterschiedlichen *Kanälen* transmittiert. Bereits in der Schwangerschaft ist das Investment von Müttern in den Fötus differentiell, unmittelbar nach der Geburt lassen sich differentielle Effekte im Hinblick auf die Wahrscheinlichkeit von Kindstötungen (HRDY 2000) und in der Säuglingssterblichkeit feststellen (für die Zeit der Wiedervereinigung in Deutschland WIESNER 1995). Weitere Möglichkeiten des differentiellen Elterninvestments liegen in der Nahrungsmittelversorgung, der Zuwendung, dem zeitlichen Aufwand, in sozialen Rollen oder der materiellen Ausstattung durch Mitgift oder Erbe und vieles mehr.

2.2 Forschungsstand

Vor dem Hintergrund dieser Theoriebildung ist zu erwarten, dass auch menschliches Investment in Kinder in für Erziehung und Bildung relevanten Feldern als Ausdruck einer genegoistischen Kosten-Nutzen-Bilanz elterlichen Investments interpretiert werden kann.

Zum differentiellen Elterninvestment nach erwartetem *Reproduktionspotenzial der Kinder* liegen einige wenige Untersuchungen vor, die sich nur auf die basale Fürsorge, nicht aber komplexeres Erziehungsverhalten beziehen. Untersucht ist das differentielle Investment am Beispiel der Stilldauer der Mutter (GAULIN/ROBBINS 1991). Hier konnte gezeigt werden, dass das mütterliche Investment – gemessen an der Wahrscheinlichkeit, als Säugling gestillt zu werden – bei Söhnen mit dem Sozialstatus der Mutter korrelierte. Je höher der Sozialstatus der Mutter, desto wahrscheinlicher wurde der Sohn gestillt. Für Töchter ließ sich hingegen keine Abhängigkeit der Stillwahrscheinlichkeit vom Sozialstatus feststellen. Soziobiologen interpretieren dieses unterschiedliche Mütterinvestment mit dem erwarteten Ertrag des Fortpflanzungsverhaltens bzw. mit dem Versuch, dieses zu maximieren. Je höher der familiäre Sozialstatus eines heranwachsenden Sohns, desto mehr lohnt sich für eine Mutter die Investition in das Kind. Bei Töchtern spielt die soziale Herkunft für ihre Reproduktionserwartung eine geringere Rolle, von daher bleibt die Stillwahrscheinlichkeit über alle Sozialgruppen gleichbleibend. Setzt man die Stillwahrscheinlichkeit mit Aufmerksamkeit gleich, so erhalten Söhne in Familien mit geringem Sozialstatus weniger mütterliche Aufmerksamkeit als Töchter, während hingegen hoher Sozialstatus zur Bevorteilung von Söhnen gegenüber Töchtern führt (vgl. zu den Auswirkungen der Mädchenförderung auf dieses Phänomen HERTWIG u.a. 2002).

Umfangreicher sind die Untersuchungen zum Elterninvestment nach *genetischer Verwandtschaft* bzw. dem *Verwandtschaftsgrad*. Das Investment von Stief- und Adoptionseltern wird geringer als das von leiblichen Eltern bei gleicher Schichtzugehörigkeit, da ein Investment in ein nicht leibliches Kind nicht die eigene genegoistische Strategie unterstützt. Eine Stiefmutter wird weniger investieren als ein Stiefvater, der mit seinem Investment in die Familie primär in die Partnerin und nicht in deren Kinder investiert. Diese Zusammenhänge wurden im Hinblick auf das Bildungsinvestment in einer repräsentativen Untersuchung der Eltern US-amerikanischer High-School-Absolventen an der elterlichen Finanzierung einer Ausbildung im tertiären Sektor (unter Kontrolle des Einkommens der Eltern, der Schulleistung des Kindes und der Anzahl der finanziell abhängigen Familienmitglieder) nachgewiesen. Es ließen sich signifikante Unterschiede zwischen den Familientypen feststellen (ZVOCH 1999; CASE u.a. 2001). ANDERSON und KAPLAN (1999) konnten zeigen, dass die Wahrscheinlichkeit, ein College zu besuchen, für ein gemeinsames leibliches Kindes mehr als doppelt so hoch ist als für ein Kind, das ohne Vater lebt. Noch geringer war die relative Wahrscheinlichkeit für ein Kind, das mit einem Stiefvaters zusammenlebt. Diese Ergebnisse ließen sich sowohl im amerikanischen Kontext (ANDERSON/KAPLAN 1999) als im kulturellen Kontext der Xhosa (Republik Südafrika) zeigen (ANDERSON/KAPLAN/LAM/LANCASTER 1999). Ebenso dramatisch unterschied sich die mit den Kindern verbrachte Zeit zwischen leiblichen Vätern und Stiefvätern (ANDERSON/KAPLAN, 1999 S. 422f.). Als Kosten für Elterninvestment wurden Kosten für die Schule, Kosten für Kleidung, sonstige Kosten sowie die mit den Kindern nach Angaben der Eltern verbrachte Zeit erhoben.

2.3 Hypothese

Nach den oben entfalteten Zusammenhängen wird erwartet, dass das von BAUMERT u.a (2001; 2003) beschriebene Modell zu Disparitäten der Bildungsbeteiligung und des

Kompetenzerwerbs nicht unabhängig von dem durch Bildung erwarteten Reproduktionswert des Kindes sein sollte. Vielmehr ist zu erwarten, dass die in der Schulforschung bereits nachgewiesenen disparitätserzeugenden Effekte der kulturellen und sozialen Praxis von Familien sich zusätzlich, je nach erwartetem Reproduktionswert des Kindes, unterscheiden werden. Im Folgenden wird untersucht, wie sich Bedingungen des Investments auf das geleistete Investment differentiell auswirken. Für die hier vorgelegten Ergebnisse wird nur eine der möglichen Bedingungen untersucht: die genetische Verwandtschaft. Nach der Theorie der genegoistischen Strategie ist zu erwarten, dass leibliche Eltern in allen Bereichen mehr in ihre Kinder investieren, als Bezugspersonen, die nicht mit Kindern verwandt sind. Schließlich nützt die Unterstützung nicht-verwandter Kinder dem eigenen Genegoismus nicht, d.h. sie trägt nicht zur Weitergabe der eigenen Gene bei.

3 Methode

3.1 Stichprobe

Als Datengrundlage diente der PISA-E-Datensatz 2000, der sich auf die 15-Jährigen bezieht (zu den Details vgl. Deutsches PISA-Konsortium 2002), in der im Internet öffentlich zugänglichen Form. Der PISA-Datensatz zeichnet sich durch eine Mehrebenenstruktur aus: Die Stichprobenziehung erfolgte auf Basis von Schulen. In einer solchen Klumpenstichprobe sind sich Personen derselben Schule ähnlicher als Personen aus unterschiedlichen Schulen. Wird diese Ähnlichkeit innerhalb der Schulen in den statistischen Analysen nicht berücksichtigt, so kann dies zu einer Unterschätzung der Standardfehler und somit zu einer zu liberalen Signifikanztestung führen. Normalerweise wird diesen Problemen begegnet, indem interferenzstatistische Verfahren auf der Basis von Mehrebenenmodellen in entsprechenden statistischen Programmen durchgeführt werden. In dem hier verwendeten öffentlich zugänglichen Datensatz sind jedoch die Clustervariablen entfernt. Von daher lassen sich keine Mehrebenenanalysen rechen. Um der damit verbundenen Gefahr zu liberaler Signifikanzschätzung zu begegnen, wird im Folgenden ein konservatives α-Niveau von $p = 0.001$ gewählt.

Es ist zu erwarten, dass bei Migranten jeweils auch eine Orientierung an der im Herkunftsland verlassenen sozialen Schicht besteht und der Migrationsstatus mit Sicherheitsrisiken behaftet ist, die Auswirkungen auf das elterliche Investment haben können, so dass die Gefahr einer Verzerrung der Ergebnisse bestünde. Im Folgenden werden nur Daten der Kinder berücksichtigt, die Eltern ohne Migrationshintergrund haben; es werden $\underline{N}= 26.356$ Jugendliche berücksichtigt.

3.2 Instrumente

Der *Verwandtschaftsgrad* wurde im PISA-E-Datensatz durch leibliche Elternschaft sowie Stiefeltern und Pflegeeltern beschrieben. Da in postmodernen Gesellschaften die Erziehungsberechtigung keine Rückschlüsse auf die Lebenspraxis erlaubt, wird die *Wohngemeinschaft* als Kriterium bestimmt. Dabei wurde unterschieden in leibliche Mutter und nicht leibliche weibliche Erziehungsberechtigte, leiblichen Vater und nicht leiblichen männlichen Erziehungsberechtigten (vgl. Kunter u.a. 2002, S. 230). Auf Basis der Antworten wurden folgende Familienformen identifiziert: die Wohngemeinschaft mit leiblicher Mutter und leiblichem Vater (Eltern), mit leiblicher Mutter ohne Partner (alleinerziehende Mutter), mit leiblicher Mutter und nicht mit dem Kind verwandtem männlichen Partner (Mutter mit Partner), mit leiblichem Vater ohne Partnerin (alleinerziehender Vater), mit leiblichem Vater und nicht mit dem Kind verwandter weiblicher Partnerin (Vater mit Partnerin) sowie ohne leibliche Eltern (Waisen). Weitere Familienformen werden im Folgenden nicht berücksichtigt.

Das Investment wird über emotionales, zeitliches und wirtschaftliches Investment beschrieben. *Emotionales Investment* wird indirekt erschlossen über die Itemgruppe „akzeptierendes Familienklima" (drei Items; Beispielitem „Zuhause fühle ich mich sehr wohl"; fünfstufige Beantwortung /1= stimmt gar nicht, 5 = stimmt ganz genau; Cronbachs α 0.72) (Kunter u.a. 2002, S. 233). Der zeitliche Betreuungsaufwand ist über die Zeit, die Eltern in die Versorgung eines Kindes investieren, beschrieben (sieben Items, Beispielitem „Wie oft kommt es im Allgemeinen vor, dass deine Eltern mit dir über politische oder soziale Fragen diskutieren?"; fünfstufige Beantwortung /1= stimmt gar nicht, 5 = stimmt ganz genau; Cronbachs α 0.72) (Kunter u.a. 2002, S. 229). Der *wirtschaftliche Aufwand* wird als *Alltagsunterhalt* (drei Items; Beispielitem „Gibt es bei Dir zuhause ein Zimmer für Dich alleine", zweipolige Beantwortung (ja /nein); die Skala wird mit der Anzahl der Möglichkeiten gebildet) (vgl. Kunter 2002, S. 227). Die Investition in *Konsum* berücksichtigte den bereits in der PISA-Studie berechneten persönlichen Besitz der Schülerinnen und Schüler an Geräten (Handy, Computer, Videogerät, Netzanschluss; die Skala wird mit der Anzahl der Geräte ausgedrückt; vgl. Kunter 2002, S. 219f.).

Die Instrumentierung des differentiellen Elterninvestments ist insgesamt nur bedingt befriedigend: Für einige Bereiche (z.B. physiologisches Investment) sind nur wenige Items verfügbar. Die Items sind zum Teil aus der Perspektive der Schüler und nicht der Eltern formuliert. Die Items sind nicht familiensensibel formuliert, als dass nach den Eltern gefragt wird, wenn auch die Familie mit einem leiblichen Elternteil und einem nicht leiblichen Elternteil gemeint ist. Zudem sind die Antwortskalen so formuliert, dass sie für Industriestaaten keine große Streuung erwarten lassen. Etwa ist die Erwartungsnorm bei gemeinsam eingenommenen Mahlzeiten relativ undifferenziert, wenn die höchst mögliche Antwort „mehrmals in der Woche" lautet. Bei dieser Skalierung verschwimmen die Unterschiede zwischen den Familien, die regelmäßig alle Mahlzeiten gemeinsam einnehmen und denjenigen, die vielleicht nur zwei Mal in der Woche (etwa am Wochenende) gemeinsam essen und die Jugendlichen sich zu anderen Zeiten selbst überlassen sind.

4 Ergebnisse zur genetischen Verwandtschaft: Der Einfluss der leiblichen Elternschaft auf das Investment

Um in den nachfolgenden Überlegungen eine Konfundierung der Ergebnisse mit dem sozio-ökonomischen Status der Familie und der Anzahl der in einem Haushalt lebenden Kinder zu vermeiden, wurden diese kontrolliert. Der sozio-ökonomische Status wird über den International Socio-Economic Index of Occupational Status (ISEI) beschrieben (vgl. BAUMERT u.a. 2001; S. 326ff.). Tabelle 1 zeigt den Einfluss der Familienform auf das emotionale Investment in die Kinder. In Modell 1 ist allein der Unterschied zwischen der Familienform „beide leibliche Eltern" und den übrigen Formen berechnet. Eine Hinzunahme des sozioökonomischen Status zeigt das Modell 2. In Modell 3 wird als weiterer Prädiktor die Anzahl der Kinder eingeführt. Es werden die unstandardisierten Regressionsgewichte berichtet, um nachvollziehbar zu machen, wie sich die Investmentsdifferenz zwischen den Familienformen nach Berücksichtigung potenzieller Mediatorvariablen verändert. Die Familienform wurde in diesen Analysen anhand von Dummy-Variablen operationalisiert und in Beziehung zur Wohngemeinschaft mit leiblicher Mutter und leiblichem Vater (Eltern) gesetzt.

Tab. 1: Familienformen und deren Einfluss auf das elterliche Investment (unstandardisierte Regressionsgewichte): Emotionales Investment (akzeptierendes Familienklima)

	Modell 1		Modell 2 (ISEI)		Modell 3 (Kinderzahl)	
	B	SF	B	SF	B	SF
Alleinerziehende Mutter	−.075	.024	−.071	.024	−.073	.056
Mutter mit Partner	−.251**	.024	−.238**	.027	−.223**	.027
Alleinerziehender Vater	−.232**	.024	−.232**	.057	−.226**	.056
Vater mit Partnerin	−.414**	.065	−.408**	.065	−.356**	.065
Waisen	−.758**	.090	−.743**	.090	−.725**	.090
R^2	.012		.015		.019	

Anmerkungen: Der sozioökonomische Status wurde aufgrund des ISEI-Wertes der Familie bestimmt. Für die hier vorliegenden Berechnungen wurde der höchste Wert der Familie verwendet. Die Kinderzahl wurde aufgrund der im Haushalt lebenden Geschwisteranzahl (inkl. Halbgeschwister) ermittelt.
**p = .001; SF = Standardfehler

Tab. 1 zeigt die Werte für das emotionale Investment über das akzeptierende Familienklima. Hier wird zunächst erkennbar, dass sich die unterschiedlichen Werte für einzelne Familienformen bei Kontrolle der sozio-ökonomischen Unterschiede (Modell 2) kaum verändern (ISEI b= .004**, SF .00), ebenso wenig wie in Modell 3 bei Kontrolle der Anzahl der Kinder (b= -.06**, SF .001). Das geringere Investment in Kinder bzw. Jugendliche in Stieffamilien ist also durch die mit Stiefelternschaft verbundenen wirtschaftlichen Engpässe oder andere Geschwisterkonstellationen nicht erklärbar. Die Regressionsanalyse zeigt, dass Kinder alleinerziehender Mütter sich kaum weniger akzeptiert fühlen als Kinder, die mit leiblichen Eltern zusammenleben. Erst die Hausgemeinschaft mit einem Partner der Mutter, der nicht leiblicher Vater ist, führt zu einer signifikanten Abnahme des wahrgenommenen akzeptierenden Familienklimas. Der Zuzug einer Partnerin des Vaters führt ebenfalls zu einer Verschlechterung des akzeptierenden Familienklimas. Kinder ohne ein leibliches Elternteil empfinden das sie umgebende Familienklima als besonders wenig akzeptierend. Um es anschaulicher auszudrücken: Kinder alleinerziehender Mütter mit neuem Partner sowie alleinerziehender Väter empfinden das sie umgebende Familienklima um ein Viertel weniger akzeptierend als Kinder aus Familien mit beiden Eltern oder Kinder alleinerziehender Mütter. Kinder alleinerziehender Väter mit Partnerin empfinden das Familienklima um ein Drittel weniger akzeptierend, und Waisen empfinden das sie umgebende Klima um drei Viertel weniger akzeptierend als Jugendliche, die mit beiden Eltern gemeinsam aufwachsen. Die Unterschiede zwischen den Familienformen entsprechen der Vorhersage der darwinischen Theorie.

Tab. 2 zeigt die Befunde der Regressionsanalysen der Werte für physiologisches Investment, zeitliches Investment sowie das wirtschaftliche Investment im Hinblick auf den Alltagsunterhalt und das Investment in Konsumgüter. Auch hier handelt es sich um sukzessive durchgeführte Regressionsanalysen (unstandardisierte Regressionsgewichte). Die Familienform ist wieder über Dummy-Variablen operationalisiert und in Beziehung zur Wohngemeinschaft mit leiblicher Mutter und leiblichem Vater (Eltern) gesetzt. Die Modellbildung geht ebenso nach dem oben beschriebenen Muster.

Tab. 2: Familienformen und deren Einfluss auf das elterliche Investment (unstandardisierte Regressionsgewichte): Physiologisches, zeitliches und wirtschaftliches Investment

	Modell 1				Modell 2 (ISEI)				Modell 3 (Kinderzahl)			
	Physiologischer Aufwand	Zeitinvestment	Alltagsunterhalt	Konsum	Physiologischer Aufwand	Zeitinvestment	Alltagsunterhalt	Konsum	Physiologischer Aufwand	Zeitinvestment	Alltagsunterhalt	Konsum
Alleinerziehende Mutter	-,34** (.02)	-.22** (.02)	-.15** (.02)	n.s.	-,34** (.02)	-.22** (.02)	-.15** (.02)	n.s.	-,34** (.02)	-.22** (.02)	-.25** (.02)	n.s.
Mutter mit Partner	-.26** (.03)	-.17** (.02)	-.16** (.03)	.12** (.03)	-.25** (.03)	-.14** (.03)	-.14** (.02)	.12** (.03)	-.25** (.03)	-.12** (.03)	-.11** (.02)	.15** (.03)
Alleinerziehender Vater	-.63** (.05)	-.34** (.06)	n.s.	.26 (.06)	-.63** (.05)	-.34** (.06)	n.s.	.26** (.06)	-.63** (.05)	-.33** (.06)	n.s.	.27** (.06)
Vater mit Partnerin	-.31** (.06)	-.32** (.07)	n.s.	n.s.	-.30** (.06)	-.31** (.07)	n.s.	n.s.	-.31** (.06)	-.25** (.07)	n.s.	n.s.
Waisen	-.93** (.08)	-.69** (.10)	-.35** (.08)	n.s.	-.92** (.08)	-.67** (.09)	-.33** (.08)	n.s.	-.92** (.08)	-.64** (.09)	n.s.	n.s.
Einfluss ISEI					.003** (.00)	.007** (.00)	.006** (.00)	n.s.	.003** (.00)	.003** (.00)	.006 (.00)	n.s.
Einfluss Kinderzahl									.01 (.01)	-.08 (.01)	-.09 (.01)	-.12 (.01)
R²	.03	.01	.00	.00	.03	.02	.02	.00	.03	.03	.03	.02

Anmerkungen: Der sozioökonomische Status wurde aufgrund des ISEI-Wertes der Familie bestimmt. Für die hier vorliegenden Berechnungen wurde der höchste Wert der Familie verwendet. Die Kinderzahl wurde aufgrund der im Haushalt lebenden Geschwisteranzahl (inkl. Halbgeschwister) ermittelt.
**= p.001; Standardfehler in Klammern.

Zunächst ist erkennbar, dass sich die unterschiedlichen Werte für einzelne Familienformen bei Kontrolle der sozio-ökonomischen Unterschiede (Modell 2) kaum verändern. Der Einfluss des Sozialstatus erweist sich als gering (ISEI b = .003**, .007**, .006**, SF .00). Der Einfluss des sozioökonomischen Kontextes auf den Konsum wird nicht signifikant. In Modell 3 hat die Kontrolle der Anzahl der Kinder einen leichten Einfluss – einen positiven Zusammenhang im Hinblick auf die gemeinsamen Mahlzeiten (b = .01,

SF.01) sowie einen leichten negativen Einfluss auf das Zeitinvestment (b=-.08**, SF .01), den Alltagsunterhalt (b=-.09**, SF.01) und auf den Konsum (b=-.12**, SF .01). Das erscheint unmittelbar plausibel: Je mehr Kinder mit dem gleichen Gehalt versorgt werden, desto weniger kann jedes Kind bekommen. Auch das zeitliche Investment ist in gewissem Maße begrenzt und von daher nicht beliebig aufteilbar.

Die Tabelle lässt sichtbar werden, dass in den Bereichen des *physiologischen Investments* und des *zeitlichen Investments* die Werte von den Eltern über die alleinerziehende Mutter, den alleinerziehenden Vater bis zu Waisen kontinuierlich abnehmen. Dies entspricht den Vorhersagen der Theorie. Der Partner der Mutter bzw. die Partnerin des Vaters führen im Vergleich zur Situation des Alleinerziehens im *physiologischen Investment* wie im *zeitlichen Investment* zu leicht verbesserten Werten. Für die *Investition in Konsumgüter* zeigt sich ebenfalls ein höheres Investment in Patchworkfamilien als in alleinerziehenden Familien oder in Familien mit beiden Eltern. Inwiefern dieses ebenfalls mit der oben beschriebenen Theorie erklärt werden kann (nach der Stiefväter durch die Versorgung fremder Kinder ihre Chancen auf eigenen Nachwuchs steigern und Stiefmütter damit fremde Ressourcen auch auf eigene Kinder umleiten) kann hier mangels weiterer Informationen nicht diskutiert werden.

5 Zusammenfassung und Diskussion

Die hier beschriebenen Zusammenhänge legen nahe, dass das Investment von Eltern in Kinder durch die genetische Verwandtschaft beeinflusst wird. Demnach würde in Nachkommen mehr investiert, wenn diese Kinder potenziell der Verbreitung der eigenen Gene dienen. In Jugendliche mit beiden Elternteilen wird fast durchgängig – sieht man von einem kleinen Segment des Konsumbereiches ab – mehr investiert als in Jugendliche mit nur einem leiblichen Elternteil. In Jugendliche mit einem Elternteil wird durchgängig mehr investiert als in Waisen. Diese Unterschiede im Investment zeigen sich an verschiedenen Indikatoren (gemeinsame Mahlzeiten, Zeitbudget, emotionales Investment). Diese Unterschiede bleiben bei der Kontrolle der sozio-ökonomischen Situation und der Kinderzahl bestehen. Die durch die evolutionäre Theoriebildung nahegelegten Hypothesen können in dem hier diskutierten Kontext ein bis drei Prozent der Varianz elterlicher Investition aufklären.

Im Hinblick auf die Stiefelternschaft wird diese Theorie im Hinblick auf das emotionale Investment bestätigt. Das Familienklima wird von den Jugendlichen erwartungsgemäß differentiell nach den Familienformen als unterstützend bzw. weniger unterstützend erlebt. Für das Investment in wirtschaftliche Ressourcen zeigte sich, dass die Stiefelternschaft zumindest bei einigen der Befunde zu einer leichten Verbesserung der wirtschaftlichen Situation im Vergleich zum Investment des alleinerziehenden Elternteils beitrug. Hier könnten erst weitere Informationen, die der Datensatz nicht enthielt, darüber Auskunft geben, ob sich die evolutionäre Theorie damit erhärten ließe. Es könnte aber auch sein, dass in einer modernen Gesellschaft eine hohe moralische Übereinkunft über die Versorgung von Jugendlichen besteht. Dann würden kulturelle Normen und Werte die biologischen Algorithmen überlagern. Eine andere Möglichkeit könnte auch darin liegen, dass der hier verwendete Datensatz wirtschaftliche Ressourcenunterschiede nicht fein genug abzubilden vermag. Zudem ist bei diesen Fragen auch durch die Art der Fragestellung nicht hinreichend sicher zuzuordnen, ob sich die Angabe aus dem Fragebogen auf den leiblichen Elternteil außerhalb der Wohngemeinschaft oder den Stiefelternteil innerhalb der Wohngemeinschaft beziehen.

In den hier berichteten Befunden werden auch die unterschiedlichen Investmentstrategien von Müttern und Vätern erkennbar. Alleinerziehende Mütter investieren in der Regel mehr als dies alleinerziehende Väter tun. Dieses unterschiedliche Investment kann ebenfalls als Ausdruck differentiell evolvierter Strategien der Geschlechter im Umgang mit dem eigenen Nachwuchs interpretiert werden.

5.1 Eine Annäherung an für Erziehung relevantes Verhalten aus soziobiologischer Perspektive?

Überlegungen zur Bedeutung der genetischen Verwandtschaft für erzieherisch relevantes Verhalten sind für die erziehungswissenschaftliche Theoriebildung randständig. Der hier vorgelegte Zugang lässt die Fruchtbarkeit eines solchen interdisziplinären Dialogs nicht hinreichend abschätzen.

(1) Weitere Untersuchungen müssten zeigen, inwiefern über die genetische Verwandtschaft hinaus die weiteren Faktoren des Elterninvestments (sozio-ökologische Schwankungen, das Reproduktionspotenzial der Eltern sowie das Reproduktionspotenzial der Kinder) eine Rolle spielen. Erst dann ließe sich die Erklärungskraft einer solchen Theorie und der Einfluss dieser Variablen auf zum Beispiel Selbstwertkonzept und Schulleistungen der Kinder hinreichend diskutieren.
(2) Dann müsste in einem zweiten Schritt geklärt werden, in welchem Zusammenhang diese Ergebnisse zu den Erklärungsmustern geistes- und sozialwissenschaftlicher Zugänge stehen. Werden neue Zusammenhänge sichtbar?
(3) Mit einem solchen Zugang wird kein Hinweis auf die Möglichkeiten intentionaler Erziehung gegeben. Auch dieses wäre gesondert in den Blick zu nehmen. Können Eltern ihr differentielles Investment steuern und gegebenenfalls (zum Beispiel nach entsprechenden Bildungsveranstaltungen oder entsprechender Werbung) verändern? Und lassen sich gegebenenfalls auftretende negative Effekte fehlenden Investments durch das Investment anderer kompensieren?

Für die Beantwortung dieser zweifelsohne erziehungswissenschaftlich relevanten Fragen mit Hilfe darwinischer Theorie ist es noch zu früh. Um solche Fragen diskutieren zu können, bedarf es weitreichenderer Untersuchungen als hier vorgelegt. Gegebenfalls könnte sich die biologische Bedingtheit des Transfers kulturellen und sozialen Kapitals empirisch zeigen lassen und damit die von TOOBY/COSMIDES (1992) beschriebenen Beschränkungen des „Standard Social Science Modell" zugunsten einer integrierten Perspektive (TOOBY und COSMIDES nennen es ein „integrated causal modell") , die die conditio humana ebenso in den Blick nimmt wie kulturelle Phänomene, aufgegeben werden. Das könnte für die erziehungswissenschaftliche Theoriebildung von Bedeutung sein, ist ihr Gegenstand – die Erziehung – wie kaum ein anderer einerseits in biologisch bedingte Prozesse des Aufwachsens und des Lebenslaufs und andererseits in die Weitergabe und Produktion von Kultur verwoben (vgl. aus einer systemtheoretischen Perspektive dazu LENZEN 1997).

5.2 Soziobiologische Forschung und ihr Verhältnis zu normativen Aussagen

Die zweite naheliegende Frage ist diejenige nach der Relevanz einer solchen Forschung für die pädagogische Praxis. Wie bei jeder empirischen Forschung stellt sich auch hier das Problem des naturalistischen Fehlschlusses, d.h. des Problems, aus beschreibenden Sätzen ohne unabhängige normative Prämisse keine normativen Konsequenzen ableiten zu können (vgl. Treml 1996). Da biologische Argumentation allzu leicht eine besondere Legitimation über den Verweis auf „quasi-natürliche" Zusammenhänge verliehen wird, ist die Versuchung besonders groß, normativ zu argumentieren. Es gibt schließlich genug historische Beispiele, zum Beispiel aus der Zeit des Nationalsozialismus, für eine biologisch unterfütterte Bewertung von Familienformen (vgl. HÖLTERSHINKEN 1976; KAUPEN-HAAS/SALLER 1999). Gerade eine erziehungswissenschaftliche Forschung, die mit biowissenschaftlichen Paradigmen arbeitet, ist auf eine solide normative Fundierung angewiesen, die sich nicht aus den Biowissenschaften selbst speisen kann. Die Akzeptanz verschiedener Familienformen kann nicht durch die Biologie begründet werden. Für den hier beschriebenen Fall bedeutet das, dass sich aus den Befunden weder eine Legitimation noch eine Kritik der differentiellen Strategien elterlichen Investments ableiten ließe. Vielmehr sind evolvierte Strategien Verhaltensformen in bestimmten Umwelten. Von daher drücken die hier beschriebenen differentiellen Formen elterlichen Investments unterschiedliche Verhaltensstrategien aufgrund persönlicher Lebensumstände aus.

Allerdings wäre diese Art der Forschung unterschätzt, wenn sie mit dem Hinweis auf die Gefahren eines naturalistischen Fehlschlusses für nicht relevant erklärt würde. Aufklärung über Erziehungskontexte (auch im Dialog mit den Biowissenschaften) trägt zu einer differenzierteren Einschätzung bei. Diese entlässt nicht aus der normativen Frage, wozu erzogen werden soll. Und auf diese Frage, zum Beispiel unter der Perspektive von Chancengleichheit zu reagieren, ist eine Aufgabe erziehungswissenschaftlicher Reflexion und bildungspolitischer Verantwortung.

Anmerkungen

Ich danke Olaf Köller, Petra Stanat, Ralf Hertwig und Oliver Dickhäuser für hilfreiche Anregungen.

1 vgl. z.B.: „An evolutionary perspective does not equate with a genetic determinist view of human behaviour" (LALAND/BROWN 2002, S. 17).
2 Der Begriff „Reproduktionsinteresse" ist irreführend, da er – im Sinne psychologischer Konstrukte bewusstes Interesse unterstellt. Vielmehr wird er in diesem Kontext als eine „Als-ob"-Figur verwendet, nach der unterschiedliche Verhaltensweisen so zusammenspielen, 'als ob' Menschen ein solches Interesse ihrem Verhalten zu Gunde legen würden. 'Als-ob'-Figuren sind eine häufig angewendete Möglichkeit, Dinge zu beschreiben, für die die Sprache keine eigene Begrifflichkeit bereit hält (vgl. VAIHINGER 1927).

Literatur

ANDERSON, K.G./KAPLAN, H. (1999): Paternal Care by Genetic Fathers and Stepfathers I: Reports from Albuquerque Men. In: Evolution and Human Behavior 20, S. 405-431.

ANDERSON, K.G./KAPLAN, H./LAM, D. & LANCASTER, J. (1999): Paternal Care by Genetic Fathers and Stepfathers II: Reports by Xhosa High School students. In: Evolution and Human Behavior 20, S. 433 - 451.

BAUMERT, J./KLIEME, E./NEUBRAND, M./PRENZEL, M./SCHIEFELE, U./SCHNEIDER, W./STANAT, P./TILLMANN, K./WEISS, M. (Hg.) (2001): PISA 2000. Basiskompetenzen von Schülerinnen und Schülern im internationalen Vergleich. – Opladen.

BAUMERT, J./WATERMANN, R./SCHÜMER, G. (2003): Disparitäten der Bildungsbeteiligung und des Kompetenzerwerbs. Ein institutionelles und ein individuelles Mediationsmodell. In: Zeitschrift für Erziehungswissenschaft, 6. Jg., H. 1/2003, S. 46-72.

BOESCH, C. (1997): Evidence for dominant wild female chimpanzees investing more in sons. In: Animal Behaviour, 54, p. 811-815.

CASE, A./LIN, I.-F. /MCLANAHAN, S. (2001): Educational attainment of siblings in stepfamilies. In: Evolution and Human Behavor 22, S. 269-289.

COSMIDES, L./TOOBY, J.E. (1992): Cognitive Adaption for Social Exchange. In: BARKOW, J. H./ COSMIDES, L./TOOBY, J.E. (Hg.): The Adapted Mind. Evolutionary Psychology and the Generation of Culture. – New York/Oxford, S. 163-228.

DALY, M./WILSON, M. (1981): Abuse and neglect of children in evolutionary perspective. In: ALEXANDER, R.D./TINKLE, D.W. (Hg.): Natural selection and social behavior – Recent research and new theory. Chiron, – New York, S. 405-416.

DALY, M./WILSON, M. (1988): Homicide. – New York.

DAWKINS, R. (1996): Das egoistische Gen – Reinbek.

DIETRICH, C./SANIDES-KOHLRAUSCH, C. (1994): Erziehung und Evolution. Kritische Anmerkungen zur Verwendung bio-evolutionstheoretischer Ansätze in der Erziehungswissenschaft. In: Bildung und Erziehung, Jg. 47, H. 4, S. 397-410.

DEUTSCHES PISA-KONSORTIUM (Hg.) (2002): PISA 2000. Die Länder der Bundesrepublik Deutschland im Vergleich – Opladen.

DUNBAR, R.: Klatsch und Tratsch. Wie der Mensch zur Sprache fand. München: Bertelsmann 1998.

EULER, H.A./WEITZEL, B. (1996): Discriminative grandparental solicitude as reproductive strategy. Human Nature 7, p. 39-59.

EULER, H./VOLAND, E. (2001): The Reception of Sociobiology in German Psychology and Anthropology. In: Peterson S. A./Somit A. (ed.); Evolutionary Approaches in the Behavioral Sciences: Toward a Better Understanding of Human Nature, Volume 8. – Amsterdam/London, pp. 277-286.

GAULINS, S.J./ROBBINS, C.J. (1991): Trivers-Willard effect in contemporary North American society. American Journal of Physical Anthropology, 85, pp. 902-910.

HERTWIG, R./DAVIS, J.N./SULLOWAY, F. (2002): Parental Investment: How an equity motive can produce inequality. In: Psychological Bulletin, Vol. 128, No. 5, S. 728-725.

HILL, K./ HURTADO, A.M. (1996): Ache Life History – The Ecology and Demography of a Foraging People. – Hawthorne.

HOIER, S./EULER, H./HÄNZE, M. (2001): Diskriminative verwandtschaftliche Fürsorge von Onkeln und Tanten. Eine evolutionspsychologische Analyse. Zeitschrift für Differentielle und Diagnostische Psychologie, 22, S. 206-215.

HÖLTERSHINKEN, D. (Hg.) (1976): Das Problem der pädagogischen Anthropologie im deutschsprachigen Raum. – Darmstadt.

HRDY, S.B. (2000): Mutter Natur. Die weibliche Seite der Evolution. – Berlin.

KAPLAN, H./HILL, K. (1992): The evolutionary ecology of food acquisition. In: SMITH, E.A./WINTERHALDER, B.(eds.): Evolutionary Ecology and Human Behavior. – Hawthorne, pp. 167-201.

KAUPEN-HAAS, H./SALLER, C. (1999): Wissenschaftlicher Rassismus. Analysen einer Kontinuität in den Human- und Naturwissenschaften. – Frankfurt a.M./New York.

KUNTER, M./SCHÜMER, G./ARTELT, C./BAUMERT, J./KLIEME, E./NEUBRAND, M./PRENZEL, M./ SCHIEFELE, U./SCHNEIDER, W./STANAT, P./TILLMANN, K.-J./WEISS, M. (2002): PISA 2000: Dokumentation der Erhebungsinstrumente. – Berlin.

LALAND, KEVIN N./BROWN, GILLIAN (2002): Sense and Nonsense. Evolutionary Perspectives on Human Behaviour. – Oxford.
LENZEN, D. (1997): Lebenslauf oder Humanontogenese? Vom Erziehungssystem zum kurativen System - von der Erziehungswissenschaft zur Humanvitologie. In: LENZEN, D./LUHMANN, N. (Hg.): Bildung und Weiterbildung im Erziehungssystem. Lebenslauf und Humanontognese als Medium und Form. – Frankfurt a.M., S. 228-247.
LIEGLE, L. (2002): Ein neuer Meilenstein auf dem Weg zu einer „Biopädagogik"? Zwei Bücher von Annette Scheupflug im Kontext der Geschichte der Rezeption biowissenschaftlicher Erkenntnisse in der Pädagogik. In: Bildung und Erziehung 2002.
MANN, J. (1992): Nurturance or Negligence: Maternal Psychology and Behavioral Preference among Preterm Twins. In: BARKOW, J.H./COSMIDES, L./TOOBY, J.E. (Hg.): The Adapted Mind. Evolutionary Psychology and the Generation of Culture. – New York/Oxford, pp. 367-390.
MARKL, H. (1983): Wie unfrei ist der Mensch? Von der Natur in der Geschichte. In: DERS. (Hg.): Natur und Geschichte. – München/Wien, S. 11-50.
MONTGOMERIE, R.D./WEATHERHEAD, P.J. (1988): Risks and rewards of nest defence by parent birds. The Quarterly Review of Biology, 63, S. 167-187.
NESSE, R./WILLIAMS, G.C. (1997): Warum wir krank werden. Die Antworten der Evolutionsmedizin. – München.
PAUL, A./VOLAND, E. (1997): Eltern-Kind-Beziehungen im evolutionären Kontext. In: KELLER, H. (Hg.): Handbuch der Kleinkinderforschung. – Bern/Göttingen, S. 121-147.
PAUL, A./VOLAND, E. (1998): Die Evolution der Zweigeschlechtlichkeit. In: KANITSCHNEIDER, B. (Hg.): Liebe, Lust und Leidenschaft. – Stuttgart, S. 99-116.
SCHAIK, C.P. VAN/JANSON, C.H. (2000): Infanticide by males and its implacations. – Cambridge.
SCHEUNPFLUG, A. (2004): Der Blick auf evolvierte Verhaltensstrategien: Anregungen aus der Soziobiologie. In: GLASER, E./KLIKA, D./PRENGEL, A. u.a. (Hg.): Handbuch Gender und Erziehungswissenschaft, Klinkhardt: Bad Heilbrunn 2004, S. 201-215.
SHERMAN, P./BILLING, J. (1999): Darwinian Gastronomy: why we use spices. Bio Science 49: pp 453-463.
SKAMEL, U./VOLAND, E. (2001): Vom 'ewigen Kampf der Geschlechter' zu Solidarität in Partnerschaft und Familie. Eine soziobiologische Annäherung. In: HUININK, J./STROHMEIER, K./WAGNER, M. (Hg.): Solidarität in Partnerschaft und Familie - Zum Stand familiensoziologischer Theoriebildung. – Würzburg, S. 85-102.
SULLOWAY, F.J. (1997): Der Rebell der Familie. Geschwisterrivalität, kreatives Denken und Geschichte. – Berlin.
TEMRIN, H./BUCHMAYER, S./ENQUIST, M. (2000): Step-parents and infanticide: new data contradict evolutionary predictions. In: Proceedings of the Royal Society of London, S. 943-946.
TOOBY, J.E./COSMIDES, L. (1992): The Psychological Foundations of Culture. In: BARKOW, J./COSMIDES, L./TOOBY, J.E. (Hg.): The Adapted Mind. Evolutionary Psychology and the Generation of Culture. – New York/Oxford, S. 19-135.
TREML, A.K. (1996): „Biologismus" – Ein neuer Positivismusstreit in der deutschen Erziehungswissenschaft. In: Erziehungswissenschaft, 7. Jg., H. 14, S. 85-98.
TRIVERS, R.L. (1972): Parental investment and sexual selection. In: CAMPBELL, B. (Hg.): Sexual selection and the decent of man 1871-1971. – Chicago, S. 136-179.
TRIVERS, R.L./WILLARD, D. (1973): Natural Selection of parental ability to vary the sex ration of offspring. Science 179, pp.90-92.
VAIHINGER, H. (1986/1927): Die Philosophie des Als Ob. Aalen 1986. Neudruck der 9./10. Auflage. – Leipzig 1927.
VOGEL, C. (2000): Anthropologische Spuren – Zur Natur des Menschen (hg. von Volker Sommer). – Stuttgart/Leipzig.
VOLAND, E. (1998): Evolutionary ecology of human reproduction. Annual Review of Anthropology 27, pp. 347-374.
VOLAND, E. (2000): Grundriss der Soziobiologie. – Heidelberg/Berlin (2., überarbeitete Auflage).
VOLAND, E. (2003): Die Natur der menschlichen Kultur – Sechs Antworten der Soziobiologie auf fünf Fragen der Kulturethologie. In: LIEDTKE, M.(Hg.): Orientierung in Raum, Erkenntnis, Weltanschauung, Gesellschaft. – Graz, S. 275-286.
VOLAND, E./BEISE, J. (2002): Opposite effects of maternal and paternal grandmothers on infant survival in historical Krummhörn. In: Behav Ecol Sociobiol, 52, pp. 435-443.

VOLAND, E./CHASIOTIS, A. (1989): How female reproductive decisions cause social inequality in male reproductive fitness: evidence from eighteenth- and nineteenth-century Germany. In: STRICKLAND, S.S./SHETTY, P.S. (Hg.): Human Biology and Social Inequality. – Cambridge 1998, S. 220-238.

WEINGART, P./MITCHELL, S.D./RICHERSON, P.J./MAASEN, S. (eds) (1997): Human by Nature. – Between Biology and the Social Sciences. – Mahwah/London.

WIESNER, G./TIETZE, K.W./CASPER, W. (1995): Zur Entwicklung der perinatalen und Säuglingssterblichkeit nach der Wiedervereinigung Deutschlands. In: Bundesgesundheitsblatt 38, S.13-21.

WILLIAMS, G.C. (1966): Natural selection, the costs of reproduction, and a refinement of Lack's principle. In: American Naturalist 100, pp. 687-690.

ZVOCH, K. (1999): Family Type and Investment in Education: A Comparison of Genetic and Stepparent Families. In: Evolution and Human Behavior, 20, pp. 453-464.

Anschrift der Verfasserin: Prof. Dr. Annette Scheunpflug, Universität Erlangen-Nürnberg, Regensburger Straße 160, 90478 Nürnberg, E-Mail: annette.scheunpflug@ewf.uni-erlangen.de

Jürgen Reyer

Evolutionäre Bindungstheorie – Ein neuer Typ integrativer Sozialisationsforschung

Zusammenfassung
Die evolutionären Ursprünge der modernen Bindungstheorie sind bekannt, spielten aber lange Zeit keine Rolle in der Bindungsforschung. In den 90er-Jahren des 20. Jh. zeichneten sich die Umrisse eines neuen evolutionären Paradigmas in der Entwicklungspsychologie ab. Die drei Hauptmuster der Bindung (unsicher vermeidend, sicher, unsicher ambivalent) wurden nun nicht nur als Ergebnis unmittelbarer frühkindlicher Erfahrungen angesehen, sondern auch als Ergebnis evolutionärer Anpassungsprozesse. In der Life History-Theorie wird Bindung als anfängliches Stadium der Reproduktionsstrategie im Lebenslauf angesehen. Für Sozialisations- und Erziehungstheorien in Deutschland geht von diesen Forschungen die Botschaft aus, dass die kulturelle Transmission nicht nur über sozialisatorische Mechanismen oder erzieherische Anstrengungen verläuft, sondern auch über fortwirkende Faktoren des evolutionären Echos. In englischsprachigen Handbüchern der kulturvergleichenden Psychologie und der Entwicklungspsychologie hat sich der Ausdruck „biological and cultural transmission of culture" eingebürgert. Vielleicht ist es an der Zeit, dass ein vergleichbarer Ausdruck auch in deutschen Handbüchern der Sozialisations- und Erziehungsforschung eingeführt wird.

Schlüsselwörter: Bindungsforschung; reproduktive Strategie; Partnerwahlstrategien; Elterninvestment; Verhaltensgenetik; evolutionäre Entwicklungspsychologie

Summary
Evolutionary Attachment Theory – A new type of integrative socialization research
The evolutionary roots of modern attachment theory are well known. But for decades this theoretical background was given little attention in attachment research. In the 1990s a new paradigm of evolutionary thinking about ontogenetic development came to life. The three main patterns of attachment (insecurity-avoidant, security, insecurity-ambivalent) are now considered to be not only results of early childhood experiences, but also of processes of evolutionary adaptation. Within the reference frame of life history theory, attachment is now understood to be a preliminary stage of reproductive strategy. As for socialization and education theory in Germany, the conclusion has to be drawn that cultural transmission is not only influenced by mechanisms of socialization and educational efforts, but also by this distant evolutionary echo. The term 'biological and cultural transmission of culture' has become common in English-language handbooks concerning cross-cultural and evolutionary psychology. It may be time to create an equivalent term in German handbooks of socialization and education theory.

Keywords: attachment research; reproductive strategy; life history theory; mating; parental investment; behavioral genetics; evolutionary development psychology

1 Traditionelle und evolutionspsychologische Bindungsforschung – „proximal causes", „distal causes", „ultimate causes"

Vor einem halben Jahrhundert revidierte John BOWLBY psychoanalytische Annahmen zur Entstehung der Mutter-Kind-Bindung unter dem Einfluss verhaltensbiologischer Konzepte und stellte damit „Freud gewissermaßen auf die Füße" (GROSSMANN 1987, S. 211). Bindung wird demnach von den Kindern nicht erlernt, indem sie mit Nahrung versorgt werden (Trieb-Reduktions-These), vielmehr bringen sie eine Verhaltensdisposition mit, die im Prozess der Human-Evolution erworben wurde und die sie die Nähe zur Mutter suchen lassen. Da die ursprüngliche biologische Funktion der Bindung im Überleben (als funktionalem Äquivalent der reproduktiven Fitness) bestand und dementsprechend das Bindungsverhalten dem Schutz dient, ist die Verhaltensdisposition zunächst personenoffen, kann also auch von anderen primären Bezugspersonen aktiviert werden; Bindung ist auch nicht auf eine Bindungsperson beschränkt, sondern wird innerhalb einer gewissen sozialen Reichweite auch mit anderen Personen aufgebaut. Erlernt hingegen sind „die internen Arbeitsmodelle" (BOWLBY), die im Prozess der Bindungsentwicklung entstehen. Mary AINSWORTH erweiterte die Bindungstheorie von BOWLBY theoretisch und methodisch; theoretisch, indem sie „attachment cycles" postulierte: Sicherheit mit der Mutter, Spiel/Exploration, Separation, Wiedervereinigung; methodisch, indem sie für die empirische Arbeit das standardisierte Beobachtungsverfahren der „Strange Situation" entwickelte (AINSWORTH et. al. 1978; GROSSMANN/GROSSMANN 2003): In einem Beobachtungsraum ist die Mutter zunächst mit dem Kind zusammen; dann kommt eine fremde Person hinzu; kurze Zeit später verlässt die Mutter den Raum, etwas später auch die fremde Person; nach kurzem Allein-Sein des Kindes kommt die Mutter zurück. Die in diesen Sequenzen beobachteten Verhaltensweisen des Kindes führen zur Einschätzung des Bindungsstatus des Kindes. Die evolutionspsychologische Literatur arbeitet hauptsächlich mit drei Bindungsmustern: „Insecure avoidant" (A), „Secure" (B) und „Insecure anxious, ambivalent" (C).[1] Diesen Bindungsmustern entsprechen spezifische Verhaltensmuster des Kindes in der „Strange Situation" – „patterns of attachment behavior" (AINSWORTH 1977, S. 52). Im Muster A sucht das Kind den Kontakt zur wieder gekehrten Mutter zu vermeiden; Muster B ist dadurch gekennzeichnet, dass das Kind sofort und freudig Kontakt sucht; und im Muster C zeigt das Kind ambivalentes Verhalten, indem es einerseits Kontakt sucht und gleichzeitig Ärger gegenüber der Bindungsperson ausdrückt.

Die Bindungsbereitschaft ist *umweltstabil* (BOWLBY); wäre sie das nicht, gäbe es keine Bindungsmuster oder aber so viele, wie es sozio-kulturelle Milieus und Sub-Milieus gibt. Es finden sich aber weltweit nur drei (eventuell vier) Bindungsmuster: „The three basic attachment patterns – avoidant, secure, and ambivalent – can be found in every culture in which attachment studies have been conducted thus far" (VAN IJZENDOORN/SAGI 1999, S. 730). Die quantitative Verteilung dieser Muster variiert allerdings unter dem Einfluss unterschiedlicher sozio-kulturell imprägnierter Pflegepraktiken; westeuropäische Studien zeigen im Durchschnitt 28% Muster A, 66% Muster B und 6% Muster C; USA: 21% A, 67% B, 12% C (ebd., S. 729). Risiko-Studien zeigen, dass in low-risk samples 60 bis 70 Prozent sicher gebundene Kinder gefunden werden, in high-risk samples aber 60 Prozent und mehr unsicher gebundene Kinder (BELSKY/CASSIDY 1994; GROSSMANN/GROSSMANN 1990; VAN IJZENDOORN/SAGI 1999). Umweltstabilität meint *nicht*, dass sich der in der frühen Kindheit erworbene Bindungsstatus in der weiteren Entwicklung nicht ändern könnte, etwa auf dem Interventionsweg (MAIN/SALOMON 1990; VAN IJZENDOORN/JUFFER/DUYVESTEN 1995).

Das evolutionäre Echo („distal causes"), dass nach Auffassung der biopsychosozialen Kindheitsforschung auch heute die Sozialisation unter den unterschiedlichsten sozialen und kulturellen Bedingungen beeinflusst, blieb in der traditionellen Bindungstheorie und -forschung zwar als bedeutsame Hintergrundtheorie präsent (vgl. z.B. AINSWORTH 1977), ein Großteil der Forschung aber galt und gilt weiterhin den „proximal causes", das heißt dem konkreten Kontext spezifischer materieller, räumlicher und sozialer Settings, einschließlich der Persönlichkeitsmerkmale der Bindungspersonen (z.B. Feinfühligkeit) und der Kinder (z.B. Temperament). Im Vordergrund stehen vor allem komparative und longitudinale Untersuchungsdesigns: unterschiedliche familiale Umgebungen und Konstellationen, Beobachtungssituationen (Labor, Wohnung), soziale Schichten, Cross Cultural.

Eine Erweiterung erfuhr die Bindungstheorie dadurch, dass nach Zusammenhängen zwischen dem frühen Bindungsprozess der ersten fünf bis sechs Lebensjahre und dem späteren Bindungsverhalten im Jugend- und Erwachsenenalter gefragt wurde (BELSKY/CASSIDY 1994; GLOGER-TIPPELT 2001; HAZAN/SHAVER 1987; RICKS 1985; PARKES/STEVENSON-HINDE/MARRIS 1991; WATERS et. al. 2000).[2] Einen weiteren Ausbau der Theoriebildung und der empirischen Forschung brachte die Untersuchung des Bindungsstatus Erwachsener durch das *Adult Attachment Interview* und das *Adult Attachment Projective* (GLOGER-TIPPELT 2001); damit erweiterte sich die Bindungstheorie und -forschung in Richtung der *intergenerationalen Transmission* von Bindungsmustern, womit sie den Status der Teilbereichsforschung überwand und den Status eines allgemeineren sozialisationstheoretischen Modells erreichte.

Die Beschränkung auf das proximal-ontogenetische Bedingungsgefüge des Bindungsprozesses wird von zahlreichen Bindungsforschern als unzureichend für die Erklärung individueller Differenzen der Bindung sowohl im Kindes- wie im Erwachsenenalter angesehen. In der traditionellen Bindungsforschung war z.B. unklar, wie der Status der beiden unsicheren Bindungstypen (A, C) einzuschätzen sei; handelt es sich bei ihnen, wie BOWLBY, AINSWORTH und andere Bindungsforscher annahmen, um missglückte Bindung oder, wie GROSSMANN/GROSSMANN annahmen, bei allen disfunktionalen Auswirkungen im späteren Leben um Varianten normaler (organisierter) Bindung: „Die Qualität der Bindung kann unsicher sein, sie ist aber auf jeden Fall gegeben, also umweltstabil" (1986, S. 311). Zur Klärung solcher und anderer Fragen wird seit etwa fünfzehn Jahren im Rahmen der evolutionären Verhaltenswissenschaften der evolutionstheoretische Hintergrund in die Erklärungsmodelle einbezogen.[3] Dabei wird generell davon ausgegangen, dass artspezifisches Verhalten in evolutionären Prozessen der Anpassung an die Ressourcen spezifischer *Umwelten* erworben, das heißt genetisch gelernt wurde. „Personality traits in this view have distal causes but are influenced, triggered, and moderated by proximal internal and external stimuli" (BOUCHARD/LOEHLIN 2001, S. 244).

Gegenüber der konventionellen Bindungsforschung liegt den neueren Ansätzen die Annahme zugrunde, dass Bindung nicht nur einen unspezifischen evolutionären Hintergrund hat, sondern dass sich die drei Bindungsmuster auch bestimmten *Überlebensstrategien* zuordnen lassen, die in der „Environment of Evolutionary Adaptedness" (Pleistozän, Anfang ca. 1000.000, Ende ca. 10.000 Jahre) genetisch erworben wurden. Während seiner Evolutionsgeschichte hat der Mensch etwa neunundneunzig Prozent der Zeit als

Jäger und Sammler gelebt. Auch wenn wenig über die sozialen Konstellationen des Zusammenlebens bekannt ist, die unsere Vorfahren in dieser Zeit ausformten (KELLY 1995; SIMPSON 1999), so ist es nicht unplausibel anzunehmen, dass diese Konstellationen – idealtypisch gesehen – auf zwei Umwelten reagierten: sicheren und unsicheren.[4] In sicheren Umwelten waren die Gefahren einschätzbar, die nähere Zukunft vorhersehbar und die Ressourcen verlässlich; in unsicheren Umwelten umgekehrt. In diesen Umwelten evolvierten Strategien, um das Überleben im Gen-Pool zu sichern, und diese Strategien sind auch heute noch, so die Theorie, unter den veränderten Umwelten und Lebensbedingungen im Lebenszyklus der Menschen wirksam. Die Prozessphasen des „attachment cycle" und die drei Bindungsmuster A, B, C stellen sich aus dieser Sicht als ontogenetisch-kulturelle Ausformulierungen von evolutionär erworbenen Erbkoordinationen dar. Damit werden die unsicheren Bindungsmuster A und C nicht als Fehlanpassungen oder als pathologisch angesehen, sondern überlebensstrategisch als sinnvoll, wenn sie auch unter den *heutigen* Bedingungen zu disfunktionalen Auswirkungen führen können.

Die Kinder unserer Vorfahren sahen sich den sicheren und unsicheren Umwelten vermittelt über die Eltern und durch den weiteren sozialen Gruppenkontext gegenüber. Aus dieser theoretischen Perspektive kann die Reproduktionslogik der Evolution nicht darin bestanden haben, nur das sichere Bindungsmuster zu selektieren: „(...) the common individual differences in attachment that we observe today can be interpreted as facultative adaptations to parental behaviors that in the EEA (= Environment of Evolutionary Adaptedness, J. Re.) were reliable indicators of what were probably two of the more recurrent (and not mutually exclusive) threats to juvenile survival and growth: parent's inability to invest in offspring, and parent's unwillingness (not necessarily conscious) to invest" (CHISHOLM 1996, S. 15). In sicheren Umwelten hatten die Eltern mehr Zeit, Energie und Ressourcen für Verhaltensweisen, die sichere Bindungsmuster begünstigten; unsichere Umwelten mit weniger Zeit, Energie und Ressourcen gingen einher mit Verhaltensweisen, die unsichere Bindung begünstigten. Die Auffassung, dass die unsicheren Bindungsmuster eine evolutionäre Logik haben, ist auf dieser Ebene der Theoriebildung noch rein intuitiv. Sie stützt sich auf die Überlegung, dass es für die Kinder in evolutionären Zeiten kaum der Normalfall gewesen sein dürfte, in Umwelten zu leben, die sichere Bindungsmuster begünstigten (BELSKY 1999, S. 143). So könnte unaufmerksames und zurückweisendes Verhalten der Eltern für das Kind ein Schlüsselreiz für vermeidendes Verhalten gewesen sein, um die Bindung nicht gänzlich zu gefährden: „Avoidence in the service of attachment" (MAIN 1981); oder der Schlüsselreiz signalisierte unsichere Umwelten mit der Aufforderung, frühzeitiger selbstständig zu werden, um zu überleben (SIMPSON 1999, S. 126). Erst im Rahmen der Life History Theory kommen den unsicheren Bindungsmustern distinkte Funktionen zu, die sie in den Dienst der reproduktiven Fitness stellen (s. unten Pkt. 2).

Wenn die Bindungsmuster ferne Ursachen haben, können sie aus ihren ontogenetisch-proximalen Entstehungskontexten allein nicht erklärt werden. Erklärt werden kann zwar, *wie* die Feinfühligkeit und andere Eigenschaften der Bindungspersonen das sichere Bindungsmuster B oder wie inkonsistentes und ablehnendes Verhalten unsichere Bindungsmuster hervor rufen; das aber lässt die Frage nach dem *Warum* offen. Die Warum-Frage zielt auf den evolutionären Entstehungskontext des Bindungsmusters; die „distal causes" gewinnen damit den theoretischen Status von „ultimate causes" oder evolutionären Funktionen: „'why' questions address ultimate or evolutionary functions"

(BELSKY 1997, S. 362). BELSKY/STEINBERG/DRAPER haben eine ökologische Mehrebenen-Unterscheidung vorgeschlagen, wonach „proximal causes" die direkt wirkenden Faktoren darstellen, z.B. elterliches Verhalten dem Kind gegenüber; „distal causes" wären indirekt wirkende Faktoren, z.B. kontextueller Stress, der elterliches Verhalten beeinflusst; und „ultimate cause concerns the evolutionary or biological function of a phenomenon, with 'why' a process or phenomenon occurs, rather than 'how' it occurs" (1991, S. 648). Die makrobiologischen „ultimate causes" sind zwar am weitesten vom konkreten (heutigen) Verhalten entfernt, beeinflussen es jedoch über das Genom, in dem sie ihre Spuren hinterlassen haben. Dabei ist allerdings auch bei der mikrobiologischen Ebene des Genoms zu berücksichtigen, dass sie am weitesten von der Verhaltensebene entfernt liegt – Gene produzieren kein Verhalten sondern Proteine. Zwischen Genom und Verhalten liegen noch andere Ebenen, wie die morphologische, neurophysiologische und metabolische Ebene; zwischen ihnen allen bestehen „bi-directionale" Zusammenhänge, die genetische Aktivität hat also vermittelte Einflüsse auf Verhalten und Umwelt, wie umgekehrt Umwelt und Verhalten vermittelte Einflüsse auf die Genaktivität haben (vgl. GOTTLIEB/WAHLSTEN/LICKLITER 1998). Aus evolutionsbiologischer Perspektive sind Gene auch nicht primär an Verhalten ‚interessiert', sondern an ihrer Reproduktion (DAWKINS 1976/1994), und dazu sind sie auf Lebenslaufentscheidungen reproduktionsfähiger Individuen angewiesen. Einige Autoren sehen den Erfolg der Bindungstheorie in ihrer fundamentalen Verwurzelung in Prinzipien der Evolution oder direkter: „(...) attachment theory *is* an evolutionary theory" (SIMPSON 1999, S. 115).

Von vornherein klar ist, dass die evolutionären Einflussfaktoren, mit denen man gegenwärtige Bindungsprozesse in einen größeren Erklärungszusammenhang stellen will, *nicht beweisbar* sind (HINDE 1991; HINDE/STEVENSON-HINDE 1990); der Anspruch ist vielmehr, einen theoretischen Rahmen zu entwickeln, mit dem erstens disparate Forschungskonzepte und -ergebnisse besser integrierbar sind als mit Erklärungsmodellen ausschließlich ontogenetisch-proximalen Zuschnitts, und der es zweitens erlaubt Hypothesen zu entwickeln, die der empirischen Überprüfung zugänglich sind.

2 Evolutionspsychologische Bindungsforschung und die Biopsychologie des Lebenszyklus („Life History Theory")

Eine spezifische Ausrichtung erfährt die neue evolutionspsychologische Bindungsforschung durch die Biopsychologie des Lebenszyklus oder *Life History Theory*. Obgleich schon vor etwa vierzig Jahren entworfen, erlebt sie seit gut zehn Jahren eine geradezu explosionsartige Entwicklung (vgl. CHISHOLM 1996).[5] Dass Bindungsprozesse über die frühe Kindheit hinaus betrachtet werden, ist nicht neu; neu hingegen ist, dass das evolutionäre Echo in die Modellbildung einbezogen wird (BELSKY/STEINBERG/DRAPER 1991; BELSKY 1997, 1999; CHISHOLM 1993, 1996; HILL/YOUNG/NORD 1994; SIMPSON 1999).

Auch die verschiedenen Varianten der Life History Theory sehen proximale, distale und ultimate Wirkungsfaktoren in einem wechselseitigen Bedingungszusammenhang, der nun aber auf das zentrale Motiv der Evolution ausgerichtet wird: optimale *generative Reproduktion* im Lebenszyklus. „Central to the modern evolutionary perspective on attachment (...) is the proposition that patterns of attachment represent facultative responses (to caregiving environments) that evolved in the service of reproductive goals"

(BELSKY 1999, S. 147). Generative Reproduktion ist dann optimal, wenn sie der *reproduktiven Fitness* („inclucive fitness" nach HAMILTON 1964), d.h. der Verbreitung der Gene eines Organismus in zukünftigen Generationen dient. Dieses Ziel ist zwar nur für die jeweiligen Elterngenerationen unmittelbar thematisch, doch auch in jenen Phasen virulent, in denen noch nicht (Kindheit/Jugend) oder nicht mehr reproduziert wird (Alter); der gesamte Lebenszyklus wird demnach als *reproduktive Strategie* aufgefasst und Bindung hat darin als „incipient reproductive strategy" (CHISHOLM 1996, S. 17) ihren funktionalen Ort. Aus der Perspektive der modernen Evolutionsbiologie evolvierte das Bindungssystem also nicht einfach zum Zweck des Überlebens, sondern zum Zweck der reproduktiven Fitness, in deren Dienst das Überleben steht. Bindungsprozesse werden als Vermittlungsprozesse zwischen den reproduktiven Strategien der Eltern und jenen ihrer Kinder angesehen; beide bringen Dispositionen für diese Strategien mit, die in evolutionären Umwelten erworben wurden, wobei die Dispositionen der Kinder in einem reaktiven Verhältnis zu den Strategien der Eltern stehen. Die elterlichen und die kindlichen Strategien stellen jeweils Teilstrategien einer inter-generationellen und konfliktiven Gesamtstrategie im Familienzyklus dar.

Der Familienzyklus als Prozess ist in der Life History Theory eine Abfolge von altersspezifischen und umweltabhängigen *Entwicklungs-* und *Entscheidungsaufgaben*, in denen zwischen unterschiedlichen funktionalen Äquivalenten der reproduktiven Fitness, wie Lebenszeit, Überlebensressourcen, Wachstum, Entwicklung, Information und generative Reproduktion, gewählt werden muss, weil diese Äquivalente prinzipiell begrenzt sind und in unterschiedlichen Umwelten unterschiedlich eingesetzt werden müssen: Überleben gegen Wachstum, Entwicklung gegen Reproduktion, Wachstum gegen Reproduktion ... Das alle anderen dominierende Entscheidungsproblem betrifft in der evolutionspsychologischen Life History-Forschung die aktuelle und die zukünftige Reproduktion (STEARNS 1992; KAPLAN 1994). Auf Seiten der Eltern kommen damit *mating*, *parenting* und *parental investment* ins Spiel; mating bezeichnet die aktuelle Reproduktion, d.h. die Quantität des Nachwuchses, parenting und parental investment die zukünftige Reproduktion, d.h. die Qualität des Nachwuchses.[6] Damit findet sich ein evolutionärer Theorieansatz mittlerer Reichweite, d.h. unterhalb der Ebene der inclusive fitness/kin selection, auch in der Bindungsforschung wieder (SIMPSON 1999, S. 126ff.), nämlich das von TRIVERS (1972; 1974) entwickelte Modell vom „parental investment" und „parent-offspring conflict". Es beschreibt die Bereitschaft von Eltern in ein Kind zu investieren als Funktion ihrer reproduktiven Strategie, die nur für eine gewisse Zeit mit den Reproduktionsinteressen des Kindes/der Kinder ausbalanciert ist: das Kind verlangt mehr an elterlichem Investment, als die Eltern nach Maßgabe ihrer genetischen Beteiligung am Kind (jeweils 50 Prozent) zu investieren bereit sind. Die gegen-intuitive Modellannahme ist, dass es unter spezifischen Bedingungen der Ressourcen-Knappheit und Zukunftsunsicherheit für die reproduktive Fitness funktional sein kann, eine größere Anzahl an Nachkommen zu zeugen, und unter Bedingungen des Ressourcen-Überflusses und der Zukunftssicherheit weniger. Im ersten Fall liegt das Schwergewicht der Reproduktionsstrategie auf mating, um durch zahlreiche Nachkommen die Überlebenswahrscheinlichkeit wenigstens *einiger* Individuen zu erhöhen und die Gefahr der Auslöschung aus dem Genpool zu vermindern; im zweiten Fall der geringeren Nachkommenschaft wird ihr reproduktiver Wert (Gesundheit, längere Entwicklungszeit, Paarungsaussichten) durch parenting und parental investment gesteigert und damit die reproduktive Fitness in der Generationenfolge erhöht: „Models including these effects are likely to predict lower optimum rates of fertility than the one-generation model that maximizes number of surviving offspring" (KAPLAN 1994, S. 771).

Wenn die Modellannahme besteht, dass auch die Kinder zur reproduktiven Fitness beitragen, dieser Beitrag aber (noch) nicht in der direkten generativen Reproduktion bestehen kann, dann können es nur die anderen funktionalen Äquivalente der reproduktiven Fitness sein, nämlich *Überleben, Wachstum* und *Entwicklung* mit ihren anatomisch-morphologischen, physiologisch-hormonalen, perzeptiven, psycho-emotionalen und psycho-sozialen Entwicklungskorrelaten. Im Bindungsverhalten des Kindes, das auf die Reproduktionsstrategie der Eltern antwortet, kommen diese funktionalen Äquivalente zum Ausdruck. Die drei Bindungsmuster werden als Ergebnis unterschiedlicher Anpassungsprozesse an unterschiedliche Reproduktionsstrategien der Eltern gedeutet, und diese Prozesse sind dem Modell vom „parent-offspring conflict" zu Folge prinzipiell konflikthaft: „(...) what is in the biological best interest of the parent is not always in the biological best interest of the child (and vice versa)" (BELSKY 1999, S. 144).

Diese theoretischen Modelle entfalten nun in der neueren evolutionären Bindungsforschung im Rahmen der Life History Theory eine expansive Produktivität indem versucht wird, empiriefähige Modelle auf hohem Generalisierungsniveau zu entwickeln; den unsicheren Bindungsmustern wird dabei eine nicht unerhebliche Aufmerksamkeit zu Teil.[7] Bereits 1982 stellten die Anthropologen DRAPER/HARPENDING Studien über die Abwesenheit von Vätern in einen evolutionsbiologischen Erklärungszusammenhang. Sie interpretierten die Beobachtung, dass die Abwesenheit von Vätern die Wahrscheinlichkeit unsicherer Bindung erhöht und in der Adoleszenz frühzeitiges mating begünstigt, als spezifische Form der reproduktiven Strategie. In ihrer provozierenden aber auch wegweisenden Studie griffen BELSKY/STEINBERG/DRAPER den Ansatz 1991 mit der Intention auf, ihn in Richtung einer „Evolutionary Theory of Socialization" auszubauen. Die Evolution habe die frühe Kindheit dazu bestimmt, Lektionen zu lernen, die das spätere Paarverhalten (mating, pair-bonding) und den Umgang mit den eigenen Kindern (child-rearing, parenting, parental investment) beeinflussen. Sie konstruierten zwei Prototypen reproduktiver Strategien im Lebenszyklus; der eine steht für *Quantität*, der andere für *Qualität* (S. 650). Berücksichtigt werden der familiale Kontext, Pflege- und Erziehungspraktiken, Bindungsstatus und internes Arbeitsmodell, körperlich/hormonale Entwicklung sowie die daraus resultierenden reproduktiven Strategien im späten Jugend- bzw. frühen Erwachsenenalter (siehe Abb. 1).

Typ I mit unsicherem Bindungsstatus sagt frühere Geschlechtsreife/mating, kürzere und weniger stabile Paarbeziehungen, sowie begrenztes parental investment voraus; Typ II mit sicherem Bindungsstatus sagt späteres mating, längere und stabilere Paarbeziehungen, sowie größeres parental investment voraus. Typ I geht einher mit höheren Raten abweichenden Verhaltens, sei es in Form externalisierter Symptome mit Verstößen gegen gesellschaftliche Normen, sei es in Form internalisierter Symptome wie Depression und/oder sozialem Rückzug. Mit einer Fülle von empirischen Forschungsergebnissen aus der Literatur unterschiedlicher Disziplinen reicherten BELSKY/STEINBERG/ DRAPER ihre Verlaufsmodelle mit empirischer Evidenz an. Gegenüber der evolutionsbiologisch nicht aufgeklärten Sozialisationsforschung merkten sie an: „(...) no current theory of socialization provides a basis for linking these literatures within an overarching conceptual framework. We believe that an evolutionary perspective that emphasizes individual differences in reproductive strategy offers a promising foundation" (BELSKY/ STEINBERG/DRAPER 1991, S. 663). Anders als BOWLBY und die klassische Bindungs-

Abb. 1:

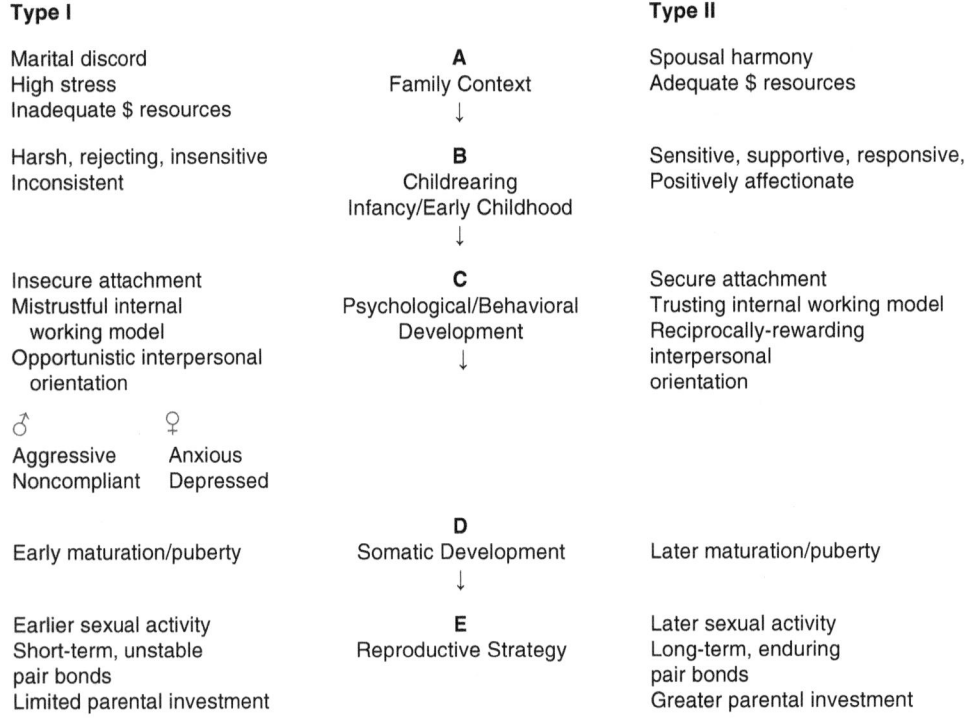

Quelle: BELSKY, J./STEINBERG, L./DRAPER, S. (1991): Childhood experience, interpersonal development, and reproductive strategy. In: Child Development, Vol. 62, S. 651.

theorie interpretierten sie unsichere Bindung und ihre puberalen Folgen nicht als missglückte oder pathologische Bindungsverläufe. „We speculate, however, that these behavior patterns are functional when viewed from the standpoint of evolutionary biology (...)" (ebd., S. 652).

In ihrer Studie stellten BELSKY/STEINBERG/DRAPER das sichere Bindungsmuster den unsicheren Mustern gegenüber, ohne diese zu differenzieren. 1996 legte CHISHOLM eine Studie vor, in der er vorschlug, die unsicheren Bindungsmuster A und C zu unterscheiden und als Ausdruck spezifischer Reproduktionsstrategien im Lebenslauf aufzufassen. Danach geht das unsicher-vermeidende Bindungsmuster (A) auf *unzureichende Bereitschaft* der Eltern zurück, viel in ihre Kinder zu investieren, und das unsicher-ambivalente Bindungsmuster (C) auf *unzureichende Möglichkeiten* zu investieren: „In this model avoidant and anxious/ambivalent patterns of attachment have distinct ultimate, as well as proximate, causes. In terms of proximate causation, avoidant children avoid their mothers because their mothers rebuff or reject them. In terms of ultimate causation, however, such rejection may have been a reliable indicator of a mother's relative unwillingness to invest because her optimal reproductive strategy was to allocate resources to already existing children with greater reproductive value, or to the production of additional offspring. (...) Likewise, in terms of proximate causation anxious/ambivalent children are wary of, and preoccupied with, their mothers' moods and intentions because their mothers are under involved or inconsistent. In terms of ultimate causation, however, in the EEA (= Environment of Evolutionary Adaptedness, J. Re.) such inconsistency may have been a reliable indicator of a mother's relative inability to invest because of her own inadequate or unpredictable resources" (CHISHOLM 1996, S. 17).

Jan BELSKY machte 1997 einen weiteren Vorschlag, das unsicher-ambivalente Bindungsmuster (C) mit einer distinkten reproduktiven Strategie zu verbinden. Dabei stützte er sich auf Untersuchungen, die dieses Bindungsmuster mit eingeschränktem Explorations- und Spielverhalten des Kindes (eingeschränkten Autonomietendenzen) sowie mit einer spezifischen Korrespondenz zwischen dessen Bindungsverhalten und dem im Adult Attachment Interview (AAI) erhobenen bindungsrelevanten Selbstbild der Mutter in Beziehung setzen (CASSIDY/BERLIN 1994). Mütter, die nach dem AAI als „insecure-preoccupied" eingeschätzt wurden, sind einerseits besonders einfühlsam gegenüber Furchtäußerungen des Kindes, andererseits aber wenig ermutigend gegenüber seinen Autonomiebestrebungen. Belsky fragt nun danach, *warum* Mütter/Eltern ihre Kinder in Abhängigkeit halten und das unsicher-ambivalente Bindungsmuster hervorrufen. Er mutmaßt, dass dieses Muster in evolutionären Zeiten evolviert sein könnte, um indirekt als „helper-at-the nest"-Strategie den reproduktiven Erfolg von Verwandten zu erhöhen. „That is, by inducing helpless dependency in the child, the proclivity to provide inconsistently responsive parenting under particular ecological circumstances was selected because it promoted the parent's reproductive fitness by fostering a reproductive strategy designed to facilitate the direct reproductive success of kin (including, especially, parents) and, thereby, the indirect reproductive success of the insecure-resistant individual" (BELSKY 1997, S. 373).

Bei allen theoretischen und empirischen Vorbehalten stoßen solche und ähnliche Modelle auf eine grundsätzliche Akzeptanz in der einschlägigen Literatur und werden als fruchtbare und integrierende Arbeitsmodelle aufgefasst: „(...) the Belsky et. al. and Chisholm models represent new, potentially important advances in our understanding of attachment across the lifespan" (SIMPSON 1999, S. 134). Vor dem Hintergrund feministischer Diskurse (ARNHART 1995; GOWATY 1992) verspricht die Ausdifferenzierung der Modelle zu geschlechtsspezifisch unterschiedlichen Mating- und Parenting-Strategien eine Belebung der Diskussion.

Die Herleitung der unsicheren Bindungsmuster aus evolutionären Anpassungs- und Selektionsprozessen bedeutet nicht, sie auch heute als funktional anzusehen (BOUCHARD/LOEHLIN 2001, S. 249); schon die klassische Humanethologie argumentierte, dass die modernen zivilisatorischen Umgebungen Verhaltensweisen abfordern, welche die ursprünglichen biologischen Funktionen unterlaufen. Auch leitet kein Bindungsforscher aus seinen evolutionspsychologischen Modellen die unsinnige Forderung ab, Verhaltensweisen im Erwachsenenalter, die mit unsicheren Bindungsmustern in der frühen Kindheit in Verbindung gebracht werden, darum zu akzeptieren, weil sie in evolutionären Kontexten funktional gewesen sein könnten.

3 Evolutionspsychologische Bindungsforschung und Verhaltens-/Entwicklungsgenetik

Wenn die elterlichen und kindlichen Bindungsdispositionen ferne Ursprünge haben, die gegenwärtig noch wirksam sind, dann müssen sie genetisch gelernt, das heißt im Genom des Jetzt-Menschen verankert sein. Diese Auffassung lag auch der konventionellen Bindungsforschung zu Grunde : „Although attachment behavior is adapted to the original environment in which the behavior was evolved, and although man's present-day environments differs markedly from that original environment in many instances, it is a fundamental principle of attachment theory that the genetically-based species groundplan still disposes infants to behave in ways appropriate to that original environment"[7] (AINSWORTH 1977, S. 55). Für eine Fundierung dieses Zusammenhangs ist die evolutionspsychologische Bindungsforschung jedoch auf die Zusammenarbeit mit der Verhaltensgenetik angewiesen, die sich selbst als interdisziplinäre Disziplin zwischen Biowissenschaften und Sozialwissenschaften versteht; unverzichtbar für die vererbungstheoretische Fundierung der evolutionären Bindungsforschung ist ein expansiver Zweig der Verhaltensgenetik: die Verhaltensgenetik der Persönlichkeit oder *Entwicklungsgenetik*.

Die Entwicklungsgenetik teilt mit den evolutionären Verhaltenswissenschaften die Auffassung, dass Verhalten und seine Entwicklung nicht allein proximal-ontogenetisch erklärt werden können: „The genes sing a prehistoric song that today should sometimes be resisted but which it would be foolish to ignore" (BOUCHARD 1990, S. 228). Dass die beiden Forschungsrichtungen voneinander profitieren könnten und in zentralen Fragen aufeinander verwiesen sind, wird seit längerem postuliert (BELSKY/STEINBERG/DRAPER 1991; BOUCHARD/LOEHLIN 2001; BUSS 1990; EULER 2002; MAIN 1999; SCARR 1992, 1993). Gleichwohl verstehen sie sich bis heute als eigenständige, d.h. mit unterschiedlichen Fragen und Methoden beschäftigte Wissenschaftszweige (vgl. BAILEY 1998; PLOMIN u.a. 1999, S. 204ff.). „Der Spreu der einen war der Weizen für die andere" (EULER 2002, S. 271). Die evolutionären Verhaltenswissenschaften interessieren sich für das ferne Echo, das im heutigen Verhalten und seiner Entwicklung nachhallt, wissen aber nichts über die Gen-Umwelt-Interaktionen, die heute die ontogenetische Entwicklung hervor bringen; die Entwicklungsgenetik interessiert sich für den jeweiligen Anteil, den genetische Dispositionen und geteilte und nicht-geteilte Umwelten zur Erklärung der Varianz von Verhaltensmerkmalen haben, wissen aber nichts über die evolutionäre Herkunft dieser Dispositionen – welches prähistorische Lied singen die Gene? Sind die zwei Richtungen der biowissenschaftlichen Kindheitsforschung also dazu bestimmt, „(...) for scientific reasons to remain distant cousins" (BAILEY 1998, S. 230)? Namhafte Wissenschaftlerinnen und Wissenschaftler beklagen die Abgrenzung als forschungshemmend und fordern integrative Perspektiven (KELLER 1997, S. 245; BOUCHARD/LOEHLIN 2001, S. 243). Die allgemeine Linie der gegenseitigen Anregung und Bereicherung wird darin gesehen, dass die evolutionären Theorien einen erweiterten Interpretationsrahmen für die Ergebnisse der Entwicklungsgenetik bieten, während die Entwicklungsgenetik vor allem Methoden zur Überprüfung von Hypothesen bereit stellt, die im evolutionären Theoriezusammenhang erzeugt werden.

Im Hinblick auf die evolutionäre Bindungsforschung besteht allgemeiner Klärungsbedarf bei der Frage, ob sich genetische Dispositionen als Repräsentanten des evolutionären Echos im Bindungsprozess nachweisen lassen. Einerseits geht die Theorie davon aus, dass die drei Bindungsmuster in prähistorischen Zeiten der Environment of Evolutionary Adaptedness *genetisch* gelernt wurden und heute den Reproduktionsstrategien der Eltern wie dem Bindungsverhalten der Kinder zu Grunde liegen; andererseits aber verdanken sich die Bindungsmuster dem proximalen *Erfahrungskontext*. Welche Faktoren im Bindungsprozess gehören also zum evolutionären Echo und welche gehören zur Lernumwelt? BELSKY/STEINBERG/DRAPER (1991, S. 650) nahmen an, dass der familiale Kontext und das elterliche Verhalten die Richtung bestimmen, die der Bindungsprozess und die weitere Entwicklung nehmen, während genetische Dispositionen die Wahrscheinlichkeit und das Ausmaß bestimmen, mit denen der familiale Kontext und das elterliche Verhalten die individuelle Entwicklung beeinflussen.

Lange Zeit stand auch die Bindungsforschung der Verhaltens- bzw. der Entwicklungsgenetik fremd gegenüber: „The attachment literature has taken a hands-off attitude towards behavioral genetics" (FREEDMAN/GORMAN 1993, S. 319); das lag nicht zuletzt daran, dass die Bindungsforschung aus entwicklungsgenetischer Sicht den Fehler beging, genetische Einflüsse zu vernachlässigen und den Bindungsprozess ausschließlich kontext-kontrolliert zu verstehen, was eine zentrale Basisannahme der Bindungsforschung in Gefahr brachte. Noch vor wenigen Jahren konnte BELSKY (1997, S. 363) auf nur eine verhaltensgenetische Studie zu den drei Bindungsmustern verweisen (RICCIUTI 1992). Das hat sich, so scheint es, grundlegend gewandelt. Dabei geht es nicht nur darum, die Varianzen bei Bindungsmustern in genetische und in Umweltkomponenten einzuteilen: „Instead, the motivation for undertaking behavioural genetic studies of attachment is to capitalize on the unique methodological opportunities provided by genetically informative designs to investigate sources of individual differences in attachment quality and personality development" (O'CONNOR/CROFT/STEELE 2000, S. 108). Zu fragen wäre etwa, ob es beim Kind und der Mutter genetische Neigungen gibt, die ein bestimmtes Bindungsmuster favorisieren. Auch gibt es den als „transmission gap" bezeichneten erklärungsbedürftigen Befund, dass der durch das Adult Attachment Interview bei Eltern ermittelte aktuelle Bindungsstatus, d.h. ihre „attachment representations", zwar mit dem bei ihren Kindern in der Strange Situation erhobenen Bindungsstatus hoch korreliert, dieser Zusammenhang zwischen dem *konkreten Verhalten* der Eltern und dem Bindungsmuster ihrer Kinder aber viel weniger eindeutig ist (DEWOLFF/VAN IJZENDOORN 1997; HESSE 1999; MEINS 1999; VAN IJZENDOORN 1995).

Mittlerweile liegen einige verhaltensgenetische Studien vor, die auf solche Fragen erste Antworten geben (BOKHORST et. al. 2003; DE WOLFF/VAN IJZENDOORN 1997; DOZIER et. al. 2001; FINKEL/WILLE/MATHENY 1998; FINKEL/MATHENY 2000; O'CONNOR/CROFT/STEELE 2000; O'CONNOR/CROFT 2001; VAN IJZENDOORN et. al. 2000). Dabei zeichnet sich ein Ergebnistrend ab, wonach die Wirksamkeit genetischer Faktoren bei der Ausprägung der drei Bindungsmuster eher gering ist.[8] Auch die Erklärungslücke („transmission gap") zwischen den Attachment Representations im Adult Attachment Interview und dem in der Strange Situation gezeigten Bindungsmuster des Kindes lässt sich den Untersuchungen zufolge nicht mit genetischen Einflüssen schließen (BOKHORST et. al. 2003, S. 1779; DOZIER et. al. 2001, S. 1474; O'CONNOR/CROFT 2001, S. 1509).

Damit ist die Annahme, dass das Bindungssystem einen evolutionären Hintergrund hat, nicht widerlegt. Vielmehr bestätigen die Studien die evolutionäre Logik der Anpassung an unterschiedliche Umwelten, demzufolge es für die reproduktive Fitness funktional war, nicht *distinkte* genetische Programme, sondern ein *fakultatives* Programm zu selektieren, aus dem der proximale Bindungskontext ein bestimmtes Bindungsmuster evozierte (BELSKY 1997, S. 375; 1999, S. 157). Die genomischen Sequenzen, die an der Steuerung der Bindungsprozesse beteiligt sind, funktionieren gewissermaßen als halboffene Programme, weil das Kleinstkind zwar zwischen drei Bindungsmustern ‚wählen' kann, aber der „Drang nach Bindung (...) a priori universell gegeben" ist (GROSSMANN/GROSSMANN 1986, S. 288). Indem verhaltensgenetische Studien immer auch etwas über die Umwelten aussagen, in denen genetische Dispositionen zu ihrer phänotypischen Gestalt kommen (Gen-Umwelt-Interaktion), zeigen diese Untersuchungen des Weiteren den Einfluss unterschiedlicher Umweltsegmente: parenting, mothering, aber auch die von den Zwillingen bzw. Geschwistern geteilte und nicht-geteilte Umwelt; diese Einflüsse scheinen bei allen drei organisierten Bindungsmustern (A, B und C) entscheidend zu sein.

(Evolutionäre) Bindungsforscher und Entwicklungsgenetiker haben zueinander gefunden, was als bedeutsamer Schritt zur Überwindung der Nature/Nurture-Dichotomie zu werten ist. BOKHORST et. al. stellen in Aussicht: „Longitudinal studies on parental sensitivity and attachment in twins, siblings, and unrelated children may open exciting avenues for uncovering the interplay among genes, shared environment, and nonshared environment in children's socioemotional development" (2003, S. 1780). In der zukünftigen Forschung ist mit einem weiteren Methodentyp zu rechnen: „Gene Mapping". Die Fortschritte der *Molekulargenetik* lassen es als möglich erscheinen, bestimmte Persönlichkeitsmerkmale bestimmten Gen-Sequenzen, so genannten „quantitative trait loci" (QTLs) zuzuordnen (BOUCHARD/LOEHLIN 2001, S. 266). Aus der Bindungsforschung wird von einem Zusammenhang zwischen desorganisiertem Bindungsverhalten (Muster D) und DRD4 Polymorphismus berichtet (LAKATOS et. al. 2002).[9] BOKHORST et. al. (2003, S. 1780) sammeln DNA-Proben von den in ihre Untersuchungen einbezogenen Zwillingen um zu testen, ob sich verhaltensgenetische und molekulargenetische Forschungsdesigns unterstützen.

4 Erziehungswissenschaftliche Perspektiven bio-psycho-sozialer Sozialisations- und Kindheitsforschung

Die folgenden Überlegungen beziehen sich auf evolutionäre Bindungstheorie als neuem Typ von Sozialisationstheorie und Kindheitsforschung (a) und auf historisch-systematische Anschlussstellen beim Thema „Möglichkeiten und Grenzen der Erziehung" (b).

a) Bindungsforschung ist Sozialisations- und Kindheitsforschung und Bindungstheorie ist Sozialisations- und Kindheitstheorie. Die klassische Bindungsforschung hat in den letzten Jahren eine enorme Ausweitung erfahren und bewegt sich auf den Status einer Theorie der intergenerativen Transmission von Kultur zu. Die interkulturelle Bindungsforschung gibt Aufschlüsse über universelle Gemeinsamkeiten und kulturelle Unterschiede (VAN IJZENDOORN/SAGI 1999) und die evolutionäre Bindungsforschung erweitert den Bezugsrahmen, indem sie unsere vorgeschichtlichen Ahnen in den Transmissionsprozess einbezieht (FREEDMAN/GORMAN 1993). Damit liegt ein neuer Typ von *Sozialisationstheorie* und *Kindheitsforschung* vor, der die in Deutschland vorherrschende rein sozialwissenschaftliche Forschung in Frage stellt. Die Kindheit des Menschen ist ein Produkt der sozio-kulturellen *und* der biologischen Evolution (BOGIN 1995). Müssten

Säuglinge und Kleinstkinder die Kompetenzen, mit denen sie in die Interaktion mit ihrer sachlichen und sozialen Umwelt eintreten, erst erlernen, so wären ihre Überlebenschancen gering. Das Kind muss schon Vieles mit auf die Welt bringen, an das die sozio-kulturellen Umwelten anschließen können. Zu diesem Vielen gehört seine Bindungsbereitschaft wie auch seine Explorationsbereitschaft.

Eingefahrenen Sichtweisen, die mit biologisch informierten Denk- und Forschungsansätzen deterministische und naturalistische Fehlschlüsse verbinden, muss entgegen gehalten werden, dass in diesen neueren Theorien *epigenetisch* gedacht wird und proximale, distale und ultimate Faktoren in einem wechselseitigen Erklärungszusammenhang gebracht werden. Sandra SCARR forderte 1993 programmatisch: „(...) we need a contemporary synthesis of theory in the biological and social sciences that acknowledges that culture, society (including socialization), and biology are *all* important in shaping human development. (...) For too long psychologists have argued nature *versus* nurture, biology *versus* culture, as though one cause excluded others" (SCARR 1993, S. 1335).

Für die Pädagogik unmittelbar bedeutsam ist z.B., dass das Kind in der biologisch informierten Sozialisations- und Kindheitsforschung keineswegs eine Marionette seines genetischen Programms ist, sondern in seiner bio-psycho-sozialen Gesamtheit als höchst selbsttätiger Akteur auftritt. Die genetische Prädisposition ist an der Entwicklung von Verhaltensmerkmalen nicht einfach irgendwie beteiligt, sondern sucht via Trägerperson nach umweltlichen Entsprechungen oder schafft sie sich (vgl. SCARR/MCCARTNEY 1983). „Je eher Personen ihre eigene Biografie bestimmen können, beispielsweise soziale Umwelten aufsuchen anstatt in diese Umwelten hineingestellt zu werden, umso stärker können genetische Vorbedingungen zum Tragen kommen" (EULER 2002, S. 278). Der Begriff der Selbsttätigkeit hat eine ehrwürdige Tradition in der Pädagogik; er verliert durch die bio-psycho-soziale Reformulierung nichts an Bedeutung. Vielleicht auch könnte es reizvoll sein, HERBARTs Begriff von der „Vielseitigkeit des Interesses" aus dieser Perspektive zu aktualisieren, oder PESTALOZZIs „Wohnstuben"-Pädagogik bindungstheoretisch zu deuten, denn sie setzt direkt an der Bindungsbereitschaft der kindlichen Natur an.

Eine Durchsicht neuerer Publikationen zur Sozialisationstheorie und -forschung wie auch zu der sog. „neuen Kindheitsforschung" zeigt eine auffallende Zurückhaltung bei der Integration oder auch nur Rezeption biosozialer Bindungs- und Kindheitsforschung (REYER 2004a). Der Befund ist umso bemerkenswerter, als HURRELMANN diesbezüglich schon 1991 ein Defizit konstatierte und zur Überwindung der „Teildisziplinarität" der Sozialisationstheorie aufrief. Gefolgt ist ihm kaum jemand und er selbst ist auch nicht vorangeschritten. Nun befinden sich aber Psychologie und insbesondere Entwicklungspsychologie, die doch unverzichtbare Bezugsdisziplinen für die Sozialisationstheorie wie für die gesamte Erziehungswissenschaft darstellen, auf einem bio-psycho-sozialen und evolutionären Modernisierungspfad; in der Entwicklungspsychologie ist ein neues, evolutionäres Paradigma in Sicht; die Bindungsforschung ist nur eines der Anwendungsfelder dieses Paradigmas (vgl. z.B. BJORKLUND/PELLEGRINI 2002; CHASIOTIS 1998; CHASIOTIS/KELLER 1995; KAGAN 1998; KELLER 1997; KELLER 2002; KELLER/POORTINGA/SCHÖLMERICH 2002; PANTER-BRICK 1998; RICHARDSON 2000). Sollten Sozialisationstheorie und Kindheitsforschung bei ihrer Zurückhaltung bleiben, dann ist es nur noch eine Frage der Zeit, wann sie veraltet sein werden und ihre wissenschaftliche Diskurskompetenz verlieren. Insofern, wovon hier ausgegangen wird, diese Forschungsbereiche unverzichtbar für die Erziehungswissenschaft sind, wird auch sie davon betroffen sein.

b) Aus historisch-systematischer Sicht ist Sozialisationsforschung pädagogische Grenzenforschung. Sie zeigt, dass Erziehung nur ein Faktor unter vielen ist, die auf die Entwicklung des Kindes und seinen Bildungsweg einwirken. Sozialisationsforschung ist in ihrer heutigen Gestalt einseitige Grenzenforschung, weil sie das untersucht, was Herbart die „mitziehende Welt, worüber die Pädagogen so laut zu klagen pflegen" genannt hat (HERBART 1802/1986, S. 58). HERBART kannte aber noch eine andere Grenze: „Welt und Natur tun im Ganzen schon viel mehr für den Zögling, als im Durchschnitt die Erziehung zu tun sich rühmen darf" (ebd.). „Welt und Natur" sind ausschließende und einschließende Begriffe, insofern sie einerseits die Grenzen der Möglichkeiten der Erziehung bezeichnen, aber andererseits eben auch für die pädagogische Reflexion notwendig sind, um den Möglichkeitsraum der Erziehung positiv zu bestimmen. „Welt" ist einmal die anthropologisch nicht hintergehbare Welt, weil die sinnliche Natur des Kindes prinzipiell weltoffen ist, zum anderen die Welt der außerpädagogischen Interessen am Kind, die nicht danach fragen, ob sie in einen pädagogischen Plan passen. „Natur" meinte die gesamte leiblich-sinnliche Organisation des Kindes, seine Veranlagungen und Talente, und dies alles unter dem Gesichtspunkt der Vererbung, obgleich man über Vererbung wenig wusste. Über das gesamte 19. Jahrhundert waren diese Grenzen Bestandteil nahezu aller systematisch ausgerichteten Schriften zur Pädagogik. Sie finden sich bei KANT, SCHLEIERMACHER, DIESTERWEG, WAITZ, ZILLER, REIN, BARTH, BERGEMANN und bei vielen anderen weniger bekannten pädagogischen Autoren (vgl. REYER 2004b). ZILLER konnte in seinen „Vorlesungen über allgemeine Pädagogik" von 1876 schon DARWIN rezipieren – und dies keineswegs ablehnend! Und ganz nebenbei machte er eine Beobachtung, über die heute Verhaltensgenetiker ganze Bücher schreiben, die Beobachtung nämlich, „Warum Geschwister so verschieden sind" (DUNN/PLOMIN 1996); ZILLERs Erklärung entspricht ziemlich genau der verhaltensgenetischen Erklärung. In der pädagogischen Handbuch-Literatur um 1900 findet man noch eine relativ unbefangene Rezeption der von der biowissenschaftlichen Revolution des Darwinismus ausgehenden Themen und Fragestellungen.

Um 1900 lassen sich aber auch erste Abwehrpositionen ausmachen, etwa bei BAERWALD in seiner „Theorie der Begabung" von 1896, oder bei dem damals viel gelesenen Paul BARTH. Bezeichnend für ihn ist erstens, dass der entsprechende Abschnitt nicht mehr „Grenzen der Erziehung" heißt, sondern „Macht der Erziehung"; bezeichnend ist zweitens, dass er auf den Lamarckismus setzte, weil beim Neo-Darwinismus (WEISMANN und MENDEL) „die Vererbung allmächtig" sei (BARTH 1906/1919, S. 32). BARTH suchte in der zeitgenössischen Literatur nach Belegen gegen die Beschränkung der Erziehung durch Vererbung, um „das Vertrauen zur Macht der Erziehung" (ebd., S. 45) „gegen den Fatalismus der Vererbungstheorien" (ebd., S. 37) wiederherzustellen.

Nach dem Ersten Weltkrieg mochte die Mainstream-Pädagogik natürliche Grenzen und überhaupt biologisches Denken nicht mehr akzeptieren. SPRANGER spöttelte: „Wird mir die große seelische Veränderung, die beim Übergang aus dem Kindesalter in das Pubertätsalter vor sich geht, irgendwie psychologisch klarer dadurch, daß bestimmte Drüsen eine verstärkte Wirksamkeit entfalten? Diese Erklärung leistet ebenso viel wie die Behauptung, Sokrates sitze deshalb im Gefängnis, weil er seine Beinmuskeln bewegt habe und auf diese Art hineingekommen sei" (1932, S. 24).[10]

Die Mainstream-Pädagogik hat diese Haltung bis heute nicht überwunden: „Grenze" wird als Begrenzung gelesen und als pädagogische Ohnmacht verstanden; nur eine kleine biowissenschaftlichen Fraktion innerhalb der Erziehungswissenschaft ist bemüht, sie für biowissenschaftliche Themen anschlussfähig zu halten (vgl. TREML 2004). Ärgerlich ist, dass von der biowissenschaftlichen Sozialisations- und Kindheitsforschung Begrenzungsbilder in die Welt gesetzt werden, die bei der Pädagogenzunft nur Abwehr hervorrufen können und alte Feindbilder bestätigen. „Grenzen der Erziehung" ist der Untertitel der deutschen Übersetzung des Buches von ROWE „Genetik und Sozialisation" (1997); und HARRIS fragt „Ist Erziehung sinnlos?" (2002). Max LIEDTKE, der Nestor der biowissenschaftliche Fraktion innerhalb der Erziehungswissenschaft, sieht sich genötigt zu versichern, es seien „gerade evolutionsbiologische Überlegungen, die, ansonsten verdächtigt, das Feld der Erziehung einzuschränken, eben dieses Feld erweitern" (2003, S. 26).

Mit diesen Hinweisen auf die „Möglichkeiten und Grenzen der Erziehung" in der pädagogischen Theoriegeschichte soll daran erinnert sein, dass die kulturalistische Verengung der pädagogischen Denkweise erst eine relativ späte Erscheinung ist; vielleicht muss man unsere Klassiker noch einmal neu lesen. Der Missbrauch biologischer Argumente in der Vergangenheit kann nicht der Legitimationsgrund dafür sein, die Verengung in alle Zukunft fortzuschreiben.

Die Hinweise erinnern aber auch daran, dass Erziehung immer nur in einem mehr oder weniger schmalen Korridor zwischen „Welt und Natur" wirksam sein kann. Vielleicht benötigen Sozialisations- und Kindheitsforschung, wie die Erziehungswissenschaft insgesamt, eine zweite „realistische Wendung" (ROTH). Bio-psycho-soziale Grenzenforschung ist immer auch Möglichkeitsforschung. Je mehr die Verhaltensgenetik des Kindes über genetische Vorbedingungen lernt, desto mehr lernt sie auch über die Umwelten, in denen sich diese Vorbedingungen entfalten können. Die Verhaltensgenetik, die Bindungsforschung wie überhaupt die bio-psycho-soziale Sozialisations- und Kindheitsforschung arbeitet mit Modellen und Methoden, die tatsächlich etwas über die „Möglichkeiten und Grenzen der Erziehung" aussagen. Damit wäre die Fortschreibung der *Entwicklungspädagogik* als *Theorie und Praxis pädagogisch verdichteter Zonen* möglich und wünschenswert.

Anmerkungen

1 In der wissenschaftlichen Diskussion ist noch ein drittes Muster unsicherer Bindung (D): „Insecure-disorganized/disoriented" (MAIN/SALOMON 1986; MAIN/SALOMON 1990), in dem Verhaltensweisen zusammengefasst wurden, die sich den organisierten Mustern A und C nicht zuordnen ließen.
2 HAZAN/SHAVER (1987), von denen die erste dieser Studien stammt, stellten Liebesbeziehungen im Erwachsenenalter („romantic love styles") in Analogie zu den biologisch imprägnierten frühkindlichen Bindungsmustern und relativierten damit die Auffassung, dass romantische Liebe eine Erfindung der höfischen Kultur gewesen sei (S. 523).
3 In der neueren evolutionären Verhaltensforschung laufen die europäische Verhaltensbiologie (Human-Ethologie) und die amerikanische Soziobiologie zusammen. Drei Forschungsrichtungen haben sich daraus entwickelt: „Evolutionary psychology", „Evolutionary ecology" und „Evolutionary cultural anthropology" (KELLER 1997; HEWLETT 2001; HEWLETT/LAMB 2002; KELLER/POORTINGA/SCHÖLMERICH 2002); in allen drei Richtungen spielt die Bindungstheorie und -forschung eine Rolle.
4 Anschauung und empirische Zugänge erlauben einige noch heute lebende Gesellschaften wie die !Kung San im Nordwesten der Republic of Botswana, das Hadza-Volk im Norden von Tansania

(BLURTON JONES 1993) oder der Stamm der Efé im Nordosten der Republic of Zambia (Überblick bei VAN IJZENDOORN/SAGI 1999, S. 718-719).

5 Von den biowissenschaftlichen sind sozialwissenschaftliche Theorien und qualitative Forschungsansätze zu unterscheiden, die ebenfalls das Label „Life History" tragen: vgl. z.B. GOODSON/SIKES 2001.
6 Nach CHISHOLM (1996, S. 24) bezeichnet parenting den direkten elterlichen Aufwand, parental investment den indirekten, zukunftsbezogenen Aufwand.
7 Das vierte Bindungsmuster (D): „insecure-disorganized/disoriented" spielt in der Diskussion kaum eine Rolle, weil es sich nicht mit einer spezifischen reproduktiven Strategie verbinden lässt (BELSKY 1999, S. 142.).
8 Ausnahme: FINKEL/WILLE/MATHENY 1998; FINKEL/MATHENY 2000.
9 Polymorphismus: Bei fehlerhafter Selbstverdoppelung der DNA treten Mutationen auf, die zu anderen Allelen führen; Allele sind die verschiedenen Formen eines Gens, die unterschiedliche Auswirkungen auf die Entwicklung eines Organismus haben (Pleiotropy). Die für jedes Individuum einzigartige Kombination seiner Allele bildet seinen Genotyp.
10 Zu Sprangers Verhältnis zur Biologie erschien vor wenigen Jahren eine aufschlussreiche Abhandlung mit dem Titel: „Ein Klassiker der Pädagogik in evolutionärer Perspektive: Eduard Sprangers ‚Lebensformen' im Lichte der modernen Biologie" (NEUMANN 2002).

Literatur

AINSWORTH, M.D.S. (1977): Attachment theory and its utility in cross-cultural research. In: LEIDERMAN, P.H./TULKIN, S.R./ROSENBERG, A. (Hrsg.): Culture and infancy. Variations in the human experience. – New York, S. 49-67.
AINSWORTH, M.D.S./BLEHAR, M./WATERS, E./WALL, S. (1978): Patterns of attachment. A psychological study of the Strange Situation. – Hillsdale/New Jersey.
ARNHART, L. (1995): Nature and culture in feminist biology. In: Politics and the Life Sciences, 14 (2), S. 163-193.
ASENDORPF, J.B. (1998): Entwicklungsgenetik. In: KELLER, H. (Hrsg.): Lehrbuch Entwicklungspsychologie. – Bern, S. 97-118.
BAILEY, J. M. (1998): Can behaviour genetics contribute to evolutionary behavioural science? In: CRAWFORD, C.W./KREBS, J. (Hrsg.): Handbook of evolutionary psychology. Evolution and human behaviour. Ideas – issues – and applications. – New York, S. 210-233.
BARTH, P. (1919): Die Elemente der Erziehungs- und Unterrichtslehre. Auf Grund der Psychologie und Philosophie der Gegenwart. – 6., erw. Aufl. – Leipzig.
BELSKY, J. (1997): Attachment, mating, and parenting. An evolutionary interpretation. In: Human Nature, 8, S. 361-381.
BELSKY, J. (1999): Modern evolutionary theory and patterns of attachment. In: CASSIDY, J./SHAVER, PH.R. (Hrsg.): Handbook of attachment. Theory, research, and clinical applications. – New York, S. 141-161.
BELSKY, J./CASSIDY, J. (1994): Attachment: Theory and evidence. In: RUTTER, M./HAY, D. (Hrsg.): Development through life. A handbook for clinicians. – Oxford, S. 373-402.
BELSKY, J./STEINBERG, L./DRAPER, P. (1991): Childhood experience, interpersonal development, and reproductive strategy. In: Child Development, 62, S. 647-670.
BJORKLUND, D.F./PELLEGRINI, A.D. (2002): The origins of human nature: evolutionary developmental psychology. – Washington.
BLURTON-JONES, N. (1993): The lives of hunter-gatherer children: Effects of parental behaviour and parental reproductive strategy. In: PEREIRA, M./FAIRBANKS, L. (Hrsg.): Juvenile primates: Life history, development and behaviour. – New York, S. 309-326.
BOGIN, B. (1995): Growth and development: Recent evolutionary and biocultural research. In: BOAZ, N./WOLFE, L. (Hrsg.): Biological anthropology. The state of the science. – New York, S. 49-70.
BOKHORST, C.L./BAKERMANS-KRANENBURG, M.J./FEARON, P./VAN IJZENDOORN M.H./FONAGY, P./SCHUENGEL, C. (2003): The importance of shared environment for mother-infant attachment security: A behavioral genetic study. In: Child Development, 74, S. 1769-1782.

BOUCHARD, TH. (1990): Sources of human psychological differences – The Minnesota Study of twins reared apart. In: Science 250 (4978), S. 223-228.
BOUCHARD, TH./LOEHLIN, J.C. (2001): Genes, evolution, and personality. In: Behavior Genetics, 31, S. 243-273.
BUSS, D.M. (1990): Biological foundations of personality: Evolution, behavioural genetics, and psychophysiology. Journal of Personality, 58 (1) (Special Issue).
CASSIDY, J./BERLIN, L.J. (1994): The insecure/ambivalent pattern of attachment: Theory and research. In: Child Development, 65, S. 971-991.
CHASIOTIS, A. (1998): Natürliche Selektion und Individualentwicklung. In: KELLER, H. (Hrsg.): Lehrbuch Entwicklungspsychologie. – Bern, S. 171-206.
CHASIOTIS, A./KELLER, H. (1995): Kulturvergleichende Entwicklungspsychologie und evolutionäre Sozialisationsforschung. In: TROMMSDORFF, G. (Hrsg.): Kindheit und Jugend in verschiedenen Kulturen. Entwicklung und Sozialisation in kulturvergleichender Sicht. – Weinheim, S. 21-42.
CHISHOLM, J.S. (1993): Death, hope, and sex. Life-History Theory and the development of reproductive strategies. In: Current Anthropology, 34, S. 1-24.
CHISHOLM, J.S. (1996): The evolutionary ecology of attachment organization. In: Human Nature, 1, S. 1-38.
DAWKINS, R. (1976/1994): The selfish gene. – Oxford. Dt. (zuerst 1978): Das egoistische Gen. – Überarbeitete u. erweiterte Neuaufl. – Heidelberg.
DE WOLFF, M.S./VAN IJZENDOORN, M.H. (1997): Sensitivity and attachment: A meta-analysis on parental antecedents of infant attachment. In: Child Development, 68, S. 571-591.
DOZIER, M./STOVALL, K.C./ALBUS, K.E./BATES, B. (2001): Attachment for infants in foster Care: The role of caregiver state of mind. In: Child Development, 72, S. 1467-1477.
DUNN, J./PLOMIN, R. (1996): Warum Geschwister so verschieden sind. – Stuttgart.
DRAPER, P./HARPENDING, H. (1982): Father absence and reproductive strategy: An evolutionary perspective. In: Journal of Anthropological Research, 38, S. 255-273.
EULER, H.A. (2002): Verhaltensgenetik und Erziehung. Über „natürliche" und „künstliche" Investition in Nachkommen. In: Bildung und Erziehung, 55, S. 271-288.
FINKEL, D./WILLE, D.E./MATHENY, A.P. (1998): Preliminary results from a twin study of infant-caregiver attachment. In: Behavior Genetics, 28, S. 1-8.
FINKEL, D./MATHENY, A.P. (2000): Genetic and environmental influences on a measure of infant attachment security. In: Twin Research, 3, S. 242-250.
FREEDMAN, D.G./GORMAN, J. (1993): Attachment and the transmission if culture – an evolutionary perspective. In: Journal of Social and Evolutionary Systems 16 (3), S. 297-329.
GLOGER-TIPPELT, G. (Hrsg.) (2001): Bindung im Erwachsenenalter. Ein Handbuch für Forschung und Praxis. – Bern.
GOODSON, I./SIKES, P. (2001): Life history research in educational settings. Learning from lives. – Buckingham/Philadelphia.
GOTTLIEB, G./WAHLSTEN, D./LICKLITER, R. (1998): The significance of biology for human development. A developmental psychobiological view. In: DAMON, W./LERNER, R.M. (Hrsg.): Handbook of Child Psychology, Vol. I, Theoretical Models of Human Development. – 5.Aufl. – New York, S. 233-273.
GOWATY, P. (1992): Evolutionary biology and feminism. In: Human Nature, 3, S. 217-249.
GROSSMANN, K.E. (1987): Die natürlichen Grundlagen zwischenmenschlicher Bindungen. Anthropologische und biologische Überlegungen. In: NEMITZ, C. (Hrsg.): Erbe und Umwelt. Zur Natur von Anlage und Selbstbestimmung des Menschen. – Frankfurt/M., S. 200-235.
GROSSMANN, K.E./GROSSMANN, K. (1986): Phylogenetische und ontogenetische Aspekte der Entwicklung der Eltern-Kind-Bindung und der kindlichen Sachkompetenz. In: Zeitschrift f. Entwicklungspsychologie u. Pädagogische Psychologie, XVIII, S. 287-315.
GROSSMANN, K.E./GROSSMANN, K. (1990): The wider concept of attachment in cross-cultural research. In: Human Development, 33, S. 31-47.
GROSSMANN, K.E./GROSSMANN, K. (Hrsg.) (2003): Bindung und menschliche Entwicklung: John Bowlby, Mary Ainsworth und die Grundlagen der Bindungstheorie. – Stuttgart.
HAMILTON, W.D. (1964): The genetical evolution of social behaviour. In: Journal of Theoretical Biology, 7, S. 1-52.
HARRIS, J.R. (2002): The Nurture Assumtion: Why Children turn out the Way They Do. – New York (1998). Dt.: Ist Erziehung sinnlos? Warum Kinder so werden, wie sie sind. – Reinbek.

HAZAN, C./SHAVER, PH.R. (1987): Romantic love conceptualized as an attachment process. In: Journal of Personality and Social Psychology, 52, S. 511-524.
HERBARt, J.F. (1802/1986): Die erste Vorlesung über Pädagogik. In: Johann Friedrich Herbart: Systematische Pädagogik. Eingel. u. ausgew. v. D. BENNER. – Stuttgart, S. 55-58.
HESSE, E. (1999): The adult attachment interview. Historical and current perspectives. In: CASSIDY, J./ SHAVER, PH. R. (Hrsg.): Handbook of attachment. Theory, research, and clinical applications. – New York, S. 395-433.
HEWLETT, B.S. (2001): Neoevolutionary approaches to human kinship. In: STONE, L. (Hrsg.): New directions in anthropological kinship. – Nanham/MD, S. 93-108.
HEWLETT, B.S./LAMB, M.E. (2002): Integrating evolution, culture and developmental psychology. Explaining caregiver-infant proximity and responsiveness in Central Africa and the USA. In: KELLER, H./POORTINGA, Y.H./SCHÖLMERICH, A. (Hrsg.): Between culture and biology. Perspectives an ontogenetic development. Cambridge, S. 241-269.
HILL, E.M./YOUNG, J./NORD, J.L. (1994): Childhood adversity, attachment security, and adult relationships: A preliminary study. In: Ethology and Sociobiology, 15, S. 323-338.
HINDE, R.A. (1991): When is an evolutionary approach useful? In: Child Development, 62, S. 671-675.
HINDE, R.A./STEVENSON-HINDE, J. (1990): Attachment: Biological, cultural, and individual desiderata. In: Human Development, 33, S. 48-61.
HURRELMANN, K. (1991): Bio-psycho-soziale Entwicklung. Versuche, die Sozialisationstheorie wirklich interdisziplinär zu machen. In: Zeitschrift für Soziologie d. Erziehung u. Sozialisation (ZSE), 11. Jg., S. 98-103.
KAGAN, J. (1998): Biology and the child. In: DAMON, W./EISENBERG, N. (Hrsg.): Handbook of Child Psychology. Vol. Three: Social, emotional, and personality development. – 5. Aufl. – New York, S. 177-235.
KAPLAN, H. (1994): Evolutionary and wealth flows theories of fertility: Empirical test and new models. In: Population and Development Review, 20 (4), S. 753-791.
KELLER, H. (1997): Evolutionary approaches. In: BERRY, J.W./POORTINGA, Y.H./PANDEY, J. (Hrsg.): Handbook of cross-cultural psychology, Vol. I. Theory and method. – 2. Aufl. – Boston/MA, S. 215-255.
KELLER, H. (Hrsg.) (1998): Lehrbuch Entwicklungspsychologie. – Bern.
KELLER, H. (2002): Development as the interface between biology and culture. A conceptualization of early ontogenetic experiences. In: KELLEr, H./POORTINGA, Y.H./SCHÖLMERICH, A. (Hrsg.): Between culture and biology. Perspectives on ontogenetic development. – Cambridge, S. 215-240.
KELLER, H./POORTINGA, Y.H./SCHÖLMERICH, A. (Hrsg.): Between culture and biology. Perspectives on ontogenetic development. – Cambridge.
KELLY, R.L. (1995): The foraging spectrum. Diversity in hunter-gatherer lifeways. – Washington.
LAKATOS, K./NEMODA, Z./TOTH, I./RONAI, Z./NEY, K./SASVARI-SZEKELY, M. (2002): Further evidence for the role of the dopamine D4 receptor (DRD4) gene in attachment disorganization: Interaction of the exon III 48-bp repeat and the 521 C/T promoter polymorphisms. In: Molecular Psychiatry, 7, S. 27-31.
LIEDTKE, M. (2003): Biologisch-evolutionstheoretische Anthropologie – Ein Plädoyer für Erziehung. In: HÖRMANN, G. (Hrsg.): Pädagogische Anthropologie zwischen Lebenswissenschaften und normativer Deregulierung. – Baltmannsweiler.
MAIN, M. (1981): Avoidance in the service of attachment. In: IMMELMANN, K./BARLOW, G./PETRINOVICH, L./MAIN, M. (Hrsg.): Behavioral Development: The Bielefeld interdisciplinary Project. – New York, S. 651-693.
MAIN, M. (1990): Cross cultural studies of attachment organization: Recent studies, changing methodologies, and the concept of conditional strategies. In: Human Development, 33, S. 48-61.
MAIN, M. (1999): Attachment theory. Eighteen points with suggestions for future studies. In: CASSIDY, J./SHAVER, PH.R. (Hrsg.): Handbook of attachment. Theory, research, and clinical applications. – New York, S. 845-887.
MAIN, M. (1991): Metacognitive knowledge, metacognitive monitoring, and singular (coherent) vs. multiple (incoherent) models of attachment. In: PARKES, C.M./STEVENSON-HINDE, J./MARRIS, P. (Hrsg.): Attachment across the life cycle. – New York, S. 127-159.
MAIN, M./SALOMON, J. (1986): Discovery of an insecure disorganized, disoriented attachment pattern. In: BRAZELTON, T.B./YOGMAN, M. (Hrsg.): Affective development in infancy. – Norwood/NJ, S. 95-124.

MAIN, M./SALOMON, J. (1990): Procedures for identifying infants as disorganized/disoriented during the Ainsworth Strange Situation. In: GREENBERG, M.T./CICCHETTI, D./CUMMINGS, E.M. (Hrsg.): Attachment in preschool years: Theory, research, and intervention. – Chicago, S. 121-160.
MEINS, E. (1999): Sensitivity, security and internal working models: bridging the transmission gap. In: Attachment & Human Development, 1, S. 325-342.
NEUMANN, D. (2002): Ein Klassiker der Pädagogik in evolutionärer Perspektive: Eduard Sprangers „Lebensformen" im Lichte der modernen Biologie. In: Zeitschrift für Pädagogik, 48. Jg., H. 5, S. 720-740.
O'CONNOR, TH.G./CROFT, C.M./STEELE, H. (2000): The contributions of behavioral genetic studies to attachment theory. In: Attachment & Human Development, Vol. 2, No. 1, S. 107-122.
O'CONNOR, TH.G./CROFT, C.M. (2001): A twin study of attachment in preschool children. In: Child Development, 72, No. 5, S. 1501-1511.
PANTER-BRICK, C. (Hrsg.) (1998): Biosocial perspectives on Children. – Cambridge.
PARKES, C./STEVENSON-HINDE, J./MARRIS, P. (Hrsg.) (1991): Attachment across the life cycle. – New York.
PLOMIN, R./DEFRIES, J.C./MCCLEARN, G.E./RUTTER, M. (1999). Behavioral Genetics. – New York. Dt.: Gene, Umwelt und Verhalten. Einführung in die Verhaltensgenetik. – Bern.
REYER, J. (2004a): Integrative Perspektiven zwischen sozialwissenschaftlicher, entwicklungspsychologischer und biowissenschaftlicher Kindheitsforschung? Versuch einer Zwischenbilanz. In: Zeitschrift für Soziologie d. Erziehung und Sozialisation (ZSE), 24. Jg., S. 339-362.
REYER, J. (2004b): Die „Grenzen der Erziehung" – Ihre Ursprünge im pädagogischen Liberalismus und ihre Kodifizierung im Herbartianismus. In: Neue Sammlung, 44. Jg., H. 3, S. 333-357.
RICCIUTI, A. (1992): Child-mother attachment: A twin study. Unpublished Ph.D. dissertation, University of Virginia, Charlottesville. Dissertation Abstracts International, 54, S. 3364.
RICHARDSON, K. (2000): Developmental psychology. How nature and nurture interact. – Basingstoke.
RICKS, M.H. (1985): The social transmission of parental behaviour: Attachment across generations. In: BRETHERTON, I./WATERS, E. (Hrsg.): Growing points in attachment theory and research. Monographs of the Society for Research in Child Development, 50 (1-2, Serial No. 209), S. 211-227.
ROWE, D.C. (1997): The Limits of Family Influence. Genes, Experience, and Behavior. – New York (1994). Dt.: Genetik und Sozialisation. Grenzen der Erziehung. – Weinheim.
SCARR, S. (1992). Developmental theories for the 1990s. Development and individual differences. In: Child Development, 63, S. 1-19.
SCARR, S. (1993). Biological and cultural diversity. The legacy of Darwin for development. In: Child Development, 64, S. 1333-1353.
SCARR, S./MCCARTNEY, K. (1983): How people make their own environments. A theory of genotype greater than environment effects. In: Child Development, 54, S. 424-435.
SHAVER, P./HAZAN, C. (1993): Adult romantic attachment. In: PERLMAN, D./JONES, W. (Hrsg.): Advances in Personal Relationships, Vol. 4. – Greenwich, S. 29-70.
SIMPSON, J.A. (1999): Attachment theory in modern evolutionary perspective. In: CASSIDY, J./SHAVER, PH. R. (Hrsg.): Handbook of attachment. Theory, research, and clinical applications. – New York, S. 115-140.
SPRANGER, E. (1932): Psychologie des Jugendalters. – Leipzig.
STEARNS, S. (1992): The evolution of life histories. – New York.
TREML, A.K. (2004): Evolutionäre Pädagogik. Eine Einführung. – Stuttgart.
TRIVERS, R.L. (1972): Parental investment and sexual selection. In: CAMPBELL, B. (Hrsg.): Sexual selection and the Descent of Man 1871-1971. – Chicago, S. 136-179.
TRIVERS, R.L. (1974): Parent-offspring conflict. In: American Zoologist, a journal of integrative and comparative biology, 14, S. 249-264.
VAN IJZENDOORN, M. H. (1995a): Adult attachment representations, parental responsiveness, and infant attachment: A meta-analysis on the predictive validity of the adult attachment interview. In: Psychological Bulletin, Vol. 117, No. 3, S. 387-403.
VAN IJZENDOORN, M.H./ JUFFER, F./DUYVESTEYN, M.G.C. (1995): Breaking the intergenerational cycle of insecure attachment: A review of the effects of attachment-based interventions on maternal sensitivity and infant security. In: Journal of Child Psychology and Psychiatry, Vol. 36, No. 2, S. 225-248.

VAN IJZENDOORN, M.H./MORAN, G./BELSKY, J./PEDERSON, D./BAKERMANS-KRANENBURG, N./ KNEPPERS, K. (2000): The similarity of siblings' attachments to their mother. In: Child Development, 71, S. 1068-1098.
VAN IJZENDOORN, M.H./SAGI, A. (1999): Cross-cultural patterns of attachment. Universal and contextual dimensions. In: CASSIDY, J./SHAVER, PH.R. (Hrsg.): Handbook of attachment. Theory, research, and clinical applications. – New York, S. 713-734.
WATERS, E./MERRICK, S./TREBOUX, D./CROWELL, J./ALBERSHEIM, L. (2000): Attachment security in infancy and early adulthood: A twenty-year longitudinal study. In: Child Deveopment, 71, S. 684-689.
ZILLER, T. (1876): Vorlesungen über Allgemeine Pädagogik. – Leipzig.

Anschrift des Verfassers: Prof. Dr. Jürgen Reyer, Erziehungswissenschaftliche Fakultät, Universität Erfurt, Nordhäuser Straße 63, 99089 Erfurt,
E-Mail: Juergen.Reyer@uni-erfurt.de

Micha Brumlik

Hermeneutik der Natur.
Evolutionspsychologie und Pädagogik

Zusammenfassung
Soziobiologie, Verhaltens- und Populationsgenetik haben dazu geführt, dass klassische Ideale der Pädagogik scheinbar außer Kraft zu setzen sind und demgegenüber eine Haltung der Resignation bezüglich der Veränderbarkeit und Lernfähigkeit des Menschen einzunehmen ist. Einer Diskussion dieser Annahmen folgt der Versuch, zu zeigen, dass auch und gerade dann, wenn diese Ansätze ernst genommen werden, hieraus alles andere als resignative Schlüsse zu ziehen sind.

Schlüsselwörter: Soziobiologie; Verhaltensgenetik; theory of mind; animal sybolicum; aufklärerische Anthropologie

Summary
The Hermeneutics of Nature – Evolutionary psychology and pedagogy
Socio-biology, behavioral and population genetics have lead to the classical ideals of pedagogy being called into question and replaced by an attitude of resignation concerning the ability of humans to change and learn. After discussing these assumptions, an attempt will be made to demonstrate that – especially when these approaches are taken seriously – anything but resignative conclusions should be drawn.

Keywords: socio-biology; behavioral genetics; theory of mind; animal symbolicum; enlightenment anthropology

In seinem ebenso streitbaren wie bestreitbaren, auf jeden Fall höchst umstrittenen Werk „Das unbeschriebene Blatt. Die moderne Leugnung der menschlichen Natur" (PINKER 2003) strebt der Psycholinguist Steven PINKER nicht weniger als eine Revision sämtlicher Grundüberzeugungen der modernen Pädagogik an. Die drei Mythen, die PINKER zerstören will, sind die Menschen als eines leeren Blattes, eines unbegrenzt lernfähigen und konditionierbaren Wesens, des „Dualismus von Geist und Körper", also der Mythos vom „Geist in der Maschine" sowie schließlich des „Edlen Wilden" – drei Mythen, deren Herkunft aus der neuzeitlichen Philosophie unschwer zu entschlüsseln sind: so steht der Empirismus John LOCKES für die Überzeugung des menschlichen Geistes als einer tabula rasa, der Mentalismus des Rene DESCARTES für einen Leib/Geist Dualismus und Jean Jacques ROUSSEAU für den Glauben einen von Natur aus guten, von keinerlei angeborenen aggressiven Impulsen getriebenen Menschen.

Um den ersten Mythos, den des unbeschriebenen Blattes zu destruieren, lässt sich einerseits auf das Versagen aller behavioristischen Lerntheorien bei der Erklärung der Sprachkompetenz und andererseits auf die methodologisch unzureichenden Verfahren jener Sozialisations- und Lernforschung hinweisen, die komplexe kognitive oder auch affektive Dispositionen ausschließlich durch den Einfluss des Elternhauses erklären will. So konnte schon David ROWE (ROWE 1997) in seiner bahnbrechenden Studie über „Genetik und Sozialisation" nachweisen, dass die meisten sozialisationstheoretischen Studien bezüglich des Einflusses des Elternhauses wenn schon nicht falsch, so doch zumindest wertlos sind, da sie in den allermeisten Fällen den möglichen genetischen Einfluss überhaupt nicht mitkontrolliert haben. Demgegenüber können Zwillings- und Adoptionsstudien den erheblichen Einfluss genetischer Faktoren in wesentlichen Dimensionen beweisen.

Steven PINKER hat die Ergebnisse dieser Forschungsrichtung in drei Gesetzen der Verhaltensgenetik formuliert: „Das Erste Gesetz: Alle menschlichen Verhaltensmerkmale sind erblich. Das zweite Gesetz: In der gleichen Familie aufzuwachsen hat einen geringeren Effekt, als die gleichen Gene zu haben. Das dritte Gesetz: Ein erheblicher Anteil der Variation in komplexen menschlichen Verhaltensmerkmalen wird nicht durch die Effekte von Genen oder Familien erklärt." (PINKER 2003, S. 515)

Der von PINKER kritisierte zweite Mythos, der Geist/Körper Dualismus, der Mythos vom „Gespenst in der Maschine", ist in den letzten Jahren nicht zuletzt durch die experimentell verfahrende, neurobiologische Hirnforschung widerlegt worden, die die relative Spezifizität von Kompetenzen und Dispositionen in Bezug auf bestimmte Hirnareale nachweisen konnte. Damit sei – so PINKERS weitergehende Schlussfolgerung – die Hoffnung, im menschlichen Gehirn ein besonders leistungsfähiges, sich im Lauf der Sozialisation ständig flexibel weiterentwickelndes Lernorgan sehen zu können, widerlegt. Allerdings kann auch PINKER zunächst nicht anders, als die widersprüchlichen Befunde zu dieser Frage festzuhalten: Einerseits muss er einräumen, dass Säuglinge, denen schon als Babies eine Gehirnhälfte amputiert wurde, sich weitgehend normal entwickelt haben, andererseits kann er auf Experimente verweisen, wonach Jugendliche, die als Babies unter einer Meningitis litten, ihre Fähigkeit Gesichter zu erkennen, verloren haben, und – die berühmte Studie von Anderson u.a. – junge Erwachsene, die im Kleinkindalter Verletzungen des präfrontalen Kortex erlitten haben, trotz Genesung und trotz Aufwachsens in liebevollen, sorgenden Familien, sich im späteren Leben scheinbar unheilbar soziopathisch verhielten. (PINKER 2003, S. 146)

Bei alledem ist freilich zu beachten, dass es so etwas wie klar abgrenzbare Gehirnareale nicht zu geben scheint, sondern dass unscharf umschriebene Gehirnareale mit fließenden Grenzen und wechselnden Vernetzungen Steuerungsfunktionen übernehmen können. (EDELMAN 2004, S. 40)

Schließlich – was den dritten Mythos, den Mythos vom edlen Wilden betrifft – können sowohl Zwillings- als auch Adoptionsforschung, vor allem aber evolutionstheoretische und evolutionspsychologische Annahmen plausibel machen, dass Aggressivität – also zumal bei männlichen Gattungsangehörigen angelegte Dispositionen zur Erweiterung ihres Territoriums, dem aktiven Werben um Weibchen und dem Kampf gegen Konkurrenten – eine nicht nur für die Gattung homo sapiens und ihre Mitglieder sinnvolle Verhaltensdisposition ist, ohne die es der Menschheit, speziell ihren männlichen Angehörigen, nicht gelungen wäre, im Wettbewerb mit anderen Arten aber auch untereinander den Globus als ökologische Nische zu erobern. (PLOMIN 1999; PINKER 2003, S. 425 f.)

Der naturwissenschaftlich gestützte Abschied von der Traditionslinie LOCKE, DESCARTES und ROUSSEAU lenkt den Blick auf deren Antipoden, nämlich auf LEIBNIZ, SPINOZA und HOBBES, also auf jene Philosophen des Rationalismus, die auf der relativen, durch Lernen nicht modifizierbaren Undurchdringlichkeit jeder Individualität, ihrer strikten Zugehörigkeit zur Natur sowie ihrer unausrottbaren, allenfalls einschränkbaren Aggressivität bestehen. Dem sind neuere Trends in der Sozialwissenschaft gefolgt: In der Erziehungswissenschaft behaupten sich systemtheoretische Überlegungen, die mit LUHMANN/SCHORR, KADE und LENZEN davon ausgehen, dass das menschliche Bewusstsein ein autopoetisches, operativ geschlossenes System sei, das sich letztlich nur selbst sozialisieren könne; in der neurobiologisch und affekttheoretisch orientierten Gehirnforschung bekennt sich etwa Antonio DAMASIO (DAMASIO 2003) emphatisch zu SPINOZAS affektivem Monismus, während Gewaltforschung und Kriminologie durch die Impulse der Soziobiologie die schon von Konrad Lorenz und vor ihm von Sigmund Freud behauptete These vom Aggressionstrieb nun auch statistisch quantitativ stützen können.

Man kann sich die Dramatik dieser Lage – mindestens für die Erziehungswissenschaft und ihre normativen Grundlagen – nicht drastisch genug vorstellen: sollten tatsächlich LEIBNIZ, SPINOZA und HOBBES gegen LOCKE, DESCARTES und ROUSSEAU recht behalten, dann würde sich schlüssiger Weise auch jede Form traditioneller pädagogischer Anthropologie entweder als falsch oder überflüssig erweisen. Die auch noch die heutige Erziehungswissenschaft in den meisten ihrer Ausformungen prägende Formulierung dieser traditionellen pädagogischen Anthropologie findet sich in Kants Vorlesungen über Pädagogik, wo es bekanntermaßen heißt:

„Der Mensch ist das einzige Geschöpf, das erzogen werden muss (...) Disziplin oder Zucht ändert die Tierheit in die Menschheit um. Ein Tier ist schon alles durch seinen Instinkt; eine fremde Vernunft hat bereits alles für dasselbe besorgt. Der Mensch aber braucht eigene Vernunft. Er hat keinen Instinkt, und muss sich selbst den Plan seines Verhaltens machen. Weil er aber nicht sogleich im Stande ist, dieses zu tun, sondern roh auf die Welt kommt; so müssen es andere für ihn tun. Die Menschengattung" – so schließt KANT aus diesem anthropologischen Befund normativ weiter „soll die ganze Naturanlage der Menschheit, durch ihre eigne Bemühung, nach und nach von selbst herausbringen." KANT hat diese Überzeugungen schließlich in die zugespitzte Bemerkung münden lassen, dass der Mensch nur durch Erziehung Mensch werden könne und: „Er ist nichts, als was die Erziehung aus ihm macht." (KANT 1970, S. 697 f.)

Lässt sich diese Grundüberzeugung einer aufklärerischen Anthropologie nach den Erkenntnissen von Soziobiologie, Zwillingsforschung, neurobiologischer Gehirnforschung (GEYER 2004; ROTH 2003) und Evolutionspsychologie (SCHWAB 2004) überhaupt noch halten? Wäre im Sinn dieser Wissenschaften nicht viel eher zu behaupten, dass der Mensch das ist, was die Evolution aus ihm gemacht hat?

Mit diesem möglichen Befund drängt sich dann aber unabweisbar die Frage auf, warum die Evolution überhaupt einen vermeintlich so überflüssigen Mechanismus wie die Erziehung hervorgebracht hat. Diese Frage zu beantworten, bedarf es einer „Hermeneutik der Naturgeschichte", wie Jürgen HABERMAS es genannt hat, genauer vielleicht einer „Hermeneutik der menschlichen Natur." Jürgen HABERMAS hatte in einem vergleichbaren Zusammenhang auf das nicht einfach komplementäre Widerspiel einer kausal argumentierenden Evolutionstheorie der Ausstattung des menschlichen Organismus hier und einer „Hermeneutik der Naturgeschichte" dort hingewiesen. Sie verbinde „den Zugang zu den in den Lebenswelten verkörperten Strukturen des Geistes mit der biologischen Erklärung ihrer Genese" (HABERMAS 1999, S. 30).

Die pädagogisch-humanistische Tradition hat dieses Problem übrigens von allem Anfang an genau gesehen:

„Die Natur und die Erziehung" so bereits ein Zeitgenosse des SOKRATES, der Atomist DEMOKRIT (Die Vorsokratiker 1987, S. 603), „kommen einander gleich. Denn auch die Erziehung formt den Menschen um, und indem sie umformt, schafft sie Natur."

Diese Überlegung verdichtet sich bei PLATON und ARISTOTELES in dem Gedanken, dass insbesondere menschliche Gewohnheiten zu Natur werden, mehr noch, dass am Ende – so der hellenistisch-jüdische Philosoph PHILO – andauernde Gewohnheit stärker sei als Natur. Spätestens in der lateinischen Klassik, bei CICERO (De finibus, V., S. 25 und S. 74), wird dann der Begriff einer anderen, einer zweiten Natur explizit artikuliert: „consuetudine quasi alteram quandam naturam effici" – „dass durch Gewohnheit gewissermaßen eine andere Natur hervorgebracht wird." Da tote Gegenstände keine Gewohnheiten ausbilden, kann sich das, was hier als „andere Natur" bezeichnet wird, sinnvoller Weise nur auf lebende Organismen, zu denen auch die Angehörigen der menschlichen Gattung zählen, beziehen. Freilich fällt auf, dass CICERO noch zögert; in der zitierten Passage aus seiner Schrift über die höchsten Güter spricht er von einer „gewissermaßen anderen Natur" und trifft damit eine wesentliche Unterscheidung. Beinahe zweitausend Jahre später nimmt der Begründer der modernen Pädagogik, der viel gescholtene Jean Jacques ROUSSEAU, diesen Gedanken auf, wenn er in seinem Diskurs über die Ungleichheit der Menschen aus dem Jahr 1755 schreibt: „Ich sehe in jedem Tier nur eine kunstreiche Maschine, der die Natur Sinne gegeben hat, um sich selbst wieder aufzuziehen und bis zu einem gewissen Grad gegen alles zu schützen, was sie zu zerstören oder in Unordnung bringen könnte. Genau das gleiche stelle ich an der menschlichen Maschine fest, nur mit dem Unterschied, dass bei den Bewegungen der Tiere die Natur alles tut, während der Mensch bei den seinen mithilft, insofern sein Wille frei ist." (ROUSSEAU 1996, S. 70)

Im französischen Originaltext steht übrigens für das hier mit „mithilft" übersetzte Verb „concourt", das vielleicht genauer mit „mitwirkt" zu übersetzen wäre. „Jenes" (das Tier, M.B.), so fährt ROUSSEAU (ROUSSEAU 1996, S. 70/71) fort, „wählt oder verwirft mit Instinkt, dieser (der Mensch, M.B.) durch einen Akt der Freiheit, woraus sich ergibt, dass das Tier nicht den ihm vorgeschriebenen Gesetzen entgehen kann, selbst wenn es zu seinem Vorteil wäre, und dass der Mensch sich oft zu seinem Schaden davon entfernt." So scheint die Lösung des Rätsels der Funktion der Erziehung und damit eben auch der menschlichen Freiheit, genauer des menschlichen Freiheitsbewusstseins, in der Antwort auf die Frage nach der evolutionären Funktion dieses Freiheitsbewusstseins zu liegen. Dabei sind natürliche und kulturelle Evolution strikt zu unterscheiden.

Während die natürliche Evolution nichts anderes darstellt als einen außerordentlich langsam verlaufenden, zufallsgesteuerten, auf den Mechanismen genetischer Variation, Mutation und – auf ökologische Nischen bezogene – Selektion beruhenden Prozess, verläuft die kulturelle Evolution nicht nur schneller, sondern bedient sich auch anderer Mechanismen. Betrachtet man den Hominisationsprozess insgesamt und damit die Tatsache, dass sich die Gattung „Homo" vor sechs Millionen Jahren von anderen, artverwandten Affen abspaltete und dass es wiederum nur 250.000 Jahre her ist, dass „Homo sapiens" entstanden ist, muss es verwundern, dass es dieser Gattung in nur 15.000 Jahren gelungen ist, vom Herstellen einfacher Pfeilspitzen zur Konstruktion von Weltraumfahrzeugen, von nach wie vor beeindruckenden steinzeitlichen Wandmalereien zur Produktion von Opern und Filmen, von irgendwie regelhaft beigesetzten Gebeinen zu hochkomplexen, wohlstrukturierten symbolischen Ordnungen wie wissenschaftlichen Theorien zu gelangen. Die Lösung dieses evolutionstheoretischen Rätsels besteht in der Ausbildung eines Vermögens, über die nur die Gattung „homo sapiens" verfügt, nämlich einen Mechanismus der sozialen oder kulturellen Weitergabe, der unvergleichlich schneller operiert als die Prozesse der organischen Evolution.

Freilich – und das kompliziert die Erklärung – wissen wir inzwischen, dass die Gattung „Homo sapiens" keineswegs die einzige biologische Art ist, die Verhaltensweisen und die ihnen zugrundeliegenden kognitiven und affektiven Dispositionen kulturell, d.h. über Imitationslernen überträgt: Nicht nur die naturalistisch, d.h. im Freiland verfahrende Primatenforschung, sondern sogar die Ornithologie konnte zeigen, dass Arten gleicher genetischer Ausstattung unter unterschiedlichen ökologischen Bedingungen andere Verhaltensweisen nicht nur hervorbringen, sondern auch an nachfolgende Generationen weitergeben, dass also – um Michael TOMASELLO (TOMASELLO 2002) zu zitieren – „flügge gewordene Vögel den arttypischen Gesang ihrer Eltern imitieren, Rattenjunge nur diejenige Nahrung fressen, die ihre Mütter fressen, Ameisen dadurch Nahrung lokalisieren, dass sie den Pheromonspuren ihrer Artgenossen folgen, junge Schimpansen den Gebrauch von Werkzeugen von den sie umgebenden Erwachsenen lernen und Menschenkinder die sprachlichen Konventionen von anderen in ihren jeweiligen sozialen Gruppen lernen." (a.a.O., S. 14)

Im evolutionären Vergleich ist freilich der Vergleich mit den Menschenaffen, mit denen die Gattung „homo sapiens" mehr als 99% des Erbguts teilt, deswegen besonders aufschlussreich, weil sich hier – trotz der nur geringen genetischen Unterschiede und trotz der nachweislich stark ausgeprägten Fähigkeit zu kultureller Überlieferung – entsprechende höherstufige kulturelle Artefakte nicht herausgebildet haben. Menschen verfügen – auch noch gegenüber den im Hinblick auf kulturelle Habitualisierung am weitesten fortgeschrittenen Menschenaffen über eine einzigartige kognitive Ressource, nämlich Lerndispositionen zu Imitationslernen, unterrichtlichem Lernen und kooperativem Lernen. Allen Formen aber liegt eine besondere Form sozialer Kognition zugrunde, die in der neurobiologischen Forschung inzwischen als naive „theory of mind" bezeichnet wird, d.h. als nun in der Tat angeborene Disposition, andere Angehörige der Gattung als Wesen seinesgleichen zu schematisieren, d.h. sie als Wesen zu verstehen, die ebenfalls Intentionen haben, die nachvollziehbar sind und in die man sich hineinversetzen kann. Diese Fähigkeit ist für das kulturelle Lernen entscheidend, „weil", so noch einmal Michael TOMASELLO, „kulturelle Artefakte und soziale Praktiken (...) stets über sich hinaus auf andere Entitäten verweisen: Werkzeuge weisen auf die Probleme hin, die sie lösen sollen, und sprachliche Symbole verweisen auf die kommunikativen Situationen, die sie repräsentieren sollen." (a.a.O., S. 16) Die Fähigkeit, Verhaltensweisen kulturell, d.h. durch Lernen zu tradieren, impliziert also bei Angehörigen der Gattung „homo sapiens" die Disposition zur Ausbildung von Sinnverstehen, wenn wir denn „Verweisungszusammenhänge", die als solche wahrgenommen werden, als „Sinn" bestimmen wollen. Inzwischen kann als gesichert gelten, dass auch Tiere „Kultur haben" – mehr noch, die vergleichende Gehirnforschung konnte inzwischen auch feststellen, welche Gehirnareale es auch noch bei Singvögeln ermöglichen, neue, genetisch nicht festgelegte Melodien zu erlernen bzw. im Falle von „homo sapiens" Selbstkonzepte bzw. Erfahrungen der Selbstwirksamkeit auszubilden: Es handelt sich um den präfrontalen Kortex. Es scheint die – soweit bisher bekannt – ausschließlich bei der Gattung „homo sapiens" vorhandene Fähigkeit zu sein, eine „theory of mind", d.h. ein Konzept, äußerlich ähnlichen Artgenossen eine ähnliche Weise der subjektiv vermittelten Erfahrungsverarbeitung zuzuschreiben, die technischen und kulturellen Fortschritt im Sinne des Hervorbringens emergenter Artefakte im technischen und sozialen Bereich hervorbringt. Die neurobiologisch, wahrscheinlich durch sogenannte Spiegelneuronen angelegte Fähigkeit, eine naive „theory of mind" auszubilden, kann sich aber nur – und das ist inzwischen sowohl experimentell als auch klinisch erwiesen – nur durch entsprechende Interaktionen in der Ontogenese ausbilden – also durch ebenfalls von Intentionen geprägte, zunächst noch vorsprachliche Formen der Kommunikation, deren Gelingen und Misslingen eine erhebliche Spannbreite aufweist. Die menschliche Fähigkeit zum Symbolgebrauch, die Fähigkeit, sich auf andere zu beziehen und sich in sie hineinzuversetzen sowie die Fähigkeit, sich bewusst zu sich selbst zu verhalten, das sind Fähigkeiten, auf deren zentrale Bedeutung die philosophische und pädagogische Anthropologie – um nur die Namen Ernst CASSIRERS, George Herbert MEADS und Helmut PLESSNERS zu nennen – längst aufmerksam gemacht hat.

Der Mensch als animal symbolicum, das in exzentrischer Positionalität auf kognitive und affektive Perspektivenübernahme, die über die Ontogenese geführt wird, ein nicht nur imitatorisches, sondern kreativ – distanziertes Weltverhältnis entfalten kann, ist genau jene Hervorbringung der Evolution, die gleichsam zu einer Evolution der Evolution, zu ihrer emergenten Weiterentwicklung auf eine höhere, in ihren Prozessen beschleunigte Stufe geführt und zur Ausbildung neuer ontologischer Entitäten wie Wissensgehalte und Kultur geführt hat.

Angesichts dieses Befundes muss man sich fragen, welche Bedeutung die etwa von PINKER so stark hervorgehobene Vererblichkeit wesentlicher Eigenschaften hat und warum die Evolution überhaupt den Mechanismus kultureller Weitergabe – schon im Tierreich – hervorgebracht hat. Dieser Frage wäre freilich eine andere These entgegenzuhalten: womöglich ist es ja gerade die hohe Vererblichkeit eben jener genannten affektiven und kognitiven Anlagen, also zu einer „naiven theory of mind", zur Perspektivenübernahme und zur exzentrischen Positionalität, die den Gang der kulturellen Evolution nicht nur in Gang hält, sondern auch weiter – womöglich exponentiell – beschleunigt. Wenn es zutrifft, dass jene Dispositionen, die symbolisches Handeln und Sinnverstehen ermöglichen, einschließlich der Fähigkeit, Sprachkompetenz auszubilden und Sprachperformanz zu entfalten, nur und ausschließlich durch Interaktionen in der Ontogenese aktiviert werden können, dann sind Erziehung und Sozialisation – ganz im Sinne KANTS – für die Menschwerdung des Menschen unverzichtbar. Sind damit aber umgekehrt auch die Positionen von DESCARTES, LOCKE und ROUSSEAU gerettet? DESCARTES ist in diesem Zusammenhang nur noch insoweit interessant, als sein Dualismus eben auch substantielle Freiheitsspielräume dessen, was er als bewusste Subjektivität ansieht, impliziert. Ohne diese Problematik hier ausführlich entfalten zu können, so sei nur vermerkt, dass nicht nur von philosophischer Seite – SEARLE 1984, BIERI 2001 – gewichtige Einwände gegen den neuerdings von der deutschen Hirnforschung vorgetragenen Determinismus bezüglich der Willensfreiheit vorliegen, sondern dass man den cartesischen Gedanken mit der philosophischen Anthropologie in einer sinnvollen, nicht metaphysischen Weise modifizieren kann: Die Eigenständigkeit einer bewusst zu sich selbst Stellung nehmenden Subjektivität hängt nicht davon ab, dass dieser Subjektivität eine eigene ontologische Substanz zugesprochen wird.

Der John LOCKE unterstellten Idee eines als tabula rasa ausgestatteten menschlichen Geistes ist freilich – verbleibt man im evolutionstheoretischen Paradigma – der Abschied zu geben: die kulturelle Evolution impliziert die Existenz von Wesen, die über eine genetisch disponierte „theory of mind" verfügen, die aber als Disposition ihrerseits nur durch – wenn auch in einer großen Brandbreite – evolutionär vorteilhafte und damit ebenfalls angelegten frühen Zuwendungserfahrungen aktiviert werden können, wobei die Motivation zu entsprechenden Zuwendungen und Interaktionen in ihrer Ausprägung erziehungs- und sozialisationstheoretisch zu erklären sind. Allerdings: Gegen Steve PINKER und andere evolutionstheoretische Deterministen, etwa Konrad LORENZ, ist auf der Differenz zwischen den im Hirnstamm angelegten Dispositionen zu Emotionen und Affekten aggressiver und zuwendender Art hier und den im Kortex angelegten Bewusstseins, Reflexivitäts- und Distanzierungspotentialen dort zu unterscheiden. Der menschliche Geist scheint – folgt man der neueren Hirnforschung – weder eine Tafel, auf die man alles schreiben kann, noch ein fest verdrahteter Computer, dessen algorithmische Kapazität von Anfang an festgeschrieben ist, sondern ein zwar nicht vorprogrammiertes, aber doch zu vielen möglichen Programmierungen fähiges, dynamisches und lernfähiges System, keine tabula rasa also, aber doch ein phylo- und ontogenetisch zunächst sehr viel mehr als jeweils benötigte Verarbeitungskapazität hervorbringendes, unspezialisiertes System zu sein. Gerald EDELMAN spricht in diesem Zusammenhang von einer Theorie neuronaler Gruppenselektion, sprich von einer Überproduktion neuronaler Netzwerke, von denen ein Teil adaptive Beziehungen zu ihrer Umwelt aufnimmt, während ein anderer Teil verkümmert. Der Geist ist also kein unbeschriebenes Blatt, wohl aber eine hochkomplexe Maschine, die sich ihren Input selbst verschafft und mit diesem Input die eigenen Verarbeitungskapazitäten in einer weder für sich noch für Andere vorhersagbaren Weise weiterentwickelt. Vor diesem Hintergrund zeichnet sich nun auch eine Lösung des Rätsels der evolutionären Bedeutung der Erziehung ab: Die überkomplexen, stets mehr Verarbeitungskapazität als unbedingt notwendig hervorbringenden Gehirne sind zu ihrer Selbstprogrammierung auf unstete, stark variierende Umwelten ebenso angewiesen wie auf – im Falle der reifenden Gehirne des Gattungsnachwuchses – auf bergende und nährende Umgebungen. Dies und nichts anderes – die widersprüchliche Einheit von affektiver und materieller Geborgenheit und einer offenen Umwelt sind die wesentlichen Züge jenes entwicklungsförderlichen Prozesses, den wir als „Erziehung" bezeichnen.

Dem Abschied von John LOCKE muss daher keineswegs ein Abschied von Rousseau folgen. Im Gegenteil: Rousseau hatte ja lediglich festgestellt, dass die menschliche Willensfreiheit immer wieder dazu führen kann, dass Angehörige sich zum eigenen Nachteil von Lebensformen entfernen, die ihnen ein maximales Gedeihen ermöglichen. Dass der Mensch von Natur aus gut ist, und ihn lediglich die Zivilisation verdorben habe, dieser Auffassung können wir ebenfalls eine modifizierte, weder unverdächtige noch naive Lesart geben: dass nämlich die kulturelle Evolution die sozialen und technischen Destruktivkräfte so gesteigert hat, dass dadurch die Selbstgefährdung der Gattung in einem ebenfalls exponentiellen Ausmaß gestiegen ist und die Menschheit also besser beraten wäre, die ja ebenfalls genetisch angelegten und evolutionär ja ebenfalls außerordentlich erfolgreichen sorgenden und zuwendenden Verhaltensdispositionen im privaten wie im öffentlichen Leben durch Erziehung und Bildung zu kultivieren. Im Grundsätzlichen soweit einig, steht dann eine Pädagogik der Furcht im Sinne von HOBBES wider eine Pädagogik der Ermutigung und Entfaltung im Sinne von ROUSSEAU.

Die anthropologisch unüberspringbare und evolutionär entstandene Offenheit menschlicher Weltbezüge auch im Bereich ontogenetischer Interaktionen aber lässt den Gedanken eines Vertrauens auf die Vererblichkeit wesentlicher Eigenschaften von vorneherein sinnlos werden, was schon SCHLEIERMACHER 1813 erkannt hat: „Denn wenn nichts gelingt", notiert er in seinen Vorlesungen, „ als was den Naturbedingungen analog ist, so darf man auch nichts anderes unternehmen, muss also die Natur erkannt haben, oder alles ist Geratewohl." (SCHLEIERMACHER 2000, S. 212)

Literatur

BIERI, P. (2001): Das Handwerk der Freiheit. Über die Entdeckung des eigenen Willens. – München.
DAMASIO, A.R. (2003): Der Spinozaeffekt. Wie Gefühle unser Leben bestimmen. – München.
EDELMAN, G.M. (2004): Das Licht des Geistes. Wie Bewusstsein entsteht. – Düsseldorf.
GEYER, C. (Hrsg.) (2004): Hirnforschung und Willensfreiheit. Zur Deutung der neuesten Experimente. – Frankfurt a.M.
HABERMAS, J. (1999): Wahrheit und Rechtfertigung. – Frankfurt a.M.
KANT, I. (1970): Über Pädagogik, in: ders. Werke. – Darmstadt.
ROWE, D. (1997): Genetik und Sozialisation. Die Grenzen der Erziehung. – Weinheim.
PINKER, S. (2003): Das unbeschriebene Blatt. Die moderne Leugnung der menschlichen Natur. – Berlin.
PLOMIN, R. u.a. (1999): Lehrbuch, Gene, Umwelt und Verhalten. Einführung in die Verhaltensgenetik. – Bern.
ROTH, G. (2003): Aus Sicht des Gehirns. – Frankfurt a.M.
ROUSSEAU, J.J. (1996): Abhandlung über den Ursprung und die Grundlagen der Ungleichheit unter den Menschen, in: ders. Sozialphilosophische und Politische Schriften. – München
SEARLE, J. (1984): Minds, Brains and science. – Harvard.
SCHLEIERMACHER, F. (2000): Vorlesungen 1813/14 in: ders. Texte zur Pädagogik. – Frankfurt a.M.
TOMASELLO, M.: Die kulturelle Entwicklung des menschlichen Denkens.

Anschrift des Verfassers: Prof. Dr. Michael Brumlik, Universität Frankfurt, Robert-Mayer-Straße 1, 60054 Frankfurt a.M., E-Mail: m.brumlik@em.uni-frankfurt.de

III INTERDISZIPLINARITÄT ALS HERAUSFORDERUNG

Alfred K. Treml

Wie ist Erziehung möglich?

Perspektiven einer evolutionspädagogischen Antwort

Zusammenfassung
Die Frage, wie Erziehung möglich ist, begleitet die Pädagogik schon seit den Anfängen ihrer Ideengeschichte. Mit Rückgriff auf Augustinus und Thomas von Aquin werden zwei unterschiedliche Typen von Antworten auf diese Frage generiert: ein monistisches und ein differenztheoretisches Denken. Mit Hilfe dieser Unterscheidung werden evolutionäre Theorieangebote diskutiert und Raumbegrenzung, Wiederholung, soziale Interaktion sowie die Selektion von Themen als natur- wie kulturgeschichtliche Bedingungen von Unterricht interpretiert.

Schlüsselwörter: Evolutionäre Pädagogik; Augustinus; Thomas von Aquin; Determinismus; Unterricht; Erziehung

Summary
How is Education Possible – Prospects of an evolution-based pedagogic answer
The question of how education is possible has accompanied the discipline of pedagogy since the very beginnings of its history. Two different types of answer to this question will be referred to, based on Augustinus and Thomas von Aquin: a monotheistic and a difference-theoretical approaches. With the help of these answer-types, evolutionary theories will be discussed and in the context of education, room demarcation, repetition, social interaction and the selection of topics will be interpreted as both natural-historic and culture-historic conditions.

Keywords: evolutionary pedagogic; Augustinus; Thomas von Aquin; Determinism; teaching; education

Erzieher können nicht warten, bis Erziehungswissenschaftler geklärt haben, wie Erziehung funktioniert. Die Frage nach der Möglichkeit von Erziehung ist deshalb eine theoretische Frage, die die Möglichkeit der praktischen Erziehung nicht unmittelbar berührt. Immer schon haben Eltern ihre Kinder erzogen und Lehrer ihre Schüler unterrichtet und dabei die Erfahrung machen müssen, dass ihre damit verfolgten Absichten einmal mehr, einmal weniger und manchmal überhaupt nicht erreicht worden sind. Erst bei deutlichen Erwartungsenttäuschungen – also dann, denn die Folgen der erzieherischen Handlungen unübersehbar nicht mehr mit den Absichten übereinstimmen, wird man sich vielleicht fragen: Was habe ich falsch gemacht? Was kann ich besser machen, um erfolgreich zu sein?

Ein bloßes Herumprobieren ist wohl möglich, auf Dauer aber wohl nicht zufriedenstellend. Zumindest dort, wo man in der Lage ist, zu seinem Beobachtungsbereich eine theoretisch-distanzierte Haltung einzunehmen, wird man (früher oder später) weiterfragen und kommt dann unweigerlich zu der alten Frage: Wie ist Erziehung möglich (vgl. TENORTH 2003)?

1

Im Grunde beginnt das Nachdenken über diese Frage schon bei den Sophisten, ist doch die Frage nach der Möglichkeit von Erziehung aufgehoben in deren radikalisierten philosophischen Zurückfragen nach der Möglichkeit alles Seienden schlechthin. „Warum ist etwas und nicht nicht?" Diese Frage sollte das Denken im Abendland wie kaum eine andere Frage irritieren und befruchten, so dass man – ohne groß zu übertreiben – die europäische Philosophie als ein Abarbeiten dieser Frage bezeichnen könnte. Weil auch Erziehung ein Teil des Seienden ist, wird dieses Nachdenken unweigerlich (früher oder später) auch zur Frage gelangen: Warum ist Erziehung und nicht nicht? Von hier aus ist es nur ein kleiner Schritt zu unserer Ausgangsfrage: Wie ist Erziehung möglich? denn die Frage: Warum Erziehung sei „und nicht nicht"? impliziert die Möglichkeit des Seins und des Nichtseins und drängt auf eine Antwort, die die Möglichkeit (trotz der Möglichkeit des Nichtseins) erklärt.

Ich will (im Vorübergehen) an zwei Antwortversuche erinnern – und das nicht aus einem historischen, sondern aus einem systematischen Interesse, nämlich deshalb, um nicht der Gefahr zu erliegen, hinter schon erreichte Niveaus der Problembearbeitung zurückzufallen. *Augustinus*, der gelernte Rhetor, sollte in einem Dialog mit seinem Sohn Adeodatus (vgl. AUGUSTINUS 1974) den Zeichencharakter von Erziehung durch mündliche Rede herausarbeiten und damit das Selbstverständliche von Unterricht als trügerisch entlarven. Frei übersetzt argumentiert er (in etwa) wie folgt: Aus dem Munde des Lehrers kommen nur Laute (wir würden heute vielleicht sagen: bloße Schallwellen), deren Bedeutung in den Schüler nicht übertragen werden kann. Dass der Schüler unter Umständen trotzdem versteht, was der Lehrer sagt, setzt voraus, dass er den Zeichencharakter von Sprache durchschaut und das Wissen schon in sich besitzt bevor der Lehrer zu sprechen beginnt. Die Rede des Lehrers setzt in ihm nur eine Erinnerung daran frei, die durch den Gleichklang von äußeren und inneren Worten aktiviert wird. Das aber wäre dann wohl keine Erziehung, kein Unterricht, sondern bloße Wiederholung des schon Bekannten.

Aber wie kann man dann Neues lehren? Die Antwort des Augustinus lautet: Eigentlich gar nicht, es sei denn wir nehmen an, dass Gott uns belehrt, denn nur er hat uns ein allgemeines Wissen mitgegeben, das gewissermaßen latent in uns schlummert, und erst durch die Ansprache des Lehrers geweckt werden kann. Diese Erinnerung (Anamnesis) stellte sich Augustinus als eine Art göttliche Illumination vor. Nicht der (äußere) Lehrer lehrt also, sondern Gott (als innere Lehrer) „beleuchtet" die vergessene (Apriori-)Erinnerung, so dass man sagen kann: Allein Gott kann lehren!

Die augustinische Antwort, wonach „es außer Gott keinen Lehrer gibt, der den Menschen das Wissen lehrt" (AUGUSTINUS 1974, zit. XII) ist paradox, denn die These von der Unmöglichkeit einer Belehrung durch einen (menschlichen) Lehrer kommt durch einen (menschlichen) Lehrer daher. Die Unmöglichkeit, die gerade behauptet wird, wird durch die Behauptung gerade als möglich unterstellt. Solche Paradoxien irritieren und zwingen zum Weiterdenken. Irritierend klingt – zumindest in unseren modernen Ohren – auch die Bezeichnung für den einzig wahren Lehrer, nämlich „Gott" und seine Verortung „im Himmel". Wir haben uns abgewöhnt, Unerklärliches durch Rekurs auf Gott zu erklären. Man braucht aber nur anstelle der Chiffre „Gott" ein „wir wissen es nicht" zu setzen, dann haben wir die traditionelle Erklärungslogik einer tausendjährigen alten Welterklärung des Unerklärlichen, die eine schöpfungstheoretische Logik besitzt und in der (pädagogischen) Handlungstheorie bis heute weiterlebt.

Über 900 Jahre später sollte *Thomas von Aquin* – im Rahmen einer größeren Abhandlung über „Quaestiones disputatae de veritate" – die Ausgangsfrage wieder aufgreifen und als „Quaestio XI" über den Lehrer – und damit über die Möglichkeit von Unterricht – nachdenken (THOMAS VON AQUIN 1988). Seine Antwort setzt deutlich neue Akzente. Während Augustinus noch unübersehbar als (Neu)Platoniker denkt, ist Thomas bei seiner Antwort (Neu)Aristoteliker, denn er geht von einer allgemeinen menschlichen Vernunft aus, an denen alle Menschen partizipieren und unterscheidet (in Anlehnung an Aristoteles) dabei zwischen einer „möglichen Vernunft" („intellectus possibilis") und einer „realisierten Vernunft" („intellectus agens"). Gott als Schöpfer zieht sich bei seinem Antwortversuch auf die mögliche Vernunft zurück – diese ist ein Geschenk Gottes. Diese mögliche Vernunft bedarf allerdings äußerer Erfahrungen, um sich zu verwirklichen. Die gottgeschaffene mögliche Vernunft wird wohl gut aristotelisch teleologisch – also mit der (aktiven) Tendenz auf ein Ziel – gedacht, aber als „schlafendes Vermögen" muss sie erst durch einen menschlichen Anstoß „geweckt" werden. Es sind die Erfahrungen, die der Mensch macht, die die „potentia" in „actus" übersetzen und die immanenten Ziele verwirklichen. Erfahrungen können unabsichtlich oder – als Erfahrungen von Erfahrungen Anderer – absichtlich gemacht werden, und das Letztere ist schließlich das, was Thomas „Unterricht" oder „Lehre" nennt.

Damit ist ein großer Schritt in Richtung unseres modernen Denkens gemacht worden, denn die Rolle des Lehrers wird deutlich aufgewertet, während die des Schöpfergottes relativiert wird, denn er ist nur noch der Ermöglicher der Ermöglichung von Erziehung. Es sollte dann auch nicht lange dauern, bis diese „Ermöglichung" naturalisiert und in die natürliche Begabung überführt werden sollte. Auf der Basis einer nun von der Natur (nicht mehr von Gott) geschenkten inneren Begabung realisiert sich Erziehung z.B. durch die Belehrung eines (äußeren) Lehrers. Beides muss zusammenkommen, dass Unterricht glücken kann: Bildsamkeit, Begabung (oder wie immer man diese „potentia" bezeichnen will) und Unterricht, Erziehung, Belehrung (oder wie immer man diesen „actus" nennen will). Damit haben wir in etwa unsere moderne (säkularisierte) Vorstellung der Möglichkeit von Erziehung. Allerdings ist damit immer noch nicht gesagt, *wie* Erziehung möglich ist, denn die Überführung vom schlafenden Vermögen zum „geweckten", realisierten Vermögen durch Erziehung bleibt im Dunkeln.

2

Mit den beiden gleichnamigen Abhandlungen von Augustinus und Thomas von Aquin („De magistro") liegen zwei Theorieofferten vor, die – einmal am beginnenden und das andere Mal am zu Ende gehenden Mittelalter – eine je unterschiedlich akzentuierte Antwort auf unsere Ausgangsfrage geben (auf die gemeinsamen theologischen Prämissen will ich hier nicht weiter eingehen). Man kann diese Unterschiede idealtypisch dadurch konturieren, dass man Augustinus (dem Platoniker) ein *monistisches Denken*, Thomas von Aquin (dem Aristoteliker) ein *differenztheoretisches Denken* zuschreibt. Bei Augustinus wird Erziehung letztlich durch eine (und nur eine) Ursache (mono)kausal erklärt, während Thomas von Aquin von einer Differenz, nämlich jener von „potentia" und „actus" (wir würden heute sagen: von Anlage und Umwelt) ausgeht und Erziehung durch die Verschränkung einer äußeren Erfahrung mit einer inneren Möglichkeit erklärt.

Man kann diese beiden Denkformen benützen, um die aktuellen Positionen der Debatte um unsere Ausgangsfrage (idealtypisch) zu ordnen. Wenn man die einschlägige Literatur liest, wird schnell klar, dass sich die aktuellen Debatten in der Pädagogik überwiegend im Rahmen eines differenztheoretischen Denkens bewegen, monokausale Erklärungsansätze im Rahmen eines soziobiologischen Denkens wieder anklingen. Ein im strengen Sinne monistisches Denken wäre etwa dort gegeben, wo man phänotypische Lernprozesse ausschließlich endogen (z.B. durch die Gene) oder ausschließlich exogen (durch Umwelteinflüsse) erklären würde. Üblich sind in der Evolutionsforschung heute Erklärungsansätze, die die Differenz von System und Umwelt zur Erklärung systemeigener Lernprozesse heranziehen – wenngleich die Akzente, die dabei gesetzt werden sehr unterschiedlich sind (vgl. zur Rezeptionsgeschichte in der Erziehungswissenschaft: LENZ 2005).

Es ist m.E. nicht nur sehr schwer, sondern geradezu unmöglich, hier abschließend eindeutige Zuordnungen zu machen, und das nicht nur deshalb, weil sich wahrscheinlich viele Unterschiede auf semantische Unklarheiten und auf die daraus resultierenden Missverständnisse zurückführen lassen (also auf Probleme der „verba"), sondern auch (und vor allem), weil eine empirische Überprüfung (der „res") nicht möglich ist – denn dazu müsste man System und Umwelt zumindest temporär und experimentell voneinander trennen. Aber weder kann man ein Individuum ohne Umwelt, noch die Umwelt ohne Individuum denken oder gar realisieren. Deshalb pendelt – im Übrigen seit über zweihundert Jahren (vgl. DESMOND/MOORE 1995) – die Diskussion zwischen den beiden Polen hin und her und neigt häufig (in Ermangelung äußerer Falsifikatoren) zur Verhärtung der jeweils eigenen Position und zur polemischen Abwertung der anderen Position.

In dieser Situation ist es angebracht, nach einem Bewertungskriterium Ausschau zu halten, das nicht theorieimmanent ist – also einem Kriterium, das es erlaubt, die unterschiedlichen Erklärungstheorien zu bewerten. Ein solches Kriterium wäre z.B. das (Ockhamsche) Extremalprinzip: „Entia non sunt multiplicanda praeter necessitate" bzw. „Non sunt multiplicanda entia sine necessitate" (vgl. ESSLER 1972, S. 212ff.) – (sehr) frei übersetzt: Ziehe (bei gleicher Leistungsfähigkeit) jene Sprache bzw. jene Theorie einer andern vor, die weniger ontologische Annahmen macht! Eine Theorie wäre der anderen danach dann überlegen, wenn sie „mehr" (Sachverhalte) mit „weniger" (Voraussetzungen) zu erklären erlaubt. Man kann dieses Kriterium rationalistisch oder naturalistisch interpretieren: Eine rationalistische Interpretation wäre gegeben, wenn man es als Ausdruck einer Vernunft bestimmt, die in der Lage ist, eine hohe Komplexität möglichst einfach – und damit elegant – miteinander zu verbinden. Naturalistisch würde man sich dann positionieren, wenn man dies als das ökonomische Sparprinzip der Evolution erkennt, das der natürlichen Selektion zugrunde liegt.

Einfachheit und Reichtum (der Erklärungsmöglichkeiten) lassen sich nicht immer bruchlos miteinander verbinden. So sind monistische Erklärungsansätze sicher näher am Prinzip der Einfachheit, aber sie erkaufen diesen Vorteil mit dem Nachteil, eine Vielzahl von Phänomenen nur unzureichend (oder gar nicht) erklären zu können. Umgekehrt scheint ein differenztheoretisches Denken näher am Prinzip des Reichtums, aber dies geht unweigerlich auf Kosten der Einfachheit. Monistische Erklärungen, die alle phänotypischen Kompetenzen einem genetisch präformierten Entwicklungsprogramm zuschreiben, können die Vielfalt und Differenziertheit individueller Wissensbestände nicht oder nur unzureichend erklären, die im Verlaufe einer Ontogenese erworben werden können – es sei denn um den Preis der ontologischen Verdoppelung der Welt: Alles was es in der Welt von einem Individuum gelernt werden kann, muss schon a priori (z.B.) in seinen Genen enthalten sein. Damit verspielte diese Position aber wieder ihren Vorzug der Einfachheit und wäre nicht mehr kompatibel mit dem Extremalprinzip. Monistisch wäre aber auch eine Erklärung (wie sie etwa in manchen Schriften des amerikanischen Behaviorismus anklingt), die alle individuellen Kompetenzen auf exogene Erfahrungen (der Umwelt) zurückführen und das lernende Subjekt (ontologisch) als „tabula rasa" bestimmt. Mit Hilfe dieses Ansatzes ließe sich schwerlich erklären, warum Erziehung – trotz aller guter Absichten – oft so desolate Ergebnisse erreicht oder gänzlich folgenlos bleibt.

Es liegt deshalb nahe, das Problem differenztheoretisch zu durchdenken und mit Hilfe der modernen Evolutionsforschung zu reformulieren.

3

Betrachten wir dazu zunächst noch einmal das Ausgangsproblem genauer. Das pädagogische Verhältnis (etwa eines Lehrers und eines Schülers) kann begriffen werden als soziale Beziehung zwischen zwei selbstreferentiellen Subjekten, die (geistig bzw. kognitiv) operativ geschlossen operieren und deshalb keinen unmittelbaren, direkten Zugang zur (geistigen bzw. kognitiven) Selbstorganisation des Anderen haben (vgl. ROTH 2000). Diese eigentümliche Autonomie der beteiligten Subjekte ist es, die es so schwer macht, unsere Ausgangsfrage zu beantworten, denn Erziehung ist ein soziales Phänomen zwischen mehreren (mindestens) zweier Menschen, die eine asymmetrische Beziehung realisieren. Aber wie?

Die Tatsache der operativen Geschlossenheit der am Unterricht Beteiligten ist durchaus keine neue Entdeckung. Dass Menschen keinen unmittelbaren Zugang zu den geistigen Prozessen anderer Menschen haben und Erziehung deshalb nicht als ein lineares und kausales Einwirken verstanden werden kann, ist eine alte Erkenntnis. Leibniz hat dieses Prinzip der Indirektheit geistiger Beziehungen metaphysisch überhöht und im Begriff der „Monade" so zugespitzt, dass die Unmöglichkeit einer Erklärung der Möglichkeit der äußeren Beeinflussung von Monaden in geradezu irritierender Klarheit formuliert wird: „Es gibt (...) keine Möglichkeit zu erklären, wie eine Monade in ihrem Inneren durch irgendein anderes Geschöpf beeinflußt oder verändert werden könnte, da man offenbar nichts in sie hinein übertragen (...) kann (LEIBNIZ 1958, S. 132, vgl. auch S. 42ff., S. 60ff.). Die Monaden haben keine Fenster, durch die etwas in sie hinein- oder aus ihnen heraustreten könnte" (LEIBNIZ 1958, S. 132). Leibniz konnte sich die Vergemeinschaftung der isolierten Monaden nur in Form einer „prästabilisierten Harmonie" denken. Ich denke, es ist an der Zeit, diese schöpfungstheoretische Erklärung in eine evolutionstheoretische Perspektive zu überführen, in der es bestenfalls (und auch nur temporär) eine „poststabilisierte Harmonie" geben kann – denn evolutionstheoretisches Denken ist dort angemessen „wo Zweifel an der rationalen Selbstkontrolle von Entwicklungsprozessen aufkommen" (LUHMANN 2000, S. 32).

Auch Schüler (oder Studenten) haben bekanntlich keine Fenster, in denen man die modularisierte Curricula hineinschieben könnte. Wie aber kann Unterricht dann trotzdem glücken? Wie kann die intendierte geistige Ordnung im Schüler, die der Lehrer zunächst nur antizipiert hat, tatsächlich durch das didaktische Handeln des Lehrers entstehen? Dass es – trotz vieler gegenteiligen Erfahrungen – das *auch* gibt, kann ernsthaft nicht bestritten werden. Hier nun zu sagen, dass Erziehung (Unterricht etc.) eben nur ein Probierhandeln sei und man halt versuchen muss, wie weit man komme (da es ja nicht ausgeschlossen sei, dass dies auch mal erfolgreich ist), scheint mir zu einfach zu sein, denn es unterschätzt sowohl die inzwischen vorliegenden Erkenntnisse der empirischen Humanforschung als auch die theorietechnischen Möglichkeiten der Beschreibung, die uns heute zur Verfügung stehen.

Es scheint heute einen Konsens darüber zu geben, dass alle Lebewesen, also auch wir Menschen, von genetischen Erbprogrammen „gesteuert" sind. Jedoch ist es alles andere als klar, was dabei „gesteuert" heißen soll. Die Akzente werden in der einschlägigen Literatur sehr unterschiedlich gesetzt. Man kann das Wort in einem „starken" Sinne interpretieren und dann heißt das: Gene präformieren das gesamte menschliche Verhalten a priori, wenngleich die Ausprägung des Phänotyps der Auslösereize aus der Umwelt bedarf (so etwa BUSS 2004, S. 43). Das ist die etwas abgeschwächte Form eines „genetischen Determinismus", denn wohl wird einerseits „alles" als genetisch determiniert bestimmt, andererseits aber die Bedeutung der Umwelterfahrungen (qua Auslösereiz) anerkannt. Auch diese Position würde den Test des Extremalprinzips wohl kaum bestehen, denn sie impliziert (gleichwohl der Akzeptierung der Umwelterfahrung) eine ontologische Verdoppelung der Welt: Alles was phänotypisch als „intellectus agens" verwirklicht wird, muss zuvor schon als „intellectus possibilis" genotypisch vorhanden sein. Fragen wir deshalb weiter, ob es nicht eine andere, weniger voraussetzungsreichere Möglichkeit gibt, die Koinzidenz von Lehren und Lernen zu erklären.

Eine solche Möglichkeit sehe ich dort, wo der Zusammenhang von intellectus agens und intellectus possibilis nicht ontologisch, sondern funktionalistisch interpretiert wird und eine „schwache" Behauptung aufgestellt wird, die man etwa so umschreiben kann: Das genetische Programm des Individuums bestimmt wohl seine Reaktionsnorm gegenüber der Umwelt, d.h. es ermöglicht und begrenzt die Möglichkeit menschlichen Lernens. Aber mehr auch nicht. Streng genommen sind Gene nicht mehr als Anleitungen von Proteinen – und nicht von Wissensbeständen oder Verhaltensweisen der Individuen. Zwischen Proteinbildung und Verhalten schiebt sich ein kompliziertes (und noch lange nicht verstandenes) Zusammenwirken vieler emergenter Systemebenen, das mit abgestuften und lockeren System-Umwelt-Verknüpfungen arbeitet. Von einem kausalen Durchgriff der Gene auf das menschliche Verhalten kann deshalb – zumindest in dieser pauschalen Form – nicht gesprochen werden. Wohl gibt es durchaus nichtkontingente, „harte" genetische Determinanten, aber auch eine Reihe von „weichen" und „lockeren" Anpassungsmuster bis hin zu kontingenten Formen des phänotypischen Verhaltens, für die gilt: „Causa non sequat effectum" (die Ursache ist nicht identisch mit der Folgewirkung). Der genetische Code ist hier keine Karte, kein Plan, kein Samenkorn, kein „Tagesbefehl", der nur „exekutiert" zu werden braucht, sondern muss wohl eher als eine Art offenes Programm beschrieben werden, das durch Interaktion in spezifischen Umwelten durch Lernprozesse erst angeregt, gefüllt und entwickelt wird. Menschliches Verhalten ist im Rahmen dieser Vorstellung das Ergebnis einer Interaktion zwischen (ererbten) inneren Anlagen, die in unterschiedlich rigider Weise dem phänotypischen Verhalten „Vorschläge" machen, und kontingenten (erworbenen) äußeren

Erfahrungen – ganz im Sinne des Goethe-Wortes: „Was du ererbt von deinen Vätern, erwirb es, um es zu besitzen".

Eine solche Vorstellung geht von der Hypothese aus, dass Adaptionsprobleme in einer Umwelt, die sowohl aus konstanten als auch aus variablen Strukturen besteht, am besten durch eine Mischung von (mehr oder weniger) geschlossenen und (mehr oder weniger) offenen Programmen bearbeitet werden können. Im Genprogramm des Menschen sind die Präadaptionen an jenen Teil der Umwelt festgelegt, der über Jahrtausende, ja Jahrmillionen, gleich geblieben ist – also gewissermaßen deren „Grobstruktur". Hier ist eine strenge Vorgabe adaptiv, weil die Umwelt hier konstante Strukturen bereitstellt. Genetische Programme sind wohl immer an ein „Milieu von gestern" angepasst, aber das spielt hier keine Rolle, weil es auch das „Milieu von heute und morgen" ist. Dort aber, wo sich die Umwelt verändert, wäre ein starres Programm, das alles bis ins Detail festgezurrt hat, nicht adaptiv. Auf genetische Anpassung in langen Generationenwechseln zu setzen, wäre viel zu langsam, zu ungenau und zu ignorant, wenn es darum geht, sich an die konkrete (und aktuelle) „Feinstruktur" eines Individuums anzupassen. Deshalb *darf* das Programm gar nicht (ausschließlich) starr sein, es *muss (auch)* offen und flexibel sein, um schnellere und passgenauere Anpassungsleistungen während der Ontogenese zu ermöglichen. Ein ontogenetisches Lernen durch individuelle Erfahrungen, kann deshalb als eine „spezielle Anpassung an die Unvorhersehbarkeit der Umwelt" (FUTUYMA 1990, S. 417) interpretiert werden – in anderen Worten: als spezifische Anpassung an unspezifische Umwelten.

Die Mischung aus geschlossenen und offenen Programmen optimiert adaptive Leistungen durch einen Kombinationsgewinn von allgemeinen Vorgaben und besonderen Erfordernissen. So ist eine allgemeine Sensibilität, gewissermaßen die Grammatik der Unterscheidungen, weitgehend angeboren; ihre inhaltliche Ausfüllung aber, gewissermaßen die Semantik, muss aber ontogenetisch gelernt werden. Vermutlich sind nicht nur die (binären) Beobachtungscodes (wie z.B. „schön – hässlich", „wahr – falsch", „gesund – krank"), sondern auch ihre asymmetrische Bewertung angeboren. Beispielsweise ist der Beobachtungscode von „fremd/vertraut" schon bei blind und taub geborenen Kindern nachgewiesen, also offenbar angeboren (vgl. EIBL-EIBESFELDT 1986, S. 215ff., S. 476f.); ebenso angeboren ist die unterschiedliche Bewertung; „vertraut" ist besser als „fremd"; was aber nun konkret fremd und was vertraut ist, das muss erst gelernt werden. Die angeborene Codierung kann zudem im Verlaufe einer Ontogenese mehrfach semantisch neu interpretiert werden.

Systemtheoretisch gesprochen ist Lernen wohl die Eigenschaft eines Systems (das auf der Basis zerebraler Differenzierungsprozesse durch Selbstkontakte abläuft) (vgl. BIRBAUMER/SCHMIDT 1999, S. 265 ff.). Aber es bedarf, wie bei allen lebenden Systemen, dabei einer Umwelt, und nicht nur, um aktiviert, sondern auch um inhaltlich bestimmt und differenziert zu werden. Anders gesagt, das Individuum lernt dadurch, dass es Erfahrungen in seiner Umwelt macht. Der Selektionsvorteile eines solchen Lernens aus Erfahrung liegt auf der Hand: Man lernt auch in und für die aktuelle, gegenwärtige Umwelt, von der das Genprogramm noch nichts wissen kann. Eine spezifische Form solcher Erfahrungen ist nun das, was schon Thomas von Aquin „Lehre" bzw. „Unterricht" bzw. „Erziehung" genannt hat. Durch Unterricht wird der Selektionsvorteil von Lernen noch einmal gesteigert, denn man dadurch vom Lernen Anderer lernen. In dem Augenblick, da man das auf seine Nützlichkeit schon getestete Wissen anderer Menschen über viele Generationen (durch Sprache, Schrift, Buchdruck, Rechner) speichern und anhäufen kann, wird der Vorteil von Lehren bzw. Unterrichten noch einmal potenziert. Das natürliche Wissen der Gene wird jetzt ergänzt durch das kulturelle Wissen der Meme.

Es ist im Rahmen dieses Gedankenganges deshalb durchaus sinnvoll, weiterhin zwischen Natur und Kultur zu unterscheiden – anstatt die Differenz vorschnell zugunsten einer Seite aufzulösen, denn Kulturwesen haben wohl von Natur aus ein Programm, das die zerebrale „Feinanpassung" in der Ontogenese durch Lernprozesse in und für spezifische Umwelten (in einer eigenständigen Operationsform und mit Hilfe eines eigenen Speichers) nicht nur erlaubt, sondern fordert. Aber ohne eine Kultur der Anregung wäre auch eine Natur der Anlagen kaum überlebensfähig (wie die Beispiele der „Wolfskinder" zeigen). Intentionale Erziehung qua Unterricht ist ein wichtiger Teil dieser Kultur der Anregung. Sie verändert die Umwelt von Menschen planmäßig – mit der Absicht einer zeitsparenden Anpassungsoptimierung durch intendierte Lernprozesse anzuregen. Indem man von den Erfahrungen Anderer lernt, spart man die Zeit, diese selbst und all ihre Fehler und Umwege zu machen, und man kann sich auf bewährtes evolutionär auf seine Nützlichkeit schon getestetes Wissen beschränken.

Der lernende Mensch wird hier also mit einer Art natürlichem Appetenzverhalten beschrieben, der (vor allem während der Kindheit und der Jugend – bis etwa zum 20. Lebensjahr) durch eine aktive Suchbewegung nach situativen Differenzerfahrungen charakterisiert werden kann, die als Auslöser für Lernprozesse (durch Selbständerungen) fungieren und das offene Programm „auffüllen" und verändern können. Die Vielzahl der einstürmenden Auslösereize macht allerdings eine rigide *Vorselektion* notwendig. Ihre Filter sind teilweise angeboren, teilweise kulturell bestimmt und teilweise individuell erworben (vgl. TREML 2004, S. 117ff.; VOLAND 2005). Schon von Natur aus bringen wir eine Reihe von (angeborenen) Relevanzvermutungen mit, die unsere Aufmerksamkeit steuern und die Umwelt permanent danach aussuchen und die aufgenommenen Reize selbstorganisiert weiterverarbeiten. Willkürliche Variationsangebote (qua Differenzerfahrungen) zu machen, würde in Anbetracht der internen Relevanzfilter und der Vielzahl konkurrierender Reize auf Dauer wenig erfolgreich sein. Einfach nur „herumzuprobieren" – egal was – und dann sehen, was dabei herauskommt, würde den Selektionsvorteil intentionaler Erziehung, auf den die Stabilisierung von Unterricht gründet, wieder verspielen. Um Lehren erfolgreich zu machen – oder besser gesagt: um ihren unwahrscheinlichen Erfolg wahrscheinlich zu machen – bedarf es deshalb eine Reihe weiterer Bedingungen.

4

Um diesen Bedingungen auf die Spur zu kommen, ist es zweckmäßig, neben der Naturgeschichte des Menschen auch seine Kulturgeschichte in den Blick zu nehmen und als Evolution zu interpretieren. Was möglich und was nicht möglich ist, haben viele Erzehergenerationen in einem viele Tausend Jahre langen Prozess immer wieder ausprobiert. Aus dem Bereich der vielen Variationen kristallisiert sich (im Rückblick) eine wiederkehrende Struktur von Bedingungen, die nicht nur selektiert, sondern (als Organisation und Institution, also qua soziales System) stabilisiert wurde. Wenn man diese kulturgeschichtlich stabilisierten Strukturen von Unterricht und Lehre mit den in der Naturgeschichte erfolgreich stabilisierten Formen der Adaptionen vergleicht, wird man viele Übereinstimmungen entdecken.

Wenn man diese Bedingungen entlang der wichtigsten Sinndimensionen menschlichen Erlebens ordnet, kann man sie mit folgenden Stichworten beschreiben: „räumliche Begrenzung", „Wiederholung", „Interaktion unter Anwesenden", „Themenselektion":

- *Raumdimension*: „räumliche Begrenzung". Begrenzung des Raumes (z.B. in Form von Unterrichtsräumen, von Schulen, Kindergärten usw.) verkleinert die Möglichkeit der sinnlichen Wahrnehmung von Vielem und vergrößert die Konzentration auf Weniges. Pädagogik greift hier auf eine evolutionäre Strategie zurück, die schon auf der Ebene der biologischen Evolution beobachtbar ist und dort zur Entstehung neuer Arten führte: der „geographischen Isolation" (vgl. FUTUYMA 1990, S. 268ff.; MAYR 1991). Geographische Isolation wurde schon von Darwin auf den Galapagos-Inseln beobachtet und nach seiner Weltreise theoretisch reformuliert (vgl. DESMOND/MOORE 1995, S. 253, S. 264, S. 363, passim). Er erkannte, dass geringfügige und unwahrscheinliche Unterschiede so wahrscheinlich werden, weil sie unter Bedingungen der für insuläre Umweltbedingungen charakteristischen herabgesetzten Konkurrenzbedingungen selektiert und stabilisiert werden können. Allerdings geht es in der Pädagogik nicht um einen (temporären) Stopp des „Genflusses" (wie in der organischen Evolution), sondern um einen (temporären) Stopp des „Memflusses". Durch räumliche Begrenzung werden die Möglichkeiten von Differenzerfahrungen für ein Individuum eingeschränkt und die Konkurrenz anderer Reize verkleinert, so dass eine (allopatrische) „Pseudospeziation" – hier z.B.: eine neue Art zu denken – entstehen kann (vgl. TREML 2005). Die Erweiterung der schon vorhandenen Lernkapazitäten vollzieht sich also durch Einschränkung der Autopoiese des Lernenden. Nur so kann das soziale System Unterricht selektiv auf den Überschuss an Möglichkeiten („pool of variety") zurückgreifen, den der Schüler als Person präsentiert (vgl. LUHMANN 1981b, S. 43f.).

- *Zeitdimension*: „Wiederholung". Wiederholungen der Differenzerfahrungen duplizieren die Selektionsofferte und vergrößern damit die Chance der Wahrnehmung, der zerebralen Weiterarbeitung und der Festigung in einem Beobachters (hier des Schülers). Die hirnphysiologischen Abläufe sind inzwischen recht gut erforscht: Die Struktur der Nervenzellen ist im Prinzip träge und nimmt Neues nur langsam auf, sonst wäre das Gehirn schnell reizüberflutet. Durch Wiederholung (oder durch emotional eindringliche Impulse) wird dies natürliche Trägheit überwunden und durch die Verstärkung der neuronalen Muster die Reizschwelle gesenkt, bei der sie (durch Erinnerung) wieder aktiviert werden können, und die „Leitfähigkeit" an ihren Kontaktstellen verbessert. Wiederholungen dienen dabei nicht nur der externen Informationsaufnahme, sondern auch besseren internen Verarbeitung des Gelernten und der Überführung in Wissen – denn schließlich ist beim Menschen über 90% des Cortexvolumens mit der internen Verarbeitung und nur 10% mit der Informationsaufnahme beschäftigt (vgl. STORCH et al 2001, S. 375).
Aus systemtheoretischer Sicht lässt sich das Problem, um das es hier geht, so beschreiben: Unterricht (wie Erziehung allgemein) ereignet sich in Form eines sozialen Systems, das in Form von *Kommunikation* prozessiert; ein Schüler jedoch ist ein psychisches System, das seine (geistige) Autopoiesis über *Bewusstsein* erhält (vgl. LUHMANN 2004, S. 111ff.). Entscheidend ist also die Kontaktstelle zwischen Kommunikation und Bewusstsein. Die Überwindung dieser Engstellung durch Aufmerksamkeit ist ein knappes Gut und wird nicht selten verfehlt. Deshalb wiederholen Wiederholun-

gen auch die Chance, die man hat, wenn der Lehrer lehrt, genau dies zu lernen. Das schließt allerdings nicht aus, dass das Gehirn auch unbewusst lernt; Gewohnheiten bedürfen nicht des Bewusstseins, aber der Wiederholung.
Wiederholungen können absichtlich (etwa durch Übung) oder unabsichtlich (etwa durch Schlaf) ablaufen. Neuere Schlafforschungen konnten die Vermutung bestätigen, dass durch Wiederholungen (auch jene, die im Schlaf ablaufen) hirnphysiologische Muster verstärkt werden und das Gelernte vom Kurzzeit- in das Langzeitgedächtnis verlagert wird. Die Überführung von Selektion (kurzfristiges Lernen) in Stabilisierung (und damit in langfristige Erziehung) kann im Schlaf unter Idealbedingungen – abgeschirmt von externen Reizen – durch Wiederholungen verstärkt werden. Im Schlaf findet aber nicht nur eine Überführung vom Kurz- in das Langzeitgedächtnis statt, sondern auch die An- bzw. Einpassung des neu Erlernten an bzw. in das schon vorhandene Wissensrepertoire und damit seine Konsolidierung (vgl. BIRBAUMER/SCHMIDT 1999, S. 556f.; WANDTNER 2004).

- *Sozialdimension*: „Interaktion unter Anwesenden". Die Tatsache, dass Unterrichtsprozesse immer noch überwiegend unter Bedingungen der Interaktion unter (körperlich) Anwesenden ablaufen, dürfte – so meine Vermutung – mit unserer hochentwickelten Fähigkeit zur „Signalselektion" insb. im Bereich der „sozialen Intelligenz" zusammenhängen. Nicht nur auf Tiere, sondern auch auf Menschen wirkt seit Jahrmillionen ein evolutionärer Selektionsdruck in Richtung: Erkennung ehrlicher Signale (vgl. ZAHAVI 1998) – insb. unter Bedingungen von Konkurrenzsituationen (vgl. SALWICZEK 2001, S. 96). Unterricht ist für die beteiligten Schüler eine (solche) permanente Konkurrenzsituation. Das Erkennen ehrlicher Signale setzt eine Interaktion unter Anwesende voraus, denn nur dann sind die Signale unmittelbar sinnlich wahrnehmbar und auf dem Hintergrund einer „theory of mind" (vgl. BUSS 2004, S. 504ff.), bei der das Verhalten eines Anderen und seine Absichten durch ein geistiges Hineinversetzen in ihn antizipiert werden kann, entschlüsselbar.
Ob die vom Lehrer ausgesandten Signale vertrauenswürdig sind oder nicht, kann der Schüler unter Bedingungen der gleichzeitigen Anwesenheit am besten beurteilen, denn dann kann er nicht nur die „vokale Ausdruckformen" (durch Sprache), sondern auch die „mimetische Ausdruckformen" (durch Gesichtssprache) und die „akustische Ausdruckformen" (durch wortlose Lautsprache) wahrnehmen und entschlüsseln (vgl. STORCH et al 2001, S. 377 ff.). Wie wichtig diese Bereiche sind, wird auch deutlich, wenn wir uns vor Augen führen, dass das eidetische Gedächtnis entwicklungsgeschichtlich die älteste Primärform der menschlichen Gedächtnisbildung ist, und das ist auch nicht verwunderlich, wenn man bedenkt, dass bei Tieren jede Erfahrungsübertragung an die Anwesenheit des Objekts gebunden ist, über das Informationen ausgetauscht werden (vgl. KLIX 1993, S. 96).
Immer noch lohnt es sich, wenn man den evolutionären Imperativ befolgt: „Beobachte den Erfolgreichen!", und es sind Lehrer, die symbolisch das Erfolgreiche personalisieren. Pädagogische Medien, die Selektionsübertragungen wahrscheinlicher machen, wie „Wahrheit", „Macht", „Liebe", „Humor" (vgl. TREML 2000, S. 183ff.), aber auch die Wahrnehmung emotional eindringlicher Impulse, bedürfen, damit sie wirken, auch heute noch der Interaktion unter Anwesenden.

- *Sachdimension*: „Themenselektion". Zeigen und Sagen sind die beiden Grundformen didaktischen Handelns (vgl. TREML 2000, S. 86ff.). Sowohl am „Zeigen" (i.S. von „vorzeigen" und „hin-zeigen") als auch am „Sagen" (i.S. von „kommunizieren") lässt sich der Modus des sinnhaften Prozessierens veranschaulichen, an dem Lehrer und Schüler im Unterricht gleichermaßen partizipieren. Sinn als Simultanrepräsentation von Thema und Horizont (von dem sich das Thema abgegrenzt) bedarf der Auszeichnung einer Seite der Unterscheidung (als „Thema"). Weil man jederzeit wieder auf die andere Seite (das Nichtgezeigte, das Nichtthematisierte) springen kann, läuft man Gefahr, dass die Elemente (des Zeigens und Sagens), die in dem Augenblick wieder zerfallen, da sie auftauchen, beliebig, zufällig und chaotisch komponiert werden. Es bedarf deshalb der Themenselektion, um die verschiedenen Intentionen so gegenseitig zuzurechnen, dass durch Anschlussfähigkeit an weiteres Zeigen und Sagen die Kommunikation fortgesetzt werden kann. Unterricht bedarf deshalb der Vorentscheidung über dasjenige, auf das man zeigen – über das man kommunizieren will.

Die vier skizzierten (empirischen) Bedingungen der Möglichkeit von Unterricht können planmäßig organisiert und didaktisch komponiert werden. Diese Struktur ist eine Art „Vorselektion" für das, was im Unterricht möglich ist. Sie limitiert das Mögliche unter dem Gesichtspunkt der Erweiterung des Möglichen und macht so wahrscheinlich, dass unwahrscheinliche Lernprozesse durch Selbstinduktionen in Gang kommen. Der Lehrer ist ein Teil dieser Struktur, die als Vorselektion wirkt. Er ist weder der souveräne Agens, der Lernprozesse ex cathedra produziert, noch ist er nur eine „Quelle von Pertubationen" (wie das gelegentlich in der Systemtheoretischen Pädagogik behauptet wird). Lehrer sind Arrangeure und Mitspieler in einem evolutionären Spiel von Lehr- und Lernprozessen, dessen Verlauf – wie in einem strategischen Spiel üblich – wohl nicht determiniert, aber optimiert werden kann – nämlich durch ständige Korrektur selbstgeschaffener Anfangsbedingungen, die als „Vorselektionen" auf allen vier Sinndimensionen organisierbar sind.

„Vorselektionen" werden dabei durch „Nachselektionen" ergänzt, die in unterschiedliche Richtungen wirken: Zum Einen werden Variationsangebote der Umwelt (des Lehrers) auf der Basis des Vorwissens und der Vorgeschichte des Systems (des Schülers) von diesem selektiv selektiert (sprich: gelernt). Zum Andern werden Verhaltensänderungen von Schülern als Umweltvariationen vom Lehrer wahrgenommen und bewertet, also positiv oder negativ selektiert. Dabei wird der Code „richtig/falsch" durch Vergleich mit anderen Schülern sozialisiert und durch Vergleich mit der eigenen Lerngeschichte temporalisiert und in ein „besser/schlechter" überführt (vgl. LUHMANN 2004, S. 11ff.). Durch diese ständige Bewertung des Lehrers werden die Lernprozesse der Schüler auf das intendierte Lehrziele „gerichtet" bzw. „eingerichtet" – und deshalb sprich man zu Recht von „Unter-richt". Damit wird wahrscheinlich gemacht, dass auch die vom Lehrer intendierten (und nicht nur irgendwelche) Lernprozesse erreicht werden. Weil die Bewertung qua Selektion wie in der natürlichen Evolution asymmetrisch verläuft – nämlich von der Umwelt auf das System wirkt, und der Code des Unterrichtens („besser/schlechter") auch der Code der Evolution ist, der Unterricht aber i.a. nur symbolisch bewertet, kann man sagen: Unterricht simuliert Evolution unter herabgesetztem Risiko zu scheitern (vgl. SCHEUNPFLUG 2001).

Aus dieser Perspektive entpuppt sich auch für Erziehung der Zusammenhang von Absicht und Zufall, von bewusster Planung und latenter Funktion, als ein evolutionärer: Planbar sind streng genommen immer nur Eigenveränderungen, also in diesem Falle kann der Lehrer die Umwelt der Umwelt der Schüler verändern (also sich selbst, sein eigenes Handeln, die Tafelanschrift, das Schulbuch, das Thema ...) und damit diesen ein

Variationsangebot für Differenzerfahrungen machen. Der Schüler ist Umwelt für den Lehrer und kann als autopoietisches System (anabolisch) nicht (direkt) planmäßig verändert werden, denn auch er kann sich nur selbst ändern. Erziehung und Unterricht ist also immer nur bestenfalls Auslösung einer Selbständerung. Diese Auslösung kann durch den Lehrer dadurch wahrscheinlich gemacht werden, dass er die Bedingungen (also Strukturen) verändert, unter denen Schüler (selbst) lernen – und er wird dabei in der Regel jene Voraussetzungen (qua Vorselektion) herstellen, die oben beschrieben worden sind. „In der Regel" heißt: es gibt Ausnahmen. Unterricht kann unter Umständen auch ohne räumliche Isolierung, ohne Wiederholung, nichtinteraktiv (z.B. im Fernstudium) und vielleicht sogar ohne Thema auskommen. Offenbar sind diese „Ausnahmen" allerdings im großen und ganzen nicht so erfolgreich, denn sie konnten sich nicht als dominante Struktur stabilisieren.

Durch die Struktur des Unterrichts wird der Zufall gebändigt, der auch den Zusammenhang von Lehren und Lernen beherrscht. Wenn der Schüler lernt, was der Lehrer lehrt, dann ist der Erfolg, obwohl beides – Lehren und Lernen je für sich genommen durchaus kausal attribuierbar ist – gleichwohl in dem Sinne zufällig, dass er nicht kausal determiniert werden kann. Das ist letztlich die Einbettung der traditionell teleologischen (zielbezogenen) Denkens in eine teleonome (funktionalistische) Sichtweise, wie sie in der Biologie üblich ist. Diese führt Zweckmäßigkeiten alleine auf die Funktion zurück. Bewusste Zwecksetzungen, wie sie in der Pädagogik üblich sind, sind keine notwendige Bedingungen für die Existenz zielgerichtet ablaufender Prozesse (vgl. HASSENSTEIN 1981; LUHMANN 1981a; MAYR 1991, S. 51ff.).

Zwischen System (Schüler) und Umwelt (Lehrer) besteht, wie bei allen komplexen System-Umwelt-Referenzen, eine „lose Koppelung". Das schließt eine zentrale, hierarchische Steuerung – sei sie interner oder externer Art, durch eine strenge Kausalität aus. Eine lose Koppelung macht Lernprozesse, obwohl nicht ursachenlos, zufällig wahrscheinlich – man könnte hier deshalb vom „gebändigten Zufall" sprechen –, indem sie eine weiche Einpassung von Systeme in ihre Umwelt nach Maßgabe ihrer eigenen Lerngeschichte und ihrer eigenen Systemoperationen erlaubt. Eine ausschließlich äußere Determinierung (z.B. durch einen Lehrer) wäre genauso wie eine ausschließlich innere Determinierung (z.B. durch ein genetisches Programm) gleichermaßen dysfunktional, weil sie eine starres Programm mit dem Zwang zur Allwissenheit und Allmacht belastet. In einer immer opaken und komplexeren Umwelt ist Allwissenheit und Allmacht aber nicht möglich, sondern immer nur ein Handeln unter Bedingungen des Risikos zu scheitern. Allerdings wird dieses Risiko begrenzt und unter Umständen sogar beherrschbar durch Lernen – und durch Lehren.

Wenn wir in Gedanken einen Schritt zurücktreten und das Ergebnis dieser kleinen Studie uns vor Augen halten, fällt auf, dass die Einarbeitung empirischer Erkenntnisse der modernen Evolutionsforschung (einschließlich Hirnforschung) die Strukturen der praktischen Pädagogik, unter denen seit Jahrtausenden Lehre organisiert und praktiziert wird, nicht widerlegt, sondern empirisch unterfüttert und präzisiert hat. Aber wie könnte es auch anders sein? Erzieher können nicht warten, bis Hirnforscher geklärt haben, wie Erziehung funktioniert. Sie fangen immer wieder an und stützen sich dabei auf Erfahrungen vieler vorausgehender Generationen von Erziehern und Lehrern, tasten die Spielräume immer wieder neu aus, variieren diese Vorschläge, pendeln zwischen den Polen der Tradition hin und her.

Evolutionsforschung kann die empirischen Bedingungen von Lehr- und Lernprozessen im Kontext der Evolution aufklären. Sie wird dabei immer wieder an die Erfahrungsgrenzen der praktischen Pädagogik stoßen, die in vielen Jahrtausenden Kulturgeschichte die Möglichkeiten und Grenzen pädagogischer Beeinflussung in einem großangelegten evolutionären Versuch praktisch getestet hat. Wenn wir die gesammelten Erfahrungen der pädagogischen Praktiker, die in pädagogischen Strukturen stabilisiert und tradiert worden sind, nicht vergessen, sondern sie erforschen und analysieren, brauchen wir Pädagogen auch gegenüber den derzeit so hoch angesehenen Hirnforschern nicht in eine Denkstarre zu verfallen (und von ihnen die Lösung aller unserer Problem erhoffen), sondern selbstbewusst den Schatz der eigenen Erkenntnisse heben und bewahren. Der bekannte Hirnforschung Wolf Singer hat deshalb auf die Frage eines Interviewers, wie denn das Schulsystem aussehen soll (das durch Lehren das Lernen verbessert) zu Recht geantwortet: „Das weiß der Hirnforscher weit weniger als der erfahrene Pädagoge" (SINGER 2004, S. 41).

Literatur

AUGUSTINUS, A. (1974): De magistro (Der Lehrer). Übertragen von C.J. Perl. – Paderborn.
BIRBAUMER, N./SCHMIDT, R. F. (1999): Biologische Psychologie. – Berlin.
BUSS, D.M. (2004): Evolutionäre Psychologie. – München.
DESMOND, A./MOORE, J. (1995): Darwin. – München.
DOBZHANSKY, T. (1968): Ein Beitrag zur genetischen Basis der Quanten-Evolution. In: KURTH, G. (Hrsg.): Evolution und Hominisation. – Stuttgart.
EIBL-EIBESFELDT, I. (1986): Die Biologie des menschlichen Verhaltens. Grundriss der Humanethologie. – München.
ESSLER, W.K. (1972): Analytische Philosophie I. – Stuttgart.
FUTUYMA, D.J. (1990): Evolutionsbiologie. – Basel.
HASSENSTEIN, B. (1972): Bedingungen für Lernprozesse – teleonomisch gesehen. In: Nova acta Leopoldina 206, Abhandlungen der Dt. Akademie der Naturforscher, Bd. 371. – Halle/S., S. 289-320.
HASSENSTEIN, B. (1981): Biologische Teleonomie. In: Neue Hefte für Philosophie, H. 20, S. 60-71.
HESCHL, A. (1998): Das intelligente Genom. – Berlin.
KLIX, F. (1993): Erwachendes Denken. Geistige Leistungen aus evolutionspsychologischer Sicht. – Heidelberg.
LEIBNIZ, G.W. (1958): Die Hauptwerke. Zusammengefasst und übertragen von G. Krüger. – Stuttgart.
LENZ, M. (2005): Die Diskussion über Anlage und Umwelt in der bundesdeutschen Erziehungswissenschaft aus diskursanalytischer Perspektive (Manuskript). – Bielefeld.
LUHMANN, N. (1981a): Selbstreferenz in Teleologie in gesellschaftlicher Perspektive. In: Neue Hefte für Philosophie, H. 20, S. 1-30.
LUHMANN, N. (1981b): Wie ist Erziehung möglich? Eine wissenschaftssoziologische Analyse der Erziehungswissenschaft. In: Zeitschrift für Soziologie der Erziehung und Sozialisation, H. 1, S. 37-54.
LUHMANN, N. (1994/95): Das Risiko der Kausalität. In: Zeitschrift für Wissenschaftsforschung, Band 9/10, S. 107-120.
LUHMANN, N. (2000): Organisation und Entscheidung. – Wiesbaden.
LUHMANN, N. (2004): Schriften zur Pädagogik. Hg. von D. Lenzen. – Frankfurt a.M.
LUHMANN, N./SCHORR, K.-E. (1979): Das Technologiedefizit der Erziehung und die Pädagogik. In: Zeitschrift für Pädagogik, 25. Jg., H. 3, S. 246-365.
MAYR, E. (1991): Eine neue Philosophie der Biologie. – München.
ROTH, G. (2000): Warum ist Einsicht schwer zu vermitteln und schwer zu befolgen? Neue Erkenntnisse aus Hirnforschung und Kognitionswissenschaften. In: EU – Ethik und Unterricht, H. 4, S. 17-21.
SCHEUNPFLUG, A. (2001): Evolutionäre Didaktik. Unterricht aus evolutions- und systemtheoretischer Perspektive. – Weinheim.

SINGER, W. (2004): Das Gehirn ist ein wunderbares Organ. Wie im Kopf aus dem Zusammenspiel von hundert Milliarden Nervenzellen ein Bild von der Welt und von uns selbst entsteht: Ein Gespräch mit Wolf Singer. In: Frankfurter Allgemeine Zeitung, Nr. 276 vom 25. 11. 2004, S. 40f.

STORCH, V./WELSCH, U./WINK, M. (2001): Evolutionsbiologie. – Berlin.

TENORTH, H.-E. (2003): „Wie ist Erziehung möglich?" Einige Antworten – und die Perspektive der Erziehungswissenschaft. In: Zeitschrift für Pädagogik, 48. Jg., H. 3, S. 422-430.

THOMAS VON AQUIN (1988): Über den Lehrer (De magistro). Lateinisch – deutsch, hg. von G. JÜSSEN. – Hamburg.

TREML, A.K. (2000): Allgemeine Pädagogik. Grundlagen, Handlungsfelder, Perspektiven der Erziehung. – Stuttgart.

TREML, A.K. (2002): Evolutionäre Pädagogik. Umrisse eines Paradigmenwechsels. In: ZfPäd, 48. Jg., H. 5, S. 652-660.

TREML, A.K. (2004): Evolutionäre Pädagogik. Eine Einführung. – Stuttgart.

TREML, A.K. (2005): Die pädagogische Höhle. Raumbegrenzung als pädagogisches und ethisches Problem. In: EU – Ethik und Unterricht, H. 2, S. 3-9.

VOLAND, E. (2004): Investition, Manipulation, Delegation – Soziobiologische Hintergründe dreier Kennzeichen des menschlichen Erziehungsverhaltens. In: TREML, A.K. (Hrsg.): Das Alte und das Neue. Erziehung in evolutionstheoretischer Perspektive. Beiträge zur Evolutionären Pädagogik, Bd. 1, S. 9-30.

VOLAND, E. (2005): Lernen – Die Grundlegung der Pädagogik in evolutionärer Charakterisierung. In diesem Heft a.a.O.

VOLAND, E./VOLAND, R. (2002): Erziehung in einer biologische determinierten Welt – Herausforderung für die Theoriebildung einer evolutionären Pädagogik aus biologischer Perspektive. In: Zeitschrift für Pädagogik, 48. Jg., H. 5, S. 690-706.

WANDTNER, R. (2004): Kein Stillstand im Gehirn. Wie Schlaf zur Einsicht und Jonglieren zu grauer Substanz verhilft. In: Frankfurter Allgemeine Zeitung, 22.01.2004, S. 38.

ZAHAVI, A. (1998): Signale der Verständigung. Das Handicap-Prinzip. – Frankfurt a.M.

Anschrift des Verfassers: Prof. Dr. Alfred K. Treml, Universität der Bundeswehr, Fachbereich Pädagogik, 22008 Hamburg, E-Mail: alfred.treml@hsuhh.de

Nicole Becker

Von der Hirnforschung lernen?

Ansichten über die pädagogische Relevanz
neurowissenschaftlicher Erkenntnisse

Zusammenfassung
Das Verhältnis von Neurowissenschaften und Pädagogik ist in der jüngsten Vergangenheit an verschiedenen Stellen intensiv diskutiert worden. Zentral war dabei stets die Frage, welchen Erkenntnisgewinn die Erziehungswissenschaft aus dem aktuellen Forschungsstand der Neurowissenschaften ziehen kann und ob sich daraus Implikationen für die pädagogische Praxis ergeben. Während insbesondere im Rahmen der Medienberichterstattung durchweg die große pädagogische Relevanz neurobiologischer Befunde betont wird, stellt sich die Diskussion innerhalb der Erziehungswissenschaft ungleich heterogener dar.
Der vorliegende Artikel liefert eine kritische Bestandsaufnahme der besherigen Diskussionen und Rezeptionsansätze und nimmt dabei Bezug auf wissenschaftstheoretische Überlegungen zum Problem der Ableitung von Lehrmethoden aus Studien zu Lern- und Gedächtnisvorgängen. Ein Blick auf die internationale Debatte verdeutlicht darüber hinaus den Sonderstatus der hiesigen Verwendungsdiskussion.

Schlüsselbegriffe: Rezeptionsforschung; Beziehung Neurowissenschaft/Erziehungswissenschaft; englischsprachiger Diskurs; Medien

Summary
Learning from Brain Research? Views on the pedagogic relevance of neuroscientific insights
Bioscientific knowledge is referred to in pedagogic media, in public media and indeed in scientific debates within education. This contribution will start out with a presentation of the way journalists and brain-researchers discuss the pedagogic relevance of neuroscientific research, what conclusions they draw and which studies they refer to. Following this, the reception given by education science to such research in German discourses will be sketched. The focus will be on the question of which findings are referred to and which conclusions are drawn for educational theories and pedagogic practice. In the third section, the discourse on the relevance of brain research for teaching and learning in Anglo-American debates will be presented. The paper will conclude with a personal evaluation of the relevance of neuroscientific findings and research methods for education science.

Keywords: reception-research; relationship neuroscience/ecucation science; English-language discourse; media

Eine Rezeption biowissenschaftlicher Erkenntnisse durch die deutsche Erziehungswissenschaft findet nur vereinzelt statt: Es gibt keine „Biologische Erziehungswissenschaft", die sich – analog zur „Biologischen Psychologie" – um eine fortwährende Integration biologischer Erkenntnisse in die eigene Theoriebildung und Forschung bemühen würde. Selbst die „Pädagogische Anthropologie", der man diese Aufgabe innerhalb der Erziehungswissenschaft am ehesten zuschreiben würde, verfolgt und integriert biowissenschaftliche Debatten und Erkenntnisse nur sporadisch (vgl. MILLER-KIPP 1998b, S. 77ff.; BRUMLIK 1999, S. 205; HERZOG 1999, S. 98ff.; RITTELMEYER 2002, S. 13f.).

Befürworter einer stärkeren Rezeption üben allerdings zunehmend Kritik an der ‚antibiologischen Einstellung des erziehungswissenschaftlichen Betriebes' (vgl. RITTELMEYER 2002, S. 16). Sie vertreten die Ansicht, dass es sich die Erziehungswissenschaft nicht leisten könne, die Wissensbestände der aktuell sehr erfolgreichen und populären Biowissenschaften zu ignorieren, weil sie damit Gefahr laufe, den Anschluss an interdisziplinär bedeutsame Diskurse zu verlieren und ohnehin existierende Legitimationskrisen zu verschärfen (vgl. z.B. MILLER-KIPP 1992, S. 11; dies. 1998a, S. 210; FREY 1999, S. 267; LIEGLE 2002, S. 11 ff.; SCHEUNPFLUG 2001a, S. 9).

In der jüngsten Vergangenheit sind insbesondere die Erkenntnisse der modernen Hirnforschung ins Blickfeld von Erziehungswissenschaftlern geraten. Zwar finden sich bereits in den 1990er-Jahren vereinzelt Publikationen, in denen neurobiologische Voraussetzungen von Bildung und Erziehung diskutiert werden, doch innerhalb der vergangenen vier Jahre hat die Anzahl einschlägiger Veröffentlichungen deutlich zugenommen. Auffällig ist dabei die Veränderung des thematischen Focus: Statt eine „Biologie des Geistes" (vgl. MILLER-KIPP 1992) als Versuch einer bildungstheoretischen Deutung (neuro-)biologischer Modelle zu entwickeln, bemüht sich ein Großteil der Autoren aktuell um eine lerntheoretische oder auch didaktische Nutzung neurowissenschaftlicher Erkenntnisse.

Auf den ersten Blick mag diese Entwicklung wie eine Reaktion auf die populären Feuilletondebatten über die pädagogische Relevanz der Hirnforschung erscheinen, denn in den öffentlichen „Nach-PISA"-Debatten kamen neben Bildungsforschern und Politikern vielerorts auch Hirnforscher zu Wort. Und deren Überzeugung war, dass man weiteren Bildungsmiseren nur dann vorbeugen könne, wenn die Pädagogik schleunigst von der Hirnforschung lerne; denn schließlich sei sie *die* Wissenschaft vom Lernen: „Lernen ist Gegenstand der Gehirnforschung; daher wird ein Lehrer, der weiß, wie das Gehirn funktioniert, besser lehren können." (SPITZER 2003b)

Auf den zweiten Blick stellen sich die beiden Diskurssparten jedoch eher als „Parallelwelten" ohne überzeugende Verweisungszusammenhänge dar: Hier und dort greift zwar ein Erziehungswissenschaftler die aktuellen Mediendiskurse auf, um der Bedeutung einer pädagogischen Aufarbeitung neurowissenschaftlicher Studien Nachdruck zu verleihen, die konkreten Behauptungen der Hirnforscher bleiben aber ungeprüft. Und Hirnforscher, die Rezeptionsbemühungen von Seiten der Erziehungswissenschaft zur Kenntnis nehmen oder kritisch diskutieren, sucht man ebenso vergeblich, wie solche, die konstruktive Vorschläge für eine transdisziplinäre Forschung formulieren.

Im Folgenden möchte ich die aktuellen Diskussionen zum Verhältnis von Hirnforschung und Pädagogik in vier Schritten darstellen. Zunächst soll ein Blick auf die Entwicklung des Mediendiskurses geworfen werden. Dabei ist insbesondere von Bedeutung, auf welche Weise Journalisten und Hirnforscher die pädagogische Relevanz neurowissenschaftlicher Erkenntnisse diskutieren, zu welchen Schlüssen sie gelangen und auf welche Studien sie dabei verweisen. In einem nächsten Schritt wird die bisherige Rezeption von Seiten der Erziehungswissenschaft im deutschsprachigen Raum dargestellt. Im Mittelpunkt steht dabei die Frage, auf welche Erkenntnisse rekurriert wird und welche Schlussfolgerungen für die erziehungswissenschaftliche Theorie und die pädagogische Praxis gezogen werden. In einem dritten Schritt werde ich darstellen, wie die Relevanz, insbesondere neurowissenschaftlicher Forschungsmethoden, für die Lehr-Lern-Forschung im anglo-amerikanischen Ausland diskutiert wird um schließlich, basierend auf den vorangegangenen Analysen, zu einer eigenen Einschätzung der erziehungswissenschaftlichen Relevanz neurowissenschaftlicher Erkenntnisse und Forschungsmethoden zu gelangen.[1]

1 Diskurse in den Printmedien: Neurowissenschaftliche Entwicklungshilfe nach PISA

Bereits seit Mitte der 1990er-Jahre gibt es vereinzelt Versuche, Pädagogik und Hirnforschung thematisch zusammen zu führen (vgl. MIKETTA 1996; MILTNER 1997). Die Medienberichterstattung konzentrierte sich zunächst auf die Relevanz neurowissenschaftlicher Erkenntnisse für die frühkindliche und vorschulische Förderung und plädierte mithilfe von Schlagworten wie „sensible Phasen", „Entwicklungsfenster" oder auch „Synapsenförderung" für eine frühe, pädagogisch wertvolle Stimulation der Hirnentwicklung durch Eltern und professionelle Pädagogen (vgl. ebd.; ESSER 2000; EBERLE 2000; ELSCHENBORICH 2000).

Auf genuin neurowissenschaftliche Erkenntnisse wurde dabei selten verwiesen: Gelegentlich wurden Deprivationsexperimente angeführt, die belegen, dass sich insbesondere das visuelle System ohne Umweltstimulation nicht funktional entwickelt, sehr viel häufiger hieß es lediglich, dass Neurowissenschaften und Säuglingsforschung die Bedeutung der ersten Lebensjahre für die Hirnentwicklung durch viele Studien bestätigten (vgl. ebd.). Das altbekannte „Hänschen-Argument" (vgl. PASCHEN 1988) erlebte im Mediendiskurs eine Neuauflage; neuartige Erkenntnisse konnten allerdings nicht hinzugefügt werden.

Möglicherweise ist dies einer der Gründe dafür, dass die deutschsprachige Debatte, vergleichen mit der Entwicklung innerhalb der USA, relativ kraftlos wirkt und die programmatischen Aufforderungen zu einer besseren Familienpolitik keinerlei erkennbare Resonanz erzeugten (vgl. BRUER 2000; BECKER 2002).

Ungleich lebhafter verlief die Debatte über die schulpädagogische Relevanz neurowissenschaftlicher Erkenntnisse. Betrachtet man die Entwicklung der Mediendiskurse seit dem Jahr 2000, so fällt auf, dass die Diskussion um die Implikationen der Hirnforschung für die vorschulische Erziehung innerhalb der vergangenen drei Jahre beinahe vollständig von dem Themenkomplex „Hirnforschung und Schule" zurückgedrängt wurde (vgl. Tabelle 1). Ich interpretiere diese Entwicklung als eine Folge der intensiven Debatte, die durch die Veröffentlichung der PISA-Studie ausgelöst wurde.

Der folgenden Analyse liegt eine Auswertung von insgesamt 37 Artikeln aus dem Jahren 2000 bis 2004 zugrunde. Die Archive der Zeitungen und Wochenmagazine „Frankfurter Allgemeine Zeitung" (FAZ), „Frankfurter Rundschau" (FR), „Süddeutsche Zeitung", „Die Tageszeitung" (taz), „Die Zeit", „Der Spiegel", „Focus" und „Stern" wurden nach den Schlagwörtern Hirnforschung[2] UND Schule, Hirnforschung UND Pädagogik sowie Hirnforschung UND Erziehung gesichtet.

Thematisch lassen sich die Artikel entweder dem Komplex „Vorschulische Erziehung" (VE) – häufig verbunden mit Forderungen nach besserer Frühförderung – oder dem Komplex „Hirnforschung und Schule" (HuS) – immer verbunden mit dem Gedanken der Nutzung neurowissenschaftlicher Erkenntnisse im Schulalltag – zuordnen. Bei der Analyse wurden zwischen folgenden Artikelarten unterschieden:

Tabelle 1:

Jahr	Publikationsorgan	Anzahl	Thema	Artikelart
2000	FAZ	1	VE	J
	Die Zeit	1	HuS	I (Sejnowski)
	Focus	1	VE	J
2001	taz	2	VE	J
			VE	J
	Die Zeit	2	VE	J
			VE	J (kritisch)
	Focus	1	HuS	IV (Pöppel)
2002	taz	2	VE	J
			HuS	IV (Braun)
	Focus	3	HuS	J
			HuS	J
			HuS	JZit (Scheich)
	Der Spiegel	2	HuS	JZit
			HuS	I (Scheich)
	Die Zeit	2	VE	J
			HuS	J
2003	FAZ	3	HuS	J
			HuS	JZit (Singer)
			HuS	J
	FR	4	HuS	AHf (Spitzer)
			HuS	AHf (Hüther)
			HuS	ABf (Herrmann)
	Süddeutsche Zeitung		HuS	JZit (Stern) (kritisch)
			HuS	JZit (Roth)
	Die Zeit	2	HuS	J
		5	HuS	J kritisch (1)
			HuS	AHf 2 – Reaktion auf 1 (Scheich)
			HuS	AHf 2 – Reaktion auf 1 (Spitzer)
			HuS	ABf – Reaktion auf 2 (Stern)
			HuS	ABf – Reaktion auf 1 (Friedrich)
	Der Spiegel	1	VE	J
2004	FAZ	2	HuS	J
			HuS	JZit (Stern) (kritisch)
	Die Zeit	1	HuS	I (Streitgespräch Stern-Spitzer)
	Stern	1	HuS	J (Titel)
	Der Spiegel	1	HuS	JZit (Spitzer)

Gesamt = 37, davon VE = 9, HuS = 28

(J) Artikel/Berichte/Essays, die von Journalisten oder im wissenschaftsjournalistischen Stil verfasst wurden. Bei den Autoren handelt es sich weder um Hirnforscher noch um Erziehungswissenschaftler. Werden solche wörtlich zitiert, so wird dies kenntlich gemacht (JZit).
(AHf) Artikel, die von Hirnforschern verfasst wurden;
(ABf) Artikel, die von Bildungsforschern oder Erziehungswissenschaftlern verfasst wurden;
(I) Interviews mit Experten.

Bei der genaueren Betrachtung der Artikelarten und der jeweiligen Akteure ergibt sich folgendes Bild: Insgesamt liegen 25 von Journalisten verfasste Artikel vor, drei davon äußern sich kritisch zur Relevanz der Hirnforschung für die Pädagogik, einmal in Bezug auf Frühförderung, zweimal in Bezug auf Didaktik. In sieben Artikeln werden zur Stützung der Argumentation Zitate von Wissenschaftlern eingearbeitet, und es handelt sich dabei um die gleichen Personen, die teilweise auch im Rahmen von Interviews befragt werden. Als Hauptakteure treten, stellvertretend für die Hirnforschung, der Neurobiologe Henning Scheich (vgl. SCHEICH 2003; SIEFER 2002; DER SPIEGEL 01.07.2002) und der Psychiater Manfred Spitzer auf (vgl. SPITZER 2003a; ders. 2003b; STERN 04.09.2003; STERN 08.09.2004; KOCH 2004; KERSTAN/THADDEN 2004). Die Psychologin Elsbeth Stern vertritt mit kritischen Beiträgen in Form von Interviews und Artikeln im Alleingang die Bildungsforschung (vgl. STERN, E. 2003a, dies. 2003b; FRANKFURTER RUNDSCHAU 30.09.2003; KERSTAN/THADDEN 2004), während der Fachdidaktiker Gerhard Friedrich und der Erziehungswissenschaftler Ullrich Herrmann dem Grundtenor der anderen Beiträge in zwei eigenen Artikeln zustimmen, wenngleich sie das „neurodidaktische" Innovationspotential geringer einschätzen als Hirnforscher (vgl. HERRMANN 2003; FRIEDRICH 2003).

Welche Ansichten werde nun im einzelnen hinsichtlich der Relevanz der Hirnforschung im Kontext schulpädagogischer Fragen vertreten? Unter Überschriften wie: „Training fürs Köpfchen. Wie Schulen lehren müssten" (DIE ZEIT 24/2000), „Intelligenzrisiko Schule" (TAZ 07.08.2001), „Die Chemie des Wissens. Wie funktioniert das Lernen?" (DER SPIEGEL 27/2002) oder „Medizin für die Pädagogik" (DIE ZEIT 39/2003) erfahren Leser etwas über den Zusammenhang zwischen Lernlust und Botenstoffen und über die Gründe für das Versagen deutscher Schüler im internationalen Vergleich (vgl. KLEIN 2000; THIMM 2002; SCHNABEL 2002; SACHSE 2002; SIEFER 2002; WOLSCHNER 2003; SCHEICH 2003; SPITZER 2003a, 2003b).

Das schlechte Abschneiden deutscher Schüler ist aus Sicht der Hirnforscher das Resultat einer Pädagogik, die gegenüber neurowissenschaftlichen Erkenntnissen über Lernvorgänge blind sei. Die Pädagogik habe bisher „ohne jegliche Daten und nur aufgrund von vagen Theorien die Schulen (...) mit ‚Reformen'" gesegnet, meint Spitzer und sie bedürfe dringend der neurowissenschaftlichen Entwicklungshilfe (SPITZER 2003a). Und auch der Neurobiologe Ernst Pöppel beschreibt die Erziehungswissenschaft als „rein geisteswissenschaftlich" ausgerichtete Disziplin, die „die Ergebnisse aus der Hirnforschung der vergangenen 20 Jahre [ignoriere, N. B.]. Mit welchen Folgen, das zeigen die Ergebnisse der PISA-Studie." (FOCUS 17.12.2001) Da die Pädagogik als Wissenschaftsdisziplin derart reaktionär sei, könne sie auch die Lehrer nicht mit „schulrelevanten Erkenntnissen" (SCHEICH 2003) aus der Neurobiologie ausstatten. Und solange Lehrer nicht wüssten, was sich beim Lernen im Gehirn abspiele, könnten sie ihr didaktisches Handeln nicht zielsicher danach ausrichten: „Wer von der Arbeitsweise des Gehirns nichts verstehe, hätte ‚keine Ahnung davon, wie Kinder am besten lernen', meint Scheich." (SCHNABEL 2002; vgl. auch SPITZER 2003b).

Den Neurowissenschaftlern schwebt eine Pädagogik vor, die sich an die „üblichen Standards der medizinischen Forschung" halte (SPITZER 2003a), denn nur „durch Wissenschaft wird (...) aus Meinungen und subjektiven Erfahrungen gesichertes Wissen und folgerichtiges Handeln" (ebd.). Aus diesem Grund könnten auch am ehesten die Neurowissenschaften darüber entscheiden, „welche der zahllosen psychologischen, pädagogischen und soziologischen Konzepte des Lernens für ein normal funktionierendes Gehirn sinnvoll sind und welche nicht" (SCHEICH 2003a). Spitzer hält es darüber hinaus für möglich, dass die Hirnforschung sowohl die Erziehungswissenschaft als auch die Fachdidaktik über kurz oder lang ersetzen könne, denn sie könne nicht nur wichtige Grundlagenforschung zum Lernen durchführen, sondern eigne sich auch am besten dazu, „anwendungsorientierte Forschung" zu betreiben (SPITZER 2003b; KERSTAN/THADDEN 2004).

Zu den vielen von Seiten der Neurowissenschaften bereits produzierten bedeutsamen Fakten, die in der Pädagogik noch immer nicht angekommen seien, gehöre beispielsweise die Rolle des internen Belohnungssystems beim Lernen (vgl. THIMM, S. 68ff.; KLEIN 2000; SCHNABEL 2002; DIE ZEIT 2002, Nr. 48, S. 36; WOLSCHNER 2003; JOX 2002; SIEFER 2002). In Versuchen mit Wüstenrennmäusen konnte Scheich nachweisen, dass die erfolgreiche Bewältigung eines Problems im Gehirn der Mäuse die Ausschüttung des Botenstoffes Dopamin bewirkt. Dopamin erzeuge Glücksgefühle und führe zu einem langfristigen Abspeichern des Lösungsweges. Die Mäuse in Scheichs Laborexperiment sollten lernen, dass es bei einem bestimmten akustischen Signal angezeigt war, die Käfigseite durch einen Sprung zu wechseln: Scheich paarte dieses bestimmte akustische Signal mit einem elektrischen Reiz auf jener Seite des Käfigs, die die Mäuse daraufhin verlassen sollten. Bei einem anderen akustischen Signal, bei dem das elektrische „Kribbeln" ausblieb, blieben die Mäuse hingegen sitzen. Nach Scheich sprächen diese Befunde nicht nur dafür, dass Mäuse Kategorien bilden könnten, darüber hinaus zeigten sie auch, dass das selbständige Herausfinden einer Lösung (durch den Sprung entgingen die Mäuse dem unangenehmen Kitzel) eine Dopaminausschütung bewirke, die wichtig für Gedächtnisbildung sei (vgl. SCHEICH 2003). Scheich glaubt, diese Mechanismen auch auf schulisches Lernen übertragen zu können, denn er ist davon überzeugt, „dass auch Menschen auf Lernerfolge mit Begeisterung reagieren: ‚Ein Kind lernt dann am besten, wenn es Aufgaben selbständig löst. Das Lustgefühl, das damit einhergeht, ist nachhaltiger als jede Belohnung von außen – anders, als viele Erziehungswissenschaftler meinen.'" (THIMM 2002, S. 69)

Neben der Bedeutung des Botenstoffes Dopamin sprechen Neurowissenschaftler vor allem über die Wichtigkeit einer positiven Lernatmosphäre. In der Pädagogik gäbe es zur „Rolle der Emotionen beim Lernen (...) keine einzige diesbezügliche Studie (...) . Wie gut, dass sich die Gehirnforschung gerade in jüngster Zeit dieser Frage angenommen und erste Ergebnisse vorzuweisen hat!" (SPITZER 2003a) Diese habe nämlich herausgefunden, dass Wörter, die in einem emotional positiven Kontext gelernt würden, im Hippocampus gespeichert würden, während ein negativer Kontext die Wörter direkt in den Mandelkern befördere, der einen ‚kreativen Umgang' mit Erlerntem blockiere (vgl. SPITZER 2003a). Erfolgreiches Lernen sollte und könne daher „nur bei bester Laune erfolgen" (ebd.; vgl. auch SPITZER 2003b.).

Auch die organisatorischen Rahmenbedingungen von Schule werden kritisiert: Lehrpläne, meint Scheich, seien „keine vernünftigen Konzepte', um individuelles Lerntempo zu steigern (...) . Dass 30 Kinder im gleichen Rhythmus etwas lernen, sei gehirnphysiologisch undenkbar." (WOLSCHNER 2003). Die Zeitstruktur des Unterrichtens müsse dringend geändert werden: Zum einen mache es keinen Sinn, Fächer nacheinander und im 45-Minuten-Takt zu unterrichten, vielmehr sollten ähnliche Fächer zusammengefasst und thematisch strukturiert werden, zum anderen sprächen die Befunde der Hirnforschung dafür, dass Ganztagsschulen ein besseres Konzept zum effektiven Lernen böten, und zwar dann, wenn der Nachmittag als Übungs- und Konsolidierungsphase genutzt werde (vgl. WOLSCHNER 2003).

Statt Wissensvermittlung sei „exemplarisches Lernen" angezeigt, bloßes Faktenlernen, wie es in den Schulen gefordert werde, bringe ebenso wenig, wie der Frontalunterricht, bei dem der Schüler nicht aktiv gefordert sei (vgl. WOLSCHNER 2003; THIMM 2002; SIEFER 2002). Statt auswendig zu lernen, müsse der Schüler sich mit Inhalten selbständig auseinandersetzen, dabei möglichst vielfältig Bezüge zu seinem Vorwissen herstellen können und dadurch ein tieferes Verständnis entwickeln. Ferner sei interne Belohnung für Lernvorgänge wichtiger als externe. Und wenn es schon Zensuren geben müsse, so müssten diese in unmittelbarem zeitlichen Zusammenhang zur Leistung stehen und vom Schüler als gerecht empfunden werden (vgl. JOX 2002).

Ein weiterer Kritikpunkt betrifft das Auftreten der Lehrer: Lehrer müssten authentisch und sicher wirken; sei das nicht der Fall, frage sich der Schüler, warum er dieser Person etwas glauben solle. Da das Gehirn bei einem energieaufwändigen Vorgang wie dem Lernen permanent Kosten-Nutzen-Bilanzen ziehen müsse und daher „gut überlege", ob sich die Investition lohne oder nicht, sei die Frage, wie man dem Schüler Wissen anböte, entscheidend. „Kein vernünftiger Mensch kann annehmen, dass Unterrichtsformen, in denen Kinder sich ihre Ziele vollständig selbst setzen, zu etwas führen", Lehrer müssten „ihre Schüler begeistern (...). Vorbilder sind für das noch unfertige Gehirn als Orientierung enorm wichtig. Und auch Begeisterung wirkt disziplinierend – man will es dem Vorbild ja recht machen." (DER SPIEGEL 01.07.2002)

Zusammenfassend lässt sich sagen, dass die Relevanz neurowissenschaftlicher Erkenntnisse für die Didaktik im Mediendiskurs sehr hoch eingeschätzt wird: Wer die Gesetze des Lernens verstanden hat, so die Kernaussage, kann daraus Gesetze des Lehrens ableiten. Auf diese Weise wird der Anschein erweckt, als seien die Empfehlungen der Neurowissenschaftler aus den vorliegenden Lernbefunden deduziert, tatsächlich stellt sich aber deren empirische Basis als äußerst fragwürdig heraus.

Scheich verweist immer wieder – und ausschließlich – auf seine Mäuseexperimente, um der Bedeutung des internen Belohnungssystems und insbesondere des Botenstoffes Dopamin beim schulischen Lernen Nachdruck zu verleihen. Zwar ist bereits die Übertragung tierexperimentell erzeugter Daten auf menschliches Lernen mit Schwierigkeiten behaftet (vgl. KAGAN 2000, S. 23ff.), doch bei Scheichs Argumentation tritt ein weitaus brisanteres Problem auf. Er schließt aus Versuchen zum Erlernen von *Vermeidungsstrategien bei Mäusen* auf die *Bedeutung von Lernerfolgen bei Schülern* und „vergleicht" damit zwei völlig unterschiedliche Phänomene.[3] Aus der Tatsache, dass Vermeidungslernen bei Mäusen zur Dopaminausschüttung führt, ließe sich – eine Übertragbarkeit vorausgesetzt – allenfalls schließen, dass Schüler beim erfolgreichen Vermeiden einer ihnen unangenehmen (Lern-)Situation ebenfalls Dopamin ausschütten. Der Schluss vom Vermeidungslernen auf die Wichtigkeit „selbstgesteuerter" Lernerfolge ist daher nicht plausibel.

Ähnlich verhält es sich mit Spitzers Argumentation. Er beruft sich zwar auf Experimente, die zeigten, dass Worte in einem emotional positiven Kontext besser gelernt würden[4], doch über die Probleme der Generalisierung von experimentell erzeugten Daten ist man sich innerhalb der Psychologie und der Erziehungswissenschaft spätestens seit den gescheiterten Ableitungsversuchen der 1960er- und 1970er-Jahre im Klaren. Auch damals hatte man geglaubt, aus Lerntheorien neuartige Formen des Lernens und Lehrens ableiten zu können, doch die pädagogische Übersetzung der psychologischen „Gesetze des Lernens" (vgl. SKINNER 1954) erwies sich aus verschiedenen Gründen als ineffektiv (vgl. TERHART 1984).

Dieses Problem greift Stern immer wieder kritisch auf. Es sei ein „gefährlicher Irrtum" wenn man glaube, Gesetzmäßigkeiten, die man beispielsweise beim „Lernen sinnloser Silben" beobachtet habe, „ohne weiteres auf das Aneignen von Fremdsprachen allgemein übertragen" zu können (STERN, E. 2003a). Die konkrete Gestaltung von Lernumgebungen lasse sich nicht aus den Befunden ableiten (vgl. das Streitgespräch zwischen Stern und Spitzer bei KERSTAN/THADDEN 2004). Auch ohne „pseudowissenschaftlichen neurodidaktischen Überbau" wüssten Lehrer, dass „Angst ein schlechter Lehrmeister" und Frühförderung wichtig sei; die derzeit aus der Hirnforschung abgeleiteten Aussagen seien zudem so allgemein, „dass sie bei der Umsetzung in die schulische Praxis der Willkür Tür und Tor öffnen" (STERN, E. 2003a).

Die Funktionslogik medialer Berichterstattung macht es Journalisten und Hirnforschern leicht, ihre Ansichten über die pädagogische Relevanz der Neurowissenschaften publikumswirksam zu vermarkten, denn auf vollständige Argumentationsgänge wird in populären Diskursen häufig ebenso verzichtet, wie auf wissenschaftliche Belege (vgl. DRERUP 1990). Es ist aber dennoch interessant, dass sich die von Neurowissenschaftlern praktizierte Form des Argumentierens so gar nicht an die – von ihnen für die Pädagogik eingeforderte – streng wissenschaftliche Logik hält, sondern sich über weite Strecken in der Verbreitung reformpädagogischer Binsenweisheiten und persönlicher Ansichten erschöpft. Diese sind entweder so trivial, dass es sich nicht lohnt, ihre Richtigkeit unter Beweis zu stellen (wer würde bestreiten, dass Neugier und eine intrinsische Motivation gute Lernvoraussetzungen darstellen?) oder aber nicht sonderlich aussagekräftig (wie etwa Scheichs Ratschlag, ein gutes Schulsystem müsse „irgendwo zwischen ,Fördern und Fordern' und ,Fördern durch Fordern' angesiedelt sein" (SCHEICH 2003)). Vielleicht liegt die Popularität der neurowissenschaftlichen Ansichten über Schule und Unterricht gerade darin begründet, dass man als erziehungswissenschaftlich unbedarfter, aber pädagogisch stets vorbelasteter Leser, viele dieser Ansichten schlicht teilt – und irgendwie für richtig hält.

Es wird den öffentlichen Debatten über die pädagogische Relevanz der Hirnforschung zweifellos so ergehen, wie allen Debatten, die sich als Reaktion auf ein bestimmtes diskursives Großereignis – in diesem Falle PISA – entwickeln: Nach einer Hochphase, in der sich Artikel und Stellungnahmen häufen, wird das Thema aus der öffentlichen Aufmerksamkeit verschwinden um zu einem späteren Zeitpunkt wieder aufgenommen zu werden. Es spricht einiges dafür, dass solche Wiederaufnahmen immer dann stattfinden werden, wenn auf Seiten der Neurowissenschaften grundlegende methodische Weiterentwicklungen im Gange sind und zwar insbesondere solche, die Einblicke in das denkende Gehirn erlauben (vgl. BECKER 2004, S. 154ff.).

Ihren Höhepunkt hat die populäre Diskussion über Hirnforschung und Pädagogik m.E. im Jahr 2003 erfahren, zwei Dinge sollte man jedoch in Erinnerung behalten:

(1) Vertreter der Erziehungswissenschaft haben im Mediendiskurs über die pädagogische Relevanz der Hirnforschung kaum Position bezogen, obwohl die Erziehungswissenschaft – in ihrer Funktion als Ausbildungsdisziplin für Lehrer – beständig kritisiert und deren Forschung (beispielsweise über die Verwendung von theoretischem Wissen in Praxisfeldern) konsequent ignoriert wurde. Eine qualifizierte Stellungnahme wäre sachlich wie disziplinpolitisch wünschenswert gewesen.

(2) Der Mediendiskurs hat maßgeblich dazu beigetragen, dass die Relevanz der Neurowissenschaften für die pädagogische Praxis auf politischer Ebene Gehör und Akzeptanz gefunden hat. Spitzer konnte im vergangenen Jahr ein „Transferzentrum für Neurowissenschaften und Lernen" einweihen, das in wesentlichen Teilen von der Baden-Württembergischen Landesregierung finanziert wird. Mit dem Versuch, die existierende Unterrichts- und Lehr-Lern-Forschung abzulösen, steht Spitzer – und mit ihm seine Sponsoren – weltweit allein da. Zwar hält auch die OECD ein solches Vorgehen für wünschenswert (vgl. OECD 2002), doch nach sachlichen Indizien für die praktische Ergiebigkeit einer neurowissenschaftlichen Lernforschung befragt, verweist sie einen an das Transferzentrum für Neurowissenschaften in Ulm, Germany.

2 Hirnforschung in der Erziehungswissenschaft – zum Stand der Rezeption

In der erziehungswissenschaftlichen Literatur drückt sich die Aktualität des Themas Hirnforschung, ähnlich wie im Mediendiskurs, ebenfalls durch eine deutliche Zunahme einschlägiger Publikationen in den vergangenen drei Jahren aus. Der folgenden Analyse liegt eine Recherche mit dem Fachinformationssystem Bildung (FIS-Bildung), sowie mit verschiedenen Bibliotheks- bzw. Verbundkatalogen zugrunde.

Die zunächst hohen Trefferzahlen, die sich bei der Suche nach Schlagworten wie „Gehirn", „Neurobiologie", „Kognition" u.ä. ergeben, relativeren sich rasch, wenn als Selektionskriterium gelten soll, dass es sich um Publikationen im Kontext Allgemeiner Erziehungswissenschaft, Pädagogischer Anthropologie oder Allgemeiner Didaktik handeln soll.[5] Unter den verbleibenden Treffern finden sich *erstens* Monographien und Aufsätze, in denen Erziehungswissenschaftler selbst neurowissenschaftliche Literatur heranziehen (vgl. Tabelle 2.1 und 2.2) und *zweitens* einige Aufsätze, in denen Neurowissenschaftler bzw. Biologen Erkenntnisse der Hirnforschung darstellen und Anschlussmöglichkeiten für die Erziehungswissenschaft formulieren (vgl. Tabelle 2.2).

Wenn man aus den Zeitschriftenbeiträgen all diejenigen herausnimmt, in denen die Neurowissenschaften als eine biologische Disziplin *unter anderen*, und daher sehr partiell rezipiert werden, bleiben zehn Beiträge übrig, in denen es *ausschließlich* um neurowissenschaftliches Wissen geht (vgl. DICHGANS 1994; SCHEUNPFLUG 2000; BECKER 2002; HERRMANN 2004; SACHSER 2004; PAUEN 2004; STERN 2004; HÜTHER 2004; BRAUN/MEIER 2004; ROTH 2004). Bei den Monographien wurden von Vornherein nur diejenigen berücksichtigt, die klare Hauptbezüge zu den Neurowissenschaften aufweisen;[9] auffällig ist hierbei, dass sieben der zehn aufgeführten Publikationen ab dem Jahr 2001 erschienen, fünf davon allein im Jahr 2002.

Tab. 2.1: Rezeption neurowissenschaftlichen Wissens in erziehungswissenschaftlichen Monografien

Jahr	Titel	AutorIn
1992	Wie ist Bildung möglich?	Gisela Miller-Kipp
1995	Ist Bildung Schicksal?	Bernd Otto
	Die Praktikabilität der Neurodidaktik*	Gerhard Friedrich
2001	Biologische Grundlagen des Lernens	Annette Scheunpflug
2002	Aspekte einer modernen Neurodidaktik*	Margret Arnold
	Emotionen und kognitives schulisches Lernen aus interdisziplinärer Perspektive*	Jutta Standop
	Operative Lerntheorie	Jürgen Grzesik
	Was lehrt uns die Neuropsychologie?	Peter Gasser
	Pädagogische Anthropologie des Leibes. Biologische Voraussetzungen der Erziehung und Bildung[6]	Christian Rittelmeyer
2003	Selbstorganisation des Lernens*	Annette Klotz

*Dissertation

Erziehungswissenschaftler rezipieren neurowissenschaftliche Literatur – hierzu gehören einschlägige Standardwerke und Fachzeitschriften ebenso wie populärwissenschaftliche Darstellungen – und suchen nach Thematiken und Erkenntnissen, die unter erziehungswissenschaftlichen Gesichtspunkten interessant sind. Auf folgende *Thematiken* bzw. Forschungsbereiche wird dabei besonders häufig rekurriert:

- *Mechanismen der Hirnentwicklung*: Neuronale Plastizität/Entstehung der neuronalen Architektur, sensible Phasen/kritische Phasen/Entwicklungsfenster, Deprivationsexperimente, Auswirkung von Stress auf neuronale Entwicklung.
- *Neurobiologie des Lernens*: Mechanismen der Gedächtnisbildung, insbesondere LTP (= long term potentiation), lernbedingte Veränderungen der synaptischen Dichte, zelluläre Grundlagen einfacher Lernformen (Habituation, Sensitivierung).
- *Neuropsychologische Gedächtnismodelle*: Unterscheidungsmerkmale deklarativer und nicht-deklarativer Gedächtnisformen, Erweiterung der rein zeitlichen Einteilung des Gedächtnisses.
- *Verhältnis Emotionen – Kognition*: Einfluss von starken Emotionen (z.B. Stress, Angst) auf kognitive Prozesse.
- *Wahrnehmung und Aufmerksamkeit*: Reizaufnahme und -verarbeitung, Entstehung einer einheitlichen Wahrnehmung, neurobiologische Korrelate von Aufmerksamkeit.
- *Interne Bewertungsmechanismen und -kriterien*: Unbewusste emotionale Situationsbewertungen und deren Einfluss auf Entscheiden und Handeln, Aufbau und funktionelle Merkmale des limbischen Systems, Einfluss früher Erfahrungen auf die emotionale Wahrnehmung von Situationen und Personen.

Tab. 2.2: Rezeption neurowissenschaftlichen Wissens in erziehungswissenschaftlichen Zeitschriften (Themenhefte/thematische Schwerpunkte)

Jahr	Zeitschrift	Beitrag	AutorIn
1994	BuE**	Pädobiologie – eine sinnvolle pädagogische Fragestellung?	Otto Ewert/ Christian Rittelmeyer
		Menschliche Entwicklung als Wiederholung der Stammesgeschichte?	Otto Ewert
		Evolutionsbiologie und Erziehung	Wolfgang Schad
	ZfPäd***	Die Plastizität des Nervensystems	Johannes Dichgans
1999	BuE[7]	Biologische Grundlagen von Bildung und Erziehung: Einschätzung einiger Aspekte des heutigen Wissensstandes und künftiger Entwicklungen	Karl Frey
		Biologische Hypothesen zum vorherrschenden Lehr- und Lernverfahren in Schulen	Karl Frey et al.
2000	Pädagogik	Lernen. Was passiert in den Gehirnen von Schülerinnen und Schülern?[8]	Annette Scheunpflug
		Zwischen neuen Erkenntnissen und reiner Analogiebildung	Jürgen Tillmann
2001	BuE	Zur Evolution und Funktion der Sinne	Detlef Promp
		Wozu „Lernen mit allen Sinnen"?	Christian Rittelmeyer
2002	ZfPäd	Erziehung in einer biologisch determinierten Welt	Eckhard Voland/ Renate Voland
		‚Lebensformen' und Biologie	Dieter Neumann
		Perspektiven einer Rezeption neurowissenschaftlicher Erkenntnisse in der Erziehungswissenschaft	Nicole Becker
2004	ZfPäd	Gehirnforschung und die Pädagogik des Lehrens und Lernens: Auf dem Weg zu einer ‚Neurodidaktik'?	Ulrich Herrmann
		Neugier, Spiel und Lernen: Verhaltensbiologische Anmerkungen zur Kindheit	Norbert Sachser
		Zeitfenster der Gehirn- und Verhaltensentwicklung	Sabina Pauen
		Wie viel Hirn braucht die Schule?	Elsbeth Stern
		Die Bedeutung sozialer Erfahrungen für die Strukturierung des menschlichen Gehirns. Welche sozialen Beziehungen brauchen Schüler und Lehrer?	Gerald Hüther
		Wie Gehirne laufen lernen oder: ‚Früh übt sich, wer ein Meister werden will!'	Anna Katharina Braun/ Michaela Meier
		Warum sind Lehren und Lernen so schwierig?	Gerhard Roth

** Bildung und Erziehung, *** Zeitschrift für Pädagogik

Diese thematische Auswahl entspricht im Großen und Ganzen dem, was auch Neurowissenschaftler für die Theoriebildung der Sozial- und Geisteswissenschaften als besonders wichtig erachten (vgl. DICHGANS 1994; BLAKEMORE/FRITH 2000; ROTH 2004; PAUEN 2004; BRAUN/MEIER 2004; HÜTHER 2004; GOSWAMI 2004).

Die Rezeptionsstrategien variieren unter Erziehungswissenschaftlern ganz erheblich und hängen vom jeweiligen Erkenntnisinteresse ab: Autoren, die sich einen Erkenntnisgewinn primär auf theoretischer Ebene versprechen, diskutieren neurowissenschaftliche Befunde anders als solche, die davon ausgehen, dass mithilfe dieser Befunde als unzureichend wahrgenommene erziehungswissenschaftliche Theorien und Praxiskonzeptionen bereichert oder sogar grundsätzlich neu formuliert werden können.

2.1 Neurowissenschaftliche Modelle im bildungstheoretischen Diskurs

Bildungstheoretiker sehen insbesondere pädagogische Grundannahmen über Bildsamkeit und Selbsttätigkeit durch neurowissenschaftliche Erkenntnisse bestätigt: Bildsamkeit wird analog zur Strukturierungsfähigkeit bzw. der Plastizität des menschlichen Gehirns betrachtet und Selbsttätigkeit wird unter Rückgriff auf den selbstorganisierenden Charakter neuronaler Strukturen diskutiert (vgl. MILLER-KIPP 1992, S. 133ff.; dies. 1998).

Während jedoch der eine Teil der Autoren auf die neuronale Plastizität zurückgreift, um das Konzept des lebenslangen Lernens empirisch zu stützen, verweist der andere Teil auf die Bedeutung der ersten (drei) Lebensjahre, um dem – im pädagogischen Kontext bereits lange Zeit diskutierten – Konzept der sensiblen Phasen empirischen Nachdruck zu verleihen.

Wer Bildung als *lebenslangen Prozess* begreift, betrachtet die Fähigkeit des Gehirns zur neuronalen Umstrukturierung als Beleg für die Wichtigkeit von Bildung über die Lebensspanne. Otto zufolge lieferten die Modelle der Neurowissenschaften einen wichtigen Beleg für den kontinuierlichen Einfluss der Umwelt auf die Entwicklung der Gehirnfunktionen. Es gäbe daher „keinen Grund (...) pessimistisch in die Zukunft zu schauen", denn die „Leistungsfähigkeit des Gehirns" ermögliche Bildungserfahrungen auch jenseits von Kindheit und Jugend (OTTO 1995, S. 165). Auch andere Erziehungswissenschaftler deuten die Fähigkeit des Gehirns zur Umstrukturierung in dieser Weise, betonen aber gleichzeitig, dass die neurobiologischen Grundlagen „nur Anhaltspunkte für ein pädagogisch-didaktisches Handeln" abgeben und daher keine bestimmte Bildungspraxis daraus abgeleitet werden könne (MILLER-KIPP 1992, S. 59). Viele Rezeptionsversuche belassen es deshalb bei der Integration neurowissenschaftlicher Erkenntnisse in bildungstheoretische Überlegungen (vgl. KLOTZ 2003).

Anders wird in jenen Beiträgen argumentiert, in denen die Bedeutung der *ersten Lebensjahre* für Bildungsprozesse hervorgehoben wird. Insbesondere Neurowissenschaftler äußern sich hier auffallend programmatisch: So rät etwa Dichgans Müttern bzw. Vätern junger Kinder von einer Berufstätigkeit ab, da sich Hirnentwicklung nirgendwo besser vollziehe, als im häuslichen Umfeld (vgl. DICHGANS 1994, S. 244) und auch Hüther erklärt familiäre Geborgenheit und gegenseitiges Vertrauen zu optimalen Faktoren der Frontalhirnentwicklung (vgl. HÜTHER 2004, S. 491). Braun zufolge könne Erziehung ohnehin nur bis zur Pubertät einen Einfluss auf die Hirnentwicklung ausüben – „die psychische und gehirnbiologische Reife ist mitnichten über das Lebensalter messbar" (BRAUN/MEIER 2004, S. 518) – und daher sei eine gezielte Frühförderung während der sensiblen Phasen der ersten Lebensjahre ganz entscheidend. „Defizite der emotionalen Umwelt während dieser [frühen, N.B.] Entwicklungsphasen" könnten später nicht mehr kompensiert werden und führten „zur fehlerhaften Entwicklung emotionaler

Schaltkreise im Gehirn. Resultat: emotionale ‚Sprachfehler' oder ‚Verstummung'" (ebd., S. 515).

Auffällig bei dieser Rezeptionslinie ist, dass sich zwischen den konkreten Forderungen und den referierten Studien keine zwingenden Ableitungszusammenhänge erkennen lassen. Häufig werden aufgrund von Einzelerkenntnissen – zumeist aus tierexperimentellen Studien – weitreichende Annahmen in bezug auf Hirnentwicklung bzw. neuronale Plastizität formuliert und basieren pädagogische Empfehlungen auf persönlichen Werturteilen und normativen Annahmen (zur Kritik an der übermäßigen Generalisierung von tierexperimentellen Studien vgl. auch RITTELMEYER 2002, S. 137ff.).

Wie beliebig die pädagogischen Interpretationen neurowissenschaftlicher Erkenntnisse ausfallen, zeigt sich beispielsweise daran, dass ein Teil der Autoren die prägende Kraft der Umwelteinflüsse hervorhebt, während der andere – mit Rekurs auf die *gleichen* Studien – eine gehirnzentrierte Perspektive favorisiert, nach der sich die Arbeitsweise des Gehirns am besten durch die Prinzipien „Selbstorganisation" und „operative Geschlossenheit" beschreiben ließe.[10] Während der Erzieher im ersten Modell eine Art Handwerkerfunktion erfüllt – er formt den Zögling (oder vielmehr dessen Gehirn) nach seinen Vorstellungen – hat er im zweiten Modell allenfalls einen probablistischen Einfluss auf die Entwicklung der neuronalen Architektur.

Rittelmeyer merkt daher kritisch an, dass letztlich beide Perspektiven nicht dazu geeignet seien, ein differenziertes Bild menschlicher Entwicklung aufzuzeigen. Es bleibe ungeklärt, welche Hirnregionen in welchem Maße plastisch seien und was dies für pädagogische Interventionen bedeute. Ähnlich sieht dies auch die Entwicklungspsychologin Sabina Pauen: Zwar spreche „vieles für die Existenz sensibler Phasen", doch man müsse noch viel mehr darüber herausfinden, ehe man überlegen könne, „welche Anregungen in dieser lernsensiblen Phase positive Wirkungen auf die weitere Entwicklung haben könnten, um anschließend in gezielten Trainingsstudien zu überprüfen, wie sich entsprechende Maßnahmen auswirken" (PAUEN 2004, S. 529).

Tatsächlich weiß man über die Zusammenhänge von „Qualität der Erfahrung" und „Qualität der Hirnentwicklung" bislang wenig. Deprivationsstudien können zwar etwas über potenziell schädigende Einflüsse sagen, aber im Umkehrschluss lässt sich daraus nicht folgern, wie eine Umwelt gestaltet sein müsste, um bestmögliche Einflüsse bereit zu stellen.[11] Gerade in bezug auf sensible Phasen, die beim Menschen durch die Neurobiologie bislang nur für das visuelle System bestätigt wurden, bleiben die wichtigsten pädagogischen Fragen bis dato unbeantwortet (vgl. BECKER 2002; KAGAN 2000, S. 119ff.; BRUER 2000; STERN 2004, S. 533).[12]

Zusammenfassend kann man folgendes feststellen: Die Rezeption neurowissenschaftlicher Erkenntnisse im Bereich der Diskurse über Bildung ist durch den Pol „frühkindlicher Determinismus" auf der einen und den Pol „lebenslanges Lernen" auf der anderen Seite gekennzeichnet. Insbesondere Hirnforscher formulieren dabei ein Verständnis von Bildung, dass man – aus erziehungswissenschaftlicher Sicht – eher mit dem Begriff Entwicklung verbinden würde.

Betrachtet man die Entwicklung der Diskurse seit den 1990er-Jahren bis zum gegenwärtigen Zeitpunkt, so zeigt sich ein wesentlicher Erkenntnisfortschritt insbesondere darin, dass die übermäßige Abstraktion von tierexperimentellen Einzelstudien zunehmend kritisiert und eine pädagogisch relevante Forschung aktuell verstärkt eingefordert wird (vgl. RITTELMEYER 2002; PAUEN 2004; SACHSER 2004). Die Formulierung konkreter Forschungsfragen und -vorhaben steht aber noch aus.

2.2 Neurobiologische Grundlagen des Lernens

Hinsichtlich didaktischer Fragen zeigt die Erziehungswissenschaft eine ungleich höhere Rezeptionsaktivität neurowissenschaftlicher Erkenntnisse als in Bezug auf bildungstheoretische Thematiken. Die Autoren sind sich darin einig, dass man sich innerhalb der Erziehungswissenschaft bislang zu wenig um die Rezeption biowissenschaftlicher Erkenntnisse zum Lernen bemüht hat; doch in bezug auf die Frage, welcher Erkenntnisgewinn durch die Rezeption zu erwarten ist, geben sie unterschiedliche Antworten. Während einige Erziehungswissenschaftler die Erkenntnisse der Hirnforschung dazu nutzen möchten, neurowissenschaftlich „abgesicherte", unterrichtspraktische Empfehlungen zu formulieren (vgl. ARNOLD 2002; STANDOP 2002; SCHIRP 2003; FRIEDRICH/PREISS 2003), weisen andere darauf hin, dass neurowissenschaftliches Wissen zwar dabei helfen könne, pädagogische Phänomene zu reflektieren und besser zu verstehen, man daraus jedoch keine konkreten Handlungsanweisungen ableiten könne: „Jede noch so gute Lerntheorie beschreibt eben nur das Lernen – sie beschreibt damit noch nicht, wie gelehrt werden soll" und daher könnten sich Lehrtheorien „nicht auf dasjenige beschränken, was die Psychologen und Gehirnforscher an gesicherten Erkenntnissen erarbeitet haben" (JANK/MEYER 2002, S. 200; vgl. auch SCHEUNPFLUG 2001; TILLMANN 2000).

In denjenigen Beiträgen, die neurowissenschaftlichen Erkenntnissen handfeste Ratschläge für die schulpädagogische Praxis entnehmen wollen, zeigt sich ein ähnliches Problem, wie bei den neurobiologisch ambitionierten Frühförderaktivisten: Zwar referieren sie Modelle der Gedächtnisbildung und Befunde aus der neurobiologischen Lernforschung größtenteils korrekt und formulieren im Anschluss daran allgemeine Handlungsempfehlungen bis hin zu „gehirngerechten" Unterrichtseinheiten, doch fehlen auch hier die direkten Verbindungen zwischen neurowissenschaftlichen Erkenntnissen – etwa zur Wirkung von Stress auf Behaltensleistungen – und den pädagogischen Schlussfolgerungen (vgl. ARNOLD 2002; STANDOP 2002). Die Autoren plädieren für handlungsorientierten Unterricht, Methodenvielfalt, eine flexiblere Gestaltung der Unterrichtszeiten, eine Veränderung der Bewertungspraxis und eine angstfreie Schulatmosphäre. Damit wiederholen sie altbekannte reformpädagogisch inspirierte Ideen und Vorschläge – allerdings ohne diese tatsächlich aus den neurobiologischen Erkenntnissen ableiten zu können.

Das Problem der Verwendung bzw. der „Anwendbarkeit" neurowissenschaftlichen Wissens tritt in bezug auf Fragen des Lehrens und Lernens noch deutlicher hervor, als in den bildungstheoretischen Diskursen, denn die Erkenntnisse der Neurowissenschaft werden von einigen Autoren nicht nur als eine Möglichkeit betrachtet, den empirischen Gehalt gängiger Lehr-Lern-Theorien zu überprüfen, sondern auch als notwendige Wissensgrundlage für die Entwicklung von wirksamen Konzeptionen für die Praxis.

Ein Grundproblem bei der Bemühung, didaktische Schlussfolgerungen aus neurowissenschaftlichen Modellen zu ziehen, besteht darin, dass die Neurowissenschaften lediglich Wissen über *Lernen* bereitstellen können, – denn Lehre kommt in der bisherigen neurowissenschaftlichen Forschung nicht vor: „neuroscience does not as yet study teaching. (...) The identification and analysis of successful pedagogy is central to research in education, but is currently a foreign field to cognitive neuroscience." (vgl. GOSWAMI 2004, S. 2) Dieses Problem wird von Autoren, die Handlungskonsequenzen ableiten wollen, weitestgehend ausgeblendet und sie lassen sich daher auf teilweise problematische Ableitungen ein.

Es handelt sich dabei m.E. nicht um einen naturalistischen Fehlschluss im klassischen Sinne, wie ihn einige Erziehungswissenschaftler in bezug auf die Rezeption biowissenschaftlicher Modelle thematisieren (vgl. NIPKOW 2002, S. 677; SCHEUNPFLUG 2001, S. 36f.). Zwar schließen Autoren, die aus deskriptiven Erkenntnissen über Lernen zu präskriptiven Aussagen über Lernen gelangen, von einem Ist-Zustand auf einen Soll-Zustand, doch stellt sich die Struktur insgesamt komplizierter dar, weil aus deskriptiven Aussagen über Lernen eben nicht nur abgeleitet wird, wie Lernen sein sollte, sondern wie Lehre aussehen sollte, damit Lernen in einer bestimmten Weise ermöglicht wird. Neben einem Sollzustand werden demnach auch Aussagen über die *einzusetzenden Mittel* getroffen – und eben jene Mittel kommen im ursprünglichen Befund gar nicht vor. Es liegt daher nahe, von einem *pädagogischen Fehlschluss* zu sprechen: Das spezifisch Pädagogische besteht darin, dass zur Erreichung bestimmter Ziele bestimmte (didaktisch-methodische) Empfehlungen ausgesprochen werden, die sich aus den referierten Erkenntnissen nicht deduzieren lassen. Beispielsweise lässt sich aus neurowissenschaftlichen Untersuchungen über die Wirkung von Stress auf Behaltensleistungen zwar folgern, dass Stress eine ungünstige Voraussetzung zum Lernen bestimmter Inhalte darstellt und auch die darauf rekurrierende Forderung, Stress nach Möglichkeit zu vermeiden, dürfte auf breite Zustimmung hoffen. Doch letztlich sagt das alles noch nichts über geeignete pädagogische Handlungsstrategien aus, und die Autoren greifen in diesem Fall zu Empfehlungen, die keinen Neuigkeitswert aufweisen.

Zusammenfassend kann man demnach auch im Rahmen didaktischer und im weiteren Sinne schulpädagogischer Diskurse zwei unterschiedliche Positionen erkennen. Anders als in bezug auf die bildungstheoretischen Diskurse sind diese jedoch nicht auf unterschiedliche Interpretationen ähnlicher Befunde zurückzuführen, sondern spiegeln verschiedene Verwendungsstrategien wider:

– Vertreter der einen Position betrachten neurowissenschaftliche Erkenntnisse als theoretisches Hintergrundwissen, das dabei helfen kann, die strukturellen Schwierigkeiten von Lehr-Lern-Prozessen besser zu verstehen.[13] Eine unmittelbare praktische Relevanz sprechen sie den Erkenntnissen jedoch ab: Zum einen spielt schulisches Lernen und Lehren in der neurowissenschaftlichen Forschung bislang keine Rolle, und zum anderen lässt der deskriptive Charakter neurowissenschaftlicher Erkenntnisse keine Ableitung konkreter normativer Handlungsempfehlungen zu.
– Vertreter der zweiten Position greifen in ihren Argumentationen auf Analogien und Abstraktionen zurück und unterstellen ein grundsätzliches empirisches Defizit der erziehungswissenschaftlichen Theoriebildung, das sie durch die Rezeption neurowissenschaftlicher Erkenntnisse zu beheben versuchen. Dabei blenden sie wissenschaftstheoretische Ableitungsprobleme aus und lassen auch die bisherigen Erkenntnisse der erziehungswissenschaftlichen Verwendungsforschung außer Acht.

Ähnlich wie die Rezeptionsansätze im Rahmen bildungstheoretischer Debatten, konnten auch die Integrationsbemühungen in bezug auf didaktische Fragen bislang keinen fruchtbaren Dialog zwischen Erziehungswissenschaftlern und Neurowissenschaftlern initiieren: Beide Vorgehensweisen erschöpfen sich in rezeptiven Bemühungen, die entweder mit der Forderung nach Entwicklung einer „Diskurskompetenz" oder mit einer Neuauflage reformpädagogischer Forderungen enden.

Interdisziplinäre Sachverständigkeit sollte sich aber insbesondere darin zeigen, dass man eigene Fragen an die Neurowissenschaften formuliert. Dies ist in der bisherigen Rezeption nur vereinzelt der Fall; sie reagiert sehr viel stärker auf Forderungen, als dass sie sachlich begründete Argumente für die Notwendigkeit und die Reichweite der Importperspektive formuliert. Der Erkenntnisgewinn und das Innovationspotential fallen daher bislang gering aus und ein Blick in die anglo-amerikanische Erziehungswissenschaft zeigt, dass die deutsche Erziehungswissenschaft mit ihrem Vorgehen in mehrfacher Hinsicht eine Sonderstellung einnimmt.

3 Perspektiven der internationalen Debatte

Die Erziehungswissenschaft in Großbritannien und in den USA geht der Frage nach Kooperationsmöglichkeiten mit den Neurowissenschaften wesentlich forschungsorientierter nach als hierzulande. Dies zeigt sich unter anderem darin, dass eine rein rezeptive Vorgehensweise im schriftlichen Diskurs nicht nachweisbar ist.[14]

Trotz der in Großbritannien und den USA stärker experimentell ausgeprägten Forschungskultur, existieren auch dort bislang keine im strengen Sinne transdisziplinären Forschungsprojekte zwischen Erziehungswissenschaft und Neurowissenschaften. Stattdessen fragen Erziehungswissenschaftler nach der Aussagekraft bisheriger Studien und insbesondere nach der Einsatzfähigkeit neurowissenschaftlicher Forschungsmethoden innerhalb der Lehr-Lern-Forschung, was im Folgenden zunächst am Beispiel des „Teaching and Learning Research Programmes" (TLRP) verdeutlicht wird.

In Großbritannien startete im Jahr 2000 das bisher größte nationale Projekt innerhalb der Lehr-Lern-Forschung: In über 40 Teilprojekten werden dort bis zum Jahre 2008 unterschiedlichste Aspekte des Lernens und Lehrens in verschiedenen Kontexten untersucht (vgl. POLLARD 2000). Auf der Agenda des TLRP steht unter anderem die Entwicklung interdisziplinärer Ansätze innerhalb der Lehr-Lern-Forschung.[15] Dabei wollte man zunächst auch die Neurowissenschaften einbeziehen, und die zuständigen Koordinatoren des TLRP holten in der Planungsphase eine neurowissenschaftliche Expertise ein.

In der Studie „The implications of recent developments in neuroscience for research on teaching and learning" stellen die Neurowissenschaftlerinnen Sarah-Jayne Blakemore und Uta Frith die Implikationen aktueller neurowissenschaftlicher Entwicklungen für die Lehr-Lern-Forschung aus ihrer Sicht dar (vgl. BLAKEMORE/FRITH 2000). Zu den dort behandelten Thematiken zählen implizite und explizite Lernformen, Gedächtnis, Plastizität, sensible Phasen, Drogen und Lernen, Lernen und Schlaf, Emotionen und Gedächtnisbildung, Belohnung und Bestrafung sowie Geschlechtsunterschiede (vgl. ebd., S. 8ff.). Im Wesentlichen werden neuere tierexperimentelle Studien und Bildgebungsexperimente zu den entsprechenden Themenbereichen zusammengefasst und aus Sicht der Autorinnen weiterführende Fragen formuliert.

Der Bericht wurde – mit der Aufforderung zu Stellungnahmen – an 439 Institutionen und Personen verschickt. Darunter befanden sich erziehungswissenschaftliche und psychologische Institute, Lehrerbildungsinstitute sowie Experten aus der Hirnforschung (vgl. DESFORGES 2000). In den 37 Rückmeldungen wurde zwar die Qualität des Berichts hervorgehoben, aber insgesamt wurde konstatiert, dass darin weder methodisch noch inhaltlich relevante Perspektiven für die Lehr-Lern-Forschung aufgezeigt würden.

Eine Reihe kritischer Anmerkungen gibt zugleich Hinweise auf die Schwachstellen des Berichts: So heißt es beispielsweise, dass Forschungsdesigns ausgehend von den Fragestellungen der Erziehungswissenschaft entwickelt werden sollten und nicht ausgehend von Methoden, die den Neurowissenschaften zur Verfügung stehen (vgl. ebd.). Insgesamt, so die Kommentatoren, erwecke der Bericht den Eindruck, dass sich neurowissenschaftliche Untersuchungsmethoden insbesondere zur Forschung mit jüngeren Kindern (beispielsweise zur Sprachentwicklung) und bei der Suche nach neuronalen Substraten für Lern- und Aufmerksamkeitsstörungen einsetzen ließen. Alles in allem laufen die Einschätzungen darauf hinaus, dass sich eine Kooperation mit den Neurowissenschaften nur hinsichtlich sehr spezieller Fragestellungen anbiete; kritische Stimmen sehen daher mit dem Einsatz neurowissenschaftlicher Methoden innerhalb der Lehr-Lern-Forschung nicht zwingend einen größeren Erkenntnisgewinn verbunden.

Desforges folgert aus diesen Reaktionen: „it seems that no priority research agenda emerged from the consultation exercise and no persuasive way of making strategic or management progress was offered." (DESFORGES 2000). Innerhalb des TLRP wurde aufgrund der Reaktionen auf die Expertise von einer Zusammenarbeit mit den Neurowissenschaften abgesehen.[16]

Problematisch an dem Vorgehen des TLRP ist die Tatsache, dass offenbar kein Dialog zwischen Erziehungswissenschaftlern und Neurowissenschaftlern stattfand: Bildungsforscher beauftragten Neurowissenschaftler mit einer Expertise, in der sie *aus ihrer Sicht* darstellen sollten, inwiefern die Lehr-Lern-Forschung von neurowissenschaftlichen Erkenntnissen und Methoden profitieren könne. Tatsächlich befindet sich unter den vielen Fragen, die Blakemore und Frith formulieren, nicht eine einzige, die für Probleme des schulischen Lernens und Lehrens von unmittelbarem Interesse ist. Schulkinder und Jugendliche kommen in dem Report kaum vor, stattdessen ist häufig die Rede von Hirnentwicklung, insbesondere bei Kleinkindern, und von den Mechanismen der abnehmenden Plastizität im alternden Gehirn. Dies ist aber nicht weiter verwunderlich: Die Neurowissenschaftlerinnen hatten vermutlich ein grundsätzlich anderes Verständnis von den Fragestellungen der Lehr-Lern-Forschung als die Koordinatoren des TLRP.

Dennoch deuten auch aktuellere Stellungnahmen darauf hin, dass die Möglichkeiten interdisziplinärer Forschung inhaltlich stark eingeschränkt sind: Die Neurowissenschaftlerin Usha Goswami beispielsweise zeigt auf, dass eine Verbindung von erziehungswissenschaftlicher und neurowissenschaftlicher Forschung am ehesten dort Erfolg verspricht, wo nach neuronalen Korrelaten für abweichende Verhaltensweisen und kognitive Defizite gesucht wird (vgl. GOSWAMI 2004).

Allerdings ist auch der Nutzen solcher Studien für die Erziehungswissenschaft weitestgehend ungeklärt. Viele der bislang erhobenen Befunde seien inkonsistent und einige der daraus gezogenen Schlüsse seien mit Skepsis zu betrachten: Häufig werde suggeriert, dass die Entdeckung eines neurobiologischen Korrelates zugleich den Weg für die Therapie einer entsprechenden Störung weise; das treffe jedoch ebenso wenig zu wie die Vorstellung, durch bildgebende Verfahren Aufschluss über die Ursachen einer bestimmten Störung bzw. eines kognitiven Defizits zu gewinnen (vgl. RUBIA 2002, S. 49). Und Shaywitz et al., die zahlreiche Studien zur Dyslexie durchgeführt haben, weisen darauf hin, dass der Einsatz bildgebender Verfahren zu diagnostischen Zwecken noch Zukunftsmusik sei: „At the present time, fMRI has not progressed to a point where it can be, nor should be, used in the diagnosis of individuals." (SHAYWITZ et al. 2002, S. 108; vgl. dies. 2003, 2004)

Innerhalb der US-amerikanischen Erziehungswissenschaft sind daher zunehmend kritische Stellungnahmen zum Verhältnis „Pädagogik und Hirnforschung" zu finden. In der Studie „How People Learn: Brain, Mind, Experience and School" (1999), die im Auftrag des US National Research Councils (NRC) durchgeführt wurde, werden Neurowissenschaftler dazu angehalten, künftig kritischer mit ihren Forschungsergebnissen umzugehen und Pädagogen keine voreiligen Versprechungen hinsichtlich „neurowissenschaftlich abgesicherter" pädagogischer Praxen zu machen (vgl. BRUER 2002, S. 1032). In einer anderen Studie des NRC, in der es um Kinder mit Leseschwierigkeiten geht, werden zwar zwei Bildgebungsstudien zur Dyslexie angeführt, zugleich jedoch betont, dass die Identifikation „gestörter" Hirnabläufe weder etwas über die Therapierbarkeit noch über die angezeigten Interventionen aussage (ebd.).[17] Eine dritte Studie mit dem Titel „Knowing What Students Know" (2001) kommt schließlich zu dem Ergebnis, „that applications of brain science to general education are currently limitied" (ebd.). Bruer resümiert: „These sober conclusions from educational research community stand in sharp contrast to the enthusiasm for brain science that has been espoused by many journalists, educators and policy advisors." (ebd.)

Diese Einschätzung spiegelt sich auf der Ebene der Fachorganisationen wider: Innerhalb der Amercian Educational Research Association (AERA) existiert zwar seit 1992 eine Special Interest Group (SIG) zum Thema „Brain, Neurosciences, and Education", bislang wurden von dieser Seite aber keine interdisziplinären Forschungsaktivitäten initiiert.[18] Und auch der im Jahre 2002 von der OECD publizierte Bericht „Understanding the Brain. Towards a new Learning Science", in dem die Neurowissenschaften als neue Leitdisziplin der Erziehungswissenschaft proklamiert werden, scheint innerhalb der US-amerikanischen Erziehungswissenschaft wenig positive Resonanz hervorgerufen zu haben (vgl. OECD 2002). Auf die Anfrage, ob es zu dem Projekt-Bericht erziehungswissenschaftliche Reaktionen gäbe, antwortete die OECD, dass sich Politiker, Lehrer und Eltern sehr interessiert zeigten, während „the educational researchers are the most reticent group, on the one hand wary of science testing longstanding theory and practice, and on the other generally sceptic about what brain science can offer to educational practice".[19]

Diese Antwort lässt auf einen Trend schließen, der sich, wie im ersten Abschnitt dargestellt wurde, auch hierzulande zeigt: Die „nicht-wissenschaftliche" Öffentlichkeit reagiert begeistert und setzt große Hoffnungen auf die Kooperation zwischen Neurowissenschaften und Erziehungswissenschaft, während sich Erziehungswissenschafter eher zurückhaltend äußern. Die OECD wertet dies als Ausdruck von Skepsis und konstatiert, dass diese lieber auf bewährte Theorien und Praktiken rekurrieren, als sich mit denen der Neurowissenschaften auseinander zu setzen. Die Begründung der Relevanz neurowissenschaftlicher Erkenntnisse und Methoden für Fragen des Lehrens und Lernens wird auf diese Weise zu einem zirkulären Unternehmen unter Nicht-Erziehungswissenschaftlern, in dem sich verschiedene Parteien jeweils wechselseitig aufeinander beziehen, ohne dass eine inhaltliche Diskussion stattfindet.

4 Relevanz – eine Frage der Perspektive?

Die bisherige Entwicklung – sowohl im deutschsprachigen Raum, als auch im angloamerikanischen Ausland – verdeutlicht, dass das Verhältnis von Neurowissenschaften und Erziehungswissenschaft durch eine Reihe systematischer und methodischer Schwierigkeiten gekennzeichnet ist, die sich nicht einfach lösen lassen. Die Anerkennung dieser Schwierigkeiten wäre eine erste Voraussetzung dafür, dass man sich über transdisziplinäre Forschung Gedanken machen könnte.

Die *pädagogische Relevanz* der bisherigen neurowissenschaftlichen Erkenntnisse wird, im öffentlichen wie im wissenschaftlichen Diskurs, tendenziell überschätzt. Insbesondere deren didaktische Wendung ist problematisch, und zwar zum einen, weil ihnen in der Mehrzahl kaum rekonstruierbare Ableitungskaskaden zugrunde liegen und zum anderen, weil sie häufig mit einer reduktionistischen Deutung menschlichen Lernens als hirnphysiologisches Geschehen einhergeht (vgl. z.B. HERRMANN 2004, S. 473; ARNOLD 2002, S. 122; HÜTHER 2004, S. 493). Auch Herrmanns Aussage, dass die pädagogische Relevanz der modernen Hirnforschung insbesondere darin bestünde, zeigen zu können, warum „so viele pädagogische ‚Klassiker' die richtigen Einsichten hatten" (HERRMANN 2004, S. 471), erweist sich bei näherer Betrachtung als wenig überzeugend. Einige der neurowissenschaftlichen Belege stellen sich bei genauerem Hinsehen als unzulässige Abstraktionen heraus: Vom Vermeidungslernen der Wüstenrennmäuse in der Shuttlebox auf den „Lerntrieb" von Kindern zu schließen (vgl. BRAUN/MEIER 2004, S. 507), ist – aus bereits erwähnten Gründen – unzulässig. Und auch die meisten Aussagen über die Wichtigkeit positiver Gefühle in Lehr-Lern-Situationen stellen sich als Umkehrschlüsse aus Untersuchungen zur Auswirkung von Stress und Angst dar. Tatsächlich stehen neurowissenschaftliche Untersuchungen sowohl über den Einfluss negativer Gefühle, als auch positiver Gefühle auf schulisches Lernen aus (vgl. GOSWAMI 2004, S. 10).

Über die *erziehungswissenschaftliche Relevanz* der Hirnforschung kann man noch nicht abschließend urteilen. Der Einsatz neurowissenschaftlicher Forschungsmethoden innerhalb der Lehr-Lern-Forschung ist mit zahlreichen Problemen behaftet und bislang erweist sich beispielsweise der Einsatz bildgebender Verfahren insbesondere dort als nützlich, wo nach neuronalen Korrelaten für bestimmte kognitive Defizite gesucht wird. Zur Frage nach Unterrichtsqualität, die insbesondere die Unterrichtsforschung beschäftigt, können Bildgebungsstudien derzeit keinen Beitrag leisten (vgl. BECKER 2005).

Es scheint ein Merkmal der deutschsprachigen Diskussion über die Relevanz neurowissenschaftlicher Erkenntnisse zu sein, dass zunächst rezipiert und integriert wird und erst im Anschluss daran – und nur zaghaft – danach gefragt wird, welchen Beitrag die Neurowissenschaften für die erziehungswissenschaftliche *Forschung* liefern können. Transdisziplinarität stellt aber keineswegs einen modischen Imperativ für alle möglichen Disziplinen dar, sondern „a scientific research principle that is active wherever a definition of problems and their solutions is not possible within a given field or discipline" (MITTELSTRASS 2002, S. 54).

In diesem Sinne deute ich das bisherige Ausstehen transdisziplinärer Projekte zwischen Erziehungswissenschaft und Neurowissenschaften weder als ein Zeichen von mangelnder Kooperationsbereitschaft von Seiten der Erziehungswissenschaft – wie derzeit im Mediendiskurs behauptet wird –, noch als Beleg für deren forschungsmethodische Rückständigkeit. Vielmehr ist sie die Konsequenz aus der bislang dürftigen Schnittmenge von forschungsleitenden Fragestellungen und der begrenzten Anwendbarkeit neurowissenschaftlicher Untersuchungsmethoden in der erziehungswissenschaftlichen Forschung.

Anmerkungen

1 Ich danke dem Hanse-Wissenschaftskolleg (HWK) und insbesondere Gerhard ROTH und Uwe OPOLKA für zahlreiche Einblicke in und Diskussionen über methodische und theoretische Entwicklungen der Neurowissenschaften. Sie haben maßgeblich zur Tiefenschärfe dieser und anderer Arbeiten zum Themengebiet „Neurowissenschaften und Pädagogik" beigetragen, die im Rahmen meiner zweijährigen Forschungstätigkeit am HWK entstanden sind.
2 Die Verwendung anderer „synonymer" Begriffe wie Neurobiologie oder Neurowissenschaften bringt keine weiteren Treffer.
3 Vgl. hierzu die Beiträge von STARK/BISCHOF/SCHEICH (1999) und STARK/BISCHOF/WAGNER/ SCHEICH (2001).
4 Spitzer geht in Zeitungsartikeln nicht näher auf die Experimente ein. In einer seiner Publikationen „Lernen. Gehirnforschung und die Schule des Lebens" vertritt er aber die gleiche These und beschreibt das Vorgehen wie folgt: Den Versuchspersonen wurden „zunächst Bilder präsentiert, die entsprechend positive, negative oder neutrale Emotionen hervorrufen, bevor ihnen ein neutrales Wort, welches sie einspeichern sollten, gezeigt wurde. Nachher wurden die Versuchspersonen gebeten, sich an die Wörter frei zu erinnern. Wir konnten nachweisen, dass der emotionale Kontext, in dem die Einspeicherung der Wörter geschieht, einen modulierenden Einfluss auf die spätere Erinnerungsleistung hat." (Spitzer 2002, S. 165) Der emotionale Kontext wird demnach durch das Präsentieren bestimmter Bilder hergestellt und nicht etwa durch eine bestimmte (schulische) Lernumgebung. Interessant ist auch, dass es in dem Versuch lediglich um das Wiedererinnern neutraler Wörter geht. Über schulisches Lernen lässt sich aus diesem Experiment deshalb nichts folgern.
5 Dann nämlich fallen Beiträge in fachdidaktischen Zeitschriften (beispielsweise solche für den Biologieunterricht, in denen Unterrichtsvorschläge zur Behandlung des Themas „Gehirn" bzw. „Zentrales Nervensystem" unterbreitet werden), populärwissenschaftliche Veröffentlichungen (z.B. die Ratgeberliteratur zum „hirngerechten" Lernen und Lehren oder Erziehungsratgeber, die Hirnforschung heranziehen) und Beiträge aus dem Bereich der Sonder- und Heilpädagogik heraus (zur Ratgeberliteratur, die auf Hirnforschung rekurriert, vgl. BECKER 2005).
6 Rittelmeyer referiert insgesamt sechs Forschungsbereiche, in denen biowissenschaftliche Erkenntnisse von zentraler Bedeutung sind und widmet dabei ein Kapitel ausschließlich der Hirnforschung.
7 In dieser Ausgabe finden sich zwar weitere Aufsätze mit neurowissenschaftlichen Bezügen (vgl. HÜTHER 1999; BÄHR 1999), allerdings weisen diese keine Beziehung zu genuin pädagogischen Fragen auf. Diese beiden Beiträge werden daher in der weiteren Analyse nicht berücksichtigt.
8 Insgesamt sechsteilige Serie zum Thema „Biowissenschaften und Pädagogik". Der Beitrag von TILLMANN (2000) dokumentiert die Abschlussdiskussion, an der Wissenschaftler aus unterschiedlichen Disziplinen teilnahmen.
9 Aus diesem Grund werden an dieser Stelle auch keine Publikationen zum Thema konstruktivistische Didaktik aufgeführt: Innerhalb der konstruktivistischen Argumentation stellen die Neurowissenschaften nur einen Rezeptionsausschnitt unter anderen dar.
10 Vgl. auch den Beitrag von LENZEN (1997), in dem hirnphysiologische Grundlagen in Zusammenhang mit den Begriffen Selbstorganisation, Autopoiesis und Emergenz gebracht und eine Ablösung des Bildungsbegriffes diskutiert wird.
11 Das Gleiche gilt für Studien, die sich mit den Auswirkungen von starkem Stress, z.B. durch Missbrauchs- oder Misshandlungserfahrungen in der Kindheit, auf neurophysiologischer und psychologischer Ebene befassen (vgl. TEICHER 2002).
12 Bruer hat ausführlich herausgearbeitet, dass im US-amerikanischen Diskurs über die Bedeutung sensibler Phasen viele Neurowissenschaftler maßgeblich zur Verbreitung publikumswirksamer, aber letztlich ungesicherter pädagogischer Hypothesen beigetragen haben: „The claim that the period of high brain connectivity is a critical period for learning, far from being a neuroscientific finding about which educators can be confident, is at best neuroscientific speculation." (BRUER 1999; vgl. ders. 2003) Bruer zeigt anhand unterschiedlicher Interpretationen der synaptischen Entwicklung auf, dass innerhalb der Neurowissenschaften keine Einigkeit darüber besteht, was beispielsweise die Dichte von Neuronen bedeute oder ob für alle kognitiven Funktionen Zeitfenster existieren und wie variabel man sich diese vorzustellen hätte (vgl. BRUER 1998a, 1998b; ders. 1999; 2000).
13 Ein typisches Beispiel stellen neurowissenschaftliche Reiz-(bzw. „Informations"-)Verarbeitungsmodelle dar, die plausible Erklärungen dafür liefern, weshalb Wissen nicht von einem Gehirn in ein

anderes übertragen werden kann. Ausgehend von diesem Modell entwickelte sich innerhalb der Allgemeinen Didaktik eine rege Diskussion über konstruktivistische Unterrichtsbeschreibungen und -modelle (vgl. TERHART 1999; SIEBERT 2003).

14 Dies gilt für den genuin wissenschaftlichen Diskurs; in der Sparte der populärwissenschaftlichen pädagogischen Literatur, insbesondere der Ratgeberliteratur, verhält sich dies anders. Bruer konnte zeigen, dass Ratgeber über „hirngerechten" Unterricht und Erziehungsratgeber für Eltern seit Anfang der 1990er-Jahre innerhalb der USA einen regelrechten Boom erleben, während sich die wissenschaftliche Community gegenüber vermeintlich „hirngerechten" Praxen (i.O. „brain-based education") durchweg kritisch äußert. Die große Popularität solcher Ratgeber führt Bruer vor allem auf die öffentlichkeitswirksame Inszenierung der „Decade of the Brain" zurück, in deren Rahmen nicht zuletzt Hirnforscher mit großem Nachdruck Veränderungen des Bildungs- und Erziehungssystems gefordert hatten, die sie neurowissenschaftlich begründen wollten (vgl. BRUER 1998; ders. 1999, 2000, 2002).

15 Nähere Informationen zum TLRP unter: http://www.tlrp.org

16 Stattdessen wurde ein Informationsaustausch mit der „Lifelong Learning Foundation" (einer gemeinnützigen Stiftung) vereinbart, um ggf. zu einem späteren Zeitpunkt Forschungsbedarf und -möglichkeiten zu fomulieren.

17 Die Studie erschien im Jahr 1998 unter dem Titel „Preventing Reading Difficulties in Young Children".

18 Nähere Informationen zur Special Interest Group (SIG) der AERA finden sich unter: http://www.tc.umn.edu/~athe0007/BNEsig/

19 Diese Frage habe ich im Juli 2004 direkt an die OECD gerichtet.

Literatur

ARNOLD, M. (2002): Aspekte einer modernen Neurodidaktik. Emotionen und Kognitionen im Lernprozess. – München.

BECKER, N. (2002): Perspektiven einer Rezeption neurowissenschaftlicher Erkenntnisse in der Erziehungswissenschaft. In: Zeitschrift für Pädagogik, 48. Jg., H. 5, S. 707-719.

BECKER, N. (2004): Von der Schädellehre zu den modernen Neurowissenschaften. Ansichten über den Einfluss von Erziehung auf die Gehirnentwicklung. In: Jahrbuch für historische Bildungsforschung. Band 10. Sektion Bildungsforschung der Deutschen Gesellschaft für Erziehungswissenschaft (Hg.). – Bad Heilbrunn, S. 133-160.

BECKER, N. (in Druck): Die neurowissenschaftliche Herausforderung der Pädagogik. – Bad Heilbrunn.

BIRBAUMER, N./SCHMIDT, R.F. (2003): Biologische Psychologie. – 5. Aufl. – Berlin.

BLAKEMORE, S.-J./FRITH, U. (2000): The implications of recent developments in neuroscience for research on teaching and learning. Online unter: http://www. caret.cam.ac.uk/pub/acadpub/Blakemore2000.pdf (Stand 28.08.2004)

BRAUN, A.K./MEIER, M. (2004): Wie Gehirne laufen lernen oder: ‚Früh übt sich, wer ein Meister werden will!' In: Zeitschrift für Pädagogik, 50. Jg., H. 4, S. 507-520.

BRUER, J.T. (1998): Brain Science, Brain Fiction. Online unter: http://www.ascd.org/ author/el/98/nov/bruer.html (Stand: 12.07.04)

BRUER, J.T. (1999): In Search of... Brain-Based Education. Online unter: http://www. pdkintl.org/kappan/kbru9905.htm (Stand: 12.07.04)

BRUER, J.T. (2000): Der Mythos der ersten drei Jahre. Warum wir lebenslang lernen. – Weinheim.

BRUER, J.T. (2002): Avoiding the pediatrician's error: how neuroscientist can help educators (and themselves). In: nature neuroscience supplement, Nr. 5, november 2002, S. 1031-1033. Online unter: http://www.nature.com/cgi-taf/DynaPage.taf?file=/neuro/journal/v5/n11s/full/nn934.html&filetype=pdf (Stand 08.09.2004)

BRUMLIK, M. (1999): Humanismus, Biologismus und die Pädagogik. In: Der pädagogische Blick, 7. Jg., H. 4, S. 197-206.

DESFORGES, C. (2000): A report on the consultation exercise on the Blakemore and Frith report: The implications of recent developments in neuroscience for research on teaching and learning. Online unter: http://www.tlrp.org/acadpub/Desforges2000a.pdf (Stand: 08.09.2004) Online unter: http://www.tlrp.org/acadpub/Desforges2000c.pdf (Stand: 08.09.2004)

DICHGANS, J. (1994): Die Plastizität des Nervensystems. Konsequenzen für die Pädagogik. In: Zeitschrift für Pädagogik, 40. Jg., H. 2, S. 229-246.
DRERUP, H. (1990): Erziehungswissenschaft in den Medien. In: DRERUP, H./TERHART, E. (Hrsg.): Erkenntnis und Gestaltung. Vom Nutzen erziehungswissenschaftlicher Forschung in praktischen Verwendungskontexten. – Weinheim, S. 45-80.
FRIEDRICH, G./PREISS, G. (2003): Neurodidaktik. Bausteine für eine Brückenbildung zwischen Hirnforschung und Didaktik. In: Pädagogische Rundschau, 57. Jg., H. 2. S. 181-199.
GASSER, P. (2002): Was lehrt uns die Neuropsychologie? – Bern.
GOSWAMI, U. (2004): Neuroscience and education. In: British Journal of Educational Psychology, 74. Jg., H. 1, S. 1-14.
GRZESIK, J. (2002): Operative Lerntheorie: Neurobiologie und Psychologie der Entwicklung des Menschen durch Selbstveränderung. – Bad Heilbrunn.
HERRMANN, U. (2004): Gehirnforschung und die Pädagogik des Lehrens und Lernens: Auf dem Weg zu einer ‚Neurodidaktik'? In: Zeitschrift für Pädagogik, 50. Jg., H. 4, S. 471-474.
HÜTHER, G. (2004): Die Bedeutung sozialer Erfahrungen für die Strukturierung des menschlichen Gehirns. Welche sozialen Beziehungen brauchen Schüler und Lehrer? In: Zeitschrift für Pädagogik, 50. Jg., H. 4, S. 487-495.
JANK, W./MEYER, H. (2002): Didaktische Modelle. – 5. Aufl. – Berlin.
KAGAN, J. (2000) Die drei Grundirrtümer der Psychologie. – Weinheim.
KLOTZ, A. (2003): Selbstorganisation des Lernens. Ein adäquater anthropologischer Lernbegriff unter dem evolutiven Kontinuum der Selbstorganisation. – Aachen.
LENZEN, D. (1997): Lösen die Begriffe Selbstorganisation, Autopoiesis und Emergenz den Bildungsbegriff ab? In: Zeitschrift für Pädagogik, 43. Jg., H. 6, S. 949-967.
LIEGLE, L. (2002): Ein neuer Meilenstein auf dem Weg zu einer ‚Biopädagogik'? Rezensionsaufsatz. Zwei Bücher von Annette Scheunpflug im Kontext der Rezeption biowissenschaftlicher Erkenntnisse in der Pädagogik. In: Sozialwissenschaftliche Literatur-Rundschau. Sozialarbeit, Sozialpädagogik, Sozialpolitik, soziale Probleme, Bd. 25, H. 44, S. 5-27.
MILLER-KIPP, G. (1992): Wie ist Bildung möglich? Die Biologie des Geistes unter pädagogischem Aspekt. – Weinheim.
MILLER-KIPP, G. (1998): Konstruktionen überall. Biologische Forschung nebst erkenntnistheoretischen Diskursen über das Gedächtnis, und was Pädagogen und Pädagogik damit anfangen können. In: DIECKMANN, B./STING, S./ZIRFAS, J. (Hrsg.): Gedächtnis und Bildung. – Weinheim, S. 92-116.
MILLER-KIPP, G. (2003): Eine technische Auffassung der Natur des Menschen wird von der Gehirnbiologie nicht unterschieben. Zur kritischen Gemeinsamkeit zwischen kognitiver Neurobiologie und pädagogischer Anthropologie. In: LIEBAU, E./PESKOLLER, H./WULF, C. (Hrsg.): Natur. Pädagogisch-anthropologische Perspektiven. – Weinheim.
MITTELSTRASS, J. (2002): Transdisciplinarity – New Structures in Science. In: Max-Planck-Gesellschaft (Hrsg.): Innovative Structures in Basic Research. Ringberg-Symposium 4.-7. October 2000. – München, S. 43-54.
NIPKOW, K.E. (2002): Möglichkeiten und Grenzen eines evolutionären Paradigmas in der Erziehungswissenschaft. In: Zeitschrift für Pädagogik, 48. Jg., H. 5, S. 670-689.
OECD (2002): Understanding the Brain. Towards a new Learning Science. Online unter: http://www1.oecd.org/publications/e-book/9102021E.PDF (Stand: 16.05.2004)
OTTO, B. (1995): Ist Bildung Schicksal? Gehirnforschung und Pädagogik. – Weinheim.
PASCHEN, H. (1988): Das Hänschen-Argument. Zur Analyse und Evaluation pädagogischen Argumentierens. – Wien.
PAUEN, S. (2004): Zeitfenster der Gehirn- und Verhaltensentwicklung. In: Zeitschrift für Pädagogik, 50. Jg., H. 4, S. 521-530.
POLLARD, A. (2002): TLRP (Teaching and Learning Research Programme): academic challenges for moral purposes. Online unter: http://www.tlrp.org/acadpub/Pollard 2002a.pdf (Stand: 08.09.2004)
RITTELMEYER, C. (2002): Pädagogische Anthropologie des Leibes. Biologische Voraussetzungen der Erziehung und Bildung. – Weinheim.
ROTH, G. (2004): Warum sind Lehren und Lernen so schwierig? In: Zeitschrift für Pädagogik, 50. Jg., H. 4, S. 496-506.
RUBIA, K. (2002): The dynamic approach to neurodevelopmental psychiatric disorders: use of fMRI combined with neuropsychology to elucidate the dynamics of psychiatric disorders, exemplified in ADHD and schizophrenia. In: Behavioral Brain Research 130, S. 47-56.

SACHSER, N. (2004): Neugier, Spiel und Lernen: Verhaltensbiologische Anmerkungen zur Kindheit. In: Zeitschrift für Pädagogik, 50. Jg., H. 4, S. 475-486.
SCHEUNPFLUG, A. (2001): Biologische Grundlagen des Lernens. – Berlin.
SCHIRP, H. (2003): Neurowissenschaften und Lernen. Was können neurobiologische Forschungsergebnisse zur Unterrichtsgestaltung beitragen? In: Die Deutsche Schule, 95. Jg., H. 3, S. 304-316.
SHAYWITZ, B.A. et al. (2002): Disruption of Posterior Brain Systems for Reading in Children with Developmental Dyslexia. In: Biological Psychiatry, 52, S. 101-110.
SHAYWITZ, B.A. et al. (2004): Development of Left Occipitotemporal Systems for Skilled Reading in Children After a Phonologically-Based Intervention. In: Biological Psychiatry, 55, S. 926-933.
SHAYWITZ, S.E. et al. (2003): Neural Systems for Compensation and Persistence: Young Adult Outcome of Childhood Reading Disability. In: Biological Psychiatry, 54, S. 25-33.
SIEBERT, H. (2003): Vernetztes Lernen. Systemisch-konstruktivistische Methoden der Bildungsarbeit. – München/Unterschleißheim.
SKINNER, B.F. (1954): The Science of Learning and the Art of Teaching. In: Harvard Educational Review, Bd. 24, S. 86-97.
SPITZER, M. (2002): Lernen. Gehirnforschung und die Schule des Lebens. – Heidelberg.
STANDOP, J. (2002): Emotionen und kognitives schulisches Lernen aus interdisziplinärer Perspektive. Emotionspsychologische, neurobiologische und schulpädagogische Zusammenhänge – ihre Berücksichtigung im Schulischen Bildungsauftrag wie den Forschungen zum Unterrichtsklima und der Klassenführung. – Frankfurt a.M.
STARK, H./BISCHOF, A./SCHEICH, H. (1999): Increase of extracellular dopamine in prefrontal cortex of gerbils during acquisition of the avoiding strategy in the shuttle-box. In: Neuroscience Letters, 264, S. 77-80.
STARK, H./BISCHOF, A./WAGNER, T./SCHEICH, H. (2001): Activation of the dopam-energic system of medial prefrontal cortex of gerbils during formation of relevant associations for the avoiding strategy in the shuttle-box. In: Progress in Neuropsychopharmacology and Biological Psychiatry, 25, S. 409-426.
STERN, E. (2004): Wie viel Hirn braucht die Schule? In: Zeitschrift für Pädagogik, 50. Jg., H. 4, S. 531-538.
TEICHER, M.H. (2002): Wunden, die nicht verheilen. In: Spektrum der Wissenschaft, H. 7, S. 78-85.
TERHART, E. (1983): Unterrichtsmethode als Problem. – Weinheim.
TERHART, E. (1999): Konstruktivismus und Unterricht. Gibt es einen neuen Ansatz in der Allgemeinen Didaktik? In: Zeitschrift für Pädagogik, 45. Jg., H. 5, S. 629-648.
TILLMANN, K.-J. (2000): Zwischen neuen Erkenntnissen und reiner Analogiebildung. Abschließende Diskussion zur Serie ‚Biowissenschaft und Pädagogik'. In: Pädagogik, 52. Jg., H. 7-8, S. 73-79.

Verzeichnis der Zeitungsartikel

DARNSTÄDT, TH./KOCH, J./WINTER, S. (2002): Lustgefühl beim Lernen. In: Der Spiegel, Nr. 27 vom 01.07.2002, S. 78-80.
DER SPIEGEL (01.07.2002): „Begeisterung diszipliniert." Der Magdeburger Hirnforscher Henning Scheich über richtigen und falschen Unterreicht. S. 76-77.
EBERLE, U. (2002): Die Hirnerzieherin. In: Die Zeit, Nr. 48, S. 36. Online unter: http://www.zeit.de/2002/48/Lernen-Eliot (Stand: 08.09.2004)
ELSCHENBROICH, D. (2000): Was gibt es Neues auf der Welt? In: Frankfurter Allgemeine Zeitung, 01.03.2000, S. 6.
ELSCHENBROICH, D. (2001): Verwandelt Kindergärten in Labors, Ateliers, Wälder. In: Die Zeit, Nr. 44. Online unter: http://www.zeit.de/2001/44/Wissen/200144_b-kita-elschenbr.html (Stand 08.09.2004)
ESSER, B. (2000): Was Hänschen lernt. In: Focus, 04.03.2000, S. 82-88.
ESSER, B. (2002): Wie man Wissen schafft. In: Focus, 21.10.2002, S. 72-80.
FOCUS (17.12.2001): Die ersten zehn Jahre entscheiden. Der Neurobiologe Ernst Pöppel über die Entwicklung des Gehirns, das Lernen und die Defizite unseres Schulsystems, S. 42.
FRANKFURTER ALLGEMEINE ZEITUNG (15.08.2004): Was haben Lehrer von der Hirnforschung? Online unter: http://www.mpib-berlin.mpg.de/de/aktuelles/presse.htm

FRANKFURTER ALLGEMEINE ZEITUNG (05.12.2003): Erzieher akademisch ausbilden. Online unter: http://www.liga-kind.de/pages/newsletter51.htm
FRANKFURTER ALLGEMEINE ZEITUNG (23.04.2004): Nicht von gestern. Nr. 95, S. 12.
FRANKFURTER RUNDSCHAU (30.09.2003): Auf falschen Fährten.
FRIEDRICH, G. (2003): Im Land der märchenhaften Zahlen. In: Die Zeit, Nr. 40. Online unter: http://www.zeit.de/2003/40/Neurodidaktik4 (Stand: 31.08.2004)
HERRMANN, U. (2003): Es gibt die erfolgreiche Spaßpädagogik. Lust auf fortgesetztes Lernen: Wie die für Reformen offenen Lehrer von der Hirnforschung profitieren können. In: Frankfurter Rundschau, Nr. 275 vom 25.11.2003, S. 31.
HÜTHER, G. (2003): Bittere Erfahrung. In: Frankfurter Rundschau, 07.10.2003, S. 31.
JOX, M. (2002): Die Lehrer sind schuld. In: taz, 20.11.2002, S. 24.
KERSTAN, T./ THADDEN, E. (2004): Wer macht die Schule klug? Ein Streitgespräch zwischen dem Hirnforscher Manfred Spitzer und der Kognitionspsychologin Elsbeth Stern. In: Die Zeit, Nr. 28 vom 01.07.2004, S. 69-70.
KLEIN, S. (2000): Training fürs Köpfchen. Wie Schulen lehren müssten. Ein Gespräch zur Neurobiologie des Lernens mit dem Hirnforscher T. Sejnowski. In: Die Zeit, Nr. 24. Online unter: http://www.zeit.de/archiv/2000/24/200024.sejnowksi_interv.xml (Stand 08.09.2004)
KOCH, J. (2004): Feindliche Übernahme. In: Der Spiegel, Nr. 31 vom 26.07.2004, S. 118-199.
KONRAD, L. (2003): Vom Labor ins Klassenzimmer. Hirnforscher und Pädagogen könnten voneinander lernen, tun es aber nur selten. In: Süddeutsche Zeitung, 24.06.2003, S. 16.
KUTTER, K. (2001): Wie Tomaten in den Ketchup kommen. In: taz, 22.05.2001, S. 22.
MIKETTA, G. (1996): Kluge Köpfchen. In: Focus, 04.03.1996, S. 160-166.
MILTNER, F. (1997): Lebenslanger Nervenkitzel. In: Focus, 08.02.1997, S. 116-120.
NOLLER, U. (2001): „Kinder sind hochtourige Lerner". In: taz, 11.07.2001, S. 17.
PAULUS, J. (2003): Lernrezepte aus dem Hirnlabor. In: Die Zeit, Nr. 38. Online unter: http://www.zeit.de/2003/38/B-Neurodidaktik (Stand: 31.08.2004)
RUBNER, J. (2003): Lernen als Droge. Hirnforscher Gerhard Roth erklärt Schulbehörde pädagogische Tricks. Süddeutsche Zeitung, Nr. 190, 20.08.2003, S. 12.
SACHSE, K. (2002): Große Ziele für kleine Personen. In: Focus, 27.05.2002, S. 46-47.
SCHEICH, H. (2003): Lernen unter der Dopamindusche. Was uns Versuche an Mäusen über die Mechanismen des menschlichen Gehirns verraten. In: Die Zeit, Nr. 39. Online unter: http://www.zeit.de/2003/39/Neurodidaktik_2 (Stand: 16.05.2004)
SCHMOLL, H. (2003): Neurodidaktik. Wie die Schulen die Erkenntnisse der Hirnforschung für das Lernen nutzen können. In: Frankfurter Allgemeine Zeitung, Nr. 198 vom 27.08.2003, S. 10.
SIEFER, W. (2002): Was Synapsen wünschen. In: Focus, 21.10.2002, S. 84-86.
SPITZER, M. (2003a): Medizin für die Pädagogik. In: Die Zeit, Nr. 39. Online unter: http://www.zeit.de/2003/39/Neurodidaktik (Stand: 16.05.2004)
SPITZER, M. (2003b): Unter Strom. Die Hirnforschung darf als Schlüssel zum Lernen nicht ignoriert werden. In: Frankfurter Rundschau, 28.10.2003, S. 31.
STERN, E. (2003a): Rezepte statt Rezeptoren. In: Die Zeit, Nr. 40. Online unter: http://www.zeit.de/2003/40/Neurodidaktik2 (Stand: 08.09.2004)
STERN, E. (2003b): Auf falschen Fährten. Wie man intelligentes Wissen zum Lernen bereitstellt – das müsste zentrales Thema der derzeitigen Bildungsdebatte sein. Frankfurter Rundschau, Nr. 228, 30.09.2003, S. 31.
STERN (04.09.2003): Mein Kind lernt nicht gut! Online unter: http://www.stern.de/wirtschaft/arbeitkarriere/512379.html?nv=cb (15.05.2005)
STERN (08.09.2004): Wie Kinder besser lernen. Online unter: http://www.stern.de/wirt- schaft/arbeitkarriere/529498.html?nv=cb (15.05.2005)
THADDEN, E. (2001): Nur das Beste für das Kind. In: Die Zeit, Nr. 5. Online unter: http://www.zeit.de/2001/05/Kultur/200105_st-kinder.html (Stand: 08.09.2004)
THIMM, K. (2002): „Guten Morgen, liebe Zahlen". In: Der Spiegel, Nr. 27 vom 01.07.2002, S. 68-77.
WOLSCHNER, K. (2002): „Die Verblödung fängt mit der Geburt an." In: taz, 28.10.2002, S. 22.

Anschrift der Verfasserin: Dr. phil. Nicole Becker, Eberhard Karls Universität Tübingen, Institut für Erziehungswissenschaft – Abteilung Allgemeine Pädagogik, Münzgasse 22-30, 72070 Tübingen, E-Mail: nicole.becker@uni-tuebingen.de

Thomas Müller

Erziehungswissenschaftliche Rezeptionsmuster neurowissenschaftlicher Forschung

Zusammenfassung
In den Erziehungswissenschaften lässt sich seit einigen Jahren eine verstärkte Auseinandersetzung mit Forschungsergebnissen aus dem Bereich der Neurowissenschaften beobachten. Die Meinungen darüber, welchen Stellenwert neurowissenschaftliche Befunde für pädagogische Theorie und Praxis haben, gehen weit auseinander. Der vorliegende Beitrag stellt zunächst den epistemischen Kontext dieses interdisziplinären Transfers dar, um danach einen Überblick über den Stand der erziehungswissenschaftlichen Diskussion zu geben. Vorgestellt werden drei unterschiedliche Muster erziehungswissenschaftlicher Wahrnehmung und Beurteilung: Während „direkte Aufnahmen" und „kritische Begrenzungen" entweder auf Import oder auf Zurückweisung neurowissenschaftlicher Erkenntnisse setzen, versuchen „kritische Übersetzungen" erziehungswissenschaftliche Rückfragen an neurowissenschaftliche Forschung zu formulieren.

Schlüsselwörter: Erziehungswissenschaft; Neurowissenschaften/Hirnforschung; Interdisziplinarität; Rezeption; Naturalismus

Summary
Patterns of Perception of Neuroscientific Research in Education Science
In recent years the results of brain research and contemporary neuroscience have attracted great attention in the field of education science. However, debates continue on the relevance neuroscientific findings for educational theory and practice. After sketching out the epistemic context in which this debate takes place, this paper distinguishes between three different patterns of perception and appraisal of neuroscientific knowledge in education science: While 'direct employments' and 'critical limitations' focus on either directly integrating or rejecting neuroscientific knowledge, 'critical translations' approach contemporary neuroscience by asking specific questions which are of particular concern to education science.

Keywords: reception education science/neuroscience; interdisciplinarity; naturalism

Die Diskussion über Implikationen der neuesten Hirnforschung hat auch die Erziehungswissenschaft erreicht. Neurowissenschaftler weisen seit einigen Jahren vermehrt auf die Relevanz ihrer Erkenntnisse für pädagogisches Handeln hin und haben damit eine öffentlichkeitswirksame Aufforderung zur Rezeption formuliert. Gegenwärtig wird diese Aufforderung nicht allein in der pädagogischen Praxis, sondern auch von Seiten wissenschaftlicher Pädagogik aufgegriffen. Noch in den 1990er Jahren war das erziehungswissenschaftliche Interesse an neurowissenschaftlichen Theorieangeboten und Forschungsergebnissen eher sporadisch. Eine beachtliche Medienresonanz und die geschickte Popularisierung neurowissenschaftlicher Erkenntnisse haben in den vergangenen Jahren vermutlich zu einer verstärkten Aufmerksamkeit gegenüber der Hirnforschung beigetragen. Auch wenn zur Zeit außer Frage steht, dass man sich von erziehungswissenschaftlicher Seite um eine Rezeption neurowissenschaftlicher Forschungen bemüht, gibt es sehr unterschiedliche Meinungen darüber, was genau an diesen Forschungen pädagogisch relevant ist. In jüngster Zeit hat sich der erziehungswissenschaftliche Diskurs weiter ausdifferenziert, so dass nun Themen, die auf ganz verschiedenen Ebenen gelagert sind, mit Bezug auf neurowissenschaftliche Forschungsergebnisse erörtert werden. Dabei umfasst das Themenspektrum u.a. disziplinpolitische Fragen, bildungsphilosophische Reflexionen, Erörterungen schulpraktischer Probleme und bildungspolitische Vorschläge.

In diesem Beitrag wird versucht, einige Antworten auf die Frage zu geben, was neurowissenschaftliches Wissen aus erziehungswissenschaftlicher Perspektive attraktiv macht. Zunächst wird der überwölbende epistemische Kontext skizziert, in dem sich der gegenwärtige Diskurs über die Neurowissenschaften verorten lässt (1). In einem zweiten Abschnitt geht es um eine Analyse der erziehungswissenschaftlichen Rezeption neurowissenschaftlichen Wissens, in der gegenwärtige Muster der Wahrnehmung und Beurteilung identifiziert werden (2). Die hier vorgestellten Muster der direkten Aufnahme, der kritischen Begrenzung und der kritischen Übersetzung neurowissenschaftlichen Wissens in pädagogische Kontexte verweisen auf Probleme im Spannungsfeld von Disziplinarität und Interdisziplinarität. In einem dritten Abschnitt werden diese Probleme sowie Anschlussfragen für die erziehungswissenschaftliche Forschung thematisiert (3).

1 Hirnforschung im Kontext

Im Gefolge der Kognitionswissenschaften avancierte in den vergangenen Jahrzehnten vor allem die Neurobiologie zu einer wissenschaftlichen Disziplin, die beansprucht, auch mentale, kulturelle und soziale Phänomene beschreiben und erklären zu können. Gegenstandsbereiche, die bislang oftmals allein im Reservat der *humanities*, d.h. der Geistes-, Sozial- und Kulturwissenschaften, lagen, werden nun verstärkt von den *sciences*, d.h. unter naturwissenschaftlichem Blickwinkel und mit den methodischen Standards exakter Wissenschaften, untersucht. Das fast anderthalb Jahrhunderte bestehende „Stillhalteabkommen" (ENGEL/GOLD 1998, S. 12) zwischen den Wissenschaften der Natur und denen des Geistes scheint somit endgültig aufgekündigt. Allerdings sind die Ansätze zu einer Überwindung der Dichotomie von Natur- und Geisteswissenschaften nicht neu, sondern ähnlich alt wie der Gegensatz selbst (vgl. RIEGER 2003). Einen gemeinsamen Bezugspunkt finden die im weiten Feld der Natur-, Bio- und Kognitionswissenschaften angesiedelten Forschungsprogramme in der Überzeugung, dass der Mensch, seine kognitiven Fähigkeiten und die von ihm hervorgebrachten Kulturleistungen als *natürliche Dinge* aufzufassen seien (vgl. REUTER 2003, S. 8). Diese Sichtweise auf den Menschen wird meist als *Naturalismus* bezeichnet. Naturalismus ist ein schillernder Sammelbegriff für eine Vielzahl von Theorieströmungen, die sich hinsichtlich ihrer Voraussetzungen, Grundannahmen und Erkenntnisziele zum Teil deutlich voneinander unterscheiden (vgl. KEIL/SCHNÄDELBACH 2000). Diese internen Differenzen lasse ich an dieser Stelle unberücksichtigt, um eine generelle Tendenz naturalistischer Theorien zu betonen: Ihnen gemeinsam ist die Strategie, bislang mit Hilfe eines mentalistischen Vokabulars beschriebene Phänomene zu *naturalisieren*. Gegenüber introspektiv vorgehenden Forschungsansätzen heben sie die methodologische Bedeutung öffentlich zugänglicher und intersubjektiv überprüfbarer Beobachtung hervor (vgl. BENNETT/HACKER 2003, S. 353ff.).

Das Projekt einer „Naturalisierung des Geistigen" verfolgen die modernen Neurowissenschaften, die sich der Erforschung der neuronalen Korrelate kognitiver Fähigkeiten widmen, gemeinsam mit anderen Natur- und Biowissenschaften. Daneben waren und sind philosophische Strömungen wie z.B. der Pragmatismus am Projekt einer Naturalisierung der Intelligenz interessiert (vgl. BELLMANN 2005, S. 66f., S. 74). Von seiner Grundstruktur verweist dieses Projekt auf die Frage nach dem Zusammenspiel von Leib und Seele, Körper und Geist bzw. Gehirn und Bewusstsein. Reizvoll erscheint dieses Projekt nicht zuletzt deshalb, weil es jene Zwei-Welten-Lehre zu überwinden verspricht, die den neuzeitlichen Diskurs über den Menschen dominiert. Die Annahme einer kategorialen Differenz, eines glatten Schnitts zwischen dem Bereich der Natur und dem Bereich des Geistes (oder der Sphäre der Kultur) wird bereits durch die Evolutionstheorie radikal in Frage gestellt (vgl. DENNETT 1995/1997). Ausgehend von evolutionstheoretischen Prämissen versucht auch die kognitive Neurobiologie eine *einheitliche* wissenschaftliche Beschreibung und Erklärung des Menschen und seiner Stellung in der Natur vorzulegen, indem sie menschliches Bewusstsein und Verhalten auf Prozesse im Gehirn zurückführt (vgl. SINGER 2002a, S. 145f.). Etwas unübersichtlich wird die Situation indes, wenn Neurobiologen die Geltungsansprüche ihrer wissenschaftlichen Erklärungen auf den lebensweltlichen Bereich ausdehnen. In diesem Zusammenhang hat vor allem das neurobiologische Plädoyer für eine grundlegende Reform des menschlichen Selbstbildes medien- und fachöffentliches Aufsehen erregt (vgl. ROTH 2003; SINGER 2003). Die gegenwärtig erst in Umrissen erkennbare neurobiologische Anthropologie leitet sich u.a. aus Experimenten zum Zusammenhang von Gehirnaktivität und bewusster Entscheidung her, die als Widerlegung des (wissenschaftlich und lebensweltlich) etablierten Verständnisses von Willensfreiheit interpretiert werden. Mit solchen und ähnlichen Einschätzungen übernehmen Hirnforscher die Rolle von Provokateuren, die nicht nur klassische philosophische und pädagogische Denkweisen zu irritieren vermögen, sondern das menschliche Selbstverständnis *grosso modo* als Selbsttäuschung zu entlarven beanspruchen (zur Übersicht über diese Debatte vgl. GEYER 2004).

Indem sich die Natur-, Bio- und Kognitionswissenschaften neue Themenfelder erschließen, scheinen sie Grundlagen geisteswissenschaftlicher Erkenntnis in Zweifel zu ziehen. Ein solcher naturwissenschaftlicher „Imperialismus", wie er sich auch in den Deutungsansprüchen kognitiver Neurobiologie zeigt, wird jedoch nicht kommentarlos akzeptiert. So wenden beispielsweise Wissenschaftshistoriker ein, das neurobiologische Dogma sei keineswegs so unumstößlich, wie Hirnforscher zuweilen suggerieren: „Die Begriffe und Konzepte, auf welche sich dieses Dogma stützt, sind eben keine absoluten, ein für allemal unveränderlichen Pfeiler des wissenschaftlichen Denkgebäudes; sie sind gewachsen in einem historischen Prozess, geformt durch Überlegungen, Interpretationen und Überzeugungen, die keineswegs nur der reinen Wissenschaft entstammen." (FLOREY/BREIDBACH 1993, S. XI) Gerade die außerwissenschaftlichen Bezugspunkte neurowissenschaftlicher Forschung, ihre historischen, kulturellen und sozialen Hintergründe sind in jüngster Zeit aus verschiedenen Perspektiven genauer untersucht worden (vgl. z.B. HAGNER 2004; KRÜGER 2004; KUHLMANN 2004). Die kritischen Seitenblicke anderer Wissenschaften auf historische Grundlagen und kulturelle Implikationen der Hirnforschung haben mit dazu beigetragen, dass Neurobiologen die Verfasstheit ihrer eigenen Disziplin und ihre Rolle in interdisziplinären Diskussionen stärker reflektieren (vgl. SINGER/PRINZ 2005) sowie theoretische Inkonsistenzen in der eigenen Argumentation zu korrigieren versuchen (vgl. ROTH 2004a).

Wenn man nach den *pädagogischen* Implikationen der Hirnforschung fragt, ist es sinnvoll, den eben angesprochenen Problemhorizont zu berücksichtigen. Auch im Falle der erziehungswissenschaftlichen Thematisierung neurowissenschaftlichen Wissens überschneiden sich zwei erkenntnis- und wissenschaftstheoretisch relevante Problemkomplexe. Zum einen ist zu überlegen, in welchem Zusammenhang *Natur* und *Kultur* stehen und welche Probleme eine Auflösung dieser Unterscheidung, wie sie naturalistische Theorieangebote vornehmen, nach sich ziehen könnte. Zum anderen ist der Zusammenhang von *Disziplinarität* und *Interdisziplinarität* zu prüfen, indem die Möglichkeiten und Grenzen eines problembezogenen Austauschs zwischen Erziehungswissenschaft und Neurowissenschaften ausgelotet werden. Beide Fragestellungen können als Hintergrundfolie für die gegenwärtige Diskussion über Nutzen und Nachteil der Neurowissenschaften für praktische und wissenschaftliche Pädagogik betrachtet werden.

Schaut man auf die empirisch-experimentellen Einzelbefunde zeitgenössischer Hirnforschung, so kommt ein zwiespältiger Eindruck auf: Auf der einen Seite scheinen die kognitiven Neurowissenschaften tradiertes (und zum Teil auch triviales) pädagogisches und didaktisches Wissen auf ein empirisches Fundament zu stellen. Befunde aus den Neurowissenschaften bestätigen beispielsweise, dass Kinder bestimmte Sachverhalte schneller lernen als Erwachsene, dass es sensible Phasen des Lernens gibt, dass es sich durch Wiederholung leichter lernt und dass ein angstfreies Lernklima zu besseren Lernergebnissen führt (vgl. SCHIRP 2003). Hirnforschern selbst kommt dabei mitunter der Verdacht, es könnte sich bei ihren Erkenntnissen um eine „Verwissenschaftlichung von Binsenweisheiten" (DICHGANS 1994, S. 244) handeln. So merkt auch der Neurobiologe G. ROTH an, nichts von dem, was er mitzuteilen habe, sei guten Pädagogen inhaltlich neu. „Der Fortschritt besteht vielmehr darin zu zeigen, warum das funktioniert, was ein guter Pädagoge tut, und das nicht, was ein schlechter tut." (ROTH 2004b, S. 496) Angesichts solcher Auskünfte liegt es nahe, neurobiologische Forschung als Beitrag zur empirischen Untermauerung pädagogischer Wissensbestände zu betrachten.

Auf der anderen Seite scheinen die Neurowissenschaften radikal mit einigen grundlegenden pädagogischen Gewissheiten zu brechen. Dies betrifft jedoch nicht den Bereich der Didaktik, sondern vielmehr die erziehungs- und bildungsphilosophische Reflexionstradition. Traditionell zielt Erziehung auf die Entwicklung moralischen Bewusstseins, also auf eine moralisch verantwortliche, „mündige" Person. Was aber, wenn die Verantwortung einer Person lediglich eine Selbsttäuschung ist? Ein zentraler Befund der zeitgenössischen Neurowissenschaften lautet, dass menschliches Handeln nicht auf die Intentionen eines Subjekts zurückgeht, sondern vom Gehirn gesteuert ist. Das Gefühl der Willensfreiheit ist nach Auskunft von Neurobiologen nicht mehr als „Illusion" (ROTH 2003, S. 526) und „kulturelle Konstruktion" (SINGER 2003, S. 13), weil eigentlich das Gehirn einer Person darüber entscheide, was diese Person will. Sind Erziehung und Sozialisation dann womöglich überflüssig und lassen sich gar durch Medikamentierung ersetzen, wie zuweilen befürchtet wird (vgl. WINGERT 2004, S. 203)? Wie im folgenden Abschnitt an ausgewählten Beispielen gezeigt wird, sind diese und ähnliche Befunde und Deutungen neurobiologischer Hirnforschung im erziehungswissenschaftlichen Diskurs auf ganz unterschiedliche Resonanz gestoßen.

2 Muster der Rezeption neurowissenschaftlicher Forschung

Gegenwärtig betonen vor allem Neurowissenschaftler, dass ihre Erkenntnisse ein wichtiger „Schlüssel zum Lernen" (vgl. SPITZER 2003) seien, der von Pädagogen sowohl in praktischer als auch in theoretischer Hinsicht nicht ignoriert werden dürfe. Auch aus erziehungswissenschaftlicher Perspektive wird auf den Profit hingewiesen, den gerade Lehrer aus der Hirnforschung ziehen könnten (vgl. z.B. HERRMANN 2003). Während man in der Mediendebatte neurowissenschaftliche Forschungsergebnisse und pädagogische Problemstellungen für kompatibel erachtet, wird im erziehungswissenschaftlichen Diskurs zwar Interesse an den Erkenntnissen der Neurowissenschaften bekundet, diesen jedoch kaum eine pauschale pädagogische Relevanz zugebilligt. Selbst solche Erziehungswissenschaftler, die den Neurowissenschaften zutrauen, Unsicherheiten im pädagogischen Handeln kompensieren zu können (vgl. FRIEDRICH/PREISS 2003, S. 182), betonen ihre Vorbehalte gegenüber Versuchen, aus neurowissenschaftlichen Befunden direkte Empfehlungen für pädagogisches Handeln zu generieren, und grenzen sich gegenüber populären „Neuromythen" (SCHULTE 2000) ab. Allerdings besteht darin auch schon der kleinste gemeinsame Nenner in der fachwissenschaftlichen Diskussion. Die über diese Einsicht hinausgehenden Rezeptionen neurowissenschaftlicher Erkenntnisse unterscheiden sich zum Teil beträchtlich voneinander.

Betrachtet man die gegenwärtige erziehungswissenschaftliche Diskussion neurowissenschaftlicher Erkenntnisse, so lassen sich drei grundlegende Muster der Wahrnehmung und Einschätzung unterscheiden: Während „direkte Aufnahmen" auf unvermittelten Import neurowissenschaftlicher Erkenntnisse setzen und „kritische Begrenzungen" die Defizite zeitgenössischer Hirnforschung erörtern, versuchen „kritische Übersetzungen" erziehungswissenschaftliche Rückfragen an neurowissenschaftliche Forschung zu formulieren. Die Unterscheidung zwischen drei Mustern der Rezeption dient dazu, das mögliche *Spektrum* von Rezeptionsansätzen zu umreißen. Sie weist idealtypischen Charakter auf, denn nicht jeder fachwissenschaftliche Beitrag lässt sich auf ausschließlich ein Rezeptionsmuster festlegen und nicht jedes Rezeptionsmuster schließt andere Rezeptionsweisen von vornherein aus.

Den drei genannten Rezeptionsmustern ist zunächst einmal gemeinsam, dass sie nicht die Breite neurowissenschaftlicher Erkenntnisse vollständig wiedergeben, sondern einen selektiven Blick auf neurowissenschaftliche Befunde richten, die unter pädagogischen Gesichtspunkten interessant sein könnten. Auf folgende Themenfelder konzentriert sich die erziehungswissenschaftliche Rezeption der Neurowissenschaften vor allem (vgl. MÜLLER 2005, S. 41ff.):

Zum einen werden Forschungsergebnisse zur neuronalen Plastizität aufgegriffen, die auf die Abhängigkeit der Hirnentwicklung von Umwelteinflüssen hindeuten. Diese Befunde ziehen die Frage nach sich, welchen Stellenwert durch Erziehung zu beeinflussende Faktoren für die Hirnentwicklung haben. Daneben diskutiert man neurobiologische Forschungen zu Lernen und Gedächtnis, die u.a. auf die Bedeutung von Emotionen hinweisen sowie auf den Zusammenhang von Erinnern und Vergessen. Auf dieser Grundlage wird aus erziehungswissenschaftlicher Perspektive nach möglichen Konsequenzen für schulische und andere Lernprozesse gefragt, die pädagogischem Handeln zugänglich sind. Darüber hinaus gehen Autoren aus der Erziehungswissenschaft auf neurobiologische Befunde und Deutungen zum Thema Willensfreiheit ein, da diese ein Nachdenken über die Prämissen pädagogischen Handelns anregen. Schließlich werden Forschungen diskutiert, die nicht allein auf das Gehirn fokussieren, sondern die Wechselbeziehungen zwischen Gehirn und (restlichem) Körper untersuchen.

2.1 Direkte Aufnahmen neurowissenschaftlicher Erkenntnisse

Direkte Aufnahmen neurowissenschaftlicher Theorien und Befunde sind gegenwärtig vor allem im Bereich der Didaktik sowie in der bildungstheoretischen Diskussion zu finden. Während bildungstheoretisch argumentierende Aufnahmen um die Frage nach den biologischen Bedingungen der Möglichkeit von Bildung kreisen (vgl. MILLER-KIPP 1992), liegt didaktisch ausgerichteten Aufnahmen meist die Fragestellung zugrunde, welche *Folgen* die Erkenntnisse der Neurowissenschaften für die Pädagogik haben und wie neurowissenschaftliche Erkenntnisse für pädagogische Praxis fruchtbar gemacht werden können (vgl. SCHEUNPFLUG 2000). Ein weiterer wichtiger Ansatzpunkt wird darin gesehen, dass Pädagogik und Hirnforschung einen gemeinsamen Gegenstand haben, nämlich *Lernen*. Da beide Wissenschaften dafür unterschiedliche Erkenntnis- und Beschreibungsmuster verwenden, könne die Pädagogik viel von der Hirnforschung lernen. Hirnforschung sei insofern als ein Angebot an bzw. eine Chance für Erziehungswissenschaft und pädagogische Praxis zu verstehen (vgl. HERRMANN 2004).

In der Regel wird die direkte Applikation neurowissenschaftlicher Forschungsergebnisse nicht nur inhaltlich, sondern auch disziplinpolitisch und professionsstrategisch begründet. So argumentieren Vertreter eines „neurodidaktischen" Ansatzes dafür, die Didaktik vor einer Abkopplung und ‚feindlichen Übernahme' durch andere Wissenschaften zu bewahren, die bei Nicht-Beachtung neurowissenschaftlicher Erkenntnisse drohe (vgl. FRIEDRICH 1996, S. 24). Damit einher geht der Anspruch, den als dringlich eingeschätzten Nachholbedarf an neurowissenschaftlichem Wissen innerhalb der Didaktik zu verringern. Dabei wird vorausgesetzt, dass neurowissenschaftliches Wissen stets auch ein pädagogisch relevantes Wissen sei. Angesichts dieser optimistischen Einschätzung scheint sich eine kritische Sichtung und Prüfung neurowissenschaftlicher Forschungsergebnisse für einige Autoren zu erübrigen. Die einem solchen Rezeptionsmuster zugrunde liegende Erwartungshaltung bringen die Neurodidaktiker FRIEDRICH und PREISS auf den Punkt: „Kann die moderne Hirnforschung der Didaktik wirksame Hilfen anbieten, um der von der Pisa-Studie aufgedeckten ‚Bildungskatastrophe' zu begegnen? Schließlich spielt sich Lernen im Kopf ab." (FRIEDRICH/PREISS 2003, S. 181)

Eine solche Bemerkung illustriert das direkten Applikationen zugrunde liegende Anliegen, aus neurowissenschaftlichem Wissen pädagogische und didaktische Schlussfolgerungen abzuleiten. Zu diesem Zweck erfolgt jeweils eine selektive Darlegung neurowissenschaftlicher Forschungsergebnisse und Deutungen. Mögliche Probleme bei der Aufnahme und Übertragung außerpädagogischen Wissens in pädagogische Wissensbestände werden in diesem Zusammenhang kaum thematisiert. Sofern doch eine Problematisierung erfolgt, dient dies meist der Abgrenzung der eigenen Position gegenüber vermeintlich neurowissenschaftlichen Rezeptologien sowie einfältigen Patentlösungen, die man als unseriös zurückweist. Selbst wenn Bedenken gegenüber dem gegenwärtigen Wissensstand der Hirnforschung geäußert werden, verzichten die Autoren doch nicht auf die Formulierung pädagogischer und didaktischer Konsequenzen. Das Ergebnis ist ein Mix aus Kritik und Affirmation der Neurowissenschaften, der oftmals zu Dissonanzen führt.

Ihrem eigenen Selbstverständnis zufolge stellen direkte Aufnahmen neurowissenschaftlichen Wissens und Bemühungen um eine Eins-zu-eins-Übertragung einen interdisziplinären Beitrag dar. Auch wenn ein *Dialog* zwischen Didaktik und Neurowissenschaften anvisiert wird, steht doch zuallererst der *Import* neurowissenschaftlichen Wissens in die Didaktik im Vordergrund. Begründet wird dieser Import auf verschiedene Weise: Manche Rezipienten verweisen auf das Reformpotential ihrer eigenen Rezeptionsbemühungen (vgl. ARNOLD 2002), andere unterstreichen den wissenschaftlichen Charakter einer neurowissenschaftlich fundierten Didaktik (vgl. FRIEDRICH/PREISS 2003).

Im Vergleich zu den eigenen Prätentionen fallen die konkreten Vorschläge für einen neurowissenschaftlich fundierten, „gehirn-gerechten" Unterricht jedoch bescheiden aus. So behauptet M. ARNOLD, aus ihrer Neurodidaktik müsse ein „Paradigmawechsel" (ARNOLD 2002, S. 129) erfolgen, um anschließend Lehrern vorzuschlagen, Unterrichtsinhalte in Beziehung zu den Interessen und Vorerfahrungen der Schüler zu setzen (vgl. ebd., S. 149). Solche Empfehlungen sind nicht explizit neurodidaktisch, sondern greifen bekannte pädagogische Wissensbestände relativ beliebig auf und wiederholen häufig etwas, das auch ohne neurowissenschaftliche Fundierung über Lernen und Unterricht gesagt werden kann. Neurodidaktiker suggerieren jedoch, die formulierten pädagogischen Schlussfolgerungen ließen sich bereits aus den Erkenntnissen der Neurowissenschaften generieren. Dieses Vorgehen führt zu einer pädagogischen Instrumentalisierung neurowissenschaftlicher Wissensbestände, die man – meist ohne Berücksichtigung ihres Entstehungskontextes und ihrer methodischen und inhaltlichen Besonderheiten – auf didaktische Fragestellungen anzuwenden versucht. Problematisch hieran ist nicht allein, dass neurowissenschaftliches Wissen so unvermittelt zur Verwendung gelangen soll und als Legitimationsressource eingesetzt wird, sondern auch, dass dies unter Absehung vom Problemhorizont und gegenwärtigen Diskussionsstand in Didaktik und Schultheorie geschieht (vgl. hierzu TILLMANN u.a. 2000).

Damit gerät die Beliebigkeit der Konsequenzen in den Blick, die Neurodidaktiker und andere an einer Verwertung interessierte Pädagogen aus neurowissenschaftlichen Erkenntnissen ableiten. Unterstellt wird oftmals eine pauschale Relevanz der Neurodidaktik, die für alles Mögliche – ob nun Bestätigung, Korrektur oder Erneuerung pädagogischer und didaktischer Wissensbestände – irgendwie gut ist. So heißt es bei FRIEDRICH und PREISS: „Unseres Erachtens können neurodidaktische Erkenntnisse dazu beitragen, bekannte didaktische Prinzipien zu bestätigen, zu vertiefen oder auch zu korrigieren. Sie können auch dabei helfen, neue Prinzipien zu begründen und zu entwickeln." (FRIEDRICH/PREISS 2003, S. 196) Die arbiträren Schlussfolgerungen deuten allerdings darauf hin, dass in erster Linie eine *neurokonforme Semantik* verwendet wird, die den Eindruck des Innovativen und neurowissenschaftlich Ausgewiesenen erzeugen soll. Auffällig ist auch, dass in didaktischen Applikationen neurowissenschaftlicher Erkenntnisse zumeist Lernen im Mittelpunkt steht, während die Dimension des *Lehrens* unterbelichtet bleibt. Dies zeigt sich vor allem daran, dass zwar ein „gehirn-gerechter" Unterricht u. ä. gefordert wird, eigenständige neuro-*didaktische* Überlegungen und Konzepte, die über bereits Bekanntes signifikant hinausgehen, hingegen ausbleiben. Von Erziehungswissenschaftlern wird dieses Problem nicht einmal in Abrede gestellt. So merkt U. HERRMANN unter Berufung auf den Neurophysiologen H. SCHEICH an, die bislang aus den Ergebnissen der Gehirnforschung zu ziehenden Schlussfolgerungen für Lehren und Lernen seien „alte Hüte" (HERRMANN 2004, S. 471). Bemerkenswert sei jedoch nicht, „*dass* so viele pädagogische Klassiker die richtigen Einsichten hatten" (ebd.), sondern dass sich nun zeigen lasse, „*warum* sie Recht hatten" (ebd., S. 472).

Trotz der hier formulierten Einwände gegenüber direkten Aufnahmen neurowissenschaftlichen Wissens ist deren Funktion für den wissenschaftlichen Diskurs in Rechnung zu stellen. In der gegenwärtigen Diskussion bereiten sie außerpädagogische Wissensbestände zuallererst für eine Erörterung unter pädagogischen Gesichtspunkten auf. Diesen Beitrag leisten die Autoren unabhängig davon, wie aussagekräftig und instruktiv ihre Aufnahme neurowissenschaftlichen Wissens jeweils sein mag.

2.2 Kritische Begrenzungen neurowissenschaftlicher Erkenntnismuster

In der gegenwärtigen erziehungswissenschaftlichen Diskussion finden sich nicht allein Versuche einer direkten Aufnahme neurowissenschaftlicher Erkenntnisse, sondern auch kritische Begrenzungen neurowissenschaftlicher Erkenntnismuster. Autoren aus dem erziehungswissenschaftlichen Feld, die den kognitiven Neurowissenschaften skeptisch oder gar abwehrend gegenüberstehen, gehen davon aus, dass neurowissenschaftliche Erkenntnisse kaum einen relevanten Beitrag für ein angemessenes Verständnis pädagogischer Fragestellungen leisten. Auf hohem Problematisierungsniveau wird einerseits auf die Grenzen neuro- und kognitionswissenschaftlicher Geltungsansprüche hingewiesen, andererseits eine Kritik an der pädagogischen Rezeption neurowissenschaftlicher Befunde geübt (vgl. LÖNZ 2001, S. 336). Begründet werden kritische Begrenzungen u.a. mit der „Inhaltsarmut" (MEYER-DRAWE 2003, S. 508) kognitions- und neurowissenschaftlicher Forschungsansätze, mit der Vorläufigkeit und begrenzten Geltung ihrer empirischen Ergebnisse sowie mit spezifisch pädagogischen Problemstellungen, von denen die Neurowissenschaften angesichts ihrer empirisch-experimentellen Ausrichtung abstrahieren (vgl. RUHLOFF 2001, S. 28ff.).

Eine solche Kritik, wie sie innerhalb der erziehungswissenschaftlichen Diskussion u.a. in phänomenologischen und transzendentalkritisch-skeptischen Entwürfen formuliert wird, schließt eine Würdigung neuro- und kognitionswissenschaftlicher Forschungsperspektiven nicht aus. So unterstreicht K. MEYER-DRAWE, dass mit der Theorie neuronaler Netzwerke eine Konzeption von Lernen möglich geworden sei, die über das behavioristische Reiz-Reaktions-Schema hinausweist und „die Selbstorganisation der Hirnleistungen mitberücksichtigt" (MEYER-DRAWE 2003, S. 508). Auch die neurobiologische Erforschung der Wechselwirkung von genetischen Voraussetzungen und epigenetischen Faktoren innerhalb kritischer Phasen leiste einen Beitrag dazu, über die Dichotomie von Organismus und Umwelt hinauszugelangen (vgl. ebd.).

Trotz der geäußerten Anerkennung sehen Vertreter eines kritisch-begrenzenden Rezeptionsmusters kaum heuristischen Wert darin, neurowissenschaftliche Konzepte und Forschungsergebnisse aufzugreifen. Dies unterscheidet sie von Exponenten einer „kritischen Übersetzung", die mögliche Zugewinne einer pädagogisch reflektierten Sichtung neurowissenschaftlicher Forschungsergebnisse durchaus in Rechnung stellen. Der Tendenz nach betrachtet man Hirnforschung eher als eine Gefahr für pädagogisches Denken und Handeln, die es aufzudecken und abzuwehren gelte. Gewarnt wird nicht zuletzt vor der (latenten) Neigung einiger Neurowissenschaftler, die eigenen Befunde zu extrapolieren und empirisch abgesicherte Erklärungsansprüche auf den Bereich des Normativen auszuweiten. Problematisiert und kritisiert werden somit in erster Linie Erkenntnis- und Deutungs*muster*, d.h. mehr oder minder explizite Grundannahmen, die die Forschungs- und Erkenntnisinteressen in den Neuro- und Kognitionswissenschaften präfigurieren. Vermittelt über eine Kritik neurowissenschaftlicher Erkenntnis verweisen Vertreter, die sich einem kritisch-begrenzenden Rezeptionsansatz zuordnen lassen, auf Inkompatibilitäten zwischen neurowissenschaftlichen und pädagogischen Erkenntnismustern. Damit werden nicht etwa neurowissenschaftliche Einzelbefunde zurückgewiesen; es erfolgt vielmehr eine Reflexion über die Grenzen neurowissenschaftlicher Erkenntnis aus pädagogischer Perspektive.

Anders als Autoren, die Erkenntnisse aus der Hirnforschung auf direktem Wege in pädagogische Wissensbestände zu übertragen oder integrieren versuchen, spricht z.B. K. MEYER-DRAWE nicht von einem interdisziplinären Dialog, sondern unterstreicht die besondere Bedeutung phänomenologischer (und hermeneutischer) Ansätze, die über Theorieangebote der Neurowissenschaften hinausweisen und zu einem „zeitgemäßen Lernverständnis" (MEYER-DRAWE 2003, S. 506f.) beitragen. Im Rekurs auf eine eigenständige Terminologie markiert sie Differenzen zwischen phänomenologischen Deutungen des Lernens und einem neurowissenschaftlichen Forschungsansatz: „Wenn Lernen nur noch als Informationsverarbeitung, als Programmänderung im Gehirn betrachtet wird, welches dergestalt auf sich selbst reagiert, dann ist das Anfangen wie ein Anschalten. Die Frage nach der Verwicklung des Lernenden in das Ereignis des Anfangens oder nach ‚unentstandenen Anfängen' hat in diesen Konzeptionen keinen Ort. Maßgeblich ist allein die Zukunft der Hirnarchitektur." (MEYER-DRAWE 2005, S. 26)

Interpretationen wie diese werfen die Frage auf, ob bei kritischen Begrenzungen mögliche Interferenzen zwischen erziehungswissenschaftlichen und neurowissenschaftlichen Problemstellungen aus dem Blick geraten. So wäre genauer zu prüfen, inwieweit sich auch die Neurobiologie mit der „Herkunft" (MEYER-DRAWE 2003, S. 508) des Lernens und mit dessen zeitlicher bzw. geschichtlicher Dimension beschäftigt, wenn sie die Wechselbeziehung zwischen genetischen und epigenetischen Faktoren der Hirnentwicklung untersucht (vgl. etwa SINGER 2002b, S. 77ff., S. 120ff.). Auch MEYER-DRAWEs Hinweis, dass sich der „Vollzug" (ebd.) des Lernens einer Beobachtung entzieht, muss nicht gegen die empirisch-experimentell ausgerichtete Hirnforschung gewendet werden. So ließe sich fragen, ob die Konzentration der neurowissenschaftlichen Lernforschung auf beobachtbare *Resultate* des Lernens nicht in erster Linie eine forschungspragmatische Reaktion auf das Problem der Nicht-Beobachtbarkeit von Vollzügen darstellt, die an das individuelle Erleben bzw. an die Perspektive der ersten Person gebunden sind.

Mit diesen Anmerkungen soll nicht gesagt sein, eine phänomenologische Pädagogik, die ausdrücklich zwischen lebensweltlichen und wissenschaftlichen Erfahrungen unterscheidet und Lernprozesse aus einer Binnenperspektive erforscht, müsse das methodische Vorgehen der Neurowissenschaften teilen. Problematisch ist es jedoch, wenn suggeriert wird, Lernen, wie es die Neurobiologie erforscht, und Lernen, wie es die Phänomenologie untersucht, seien inkompatibel. Stellen Neurobiologie und Phänomenologie nicht eher zwei verschiedene Sichtweisen auf bzw. Forschungsstrategien für ein Problem dar? Die Diskussion dieser Frage ermöglicht es, nicht allein Verkürzungen und Vereinseitigungen anderer Ansätze herauszuarbeiten, sondern ‚blinde Flecken' in der eigenen Position zumindest nicht auszuschließen.

2.3 Kritische Übersetzungen neurowissenschaftlicher Erkenntnisse

In der gegenwärtigen Diskussion können kritische Übersetzungen als ein drittes Muster der Wahrnehmung und Beurteilung neurowissenschaftlicher Erkenntnisse identifiziert werden. In diesem Fall werden einzelne Aspekte aus den beiden oben genannten Rezeptionsmustern aufgegriffen und weiterentwickelt. Kritische Übersetzungen weisen insofern über direkte Aufnahmen und kritische Begrenzungen neurowissenschaftlichen Wissens hinaus, als sie den Neurowissenschaften sowohl aufgeschlossen als auch kritisch gegenüberstehen. Anerkannt wird, dass neurowissenschaftliche Erkenntnisse eine interdisziplinäre Herausforderung darstellen. Hieraus leitet sich die Frage ab, ob die Ergebnisse der Hirnforschung Anregungen für pädagogische Theoriebildung und Praxis bereithalten. Gefragt wird auch, inwiefern neurowissenschaftliche Befunde den Horizont des bestehenden pädagogischen und anthropologischen Wissens erweitern und ergänzen können. Kritische Übersetzungen wägen die Möglichkeiten und Grenzen des Transfers neurowissenschaftlichen Wissens ab, ohne dabei einen genuin pädagogischen Beitrag in der Diskussion mit den Neurowissenschaften aus dem Blick zu verlieren; eine „kritisch reflektierte und pädagogisch durchdachte Berücksichtigung" (EWERT/RITTELMEYER 1994, S. 375) neurobiologischer Erkenntnisse wird als gewinnbringend für die Pädagogik eingeschätzt.

Anders als bei direkten Aufnahmen wird im Fall kritischer Übersetzungen davon ausgegangen, dass die Pädagogik eigene Fragestellungen verfolgt, die sie an die Hirnforschung herantragen kann. Während direkte Aufnahmen zuweilen suggerieren, neurowissenschaftliches Wissen ließe sich bruchlos in pädagogisches Wissen übertragen, werfen kritische Übersetzungen die Frage auf, was die Neurowissenschaften selbst nicht in den Blick bekommen, für eine pädagogisch sinnvolle Rezeption aber unabdingbar ist. Im vorangegangenen Abschnitt wurde bereits deutlich, dass auch kritische Begrenzungen auf dieses Problem aufmerksam machen. Kritische Übersetzungen, wie sie gerade in der Pädagogischen und Historischen Anthropologie vorliegen, zielen jedoch nicht darauf ab, allein die Problematik neurowissenschaftlicher Forschung für pädagogische Theorie und Praxis nachzuweisen. Vielmehr stehen Rückfragen an die Hirnforschung im Vordergrund, die aus erziehungswissenschaftlicher Perspektive produktiv sein können.

So stellt C. RITTELMEYER anthropologische und phänomenologische Perspektiven vor, die sich im Rückgriff auf neurowissenschaftliche Forschungsergebnisse bestimmen lassen (vgl. RITTELMEYER 1998, 2002). Mögliche Schlussfolgerungen seien angesichts der Vorläufigkeit neurowissenschaftlicher Erkenntnisse mit entsprechender Vorsicht aufzunehmen, könnten aber immerhin den Blick auf „biologische Aspekte der menschlichen Bildung" (RITTELMEYER 2002; S. 142) lenken, die im erziehungswissenschaftlichen Diskurs oftmals unterbelichtet blieben. RITTELMEYER gibt hier keine pädagogischen Handlungsempfehlungen, die direkt aus neurowissenschaftlichen Befunden abgeleitet werden, sondern weist auf mögliche pädagogische Implikationen dieser Befunde hin. Insbesondere der Zusammenhang zwischen Umwelterfahrungen und neuronaler Entwicklung sei aus pädagogischer Perspektive interessant, weil er die Frage nach der „Korrespondenz zwischen qualitativen Aspekten der Milieuerfahrung Heranwachsender und qualitativen Merkmalen ihrer Hirnarchitektur" (ebd., S. 143) aufwirft. Dieser Korrespondenz geht RITTELMEYER nach, indem er „empirisch motivierte Forschungsperspektiven" (ebd.) sowie „heuristische Hinweise, spekulative, aber forschungsleitende Ideen" (ebd., S. 150) formuliert. Er betritt insofern Neuland, wenn er Befunde zur neuronalen Plastizität vor einem ästhetisch-soziokulturellen Reflexionshorizont thematisiert. Ein Beispiel hierfür stellt seine Interpretation des Spiels als Prototyp plastischer Erfahrungsformen dar (vgl. RITTELMEYER 2002, S. 144f.).

An kritischen Übersetzungen wie dieser fällt auf, dass sie eine „Überschreitung der fachwissenschaftlichen Grenzen" (DIECKMANN/STING/ZIRFAS 1998, S. 28) ins Auge fassen. Sie gehen nicht von exklusiven Gegenstandsbereichen aus, die von jeweils einer wissenschaftlichen Disziplin bearbeitet werden, sondern fragen nach übergeordneten Thematiken wie „Leib", „Körper" oder „Gedächtnis", nach gemeinsamen Problemen und nach Anschlussmöglichkeiten zwischen verschiedenen Wissenschaften (vgl. WULF 2004, S. 140f.). Im Unterschied zu unmittelbaren Transferversuchen in Didaktik und Bildungstheorie behaupten sie jedoch nicht, ein interdisziplinärer Dialog sei bereits durch die Übernahme neurowissenschaftlichen Wissens gesichert. Ihre Streifzüge durch neurowissenschaftliches Terrain verstehen Autoren, die eine kritische Übersetzung anvisieren, eher im Sinne einer Heuristik. Diese dient jedoch nicht allein dazu, pädagogische Sachverhalte auf andere Weise als bisher zu beschreiben, sondern soll zur Generierung von Forschungsfragen beitragen. Deshalb wird in kritischen Übersetzungen neurowissenschaftlicher Erkenntnisse die pädagogische und anthropologische Reflexionstradition nicht einfach ausgeblendet, sondern mitthematisiert. Auch neurowissenschaftliche Forschungsergebnisse stehen nicht für sich, sondern werden in einen wissenschaftshistorischen Kontext eingeordnet und zu systematischen Fragestellungen in Beziehung gesetzt. Pädagogisch-anthropologisch inspirierte Übersetzungen neurowissenschaftlicher Forschungsergebnisse und Erkenntnisweisen heben sich somit von direkten Aufnahmen in Didaktik und Bildungstheorie ab, weil sie außerpädagogisches Wissen nicht allein zu importieren versuchen, sondern auf interne Probleme dieser Wissensbestände und auf mögliche Grenzen ihrer pädagogischen Thematisierung eingehen. So weist C. WULF darauf hin, dass es in neurowissenschaftlichen Forschungen oftmals zu einer Komplexitätsreduktion komme, weil menschliches Gehirn und menschlicher Körper gleichgesetzt werden: „Diese Reduktion wird z.B. bei Fragen nach der Qualität psychischer und mentaler Prozesse oder nach dem Zusammenhang zwischen sozialem Subjekt und Gesellschaft deutlich. Wie in jeder Forschung entstehen auch hier mit der Zunahme des Wissens immer neue Fragen und Unsicherheiten, die der euphorische, auf die Aufmerksamkeit der Öffentlichkeit zielende Gestus der Forschungen manchmal verdeckt." (WULF 2004, S. 144) Von kritischen Begrenzungen unterscheiden sich kritische Übersetzungen, weil sie – eingedenk der angesprochenen Probleme – nach möglichen Berührungspunkten zwischen Pädagogik und Neurowissenschaften fragen, statt in erster Linie grundlegende Differenzen herauszustellen.

3 Fazit

Die in diesem Beitrag vorgestellten Rezeptionsmuster verdeutlichen, wie unterschiedlich neurowissenschaftliche Forschungsergebnisse innerhalb der erziehungswissenschaftlichen Diskussion wahrgenommen und beurteilt werden. Auf den ersten Blick mag der Eindruck entstehen, dass gegenwärtig vor allem nach didaktischen Konsequenzen gefragt wird, die sich aus neurowissenschaftlichen Befunden ableiten lassen sollen. Es liegen jedoch auch zahlreiche Beiträge vor, in denen die pädagogische Relevanz neurowissenschaftlichen Wissens deutlich zurückhaltender beurteilt wird. Solche Ansätze wurden hier als „kritische Begrenzungen" und „kritische Übersetzungen" bezeichnet. Sie bilden vielleicht nicht den Mittelpunkt der gegenwärtigen Rezeptionsbemühungen, sind aber gerade in systematischer Hinsicht, d.h. für eine reflektierte erziehungswissenschaftliche Selbstvergewisserung, interessant. In den entsprechenden Beiträgen wird auf Grenzen der Neurowissenschaften hingewiesen und gezeigt, dass der Hirnforschung keine pauschale Bedeutung für pädagogische Fragestellungen attestiert werden kann. Diejenigen Vertreter der Disziplin, die eine kritische Übersetzung neurowissenschaftlicher Erkenntnisse anstreben, gehen über erkenntniskritische Grenzreflexionen insofern hinaus, als sie das heuristische Potential einer Rezeption neurowissenschaftlicher Erkenntnisse nutzen und neue Forschungsfragen zu entwickeln versuchen.

Die Diskussion neurowissenschaftlicher Erkenntnisse in der Erziehungswissenschaft deutet darauf hin, dass sich das Selbstverständnis der Disziplin wandelt. Nach der sozialwissenschaftlichen Wende der 1970er Jahre erfolgt seit einigen Jahren eine verstärkte Rezeption im weitesten Sinne naturwissenschaftlicher Forschungsergebnisse. Die Erziehungswissenschaft erweist sich damit einmal mehr als interdisziplinäre Disziplin, die in vielfältiger Form auf Wissensbestände und Methoden anderer Disziplinen zurückgreift. Dabei sind gerade solche Wissenschaftsdisziplinen von Bedeutung, die sich ebenfalls mit Aspekten von Lernprozessen beschäftigen. Zwar berücksichtigt die neurowissenschaftliche Forschung die Komplexität dieser Prozesse, wie sie sich sowohl aus einer erziehungswissenschaftlichen Perspektive als auch in der pädagogischen Praxis darstellen, nicht hinreichend. Aufgrund ihres empirisch-experimentellen Charakters stellt dies für die Neurowissenschaften jedoch nicht von vornherein ein Manko dar. Erst im Falle der pädagogischen Rezeption und Anwendung neurowissenschaftlicher Erkenntnisse geraten spezifische Probleme in den Blick.

Anhand der unterschiedlichen erziehungswissenschaftlichen Rezeptionsmuster neurowissenschaftlicher Forschung lässt sich illustrieren, dass es zu einer Reihe von Sinnveränderungen und Umschöpfungen kommt, wenn neurowissenschaftliches Wissen in einen anderen Wissenschaftskontext transferiert und dort aufgegriffen und verwendet wird. Der gegenwärtig erfolgende Prozess einer Transformation und Aneignung neurowissenschaftlicher Erkenntnisse vollzieht sich stets vor einem pädagogischen Referenzrahmen. Wie Untersuchungen in der Historischen und Vergleichenden Erziehungswissenschaft belegen, strukturiert ein solcher Referenzrahmen nicht nur den Blick auf die jeweils rezipierte wissenschaftliche Disziplin vor, sondern entscheidet auch darüber mit, was überhaupt als pädagogisch relevant wahrgenommen wird (vgl. GRELL 2000, S. 410f.). Bezogen auf die erziehungswissenschaftliche Rezeption neurowissenschaftlichen Wissens heißt dies, dass es zu Rekontextualisierungen kommt, zu einem „Einbau von Wissen in neue Referenzhorizonte" (GRELL 2000, S. 413), d.h. neurowissenschaftliche Wissensbestände werden in einem veränderten Zusammenhang wiederaufbereitet und unter anderen Fragestellungen thematisiert. Das spezifisch pädagogische Interesse an der Hirnforschung weist deshalb immer auch ‚blinde Flecken' gegenüber der Referenzwissenschaft auf.

Wie die erziehungswissenschaftliche Rezeption neurowissenschaftlicher Erkenntnisse zeigt, werden die Möglichkeiten und Grenzen interdisziplinärer Forschung sehr unterschiedlich eingeschätzt. So wird im Falle direkter Aufnahmen der Begriff der Interdisziplinarität zwar oft verwendet, aber meist so verstanden, als sei schon die *Aufnahme* ein *Dialog* zwischen den Disziplinen. So heißt es z.B. bei G. MILLER-KIPP: „Austausch ist angesagt. Er bietet sich an als Wissensrezeption; sie wäre eine inhaltliche Bereicherung." (MILLER-KIPP 1992, S. 41) Im Falle kritischer Begrenzungen ist hingegen nicht von einer interdisziplinären Zusammenarbeit oder „Brückenbildung" (FRIEDRICH/ PREISS 2003, S. 181) zwischen neuro- und erziehungswissenschaftlicher Forschung die Rede. Es steht zwar außer Frage, dass auch diejenigen, die für kritische Begrenzungen votieren, interdisziplinär informiert argumentieren. Auf der Grundlage erkenntniskritischer Vorbehalte gegenüber Adaptionsversuchen aus einem natur- und biowissenschaftlichen Umfeld wird dann aber vor allem vor Unzulänglichkeiten und Eindimensionalitäten neurowissenschaftlicher Forschung gewarnt. Im Unterschied zu einem solchen Vorgehen verweisen kritische Übersetzungen auf eine problemorientierte „wechselseitige Ergänzung" (DIECKMANN/STING/ZIRFAS 1998, S. 28) von neurowissenschaftlicher und erziehungswissenschaftlicher Forschung. Hier kommt ein Verständnis interdisziplinärer Zusammenarbeit zum Ausdruck, das für die weitere erziehungswissenschaftliche Thematisierung der Hirnforschung attraktiv sein könnte. Eine solche Sichtweise lässt sich einerseits dadurch kennzeichnen, das sie die Pluralität der Wissenschaften und Wissenschaftsdisziplinen nicht zugunsten einheitswissenschaftlicher Vorstellungen aufheben möchte, sondern Disziplinarität als Voraussetzung von Interdisziplinarität betrachtet (vgl. GETHMANN 1991, S. 350; HEID 1983, S. 178). Da kritische Übersetzungen neurowissenschaftlicher Erkenntnisse gerade das Moment *wechselseitiger* Ergänzung hervorheben, legen sie andererseits die Frage nahe, ob nicht auch Interdisziplinarität als Voraussetzung von Disziplinarität gelten kann. Bezogen auf die hier verhandelte Thematik ist damit folgendes gemeint: Erst im Durchgang durch und in Auseinandersetzung mit neurowissenschaftlicher Forschung wird es möglich, deren pädagogische Implikationen differenzierter zu beurteilen. Die Herausforderung, sich zunächst einmal auf das Wissen der Neurowissenschaften einzulassen, nehmen deshalb auch jene an, die die pädagogische Relevanz dieses Wissens letztendlich skeptisch beurteilen. Wenn Disziplinarität und Interdisziplinarität auf die eben angedeutete Art ineinander greifen, dann heißt das auch, dass erst interdisziplinäre Informiertheit eine Basis dafür liefert, genauer einschätzen zu können, auf welche Probleme sich das eigene disziplinäre Forschungs- und Erkenntnisinteresse konzentriert und welche Gegenstände demgegenüber ausgeblendet werden (vgl. HEID 1983, S. 184). Ein solches Verständnis des Zusammenhangs von Disziplinarität und Interdisziplinarität zieht außerdem die Frage nach sich, ob ein Wissenstransfer allein in eine Richtung erfolgen muss, oder ob vor einem pädagogischen Reflexionshorizont Fragestellungen auftauchen, die für die neurowissenschaftliche Diskussion ebenfalls von Belang sein könnten. An dieser Stelle sollen zwei Fragekomplexe nur kurz angedeutet werden:

Erstens ist zu prüfen, ob der Gehirn-Primat der Neurowissenschaften, d.h. die Vorstellung, dass menschliches Denken, Fühlen und Handeln zuallererst über Gehirnfunktionen zu erklären ist, eine Vereinseitigung und Verkürzung darstellt. Gegenüber einem solchen Gehirn-Primat lässt sich u.a. aus erziehungs- und bildungsphilosophischer sowie aus pädagogisch-anthropologischer Perspektive auf die menschliche Leiblichkeit und die Relevanz des Körpers *in toto* hinweisen (vgl. z.B. BENNER 2001; KAMPER/WULF 1982). Beides wird bei einer strikt gehirn-zentrierten, zerebralistischen Sicht auf den Menschen unterschätzt. Auch in den Kognitions- und Neurowissenschaften finden sich bereits Überlegungen dazu, wie eine zerebralistische Engführung forschungspraktisch vermieden werden kann (vgl. DAMASIO 1994/2004, S. 237ff.) und wie sich die theoretisch-konzeptuelle Vernachlässigung des Körpers überwinden lässt (vgl. z.B. ENGEL/ KÖNIG 1998; KURTHEN 1993).

Zweitens stellt sich die Frage, ob eine neurobiologische Beschreibung des Lernens Spezifika pädagogischer Prozesse hinreichend berücksichtigt. Anders als die Neurowissenschaften, die individuelles Lernen zu ihrem Untersuchungsgegenstand gemacht haben, wendet sich die Pädagogik Prozessen des Lernens *und* Lehrens zu. Es lässt sich sogar sagen, dass Pädagogik und Didaktik vor allem die Möglichkeiten des Lehrens unter den Bedingungen des Lernens fokussieren. Aus erziehungswissenschaftlicher Sicht wird der interaktive und intersubjektive Charakter pädagogischer Prozesse betont und zugleich die inhaltliche Dimension des Lehrens und Lernens thematisiert (vgl. MEYER-DRAWE 1996, S. 85f.).

Die Analyse aktueller Rezeptionsmuster deutet darauf hin, dass eine Rezeption der Neurowissenschaften, die deren Erkenntnissen aufgeschlossen gegenübersteht und erziehungswissenschaftlich durchdacht ist, in zweierlei Hinsicht hilfreich sein kann: Sie ermöglicht es nicht nur, einige Hoffnungen und Befürchtungen zu relativieren, die manche Pädagogen gegenüber den Neurowissenschaften hegen, sondern kann zugleich dazu beitragen, die pädagogischen Ambitionen mancher Neurowissenschaftler gelassener zu betrachten. Eine der zukünftigen Herausforderungen für erziehungswissenschaftliche Forschung besteht vor allem darin, Rückfragen an die Neurowissenschaften zu formulieren und diese Fragen auch zu operationalisieren. Ob hieraus dann tatsächlich eine erfolgreiche interdisziplinäre Zusammenarbeit resultiert, wird nicht zuletzt von den Neurowissenschaften selbst abhängen und ihrer Bereitschaft, sich stärker auf einen pädagogischen Problem- und Reflexionshorizont einzulassen. Erst dann wird sich sagen lassen, ob die Hirnforschung auch etwas von der Erziehungswissenschaft lernen kann.

Literatur

ARNOLD, M. (2002): Aspekte einer modernen Neurodidaktik. Emotionen und Kognitionen im Lernprozess. – München.
BELLMANN, J. (2005): Selektion und Anpassung. Lerntheorien im Umfeld von Evolutionstheorie und Pragmatismus. In: BENNER, D. (Hrsg.): Erziehung – Bildung – Negativität. 49. Beiheft der Zeitschrift für Pädagogik, S. 62-76.
BENNER, D. (2001): Allgemeine Pädagogik. Eine systematisch-problemgeschichtliche Einführung in die Grundstruktur pädagogischen Denkens und Handelns. – Weinheim (4. Auflage).
BENNETT, M./HACKER, P. (2003): Philosophical Foundations of Neuroscience. – Malden.
DAMASIO, A. (1994/2004): Descartes' Irrtum. Fühlen, Denken und das menschliche Gehirn. – München.
DENNETT, D. (1995/1997): Darwins gefährliches Erbe. Die Evolution und der Sinn des Lebens. – Hamburg.
DICHGANS, J. (1994): Die Plastizität des Nervensystems. Konsequenzen für die Pädagogik. In: Zeitschrift für Pädagogik, 40. Jg., S. 229-246.
DIECKMANN, B./STING, S./ZIRFAS, J. (1998): Gedächtnis und Bildung. Erinnerte Zusammenhänge. In: Dies. (Hrsg.): Gedächtnis und Bildung. Pädagogisch-anthropologische Zusammenhänge. – Weinheim, S. 7-39.
ENGEL, A./GOLD, P. (1998): Wozu Kognitionswissenschaften? Eine Einleitung. In: Dies. (Hrsg.): Der Mensch in der Perspektive der Kognitionswissenschaften. – Frankfurt a.M., S. 9-16.
ENGEL, A./KÖNIG, P. (1998): Das neurobiologische Wahrnehmungsparadigma. Eine kritische Bestandsaufnahme. In: GOLD, P./ENGEL, A. (Hrsg.): Der Mensch in der Perspektive der Kognitionswissenschaften. – Frankfurt a.M., S. 156-194.

EWERT, O./RITTELMEYER, C. (1994): Pädobiologie – eine sinnvolle pädagogische Fragestellung? In: Bildung und Erziehung, 47. Jg., S. 375-382.
FLOREY, E./BREIDBACH, O. (1993): Vorwort. In: Dies. (Hrsg.): Das Gehirn – Organ der Seele? Zur Ideengeschichte der Neurobiologie. – Berlin, S. VII-XIII.
FRIEDRICH, G. (1996): Die Praktikabilität der Neurodidaktik. Ein Analyse- und Bewertungsinstrument für die Fachdidaktik. In: PREISS, G. (Hrsg.): Neurodidaktik. Theoretische und praktische Beiträge. – Pfaffenweiler, S. 9-26.
FRIEDRICH, G./PREISS, G. (2003): Neurodidaktik. Bausteine für eine Brückenbildung zwischen Hirnforschung und Didaktik. In: Pädagogische Rundschau, 57. Jg., S. 181-199.
GETHMANN, C.F. (1991): Vielheit der Wissenschaften – Einheit der Lebenswelt. In: Akademie der Wissenschaften zu Berlin (Hrsg.): Einheit der Wissenschaften. Forschungsbericht 4. – Berlin, S. 349-371.
GEYER, C. (Hrsg.) (2004): Hirnforschung und Willensfreiheit. Zur Deutung der neuesten Experimente. – Frankfurt a.M.
GRELL, F. (2000): Muster des Theorieimportes in der Pädagogik. In: Vierteljahrsschrift für wissenschaftliche Pädagogik, 76. Jg., S. 407-424.
HAGNER, M. (2004): „Geniale Gehirne". Zur Geschichte der Elitegehirnforschung. – Göttingen.
HEID, H. (1983): Die Interdisziplinarität der pädagogischen Fragestellung. In: LENZEN, D. (Hrsg.): Enzyklopädie Erziehungswissenschaft. Band 1. – Stuttgart, S. 177-190.
HERRMANN, U. (2003): Es gibt die erfolgreiche Spaßpädagogik. In: Frankfurter Rundschau Nr. 275, 25.11. 2003, S. 31.
HERRMANN, U. (2004): Gehirnforschung und die Pädagogik des Lehrens und Lernens. Auf dem Weg zu einer „Neurodidaktik"? In: Zeitschrift für Pädagogik, 50. Jg., S. 471-474.
KAMPER, D./WULF, C. (Hrsg.) (1982): Die Wiederkehr des Körpers. – Frankfurt a.M.
KEIL, G./SCHNÄDELBACH, H. (2000): Naturalismus. In: Dies. (Hrsg.): Naturalismus. Philosophische Beiträge. – Frankfurt a.M., S. 7-45.
KRÜGER, H.-P. (2004): Das Hirn im Kontext exzentrischer Positionierungen. Zur philosophischen Herausforderung der neurobiologischen Hirnforschung. In: Deutsche Zeitschrift für Philosophie, 52. Jg., S. 257-293.
KUHLMANN, A. (2004): Menschen im Begabungstest. Mutmaßungen über Hirnforschung als soziale Praxis. In: WestEnd. Neue Zeitschrift für Sozialforschung, 1. Jg., S. 143-153.
KURTHEN, M. (1994): Hermeneutische Kognitionswissenschaft. Die Krise der Orthodoxie. – Bonn.
LÖNZ, M. (2001): Lernen in einer veränderten Welt? Pädagogisch-philosophische Anmerkungen zum 'Neuen Lernbegriff'. In: Vierteljahrsschrift für wissenschaftliche Pädagogik, 77. Jg., S. 333-353.
MEYER-DRAWE, K. (1996): Vom anderen lernen. Phänomenologische Betrachtungen in der Pädagogik. In: BORRELLI, M./RUHLOFF, J. (Hrsg.): Deutsche Gegenwartspädagogik, Band II. – Hohengehren, S. 85-98.
MEYER-DRAWE, K. (2003): Lernen als Erfahrung. In: Zeitschrift für Erziehungswissenschaft, 6. Jg., S. 505-514.
MEYER-DRAWE, K. (2005): Anfänge des Lernens. In: BENNER, D. (Hrsg.): Erziehung – Bildung – Negativität. 49. Beiheft der Zeitschrift für Pädagogik, S. 24-37.
MILLER-KIPP, G. (1992): Wie ist Bildung möglich? Die Biologie des Geistes unter pädagogischem Aspekt. – Weinheim.
MÜLLER, T. (2005): Pädagogische Implikationen der Hirnforschung. Neurowissenschaftliche Erkenntnisse und ihre Diskussion in der Erziehungswissenschaft. – Berlin.
PRINZ, W./SINGER, W. (2005): Wer deutet das Denken? In: DIE ZEIT Nr. 29, S. 31-32.
REUTER, G. (2003): Einleitung: Einige Spielarten des Naturalismus. In: BECKER, A. u.a. (Hrsg.): Gene, Meme und Gehirne. Geist und Gesellschaft als Natur. Eine Debatte. – Frankfurt a.M., S. 7-48.
RIEGER, S. (2003): Kybernetische Anthropologie. Eine Geschichte der Virtualität. – Frankfurt a.M.
RITTELMEYER, C. (1998): Interdisziplinäre pädagogische Begegnungen von Bio- und Geisteswissenschaften. Skizze einer empirisch-phänomenologischen Forschungsdisziplin. In: Bildung und Erziehung, 51. Jg., S. 93-100.
RITTELMEYER, C. (2002): Pädagogische Anthropologie des Leibes. Biologische Voraussetzungen der Erziehung und Bildung. – Weinheim.
ROTH, G. (2003): Fühlen, Denken, Handeln. Wie das Gehirn unser Verhalten steuert. – Frankfurt a.M. (Neue, vollständig überarbeitete Ausgabe).

ROTH, G. (2004a): Worüber dürfen Hirnforscher reden – und in welcher Weise? In: Deutsche Zeitschrift für Philosophie, 52. Jg., S. 223-234.
ROTH, G. (2004b): Warum sind Lehren und Lernen so schwierig? In: Zeitschrift für Pädagogik, 50. Jg., S. 496-506.
RUHLOFF, J. (2001): Fatalismus und pädagogische Praxeologie. In: HELLEKAMPS, S./KOS, O./SLADEK, H. (Hrsg.): Bildung, Wissenschaft, Kritik. – Weinheim, S. 21-32.
SCHEUNPFLUG, A. (2000): Biowissenschaft und Pädagogik. Erkenntnisse aus der Biologie für die Pädagogik fruchtbar machen. In: Pädagogik, 52. Jg., Heft 1, S. 47-48.
SCHIRP, H. (2003): Neurowissenschaften und Lernen. Was können neurobiologische Forschungsergebnisse zur Unterrichtsgestaltung beitragen. In: Die Deutsche Schule, 95. Jg., S. 304-316.
SCHULTE, G. (2000): Neuromythen. Das Gehirn als Mind Machine und Versteck des Geistes. – Frankfurt a.M.
SINGER, W. (2002a): Conditio humana aus neurobiologischer Perspektive. In: ELSNER, N./SCHREIBER, H.-L. (Hrsg.): Was ist der Mensch? – Göttingen, S. 143-167.
SINGER, W. (2002b): Der Beobachter im Gehirn. Essays zur Hirnforschung. – Frankfurt a.M.
SINGER, W. (2003): Ein neues Menschenbild? Gespräche über Hirnforschung. – Frankfurt a.M.
SPITZER, M. (2003): Medizin für die Pädagogik. In: DIE ZEIT Nr. 39, S. 38.
TILLMANN, K.-J. u.a. (2000): Zwischen neuen Erkenntnissen und reiner Analogiebildung? Abschließende Diskussion zur Serie ‚Biowissenschaft und Pädagogik'. In: Pädagogik, 52. Jg., Heft 7-8, S. 73-79.
WINGERT, L. (2004): Gründe zählen. Über einige Schwierigkeiten des Bionaturalismus. In: GEYER, C. (Hrsg.): Hirnforschung und Willensfreiheit. Zur Deutung der neuesten Experimente. – Frankfurt a.M., S. 194-204.
WULF, C. (2004): Anthropologie. Geschichte, Kultur, Philosophie. – Reinbek.

Anschrift des Verfassers: Thomas Müller, M.A., Institut für Erziehungswissenschaften, Humboldt-Universität zu Berlin, Unter den Linden 6, 10099 Berlin,
E-Mail: thomas.mueller@rz.hu-berlin.de

Jörn Ahrens

Die Metapher der Keimzelle.
Zur Analogie von sozialer und organischer Organisation

Zusammenfassung
Mit der gesellschaftlichen Rezeption der modernen Biowissenschaften rückte insbesondere eine Entität wieder in den Fokus allgemeiner Aufmerksamkeit: Die menschliche Zelle steht in vielfältiger Form im Zentrum der Debatten um mögliche Konsequenzen der Biowissenschaften – sei es hinsichtlich ihrer Bewertung als Individuum und Rechtssubjekt, als Analogie zu politischen oder familiären Topoi. An der Wende vom 20. zum 21. Jahrhundert wurde ein metaphorisches Bedeutungsfeld wiederbelebt, dessen Wurzeln in der Anatomie und Biologie des 19. Jahrhunderts liegen und vor allem eine Parallelisierung von lebendem Organismus und gesellschaftlicher Struktur beinhaltet. Der Aufsatz fragt danach, auf welche Weise dieses scheinbar anachronistische Revival erfolgt und inwieweit die alte Parallelisierung von Organismus und Gesellschaft dabei selbst einer Transformation unterliegt.

Schlüsselwörter: Zelle; Metapher; soziale Organisation; organische Organisation

Summary
The Germ Cell as a Metaphor – On the analogy of social and organic organization
The social perception of modern bioscience reintroduced one special entity into the focus of general interest: in various forms the human cell has become the center point of current debates on the possible social consequences of biosciences. These debates concern both the recognition of the human cell as an individual and its legal status, and analogies towards political or even family-based topics. At the transition from 20th to 21st century one can, therefore, witness the return of a metaphorical field of meaning that is grounded in 19th century anatomy and biology and contains a stark metaphorical parallelism between living organisms and the structure of society. This essay asks by which means such a seemingly anachronistic revival is possible and to what extent the old fashioned parallel of organism and society itself might be transformed into a contemporary mode.

Keywords: Cell; metaphor; social organization; organic organization

Bekanntlich ziert das Frontispiz zu Thomas HOBBES' Schrift *Leviathan* eine Graphik, die den Souverän zeigt, wie er sich überlebensgroß am Horizont erhebt, in den Händen Schwert und Szepter als Insignien seiner Macht haltend und damit das von ihm beherrschte Land umfassend. Die allegorische Pointe der Darstellung besteht in der Zusammensetzung des Souveräns aus einer Vielzahl an Individuen, die seinen Körper bilden (vgl. HOBBES 1984; BREDEKAMP 2003). Allerdings substituieren all die Einzelnen nicht den Souverän, sie repräsentieren ihn auch nicht als Gesamtheit; HOBBES liegt freilich wenig an einer liberalen Staats- und Gesellschaftstheorie. Vielmehr bedeutet die Darstellung eine Allegorie auf das Wesen von Staat und Gesellschaft, die sich als institutionelle Metasubjekte aus den Körpern, Ämtern und Fähigkeiten der Einzelnen zusammensetzen, an der Spitze repräsentiert durch die Figur des Souveräns. Das Frontispiz zum *Leviathan* ist eine der ersten Darstellungen, die soziale Zusammenhänge explizit in das Bild des biologischen Organismus kleiden. Individuen transformieren darin zu Extremitäten, Organen, Muskeln, Zelleinheiten, zusammengehalten allein durch die notwendige Gestalt ihres Körpers und dirigiert durch die Ratio eines sie überthronenden Kopfes, mithin eines Gehirns.

Die Erstausgabe des *Leviathan* erschien 1651. Der für das Frontispiz verantwortliche Graphiker erweist sich als jemand, der sich auf der Höhe seiner Zeit befand, denn gerade 20 Jahre zuvor datierte die Erfindung des Mikroskops, das völlig neue Möglichkeiten zum Studium der lebenden Substanz eröffnete. So schwärmte 1667 der frühere Experimentator und Mitarbeiter BOYLES, Robert HOOKE, später Sekretär der Royal Society in London: „Es ist nicht unwahrscheinlich, dass durch diese Hilfen (wissenschaftlich/technische Apparate, J.A.) die Feinheit in der Zusammensetzung von Körpern, die Struktur ihrer Teile, das verschiedenartige Gefüge ihres Stoffes, die Instrumente und die Weise ihrer inneren Bewegung und alle die anderen möglichen Erscheinungsweisen der Dinge im größeren Umfang entdeckt werden können" (vgl. STÖRIG 2004, S. 341). Dies, die Möglichkeit zur Introspektion des Körpers als eines zwar divers verfassten aber dennoch substantiell verbundenen Ganzen, öffnete einen über den Körper hinausgehenden metaphorischen Raum, der soziale Institutionen unter eben dieser Perspektive einer vermeintlich naturgesetzlichen Essentialität erscheinen ließ und zugleich auf somatische Zustände als Sozialverhältnisse zurückwirkte. Wenn auch parallel zur Durchsetzung der Biologie als Disziplin diese Analogie zunächst wenig ausgeschöpft wurde, so kam doch spätestens seit Mitte des 19. Jahrhunderts kaum eine Sozialphilosophie mehr ohne eine Parallelisierung von Organismus und Gesellschaft aus – in der Regel im Sinne einer bestandsbewahrenden Argumentation.

Mit den modernen Biowissenschaften der letzten etwa zehn Jahre rückte schließlich besonders eine Entität wieder in den Fokus allgemeiner Aufmerksamkeit: Die menschliche Zelle steht in vielfältiger Form im Zentrum der Debatten – sei es hinsichtlich ihrer Bewertung als Individuum und Rechtssubjekt, als Analogie zu politischen oder auch privatimen, familiären Topoi. An der Wende vom 20. zum 21. Jahrhundert wurde also dieses metaphorische Bedeutungsfeld – zumindest auf Seiten der Rezeption und gesellschaftlichen Diskussion biowissenschaftlicher Topoi – wiederbelebt, dessen Wurzeln in der Anatomie und Biologie des 19. Jahrhunderts liegen, das sich im Laufe des 20. Jahrhunderts politisch massiv desavouiert sah und heute eine leicht verschobene Renaissance erfährt. Im Folgenden soll dieser Metaphorik nachgegangen werden. Dazu wird zunächst eine knappe Rekonstruktion der Metaphernpraktiken bezüglich der Verbindung von Organismus und Gesellschaft vorgenommen (I), die im Anschluss metaphorologisch kontextualisiert wird (II). Abschließend gehe ich auf aktuelle Transformationsprozesse innerhalb des etablierten Metaphernfeldes ein (III).

I. Organismus und Gesellschaft

Zunächst also zum Beginn der somatischen Metaphorologie. Deren Wegbereiter wird im Allgemeinen in Rudolf VIRCHOW gesehen, der seit 1856 an der Berliner Universität den ersten Lehrstuhl für Pathologische Anatomie in Deutschland inne hatte. Mit seiner 1858 erschienenen Schrift *Die Cellularpathologie in ihrer Begründung auf physiologische und pathologische Gewebelehre* begründet er eine neue naturwissenschaftliche Krankheitslehre. Gemäß der darin vorgelegten „Solidarlehre" lassen sich alle Krankheitszustände des Organismus auf Veränderungen der Körperzellen zurückführen, womit die jahrhundertealte „Humoralpathologie", die Krankheit als eine Störung des Säftesystems (Blut, Schleim, Galle und Schwarzgalle) versteht, als primäres medizinisches Paradigma abgelöst wird.

Zwar halten sich VIRCHOWS Ausführungen in Richtung einer Soziallehre des Organismus in Grenzen. Jedoch hebt er die besondere Bedeutung der Zelle als grundlegender Substanz aller lebendigen Organisation hervor und prägt darüber hinaus den folgenreichen Begriff des „Zellstaates", worin die bloße Metapher wissenschaftsfähig wird. Indem VIRCHOW fragt, welche Teile des Körpers für „die Action" verantwortlich seien, wo also somatisch aktive oder passive Kräfte zu verorten seien, kommt er gleich in der ersten seiner Vorlesungen zur *Cellularpathologie* zu dem Schluss, die Zelle bilde „das letzte eigentliche Form-Element aller lebendigen Erscheinung", weshalb man „die eigentliche Action nicht über die Zelle hinausverlegen" dürfe (VIRCHOW 1858, S. 3; vgl. STAROBINSKI 2003). Die Zelle bildet somit eine Art Atom der Biologie; sie dient als materieller Grundbestandteil des Lebens. Das schützt sie nicht vor Hypostasierungen, Metaphysiken und Essentialisierungen. Im Gegenteil, als Kern aller lebenden Substanz bietet gerade die Zelle ein Paradigma natürlicher Organisationsfähigkeit; auch wenn VIRCHOW selbst sogleich betont, mechanischer als er könne überhaupt niemand vorgehen (vgl. VIRCHOW 1858). Folgend VIRCHOW muss zwischen pflanzlichem und tierischem Leben und deren Zellen unterschieden werden. Letzteres gründet sich auf eine „Summe vitaler Einheiten, von denen jede den vollen Charakter des Lebens an sich trägt" (VIRCHOW 1858, S. 12).

Dieser „Charakter des Lebens" erhält damit das Gewicht eines ersten Bewegers des Organismus, ubiquitär und stets identisch zugleich. Was ihn auszeichnet, ist seine Reproduktionsfähigkeit und Iteration ebenso wie, als Summe aller Teile, die Produktion einer Individualität. Eben deshalb lehnt es VIRCHOW ab, ihn etwa im Gehirn als einem „bestimmten Punkte höherer Organisation" anzusetzen (vgl. VIRCHOW 1858, S. 12). Auch das Gehirn, so VIRCHOWS früher Einwand gegen ein neurologisches Übergewicht, fundiert letztlich auf der Effektmacht ineinander verwobener Zellaktivitäten, einer „constant wiederkehrenden Einrichtung, welches jedes einzelne Element an sich trägt" (vgl. VIRCHOW 1858, S. 12). Die Ikonographie des hobbes'schen Frontispiz sieht sich hierin aufgegriffen als das Bild eines Gesamtkörpers, der zwar aus vielerlei Individuen zusammengesetzt ist, aber dies nur unter der Bedingung, das diese sich zu einem ihr Leben wiederum garantierenden, sinnhaften Ganzen zusammenfinden. Bezeichnenderweise konterkariert der politisch liberale VIRCHOW somit das autoritäre Souveränitätsdenken von HOBBES zumindest tendenziell. Nahm bei diesem der Souverän noch den Ort des Geistes ein, als soziale Vernunft einer absolutistischen Neurologie, so ist bei VIRCHOW von einem Souverän keine Rede mehr. Hier heißt es nur noch, es komme „die Zusammensetzung eines größeren Körpers immer auf eine Art von gesellschaftlicher Einrichtung heraus, eine Einrichtung socialer Art, wo eine Masse von einzelnen Existenzen auf einander angewiesen ist, aber so, dass jedes Element für sich eine besondere Thätigkeit hat (...)" (vgl. VIRCHOW 1858, S. 12f.). Eine elegantere Formulierung kann VIRCHOW kaum finden, die letztlich vollkommen offen lässt, ob der „größere Körper" das Modell der „gesellschaftlichen Einrichtung" darstellt oder ob es sich umgekehrt verhält. In VIRCHOWS Setzung hebt sich beides gegenseitig auf; wird füreinander anschlussfähig, ohne eine Referenz jeweils konkretisieren zu müssen.

Wirft man nun einen Blick etwa auf aktuelle familienpolitische Einlassungen, so findet sich dieser Eindruck bestätigt. Zwar ist im *Fünften Familienbericht* des Bundesministeriums für Familie, Senioren, Frauen und Gesundheit, von 1995, ausschließlich die Rede von der Familie als einer „dynamischen Form menschlichen Zusammenlebens" (BMFSFG 1985, S. IV). Doch in weniger wissenschaftlich und vielmehr politisch verfahrenden Schriften des Ministeriums wird die Familie anstatt als dynamische, also sich verändernde Lebensform, als der genuine Ort beschrieben, an dem Gesellschaft sich konstituiert, aus dem sie herauswächst. So etwa die amtierende Ministerin, Renate SCHMIDT, im Vorwort zu einer Broschüre *Lokale Bündnisse für Familie*: „Familien sind die tragende Säule unserer Gesellschaft; ohne sie leben unsere Städte, unsere Dörfer nicht" (BMFSFJ-a o.J., S. 1). Diese Charakterisierung der Familie ist gut etabliert, wie ein weiteres Beispiel zeigen kann: „Die Familien bilden das soziale Zentrum unserer Gesellschaft. Sie brauchen Unterstützung, um ihre Leistungsfähigkeit entfalten zu können" (BMFSFJ-b o.J.). Hier ist eindeutig nicht von einer Zelle oder Keimzelle die Rede. Was jedoch stattfindet, ist die Hypostase einer sozialen Einheit zur substantiellen Grundeinheit von Gesellschaft. Nichts anderes wurde einigermaßen ausführlich bei VIRCHOW nachvollzogen.

Noch heute lassen sich Erbschaften jener organischen Sozialtheorien als wirksam erkennen, welche Gesellschaft als einen Organismus begreifen und diesen als Blaupause der idealen sozialen Institutionenbildung. Interessant ist jedoch, dass VIRCHOW gerade nicht die soziale Analogie von der Zelle zur Familie im Blick hatte, sondern die zum Individuum: „Was das Individuum im Grossen, das und fast noch mehr als das ist die Zelle im Kleinen" (VIRCHOW 1855, S. 19). Auch Ernst HAECKEL spricht rund 35 Jahre nach VIRCHOWS Schriften zur „Cellularpathologie" von den Zellen als Bürgern, verzahnt sie also ebenso wenig mit einer Familiarmetaphorik: „Diese Zellen sind selbständige lebendige Wesen; sie sind die Staatsbürger des Staates, den der ganze vielzellige Organismus darstellt" (HAECKEL 1891, S. 49f.). Die Keimzellen entsprechen in diesem Kontext Einzelwesen, bei denen gleichwohl offen bleibt, inwieweit sie über einen eigenen Willen verfügen. Damit ist bei analogem begrifflichem Bezug eine entscheidende Differenz hinsichtlich einer von der Biologie angewandten und einer sozialen Metaphorik feststellbar. Während die Biologie ihre Keimprotagonisten als individuelle Akteure denkt, rekurriert Gesellschaft auf eine scheinbar kleinste soziale Einheit, die sie in der Familie meint adressieren zu können, während das bloße Individuum als tendenziell a-sozial gilt. Entsprechend wird häufig zwischen Verbänden, die ganz auf familialen Strukturen basieren und solchen unterschieden, die bereits über abstraktere Organisationsformen verfügen und deshalb als Gesellschaften definiert werden.[1]

Bezeichnenderweise verläuft gerade die soziale Konnotation des Zellgedankens über die Institution der Familie und richtet sich nicht zuletzt gegen eine mögliche Dominanz des modernen Gedankens der Individualität, von dem befürchtet wird, er könne soziale Institutionalisierungsleistungen desavouieren. Besonders prominent findet sich dieser Gedanke bei dem Soziologen GUMPLOWICZ ausgeführt.[2] Inspiriert von DARWINS Evolutionstheorie geht er von einer Gesellschaftsentwicklung durch „natürliche Gruppenauslese" aus. Dabei komme es „auf die Qualität der einzelnen Individuen gar nicht an, sondern nur auf die im Kampfe um Herrschaft sich bewährende Qualität der einzelnen Gruppen" (GUMPLOWICZ 1899, S. 27). Natürlich geht GUMPLOWICZ im Kontext einer solchen Sozialevolution nicht von der klassischen Familie aus, sondern von einem Entwicklungswettstreit der „Völkerfamilien" (vgl. GUMPLOWICZ 1899, S. 6). Bekannter, auch einflussreicher, dürfte das Werk SPENCERS sein, dessen Soziologie sich konsequent an natürlichen, organischen und evolutionistischen Kategorien wie Prämissen orientiert (vgl. SPENCER 1896). Somit lässt sich eine naturwissenschaftliche Metaphorisierung des Zellkörpers durchaus von einer soziologischen unterscheiden. Beschreibt erstere, wo sie den Organismus als Gesellschaft zeichnet, die Zellen als deren Individuen, sieht sich gerade die Soziologie an ihrem Beginn zu einer solchen Wertschätzung des Individuums nicht in der Lage; im Gegenteil, der Verweis auf die organische Verfasstheit von Gesellschaft soll dem Individualismus vorbauen. In dieser Perspektive verdankt der metaphorologische Gebrauch der Zelle wie auch des ganzen Organismus einer in erster Linie modernitätskritischen Motivation. Einer als bedenklich empfundenen beängstigend anwachsenden Mechanisierung des Alltags und der damit einhergehenden technischen Ratio wird ein Modell entgegengehalten, das auf die Essentialität organischer Struktureinheiten rekurriert und damit zugleich normative Prämissen legitimiert.[3] Dass die Möglichkeit dieser Metaphorisierung zu dieser Metaphorisierung ihrerseits allein aus originären Bestandteilen der Moderne resultiert, wie etwa den Experimentalwissenschaften, sei dabei als Ironie nur am Rande vermerkt.

Von der Familie ist dabei nicht die Rede; den Brückenschlag in ihre Richtung ermöglicht erst DURKHEIM in seiner Niederlegung der *Regeln der soziologischen Methode*. Auch er analogisiert organische und soziale Funktionen: „Die lebende Zelle enthält nur mineralische Bestandteile, ebenso wie die Gesellschaft nichts außer den Individuen enthält; und dennoch ist es offensichtlich unmöglich, dass die charakteristischen Erscheinungen des Lebens den Atomen des Wasserstoffs, Stickstoffs, Kohlenstoffs und Sauerstoffs innewohnen. (...) Das Leben lässt sich nicht derart zerlegen; es ist einheitlich und infolgedessen kann es nur die lebende Substanz in ihrer Totalität zum Sitz haben. Es ist im Ganzen, nicht in den Teilen" (DURKHEIM 1984, S. 91). Damit weitet DURKHEIM die organische Metaphorologie kurz entschlossen über die Zelle hinaus aus und korrigiert auf diese Weise Naturwissenschaftler wie Soziologen gleichermaßen. Die Zelle selbst wird von ihm als eindeutig soziales Gebilde beschrieben; nicht sie selbst, nur ihre Bewohner gelten ihm als Individuen. Hingegen bildet die Zelle eine Organisationseinheit, die angesichts der ungleich größeren sozialen Einheit „Organismus" jedoch kaum der gesellschaftlichen Organisation entsprechen dürfte. Das „Leben" manifestiert sich sozial in der Institution „Gesellschaft", welche es hervorbringt, organisiert und auf Gliederungen aufteilt. DURKHEIM insistiert auf einem Primat des Sozialen vor den Individuen; auch wenn diese je über Bewusstsein verfügten, hätten die sozialen „Erscheinungen" dennoch „in der Gesellschaft selbst ihren Sitz (...) und nicht in ihren Teilen, d.h. ihren Gliedern" (DURKHEIM 1984, S. 94). Sofern die Zelle nicht selbst der Gesellschaft entspricht, aber dennoch eine soziale Organisationseinheit darstellt, steht nun ihre Bestimmung an. Offensichtlich ist aber, dass es sich um eine Struktureinheit handelt, die die Individuen vor der von DURKHEIM besonders gefürchteten Atomisierung im Kontext von Modernitätsprozessen schützt (vgl. DURKHEIM 1983). Auch wenn DURKHEIM dies nicht näher benennt, so ist naheliegend, dass als diese Struktureinheit einzig die Familie in Betracht kommt, worin die Individuen sozial aufgehoben werden. Metaphorologisch gestattet das Bild der gesellschaftlichen Zelle die Hervorbringung von Individuen, also Bürgern, ohne dabei die Risiken der Individualisierung eingehen zu müssen.

Schon zuvor deutete ENGELS das von DURKHEIM umrissene Verhältnis der Gesellschaft zu ihren Individuen in seiner Schrift über den *Ursprung der Familie* an und stellte fest, die moderne Gesellschaft sei „eine Masse, die aus lauter Einzelfamilien als ihren

Molekülen sich zusammensetzt" (ENGELS 1953, S. 73). Schließlich umschrieb SIMMEL die Familie als eine „Mischung der charakteristischen Bedeutung der engen und der erweiterten sozialen Gruppe", worin der Einzelne sich zwar individuell von allen anderen unterscheide, aber dennoch aufgehoben werde in ein „einheitliches Gebilde (...), das wie ein Individuum wirkt" (SIMMEL 1992, S. 803f.).[4] Damit stellt er eine Art Synthese zwischen DURKHEIMS Ansatz sowie dem von VIRCHOW und HAECKEL bereit. Wenngleich er auf die organische Metaphorologie der Gesellschaft nicht unmittelbar Bezug nimmt, so ist sie in dieser Beschreibung doch gegenwärtig. Von hier aus kann sich eine Metaphorik durchsetzen, die unter einigem Vorbehalt als biopolitisch bezeichnet werden kann, und die die Institution Familie erfolgreich als vitale Basis von Gesellschaft markiert. Das ist an Äußerungen wie der folgenden abzulesen, die der offiziellen Website der CDU entnommen ist: „Familien sind elementares Kraft- und Lebenszentrum. Familien sichern durch die Erziehung von Kindern den Fortbestand der Gemeinschaft" (CDU 2004). Anzumerken bleibt, dass alle diese Metaphorologie natürlich ihren Vorläufer – wie soll es auch anders sein – in KANT hat; allerdings mit dem Unterschied, dass KANT ausschließlich die Familie und gerade nicht die Gesellschaft als einen Organismus skizziert, zu dem die Eheleute zusammenwachsen (vgl. KANT 1993, § 24-29; GRÜN et al 1994, S. 22f.). Staat und Gesellschaft als abstraktere, transzendente Gebilde finden bei KANT keinen Eingang in die Organmetaphorik. Dies bleibt der Familie als deren vitaler Basis vorbehalten. Hier bedurfte es offenbar erst der Ergebnisse aus Evolutionstheorie und Cellularpathologie, um auch Gesellschaft als Großinstitution unter solchen vitalistischen Gesichtspunkten zu betrachten.

II. Metaphorologie

Überbrückt man nun rasch eine Strecke von nicht weniger als 150 Jahren, d.h. von VIRCHOWS *Cellularpathologie* bis in die Gegenwart und tut man dies zudem einigermaßen unbekümmert um all die Entwicklungen, Transformationen und Verwerfungen, welche Biologie, Gesellschaftstheorie und Politik in dieser Zeit erfahren haben, so ist der heutige Gebrauch des Zellbegriffes überraschend. So heißt es in einer 2000 publizierten Broschüre über Biotechnologie des Bundesministeriums für Bildung und Forschung: „Die befruchtete Eizelle ist gewissermaßen die Urkeimzelle des ganzen Organismus" (BMBF 2000, S. 34). Diese Aussage legt die Betonung auf eine politische Ökonomie der Zelle. Darin koinzidiert die faktisch-biologische mit der metaphorologischen Bedeutung. Der sich in Gestalt der Zelle manifestierende biologische Ursprung leitet nahtlos über zu einem mithin sozialen Gründungsakt. Der Mensch hat somit einen Anfang, der jenseits des abstrakten Zeugungsaktes konkretisiert zu werden vermag; die Zelle fungiert schließlich als eine Ressource der Humanbegründung.

In der befruchteten Eizelle steht der Mensch sich selbst in Form einer quasi-mythologischen organischen Herkunft gegenüber.[5] Das monströse Gebilde produziert einen Menschen, ganz im Stile einer Manufaktur der Metamorphose. Dies evoziert einen „Absolutismus der Wirklichkeit" (H. BLUMENBERG), den keine kulturelle Praxis mehr distanzieren kann. Eine Distanzierung von der eigenen organischen Herkunft, die sogleich in eine mythologische umschlägt, ist dem menschlichen Individuum nicht möglich. Die humane Dimension der Zelle erschöpft sich daher nicht in der lapidaren Feststellung, es handele sich um humane Organismusstrukturen. Entscheidender ist vielmehr die Dimension der Proklamation eines Grundes der menschlichen Herkunft – was das Zellgebilde zu einem stark aufgeladenen kulturellen Symbol ebenso macht, wie es ihm die Qualität eines modernen Emblems verleiht.

Es dürfte deutlich geworden sein, dass es sich bei der aktuellen Renaissance der sozialen Organismus- und Zellenmetaphorologie vor allem um ein Rezeptionsphänomen der Biowissenschaften handelt. Derartige Einlassungen finden sich in der Tat kaum je in den Naturwissenschaften selbst als vielmehr dort, wo sie zumeist politisch, durchaus aber auch humanwissenschaftlich aufgegriffen und in Gesellschaft und Kultur eingeordnet werden sollen. Man tut daher gut daran, sich zu vergegenwärtigen, was HART NIBBRIG über die Metapher schreibt: dass sich nämlich ein „jedes Übersetzungsverhältnis einem Verhältnis verdankt, welches seinerseits wieder für ein anderes Verhältnis steht (...)" (HART NIBBRIG 1995, S. 185; vgl. HAVERKAMP 1996). Fraglich bleibt, wofür nun, in Hinblick auf soziale Prozesse, die modernen Biowissenschaften stehen. HART NIBBRIG geht eindeutig aus von einer innerhalb der Gesellschaft wirksamen Metaphernpraxis, die Alltagshandeln strukturiert und semiotisch ordnet (vgl. BARTHES 1964). Metaphern sind demnach, um es selbst mit einer Metapher zu versuchen, Gefährte, die es überhaupt erst erlauben, Relationen zwischen dem Erlebten und dem Gedachten oder auch nur zwischen dem von verschiedenen Personen Erlebten herzustellen. Anknüpfend an die obigen Ausführungen über DURKHEIM und andere, ließe sich vermuten, dass angesichts der avancierten biotechnischen, nun unmittelbar auf den Menschen zugreifenden, anthropotechnischen Verfahren eine Renaissance jener Modernitätskritik oder sogar jenes Ressentiments gegen die Moderne sich artikuliert, die ihre Zuflucht in organisch legitimierten Entitäten sucht. Wo diese anthropologische Angst vor einer Überwältigung des Menschen durch seine fortschreitende Maschinisierung keine Aussicht auf eine Einstellung jener Anthropotechnisierungsprozesse hat, da bliebe nur die Kompensation auf dem Wege einer Mythologisierung. Die Anthropotechniken der Biowissenschaften werden dann selbst angeschlossen an organische und sogar an kosmogonische Vorstellungsräume.

Weshalb, lässt sich nach all dem fragen, muss in der genannten Weise von Zelle, Organismus, Individuum und Familie geredet werden? Leistet eine Metaphorik, welche lebenden Organismus und soziale Organisation zusammenzieht, irgendetwas Besonderes zum Verständnis entweder organischer oder sozialer Vorgänge? Lassen sich Strukturgemeinsamkeiten jenseits bloßer Analogien feststellen? Existiert ein Erkenntnisgewinn dieser Metapher, die die Gesellschaft als einen lebenden Organismus anschreibt und die Zelleinheit sozialisiert? Genau dagegen hat sich BLUMENBERG gewandt und den suggestiven Anteil an aller Metaphorik herausgestrichen. Die Metapher, so BLUMENBERG, finde vor allem dann Gebrauch, wenn Uneindeutigkeiten in der Aussage vorlägen, die es zu umschiffen gelte: „Der Prozess der Erkenntnis ist auf Verluste kalkuliert" (BLUMENBERG 1979, S. 81). Das ist eine generelle Aussage über Erkenntnis, doch macht ihr Kontext deutlich, dass es sich bei der Metapher um eine besonders starke Form von Erkenntnisverlust handelt, indem sie ihren Gegenstand zusätzlich verfremdet und die Bahn des Gedankens von ihm ablenkt. Das hieße, die Metapher abstrahierte jenen Gegenstand, den sie anschreibt. Das ist aber nur insofern richtig, als die Metapher den Gegenstand begrifflich von sich selbst entfernt. Insofern sie ihn erkenntnismäßig gerade aufschließen helfen will, umgibt sie sich mit der Aura der Konkretion, indem sie erzeugt, was BLUMENBERG „Rückübertragungsverhältnisse der Anschauung" nennt. Aus diesem Grund irritiert die Verbindung von Metapher und Abstraktion auch eher, geht es doch im Gegenteil um einen Nimbus der Ursprünglichkeit, der der Metapher eignet. Eine solche, so BLUMENBERG, sei nicht nur hinsichtlich der privaten Erfahrung aufzusuchen, sondern ganz genauso in den „fachsprachlich verfremdeten Präparataspekten theoretischer Einstellung" (BLUMENBERG 1979, S. 79). Die Metapher schafft also scheinbare Konkretion. Ihre vordergründige Eindeutigkeit ist geeignet, Konflikte und Differenzen innerhalb der umschriebenen Gegenstände und Begriffe hinwegzudisputieren. Das macht ihren mythosbildenden Untergrund aus: eine Essentialität der Dinge zu schaffen, die die Notwendigkeit von Argumenten und Referenzen substituiert. Auch hier wird erneut deutlich, dass, zumindest was die angeführten Einlassungen aus den Ministerien angeht, es sich bei der Besetzung der Organismusmetaphorik im Sinne einer scheinbaren Konkretion in erster Linie um Rezeptionsprobleme handelt.

Möglich wäre daher, dass die Soziologie, und in ihrem Gefolge die Politik, die vitalistisch-metaphorische Hypostase der Familie auch deshalb gewählt haben, weil sie diese durch die Moderne bereits krisenhaft angegriffen sahen. In einer solchen Situation böte der Verweis auf ihre basale Funktion im Organismus Gesellschaft die Gewähr einer scheinbaren Ursprünglichkeitsgarantie. Kaum wäre daher die bürgerliche Familie erfolgreich installiert gewesen, da hätte auch schon der Kampf um ihre Behauptung begonnen. Die Metapher der Zelleinheit „Familie" im Organismus „Gesellschaft" zeugte dann gerade nicht von Selbstbewusstsein, sondern von Defensive.[6] Heute klingt das so: „Familien- und andere Lebensgemeinschaften sind für die persönliche Entfaltung jedes Menschen unabdingbar. Deshalb müssen Staat und Gesellschaft sie anerkennen, schützen und fördern" (SPD 1989). Oder noch pointierter: „Die Familie ist die beständigste Form des Zusammenlebens in der Gesellschaft. (...) In Familien können am besten die Eigenschaften und Fähigkeiten entwickelt werden, die Voraussetzung und Grundbestandteil einer freien und verantwortlichen Gesellschaft sind: Liebe und Vertrauen, Toleranz und Rücksichtnahme, Opferbereitschaft und Mitverantwortung, Selbständigkeit und Mündigkeit. Für uns ist die Familie das Fundament der Gesellschaft. (...) Der Zusammenhalt in unseren Familien ist Voraussetzung für die Solidarität in unserer Gesellschaft" (CDU 1994).[7] Dieses angesichts eines steigenden Anteils Alleinerziehender und sog. „Patchworkfamilien" anhaltend gleichbleibende Credo von der Familie als der grundlegenden sozialen Basiseinheit wirkt verräterisch, da hier erklärtermaßen nur selten andere als klassisch eheliche familiare Lebensformen gemeint sind.

In diesem Sinne leistet die Metapher eine phänomenologische Verdichtung ihres Gegenstandes. Diese erreicht sie im Sinne der bereits erwähnten Scheinkonkretion insbesondere vermittels einer begrifflichen Umdefinition des Gegenstands. Die soziale, interaktive, über Normen definierte Einheit „Familie" verwandelt sich in eine organische Entität, deren Legitimation sich vor allem aus ihrer somatischen Funktion ergibt und die angesichts solcher Substantialität konfliktorisch nicht anzugehen ist. Wenn es bei GAMM heißt, Metaphern würden „über Ähnlichkeit definiert, Begriffe über Identität und Unterschied", dann ist dies de facto erst der zweite Schritt im Rahmen einer Metaphorologisierung (GAMM 1992, S. 71). Zwischen der Zelleinheit eines Lebewesens und einem Familienverband ist keine große Ähnlichkeit auszumachen. Die „Macht der Metapher" (GAMM) stellt diese Ähnlichkeit überhaupt erst her. Was GAMM eine „Wiederbemächtigung von Grundbegriffen" nennt (GAMM 1992, S. 72), entspricht nichts weniger als einer bildlichen Transformation des jeweiligen Gegenstands. Die Metapher funktioniert deshalb vor allem in einem spezifisch epistemischen Kontext, worin sie bestimmte Variablen aufeinander zu beziehen vermag. Voraussetzung dafür ist die begriffliche Konstanz der einzelnen Koordinaten. Sofern diese nicht gewährleistet scheint, kann man von einer gelingenden Metaphorik kaum sprechen; denn „die Ähnlichkeitsbeziehungen von Begriffen und sprachlichen Tropen gehen jeder Identitätsbestimmung voran" (GAMM 1992, S. 72). Am Ende verschmelzen beide Enden der Metapher zu einer begrifflichen Einheit. Dazu bedarf es aber auch einer gleichbleibenden diskursiven Rahmung. Mit Bezug auf FOUCAULT spricht GAMM davon, ausgerechnet auf dem Zenit einer sich an der Kategorie des Fortschritts orientierenden Moderne, sei der Begriff der Ähnlichkeit, den die Genese der modernen Wissenschaften seit Beginn des 17. Jahrhunderts marginalisiert habe, wieder restituiert worden (vgl. GAMM 1992, S. 73; FOUCAULT 1991, S. 82ff.). Doch lässt sich bezweifeln, ob die Kontrastierung einer bloßen „Ähnlichkeit", die eher der Irrtumsproduktion zugetan wäre, mit einer wissenschaftlichen Logik von Identität und Verschiedenheit, in dieser Konsequenz tatsächlich je ausgeführt wurde. Zumindest die blühende Metaphernkultur auf dem Feld von Organismus und Gesellschaft scheint eher dagegen zu sprechen.

III. Aktuelle Transformation

Zweifellos handelt es sich bei den modernen Biowissenschaften um genuine Entdeckungswissenschaften. Ihre Erkenntnisse beruhen einzig und allein auf der Verifikation ihrer Gerätschaften und sind durch nichts nachzuvollziehen; die von ihnen produzierten Daten stellen ein reines Agens der Vermittlung zwischen einer enigmatisch bis mythologisch bleibenden Welt wissenschaftlicher Faktizität und deren Wahrnehmung durch erkennende Menschen dar. Doch diese Menschen erkennen freilich nur das Agens der Vermittlung. „Die von Maschinen entdeckten Verschiebungen können nicht durch Sehen, Hören oder Fühlen erfasst werden. Die Daten, die von diesen Maschinen erstellt werden, sind (...) Enthüllungen" (SNYDER 2002, S. 146).[8] Es kann nicht erwartet werden, dass sie sich als Bestandsbewahrer im diskursiven Feld erweisen; diese Rolle hat heute vielmehr die Bioethik übernommen. Hingegen geht gerade von jenen eine zentrale Wirkungsmacht in Richtung einer erneuten Transformation der „Ordnung der Dinge" (M. FOUCAULT) aus. Während die soziale Metaphorik weitgehend konstant geblieben ist, sich nach wie vor organischer Bildlegitimationen versichert und in diesem Sinne der Institution einen Primat vor dem Individuum einräumt, hat in der biologischen Metaphorik ein beachtlicher Umbruch stattgefunden. Auf die somatischen Vorgänge werden kaum mehr soziale Metaphoriken angewandt, sondern solche, die technische Referenzen aufrufen. Beliebt sind Bilder aus der Informationswissenschaft, mit denen Begriffe wie „Programm" oder „Code" für organische Prozesse ebenso fruchtbar gemacht werden wie, im Anschluss daran, für eine neue Anthropologie (vgl. KAY 2000; KELLER 2001; AHRENS 2002; RIEGER 2002). In diesem Kontext lässt sich natürlich feststellen, dass diese Wendung erneut an cartesianische Perspektiven anschließt.

In DESCARTES hat die Moderne ihren ungeliebten Gründervater gefunden. Hat er einerseits die Grundlegung einer modernen Subjektivität vorbereitet, so wurde diese von ihm sogleich auch konterkariert, indem er darauf insistierte, lebendige Wesen als Maschinen zu definieren. Dieser Gestus, worin bereits im 17. Jahrhundert der homo faber zu sich selbst kommt, hat DESCARTES' Schriften letztlich zu einem ergiebigen Reservoir der abendländischen Rationalitätskritik werden lassen. Hier ist nicht der Ort, um zu diskutieren, ob ihm diese Rolle zu Recht zuerkannt wurde. Tatsächlich hat ein nicht unbeträchtlicher Teil der Subjektphilosophie seine Bemühungen darauf verwandt, genau diese Analogie zu widerlegen (vgl. BÜRGER 2001). Heute führen die Biowissenschaften sie massiv und obendrein sehr erfolgreich erneut in den sozialen Diskurs ein. So hat die Wissenschaftshistorikerin KELLER auf die Bemühungen der modernen Biologie hingewiesen, „den Organismus nach dem Vorbild herkömmlicher (wie Uhrwerke arbeitender) Maschinen darzustellen" (KELLER 1998, S. 114). In diesem Bestreben flössen die Modelle von DESCARTES und HOBBES zusammen. Letzterer war durchaus fasziniert von der Mechanik und der Exaktheit der mechanischen Uhr, die gleichfalls im Erscheinungsjahr des *Leviathan* in England in die Welt kam. Behaupten ließe sich in dieser Perspektive, der aus Individualkörpern zusammengesetzte soziale Kollektivkörper könne überhaupt nur dann funktionieren, wenn er nicht nur über einen dirigierenden Souverän verfügt, sondern wenn seine Abläufe auch gleich einem Uhrwerk mechanisch aufeinander abgestimmt sind.

Damit wäre der Weg frei für eine Übernahme der Organismusmetapher unter anthropotechnischen Gesichtspunkten. An solche Prämissen schließt der Evolutionsbiologe DAWKINS an, wenn er die deistische Metapher vom Schöpfer als einem Uhrmacher aufgreift und ausführt: „Maschinen sind direkte Produkte lebender Objekte; sie leiten ihre Komplexität und ihren Bauplan von lebenden Dingen her, und sie sind charakteristisch für die Existenz von Leben auf einem Planeten" (DAWKINS 1987, S. 14). Umgekehrt scheinen die Unterschiede nicht weniger eingeebnet: „Jeder von uns ist eine Maschine, wie ein Flugzeug, nur sehr viel komplizierter" (DAWKINS 1987, S. 16). In der allgemeinen Wahrnehmung hat diese Argumentation seit der Entschlüsselung des menschlichen Genoms und den vielfach lancierten Fortschritten der Biotechnologien mitsamt den daran gehefteten Phantasmen um ein Vielfaches an Plausibilität gewonnen. Der von DAWKINS propagierte mechanistische Zugang zu einer Definition des Menschen scheint sich zunehmend durchzusetzen. Diese Einsicht klingt resignativ an, wenn der Molekularbiologe Reich einer künftigen Ausdehnung der „planenden Beherrschung der Natur auch auf die eigene Spezies" zwar noch ein „metabiologisches Bild vom Menschen" entgegenhalten will, vom Erfolg dieser Bemühung jedoch nicht hinreichend überzeugt wirkt (REICH 2003, S. 165).

Dies bedeutet zunächst, dass bislang zwar von metaphorischen Rezeptionsproblemen bezüglich der Biowissenschaften die Rede, was schließlich auch das Thema dieses Beitrags ist, dass metaphorologische Probleme jedoch keineswegs ein Vorrecht der Rezeption darstellen. Im Gegenteil wurde verschiedentlich auf die außerordentlich konstitutive Rolle von Metaphern insbesondere bei der biotechnischen Erkenntnisgenerierung hingewiesen (vgl. KELLER 1998; KAY 2000; WEIGEL 2002). Gerade weil sie innerhalb in die Prozesse einer wissenschaftlichen Wissensproduktion notwendig hineinspielen, ist es auch notwendig, sie ernst zu nehmen und nach ihrer Wirkmächtigkeit zu fragen. Diese lässt sich freilich vor allem wissenschaftshistorisch oder kultursemiotisch abfragen. Das hat auch nichts mit einer pessimistischen Haltung gegenüber den modernen Biowissenschaften zu tun, sondern artikuliert vielmehr das Interesse an deren Sedimentierung in Kultur und Gesellschaft.

So müsste zum Abschluss darauf hingewiesen werden, dass der technologische Fortschritt innerhalb der Lebenswissenschaften jenes metaphorische Gleichgewicht von Organismus und Gesellschaft aus der Balance geworfen hat. Je mehr die menschliche Zelle zum Gegenstand der Introspektion wird, um so weniger taugt sie als Metapher für über sie hinausgehende Begrifflichkeiten, vor allem für komplexe interaktive, soziale Zusammenhänge. Denn die Voraussetzung dafür wäre gerade eine letztliche Unbestimmtheit des Gegenstandes „Zelle". Diese Unbestimmtheit ist heute, auch wenn der Zellorganismus nach wie vor genügend und sogar ganz neue Fragen aufwirft, nicht mehr gegeben. Zu sehr ist die Zelle mittlerweile als Gestalt in die Gesellschaft eingerückt, haben sich Fragen ganz anderer Art an ihr entzündet. Die Metaphorik der Zelle als jener „Urkeimzelle des ganzen Organismus" (BMBF) hat sich von einer Analogie des sozialen Gesamtzusammenhangs hin zu einer spätmodernen Bestimmung des Menschen verschoben. Die Krise der Metapher – hier des Organismus als Gesellschaft und der Zelle als familialer Einheit – tritt dann auf, wenn der metaphorische Gegenstand selbst zum Objekt einer detaillierten Exegese wird. Indem sich daran völlig neuartige Fragestellungen anschließen, werden auch neue Metaphoriken geprägt, die wiederum eklatant über Modi der Ähnlichkeit, wenn nicht über solche der Identität verlaufen.

Nicht mehr die Substantialisierung von Gesellschaft und Familie unter Rückbezug auf organische Prozesse steht aktuell im Zentrum des Interesses, sondern eine Substantialisierung des Menschen selbst als Gattungswesen. Dessen Liminalität ist zur Disposition gestellt, soweit über den Moment seiner Geburt hinaus Uneinigkeit über den anthropologischen und sozialen Status frühembryonaler bis fetaler Lebensformen besteht. Diese Krise des metaphorischen Kontexts erfasst auch die Kategorie der Familie. Zwar lassen sich Sätze wie dieser noch schreiben: „Die Familie stabilisiert unsere Gesellschaft, gerade in Zeiten großer Veränderungen" (BMFSFJ/BERTELSMANN STIFTUNG o.J., S. 11). Doch entbehren sie jeder Möglichkeit zu einer Essentialisierung, da die sich vollziehenden „großen Veränderungen" insbesondere auch die metaphorischen Grundlagen solcher Aussagen ergriffen haben. Schließlich bestätigt sich FOUCAULTS alte These vom Verschwinden des Menschen auch empirisch und MARKL kann zufrieden feststellen, „dass das Wesen ‚Mensch' in normativer Hinsicht, also als Gegenstand moralischer Beurteilung, nicht zellbiologisch-genetisch definierbar ist. ‚Mensch' ist in solchem Sinn immer ein kulturgesättigter, geistig bestimmter Zuschreibungsbegriff zu einer natürlich existierenden Form von Lebewesen (...)" (MARKL 2002, S. 110). Indem auf diese Weise der „Mensch" im Sog kulturkonstruktivistischer Bemühungen zu verschwinden droht, etabliert sich mit der Zelle ein neuer Subjektakteur; die modernen Biowissenschaften vollziehen darin eine Subjektivierung der Zelle als der eigentlich handelnden Einheit, gekoppelt mit neurologischen Befunden der Willensbildung für das Individuum. Die organische Herkunft des Individuums, auf die nunmehr unabhängig von sozialen Implikationen, das Primat gelegt wird, impliziert auch eine Nivellierung von organischer Entität und Individuum. Die Unterscheidung zwischen beiden fällt zunehmend schwerer, indes man das hobbes'sche Frontispiz in neuer Weise ernst nehmen und das Subjekt selbst als zusammengesetzt aus einer Vielzahl molekularer Individuen betrachten müsste.

Folgt man dieser Richtung, so stehen einerseits sämtliche bisher geltenden Paradigmen bezüglich Individualität, Subjektivität und Gesellschaft zur Disposition, einschließlich der daran anschließenden soziologischen und pädagogischen Konzepte. Das kann zu einem völlig neuen Verständnis des Individuums führen. Wenn GAMM mit seiner Annahme Recht hat, Erkenntnis sei metapherngeleitet, die Metapher stelle „gleichsam das mythische Flussbett des Denkens" dar, dann dürfte kein Zweifel mehr an einer radikalen Umdefinition (Umcodierung, wie man heute sagen müsste) bestehen (vgl. GAMM 1992, S. 80). Die Pointe aber bestünde darin, dass laut GAMM eine notwendig metapherngeleitete Selbsterkenntnis beständig daran scheitere, dass sich das Erkenntnissubjekt „zum Ding unter Dingen mache, also zu etwas, dem gewöhnlich nicht die Kompetenz, selbstbezüglich Stellung zu nehmen, zugeschrieben wird" (GAMM 1992, S. 19). Gerade aber die Biowissenschaften als Metaphernwissenschaften würden diese „Schwierigkeit, den Selbstbezug zu denken" (GAMM) auflösen und somit eine Erkenntnis des modernen Subjekts ermöglichen – wenn auch anders, als GAMM sich das vorstellt –, indem sie die Selbsterkenntnis in eine mikroorganische Introspektion verlegen. Jedoch gerade eine solche scheinbar eindeutig zu verifizierende Selbsterkenntnis käme jener oben angemerkten Mythisierung gleich, die sich durch das Erkenntnissubjekt nicht mehr distanzieren ließe. In diesem Sinne würde sich BLUMENBERGS These bewahrheiten, eine über Metaphern generierte Erkenntnis habe zu nicht unbeträchtlichen Teilen Suggestivcharakter. Die Krise der Metapher scheint sich nicht beenden zu lassen.

Die Krise der Metapher scheint so einzumünden in eine Redefinition des Individuums. Bleibt dieses metaphorisch ungleich verstärkt bezogen auf die zellulare Existenz und deren Funktionsweisen, so entzieht sich die Zelle selbst sukzessive einer rekursiv gesetzten Metaphorisierung. Zum einen scheint sie mehr und mehr transparent zu werden, ihre Existenz zu enthüllen und ist über diverse Bildpolitiken auch als Akteur bereits tief in soziale und kulturelle Prozesse eingedrungen. Ihre bisherige, auf den ihr eigenen enigmatischen Anteilen beruhende Metaphorisierung verunmöglicht sich somit. Zum anderen stehen organische Vorgänge längst nicht mehr unter einer personal konnotierten Adressierung; vielmehr verläuft diese entweder maschinal oder, mehr noch, über Strategien der Informationsverarbeitung. Geht man nun davon aus, dass mit der Entität der Zelle, als jener „Urkeimzelle" von Individuum wie von Gesellschaft eine nicht weiter hintergehbare somatisch-soziale Institution vorliegt, die den Menschen aus sich heraus produziert und dennoch monströs bleibt, dann läge in der Tat ein neuer „Absolutismus der Wirklichkeit" vor. Darin würde eine anthropotechnische Realität des Menschen produziert, die den Primat eindeutig auf die technische Komponente menschlicher Existenz legte. Um daher in irgendeiner Weise sozial wie pädagogisch positiv oder negativ auf die Biowissenschaften reagieren zu können, muss man sich zunächst einmal Rechenschaft darüber ablegen, worüber geredet wird, sofern die einschlägigen Metapherologien ins Spiel gebracht werden.

Anmerkungen

1 So z.B. WIDMER in einer gegen Engels gerichteten ethnographischen Arbeit: „Die soziale Organisation der Primitiven ist noch kaum über die Familie hinaus" (WIDMER 1944, S. 61).
2 Einschlägig in diese Richtung, wenn auch in seiner organischen Metaphernwahl nicht darwinistisch operierend, ist zweifellos auch TÖNNIES (1926).
3 Bezeichnend und bekannt dafür dürfte SPENGLERs „Morphologie der Weltgeschichte" sein. SPENGLER unterscheidet schließlich auch zwischen einer den essentiellen Wahrheiten entfremdeten „faustischen Naturerkenntnis" der Moderne und einer wahrhaftigen, sich von der Antike her nährenden „apollinischen" Naturerkenntnis (vgl. SPENGLER 1920, insb. S. 525ff.).
4 Obwohl eher an KANT orientiert, schließt SIMMEL mit dieser disparaten Charakterisierung der Familie deutlich an HEGEL an (vgl. HEGEL 1986, S. 318f., § 166).
5 Indem der Zelle für das Individuum derart ein nahezu primordialer Status zukommt, wird sie gleichermaßen thematisiert und visualisiert als auch enigmatisiert. Wenn hier die Rede von einer Mythologie der Zelle ist, so weniger im Sinne eines Mythos vom Menschenmachen, für den sich etwa Prometheus herbeizitieren ließe. Vielmehr geht es um die Setzung eines primordialen Anfangs in dem Sinn, wie ihn ELIADE beschrieben hat, und damit verbunden ist weniger das Anknüpfen an antike Erzählungen interessant, als die Reaktualisierung der Kosmogonie (vgl. ELIADE 1994).
6 Vgl. zur Genealogie der Familie: ROSENBAUM 1996; ARIÈS, PH./DUBY, G. 1992

7 Vgl. dort insb. § 43: „Die Familie – Fundament der Gesellschaft"
8 Die darin liegende soziale Gefahr einer Fallibilität des Wissens wurde von DASTON pointiert beschrieben: „Die Möglichkeit, dass die Arten des Wissens mit der Zeit beträchtlichen Veränderungen unterliegen, scheint daher die Gemeinschaftlichkeit der Menschen in einer Weise zu bedrohen, wie es selbst bei bestürzenden und schreckenerregenden Differenzen des Glaubens und der Werte nicht der Fall ist" (DASTON 2001, S. 18). An diesem Punkt kommt wiederum eine mythologisierend verfahrende Metaphorologie ins Spiel, die, was die Wahrnehmung der Realität angeht, entschärfend wirkt.

Literatur

AHRENS, J. (2002): Code. Anmerkungen zu einer ubiquitären Kategorie. In: NEUMANN-BRAUN, K. (Hrsg.): Medienkultur und Kulturkritik. Festschrift für Stefan MÜLLER-DOOHM. – Wiesbaden, S. 164-181.
ARIÈS, PH./DUBY, G. (1992): Geschichte des privaten Lebens, Bd. 4: Von der Revolution zum Großen Krieg, hrsg.v. PERROT, M. – Frankfurt a.M.
BARTHES, R. (1964): Mythen des Alltags. – Frankfurt a.M.
BLUMENBERG, H. (1979): Schiffbruch mit Zuschauer. Paradigma einer Daseinsmetapher. – Frankfurt a.M.
BREDEKAMP, H. (2003): Thomas Hobbes, Der Leviathan: Das Urbild des modernen Staates und seine Gegenbilder; 1651-2001. – Berlin.
BÜRGER, P. (2001): Das Verschwinden des Subjekts. – Frankfurt a.M.
BUNDESMINISTERIUM FÜR BILDUNG UND FORSCHHUNG (BMBF) (2000): Biotechnologie – Basis für Innovationen. – Bonn.
BUNDESMINISTERIUM FÜR FAMILIE, SENIOREN, FRAUEN UND GESUNDHEIT (BMFSFG) (Hrsg.) (1985): Fünfter Familienbericht: Familien im geeinten Deutschland. Bonn – Deutscher Bundestag, 12. Wahlperiode, Drucksache 12/7560.
BUNDESMINISTERIUM FÜR FAMILIE, SENIOREN, FRAUEN UND GESUNDHEIT (BMFSFG-A) (Hrsg.) (o.J.): Lokale Bündnisse für Familie. Wer, was, wie, warum und wo? Informationen zur Initiative. Berlin (Informationsbroschüre).
BUNDESMINISTERIUM FÜR FAMILIE, SENIOREN, FRAUEN UND GESUNDHEIT (BMFSFG-B) (Hrsg.) (o.J.): Bundesministerium für Familie, Senioren, Frauen und Gesundheit. Aufgaben und Ziele. Berlin (Informationsfaltblatt).
BUNDESMINISTERIUM FÜR FAMILIE, SENIOREN, FRAUEN UND JUGEND (BMFSFJ)/BERTELSMANN STIFTUNG (Hrsg.) (o.J.): Grundlagenpapier der Impulsgruppe „Allianz für die Familie. Balance von Familie und Arbeit". Berlin/Gütersloh (Informationsbroschüre).
CDU (1994): Parteiprogramm der CDU vom 5. Parteitag am 21.-23. Februar 1994 in Hamburg, http://www.cdu.de/politik-a-z/datbank.htm, download: 30. November 2004, 14:23.
DASTON, L. (2001): Wunder, Beweise, Tatsachen. Zur Geschichte der Rationalität. – Frankfurt a.M.
DAWKINS, R. (1987): Der blinde Uhrmacher. Ein neues Plädoyer für den Darwinismus. – München.
DURKHEIM, E. (1984): Die Regeln der soziologischen Methode, hrsg. & eingeleitet v. KÖNIG, R. – Frankfurt a.M.
DURKHEIM, E (1983): Der Selbstmord. – Frankfurt a.M.
ELIADE, M. (1994): Kosmos und Geschichte. – Frankfurt a.M. & Leipzig.
ENGELS, F. (1953): Der Ursprung der Familie, des Privateigentums und des Staats [1884]. – Berlin.
FOUCAULT, M. (1991): Die Ordnung der Dinge. – Frankfurt a.M.
GAMM, G. (1992): Die Macht der Metapher. Im Labyrinth der modernen Welt. – Stuttgart.
GRÜN, K.-J. et al (1994): Vom Ideal zur Lebenswirklichkeit der Familie. Studie zur philosophischen Familientheorie. – Cuxhaven.
GUMPLOWICZ, L. (1899): Soziologische Essays. – Innsbruck.
HAECKEL, E. (1891): Keimesgeschichte des Menschen. Wissenschaftliche Vorträge über die Grundzüge der menschlichen Ontogenie, Ersther Theil der Anthropogenie. – Leipzig.
HART NIBBRIG, CH. L.: Übergänge. Versuch in sechs Anläufen. – Frankfurt a.M. & Leipzig.
HAVERKAMP, A. (Hrsg.) (1996): Theorie der Metapher. – Darmstadt.
HEGEL, G.W.F. (1986): Grundlinien der Philosophie des Rechts, Werke 7. – Frankfurt a.M.

CDU (2004): http://www.cdu.de/politik-a-z/datbank.htm, download: 30. November 2004, 14:00.
HOBBES, TH. (1984): Leviathan, hrsg.v. FETSCHER, I. – Frankfurt a.M.
KANT, I. (1993): Die Metaphysik der Sitten [1797], Werkausgabe Bd. VIII, hrsg.v. WEISCHEDEL, W. – Frankfurt a.M.
KAY, L.E. (2000): Who Wrote the Book of Life? A History of the Genetic Code. – Stanford/CA.
KELLER, E.F. (2001): Das Jahrhundert des Gens. – Frankfurt a.M./New York.
KELLER, E.F. (1998): Das Leben neu denken. Metaphern der Biologie im 20. Jahrhundert. – München.
MARKL, H. (2002): Schöner neuer Mensch? – München.
REICH, J. (2003): „Es wird ein Mensch gemacht". Möglichkeiten und Grenzen der Gentechnik. – Berlin.
RIEGER, ST. (2002): Die Ästhetik des Menschen. Über das Technische in Leben und Kunst. – Frankfurt a.M.
ROSENBAUM, H. (1996): Formen der Familie. – Frankfurt a.M.
SIMMEL, G. (1992): Soziologie. Untersuchungen über die Formen der Vergesellschaftung, Gesamtausgabe Bd. 11, hrsg. v. RAMMSTAEDT, O. – Frankfurt a.M.
SNYDER, J. (2002): Sichtbarmachung und Sichtbarkeit. In: GEIMER, P. (Hrsg.): Ordnungen der Sichtbarkeit. Fotografie in Wissenschaft, Kunst und Technologie. – Frankfurt a.M., S. 142-167.
SPD (1989): Das Grundsatzprogramm der SPD, beschlossen vom Programm-Parteitag der Sozialdemokratischen Partei Deutschlands am 20. Dezember 1989 in Berlin. Geändert auf dem Parteitag in Leipzig am 17.4.1998; http://www.spd.de/servlet/PB/menu/1019205/index.html. download: 30. November 2004, 14:30.
SPENCER, H. (1896): Einleitung in das Studium der Soziologie, 2 Bde. – Leipzig.
SPENGER, O. (1920): Der Untergang des Abendlandes. Umrisse einer Morphologie der Weltgeschichte, Bd. 1. – München.
STAROBINSKI, J. (2003): Aktion und Reaktion. Leben und Abenteuer eines Begriffspaars. – Frankfurt a.M.
STÖRIG, H.G. (2004): Kleine Weltgeschichte der Wissenschaft 1. – Köln.
TÖNNIES, F. (1926): Gemeinschaft und Gesellschaft. Grundbegriffe der reinen Soziologie. – Berlin.
VIRCHOW, R. (1858): Cellularpathologie in ihrer Begründung auf physiologische und pathologische Gewebelehre. Zwanzig Vorlesungen. – Berlin 1858.
VIRCHOW, R. (1855): Cellular-Pathologie, in: Archiv für pathologische Anatomie und Physiologie und für klinische Medizin, Nr. 8.
WEIGEL, S. (2002): Der Text der Genetik. Metaphorik als Symptom ungeklärter Probleme wissenschaftlicher Konzepte. In: DIES. (Hrsg.): Genealogie und Genetik. Schnittstellen zwischen Biologie und Kulturgeschichte. – Berlin, S. 223-246.
WIDMER, TH.W. (1944): Der Ursprung der Familie. Freiburg (Schweiz); Dissertationsschrift: Philosophische Fakultät der Universität Freiburg i.d. Schweiz.

Anschrift des Verfassers: Dr. Jörn Ahrens, Comparative Media Studies, Massachusetts Institute of Technology, 77 Massachusetts Avenue, Building 14N-207 Cambridge, Massachusetts 02139-4307 USA, E-Mail: ahrensj@mit.edu

Eckart Liebau/Jörg Zirfas

Erklären und Verstehen

Zum methodologischen Streit zwischen
Bio- und Kulturwissenschaften

Zusammenfassung
Der Aufsatz diskutiert aus kultur-, sozial- und geisteswissenschaftlicher Sicht die methodologischen Konzepte und Modelle der Biowissenschaften mit Blick auf die Pädagogik. Mit der von Dilthey vorgenommenen epistemologischen Differenzierung von Erklären als Zurückführen auf Ursachen (causa efficiens) und Verstehen als Sinnexplikation mit Blick auf Ziele und Perspektiven (causa finalis) werden die erkenntnistheoretischen Voraussetzungen und vor allem die methodologischen Grundlagen der Biowissenschaften, d.h. experimentelle Perspektiven, kausale Ableitungskonstruktionen, Elementarisierungen, Korrelationstheorien, Funktionalismus, Kosten-Nutzen-Modelle, Evolutionismus, Kontingenz, Paradoxie des Nichtwissens und Veranschaulichung rekonstruiert und kritisiert. Vor diesem methodologischen Hintergrund wird einerseits für eine kultur- und geisteswissenschaftliche Ergänzung der Biowissenschaften plädiert und andererseits vor übertriebenen pädagogischen Ansprüchen dieser Wissenschaften gewarnt: Im engeren Sinne sind deren Erkenntnisse bislang weder in normativer, noch in praktischer Hinsicht für die Pädagogik fruchtbar zu machen.

Schlüsselwörter: Erklären, Verstehen; methodologische Konzepte der Lebenswissenschaften; pädagogische Konzepte

Summary
Explaining and Understanding – The methodological controversy between life and cultural sciences
This paper discusses the methodological concepts and models of life sciences and their pedagogical consequences from the viewpoint of cultural and social science. Starting out from Dilthey's epistemological difference between explaining as reconstruction of the causes (*causa efficiens*) and understanding as explication of meanings from aims and perspectives (*causa finalis*) the assumptions of theories of cognition and above all the methodological basics of the life sciences – experimental perspectives, causal constructions, elementarism, theories of correlation, functionalism, cost-profit-models, evolutionism, contingence, paradoxical knowledge and illustration – will be analyzed and criticized. Following on from these methodological considerations the article supports a cultural extension of life sciences and warns of an exaggeration of their pedagogical significance. For the present the results of life sciences are not compatible with normative and practical pedagogical concepts.

Keywords: explaining, understanding; methodological concepts of life sciences; pedagogical concepts

Vorbemerkung

Die folgenden Überlegungen stellen den Versuch dar, aus kultur-, sozial- und geisteswissenschaftlicher Sicht, (vor allem) die methodologischen Konzepte und Modelle der Biowissenschaften mit Blick auf die Pädagogik zu rekonstruieren und zu diskutieren.

Blickt man mit Bezug auf Konzepte des Erklärens und Verstehens zurück in die Wissenschaftsgeschichte, so wird man unweigerlich mit Wilhelm DILTHEYS Diktum am Ende des 19. Jahrhunderts konfrontiert, das davon handelte, dass man die Natur erklären, das Seelenleben aber zu verstehen habe, was meint, dass die Naturwissenschaften ihr Programm in der Analyse experimentell gerahmter kausaler Beziehungen aufweisen sollten, während die Geisteswissenschaften sich auf den hermeneutischen Prozess des Verstehens der verschiedenartigen Phänomene der menschlichen Geschichte und Artefakte zu konzentrieren haben (DILTHEY 1894, S. 1314). Dieser Satz enthält neben den Problematiken der Geltungsbereiche, der Gegenstandsbereiche (Selbstverstehen, Fremdverstehen, Sinnverstehen etc.) und der Geltungsansprüche von Geistes- und Naturwissenschaften vor allem erkenntnistheoretische und methodologische Fragestellungen. DILTHEYS Diktum gilt für die Naturwissenschaften nach wie vor, während sich in den Kulturwissenschaften neben dem Paradigma des Verstehens auch das der Erklärung etabliert hat.

Verfolgt man die Modelle des Erklärens nicht bis in die Antike – resp. bei ARISTOTELES lässt sich der Fragenkatalog: 1. wer, 2. was, 3. wen, 4. wann, 5. wo, 6. womit, 7. warum, 8. wie als zentrales Erklärungsmodell finden – und übergeht man auch das scholastische Modell der vierfachen Ursache im Mittelalter (causa efficiens, causa formalis, causa materialis, causa finalis), so werden die empirischenErklärensmodelle in der Moderne von den Kulturwissenschaften vor allem mit drei Momenten in Verbindung gebracht: 1. Mit der Rekonstruktion und Bestimmung der Ursachen und Zwecke, 2. mit der Angabe von (theoretischen wie praktischen) Gesetzmäßigkeiten und 3. mit statistischen, auf Wahrscheinlichkeiten und Prognosen, zielenden Zusammenfassungen.

Sodann haben sich in den Kulturwissenschaften *grosso modo* vier Verstehensmodelle etabliert: 1. Ein hermeneutisches Modell, in dem es um die Auslegung, die Exegese und das Erkennen von Texten und Lebensäußerungen geht, entweder als Einordnung in einen historisch gewachsenen kulturellen sozialen Kontext oder auch als Repräsentation von Strukturbezügen der Subjekte. 2. Ein psychisches Modell, das in den Mittelpunkt die Techniken des Mitfühlens, des Sich-Hineinversetzens in Personen oder der Empathie und Sympathie mit ihnen stellt. 3. Ein pragmatisches Modell, das Verstehen performativ und (re- bzw. de-)konstruktiv begreift; es gleicht dann der Anwendung und Beherrschung einer Technik, die Wirklichkeiten herstellt („Einen Satz verstehen, heißt, eine Sprache beherrschen. Eine Sprache beherrschen, heißt, eine Technik beherrschen": WITTGENSTEIN 1977, S. 127). 4. Ein reflexives Modell des Verstehens des Verstehens, das die sozialen, kulturellen, wissenschaftlichen, pragmatischen etc. Grundlagen, Effekte und Implikationen des Verstehens selbst noch einmal reflektiert. Verstehen erscheint hier ebenso als ein performativer und konstruktiver Akt des Zurückkommens auf Sachverhalte, deren Zusammenhänge man nicht vollkommen überschauen und nicht in Gänze ausschöpfen kann (vgl. z.B. FIGAL 1996).[1] In der Pädagogik gilt Verstehen auch als ein normatives und didaktisches Modell, das einerseits der Pädagogik zur theoretischen und legitimatorischen Bildungs- und Erziehungsbegründung dient und andererseits als Kennzeichen gelungenen erzieherischen Handelns und insofern als pädagogische Methode gesehen wird (UHLE 1989).

Um einen kritischen Vergleich der Erklärens- und Verstehenskonzepte von Bio- und Kulturwissenschaften zu gewährleisten, soll Verstehen – trotz der recht großen Differenzen und Divergenzen von kausalem, intentionalem, prozeduralem, historischem, sozialem, kommunikativem Selbst-, Welt- und Fremdverstehen etc. – verstanden werden als Auslegen, Interpretieren und Deuten von Sinn- und Bedeutungszusammenhängen. Verstehen ist semantische Kontextualisierung, (konsensuelle) Zuschreibung von Bedeutungsdimensionen mit besonderem Blick auf die *causa finalis*. Unter Erklären wird im folgenden vor allem auf die genannten Konzepte der Ursachenbestimmung (*causa efficiens*) sowie auf die Angabe von theoretischen und pragmatischen Gesetzmäßigkeiten abgehoben; hierbei stehen im methodologischen Mittelpunkt Fragen der ständig komplexer werdenden Relationierung von Faktoren und Fragen der Isolierung von Faktoren im Experiment. Dazu haben die Naturwissenschaften eine äußerst aufwändige und ausdifferenzierte Forschungsmethodik entwickelt, die insbesondere a priori und systematisch die Perspektivität und die Bedingungen des Experimentierens als Bedingungen der Möglichkeit wissenschaftlicher Erkenntnis einbezieht. Die entsprechende Methodologie kann sich dabei auf eine breite und hoch entwickelte erkenntnistheoretische Diskussion stützen. Dabei soll freilich nicht verschwiegen werden, dass die philosophisch bestimmte Methodologie und die Methodik der Wissenschaftspraxis durchaus auch in den Naturwissenschaften als recht getrennte Welten betrachtet werden müssen, wie z.B. Karin KNORR-CETINA (1984) dargestellt hat.

I. Erkenntnistheoretische Voraussetzungen

Im Unterschied zu den Sozial- und Kulturwissenschaften, in denen verschiedene, sehr ausdifferenzierte Theorien des Erklärens und Verstehens und ihres Verhältnisses vorliegen, begegnet man in den Biowissenschaften in der Regel keiner dezidierten Differenz des Erklärens oder Verstehens, d.h. oftmals wird Verstehen mit Erklären identifiziert und damit begrifflich nicht unterschieden (vgl. VOLLMER 1995, S. 44ff.).[2] Generell gilt, dass die Erkenntnisvorgänge in den Biowissenschaften (Genetik, Neurobiologie und -psychologie, Soziobiologie, Ethologie, Evolutionstheorien) – wie in den Kulturwissenschaften – mehrfach bedingt sind: durch ein primäres Welt- und Selbstverständnis, durch ein wissenschaftlich geprägtes Verständnis dieses Verständnisses, durch das wissenschaftliche Verstehen des Gegenstandsbereiches und der Objekte, z.B. das Gehirn, das zentrale Nervensystem, Verhalten, Gene etc., durch die hiermit verbundenen experimentellen Verstehensoperationen und Methodologien und schließlich durch die Fragen, die anhand der diversen Verständnisse und Methoden an den Gegenstandsbereich gerichtet werden. In diesen Hinsichten gilt immer noch KANTS Feststellung: „Die Bedingungen a priori einer möglichen Erfahrung überhaupt sind zugleich Bedingungen der Möglichkeit der Gegenstände der Erfahrung" (KANT 1781, A 111).

Unabhängig von der Problematik, dass ein wissenschaftliches Vorverständnis den spezifischen Akten, die Verstehen und Erklären ermöglichen, selbst letztlich oft unverständlich bzw. unbewusst bleibt, und unabhängig von der alle Wissenschaften betreffenden Paradoxie, dass ihre Axiomatik nur in einem selbst gesetzten Rahmen verstehen lässt, dessen Bedingungen selbst unangetastet bleiben (das sich selbst erklärende Gehirn des Gehirnforschers; das die Evolution erklärende Produkt der Evolution; die Bilder der Welt als bildhafte Hirnkonstrukte; wer Verstehen und Erklären verstehen und erklären will, braucht einen Begriff von Verstehen und Erklären, der als Voraussetzung Ziel des Prozesses sein soll etc.)[3], lassen sich die erkenntnistheoretischen Voraussetzungen für die Verstehens- und Erklärensmodelle in den Biowissenschaften – die hierin in hohem Maße den Kulturwissenschaften analog sind – wie folgt umreißen:

1. Die Biowissenschaften gehen davon aus, dass es Grenzen des Weltverständnisses gibt. Es lässt sich nicht alles verstehen, da die Entwicklung der kognitiven Eigenschaften im Laufe des evolutionären Prozesses von Selektion und Anpassung abhängig von ihrer Validierung ist. Allerdings sind die Zusammenhänge etwa der Geninformationen untereinander und das Zusammenspiel von Genen und Umwelt in einem so hohen Maße komplex, dass es aus erkenntnistheoretischen Gründen unmöglich erscheint, diese zu „durchschauen" (SCHEUNPFLUG 2000/1, S. 50).
2. Wie Wahrnehmungs- bzw. Sinnsysteme eklektisch vorgehen, so lässt sich „annehmen" (SINGER 2002b, S. 1), dass auch die verarbeitenden Hirnstrukturen eklektisch verfahren. Die Hirnstrukturen und -funktionen begrenzen die Verstehensmöglichkeiten nach Maßgabe der Adaption der Evolutionsgeschichte. Insofern versteht auch die Biowissenschaft selbst nur Ausschnitte von Welt, die durch die Art und Weise der Wahrnehmung, der Verarbeitung und der funktionalen Adaption erklärt werden können.
3. Kognitive Systeme beobachten und selegieren Welt nach ganz spezifisch relevanten Bereichen. Letztgültiges Wissens über die Welt gibt es nicht; im Rahmen des kritischen Rationalismus konnte gezeigt werden, dass der Versuch der Letztbegründung in das Münchhausen-Trilemma führt: in einen logischen Zirkel, einen unendlichen Regress oder einen dogmatischen Abbruch.
4. Die Sprache, i.e. die Beschreibungssysteme und damit auch die Gegenstände der Biowissenschaften, ist ihr vorgängig und durch eine spezifisch kulturell und sozial geprägte Gesamtlage geprägt. In der Gegenwart wird häufig eine ökonomische Sprache verwendet, um komplexe Sachverhalte zu erläutern (TILLMANN 2000/7-8). Die Natur erscheint dann als eine quasi zweckrationale ökonomische Veranstaltung, in der es darum zu gehen scheint, das Verhältnis von Aufwand und Ertrag strategisch gezielt zu optimieren und die entsprechenden Kräfte zur Durchsetzung der eigenen Interessen zu gebrauchen. Die Evolution und das mit ihr verbundene „survival of the fittest" (DARWIN) erscheint dann nicht als ungesteuerter und chaotisch-zufälliger Prozess, sondern als Kampf ums Dasein nach den Regeln eines Marktes. Da sich noch keine, die natur- und kulturwissenschaftlichen Sprachregelungen übergreifende und integrierende Metasprache herausgebildet hat (s.u.), entsteht, systemtheoretisch betrachtet, die Problematik, dass sich die Differenzierung einer kulturalistischen von einer naturalistischen Sprachregelung auf einer höheren Ebene als *reentry* wiederholt.

II. Methodologische Grundlagen der Biowissenschaften

Im Unterschied zu den methodologischen Modellen der Kulturwissenschaften lassen sich in den Verstehens- und Erklärensmodellen der Biowissenschaften holzschnittartig folgende Merkmale festhalten:

1. Der Begriff des Erklärens ist in den Biowissenschaften notwendig mit einer Außenperspektive auf das zu erklärende Phänomen verbunden. Der Erklärende nimmt einen Beobachterstandpunkt ein. Er bedient sich z.B. des methodisch kontrollierten *Experiments* (oder anderer empirischer Methoden), um die vermuteten Phänomene beobachten zu können. Die Konstruktion des Experiments folgt theoretischen An-

nahmen, die auf der Auseinandersetzung mit dem Vorwissen der Disziplin aufruhen; das Ziel ist die Überprüfung, Kritik, Weiterentwicklung der Theorie. Erklärungen gelten daher immer als vorläufig, als überprüfungsbedürftig und entwicklungsoffen, so dass jede Erklärung eine Hypothese darstellt (WITTGENSTEIN). Die grundlegende Vorgehensweise ist die experimentelle Isolation: Aus der unendlichen Fülle der Welt und ihrer möglichen Zusammenhänge werden winzige Ausschnitte isoliert und in Beziehung zueinander gebracht. Man hofft darauf, Erkenntnisbaustein um Erkenntnisbaustein zusammentragen zu können und daraus das große theoretische Gebäude der Wissenschaft errichten zu können. Basil Bernstein hat diese Struktur als „Kollektionscode" charakterisiert.

2. Die Biowissenschaften haben Sachverhalte traditionell anhand von linearen *kausalen* Modellen zu erklären versucht. Diese Modelle hatten den Vorteil, Kausalitäten feststellen und Wahrscheinlichkeiten prognostizieren zu können. Allerdings implizierte die Feststellung keinen Reduktionismus, da i.d.R. keine einfachen linearen Ursache-Wirkungs-Modelle vorlagen, sondern Modelle, die Variationen und Selektionsangebote sowie unterschiedliche Varianten von Veränderungen zuließen und die zudem (nur) auf die Wahrscheinlichkeit erwartbaren Verhaltens schließen ließen. Dennoch gilt: Komplexe, dissipative Systeme lassen aber kaum bzw. keine Schlüsse über die Vergangenheit und (vor allem) über die Zukunft zu. Eine Reduktion lag daher in dem Sinne vor, dass „beobachtbare Phänomene durch Prozesse auf der jeweils nächst niedrigen Analyseebene" (SINGER 2002a, S. 32) oder einer nächst höheren Ebene erklärbar werden sollten. So ließen sich z.B. neuronale Phänomene auf molekulare und zelluläre Grundlagen zurückführen, oder es ließen sich Phänomene menschlicher Kommunikation mit Bezug auf evolutionäre, zeitübergreifende Prozesse begreifen. – Modernere Ansätze in den Biowissenschaften haben diese kausalen Modelle zu Gunsten systemtheoretischer Perspektiven aufgegeben. Sie suchen nun nach Funktionszusammenhängen in der Interaktion zwischen autopoietischen Systemen. Sinn ist allerdings bei allem Erkenntnisfortschritt und aller Änderung der Erklärungsansätze weder aus der Analyse von Kausalzusammenhängen noch aus der Analyse von Funktionszusammenhängen zu gewinnen, sondern ausschließlich durch Verstehen, also hermeneutisch-kommunikativ. Sinn ist also kein mögliches naturwissenschaftliches Thema.

3. Die Biowissenschaften erklären durch die Rückführung auf ein *materielles* Substrat. Das, was menschliches Leben ausmacht, wird letztlich auf materielle (biologische, physikalische, chemische, neuronale etc.) Prozesse bezogen. Hierbei ist einerseits zu bedenken, inwieweit Bewusstsein, Gefühle, Wahrnehmungen, Erkenntnisse, Träume, Sehnsüchte, Befindlichkeiten etc. mit ihren subjektiven, kulturellen, historischen Konnotationen in Substanzen fassbar sind, ohne das Eigentümliche dieser Phänomene aufzugeben und ohne Kategorienfehler zu begehen. Des weiteren ist zu fragen, ob die hiermit verbundene Aufsplittung in Teilaspekte, also die Elementarisierung, zum Verständnis komplexerer Sachverhalte (z. B. Lernen, Erinnern, Gefühle etc.) wirklich beitragen kann. Man darf hier ggf. mit guten Gründen einen materialistischen Fehlschluss vermuten.

4. Eine wichtige Funktion haben *Korrelationstheorien*. Zunächst differenziert man z.B. das Verhalten von den ihm zugrundeliegenden neuronalen Prozessen. Beide Beschreibungssysteme – konkretes Verhalten auf der einen, Aktionspotentiale, Synapsen auf der anderen Seite – sind nicht identisch, stehen aber in einem Bedingungsver-

hältnis: Verhalten wird auf neuronale Wechselwirkungen zurückgeführt. So bezeichnet z.B. „Double dissociation" ein Verfahren, bei dem eine neuronale Funktion isoliert und aktiviert wird, die in ähnlicher Weise z.B. die Gefühls- oder Verhaltensmodifikation (Freude, Leid etc.) zum Ausdruck bringen soll. ROTH (1997, S. 284ff.) differenziert in diesem Zusammenhang einen *echten* neurobiologischen Reduktionismus, der psychische Phänomene wesensgleich als feuernde Nervenzellen versteht, von einem *nomologischen* neurobiologischen Reduktionismus, der behauptet, dass sich die Gesetze des Physischen auf Gesetzmäßigkeiten der Hirnprozesse zurückführen lassen; sodann lässt sich ein *emergenztheoretischer* Materialismus konstatieren, der mentale Phänomene aus Systemeigenschaften der neuronalen Prozesse hervorgehen sieht, und schließlich ein *Epiphänomenalismus* festhalten, der zwar eine Kopplung von neuronalen Prozessen einerseits und Bewusstseinsprozessen andererseits unterstellt, das Erleben selbst aber als Epiphänomen versteht. Roth vertritt selbst einen (so könnte man ihn bezeichnen) *physikalischen* Parallelismus, der, von einem einheitlichen Wirkungszusammenhang der verschiedenen und verschieden erlebten Bereiche der Natur ausgehend, eine enge Parallelität zwischen Hirnprozessen und kognitiven Prozessen annimmt.

5. Die Beschreibung der *Funktionen* spielt eine zentrale Rolle: Hierbei ist zu beachten, dass es z.B. durchaus unterschiedliche Funktionsmodelle des Gehirns gibt – als Theorie eines funktionellen Systems, als Theorie der funktionellen Hirnorgane, als Neuronen-Netzwerk-Theorie. In alle Modelle gehen zudem, in unterschiedlicher Gewichtung, Annahmen der Physik, der Kybernetik, der Informations- und Systemtheorie mit ein (vgl. ZIEGER 1992). Allerdings stellt sich die – oben schon angedeutete – Frage, ob wir die Bedeutung einer Sache verstehen, wenn wir sie auf Funktionen begrenzen. So spricht auch Singer explizit auf die Frage, wie kohärente Interpretationen, Festlegungen für Handlungsoptionen oder motorisch koordinierte Reaktionen ausgeführt werden können, davon, „dass das Gehirn die zeitliche Dimension als Kodierungsraum" für die Zusammengehörigkeit neuronaler Antworten nutzt (ROTH 2003, S. 25), d.h. dass auch im Gehirn auf der neuronalen Ebene hermeneutische, zeichenhafte, interpretative und informatorische Prozesse ablaufen; und Roth konstatiert, dass man, um die Bedeutung einer neuronalen Aktivität en Detail zu kennen, auf die „*semantische Vorgeschichte*" dieser Aktivitäten ebenso eingehen müsse wie auf die Bedeutung anderer beteiligter Netzwerke (ROTH 1997, S. 276). Die hermeneutischen Metaphern machen auf die Erklärungsdilemmata aufmerksam: Verstehe ich eine Verhaltensänderung oder ein Handeln dann, wenn ich ihr erklärend eine neuronale Funktion zugeordnet habe? Und wie steht es mit dem Verhältnis von Funktion und Konsens? Zwar könnte die Fokussierung auf das reibungslose Funktionieren die Konsenssuche ersparen, braucht man doch dann über das Bewährte nicht mehr zu diskutieren, doch gleichzeitig könnten dadurch die Irritationen und Probleme unsichtbar werden, die für Stabilisierungen und Innovationen von Systemen unerlässlich sind. Wie also wird umgegangen mit Störungen und Krisen?

6. Festhalten lässt sich in diesem Zusammenhang die Konzentration auf *Kosten-Nutzen-Modelle* (vermittelt durch mathematische Spieltheorien). Die Evolutionstheorie betont in der Nachfolge von DARWIN („Darwins Theorie ist ein ausgesprochen *naturalistischer* Ansatz, die Lebenserscheinungen zu verstehen": VOLLMER 1995, S. 70) nicht nur Anpassungs-, Optimierungs- und Leistungsmodelle, d.h. den Nutzen, sondern auch den mit diesen Modellen verbundenen vertretbaren Aufwand, d.h. die

Kosten. Im Mittelpunkt einer Theorie, in der es um die Verteilung knapper Güter und Ressourcen geht, stehen unweigerlich Kosten-Nutzen-Kalkulationen und Effektivitätserwägungen. Doch auch hier stellt sich nach der – durchaus legitimen – Tatsachenfeststellung, dass *alles* unter dem Aspekt von Funktionen und von Vor- und Nachteilen betrachtet werden kann, die Frage nach dem *Sinn* und der Bedeutung von Effektivität.

7. *Biowissenschaften ohne Evolution sind blind; die Evolutionstheorie* bildet ihr Fundament. Doch die Evolution selbst kennt zwar einen Anfang, aber kein Ende und keinen Plan. Hier wäre genauer zu klären, ob und inwieweit die evolutionäre Perspektive überhaupt brauchbar zur Erklärung der Entwicklung z.B. von kognitiven Fähigkeiten und Theorien, von technischen und wissenschaftlichen Problemen und Lösungsstrategien, von sozialem, ästhetisch-kulturellem und moralischem Verhalten, von Institutionen etc. ist, ob und inwieweit unter einer solchen Perspektive die genannten Entwicklungsprozesse miteinander kommensurabel und inwiefern sie mit den evolutionären Prinzipien der Diversität, Variation, Vererbung, Artbildung, Überproduktion, Auslese etc. (vgl. VOLLMER 1995, S. 95ff.) in Einklang zu bringen sind oder zu ihnen in Spannung und Differenz stehen. Die Theorie der Evolution als Modell der Erklärungen von Strukturveränderungen stellt keine teleologischen Prozesse dar noch liefert sie zuverlässige und brauchbare Prognosen oder gar pragmatische Planungs- und Steuerungstheorien. Es ist daher sehr fraglich, ob die ökonomischen Metaphern (s.o.) hier überhaupt weiterführen oder ob sie nicht in einem immanenten Widerspruch zur Evolutionstheorie selbst stehen.

8. Nomothetische Wissenschaften zeichnen sich daher gerade dadurch aus, dass sie die von ihnen formulierten und gefundenen Erklärungen bzw. gar „Gesetze" immer nur unter dem Vorbehalt der Fragwürdigkeit und der *Vorläufigkeit* formulieren können. In ihnen ist daher Entwicklung und Revision systematisch angelegt. Die Physik bildet hier die Paradedisziplin, an der die entsprechende Wissenschaftstheorie entwickelt worden ist und wird. Die empirische Wissenschaftsgeschichte gerade auch der Physik lässt sich freilich nicht als geradlinige Entwicklung immer weiterer Ausdifferenzierung schreiben; spätestens seit den Kontroversen um die Kuhnsche These über die Strukturen „wissenschaftlicher Revolutionen" gilt dieser Ansatz als überholt. Auch die Wissenschaftsgeschichte der nomothetischen Wissenschaften ist durch im einzelnen kontingente Konstellationen gesellschaftlicher, kultureller, institutioneller und individueller Entwicklungen und Faktoren gekennzeichnet, die auf prinzipiell unvorhersehbare Weise zu wissenschaftlichen Revolutionen (Paradigmenwechsel) führen können, d.h. zur Revision grundlegender Annahmen und Methoden. Soweit Aussagen und Theorien aus nomothetischen Wissenschaften der Konstruktion von Technologien zugrunde gelegt werden, bleiben auch diese Technologien an die immer nur begrenzte und vorläufige Geltung der Theorien gebunden und werden durch sie beschränkt.

9. Das prinzipielle Problem dieser Methode liegt daher in einer ihr inhärenten *Paradoxie*: Je mehr „Wissen" auf diese Weise erschlossen wird, desto unsicherer wird dieses Wissen, desto unsicherer werden die Zusammenhänge zwischen den verschiedenen Elementen des Wissens, desto weiter und größer werden die Räume des Nicht-Wissens. Es fügt sich keineswegs Baustein zu Baustein, wenn in einem immer weiteren Horizont immer weiter voneinander entfernte Lichtpunkte aufleuchten. Martin WAGENSCHEIN hat schon vor Jahrzehnten nachdrücklich darauf hingewiesen, dass Wis-

senschaft nicht nur sichtbar macht, sondern auch unsichtbar: dass z.B. „Physik etwas verschweigt". Denn „Physik sagt nicht, wie Natur ist, sie sagt nur, wie Natur antwortet" (WAGENSCHEIN 1982, S. 23): auf die Experimente nämlich, die der beobachtende Forscher durchführt und deren Ergebnisse er mit seinen Messmethoden festzuhalten versucht, um sie dann wiederum möglichst „elegant" erklären zu können. Wir wissen nicht, wie Natur ist, wir können sie nur wahrnehmen: wissenschaftlich durch die Auswertung ihrer Antworten auf das Experiment, durch systematische Beobachtung und statistische Beschreibung, praktisch durch den alltäglichen Umgang und die alltägliche Erfahrung, ästhetisch durch das – mehr oder weniger interessierte – „Wohlgefallen".

10. Die wissenschaftlichen Experimente schlagen sich so (ästhetisch betrachtet) in *Veranschaulichungen* und Modellen nieder: Diese lassen sich als Vereinfachungen, als Komplexitätsreduktionen von Wirklichkeit verstehen, die die entscheidenden Strukturen und Relationen der untersuchten Sachverhalte bestmöglich abbilden möchten. Die Frage ist allerdings, ob sie tatsächlich die Untersuchungen kategorial verschiedener Vorgänge – Selbsterfahrungen und Erfahrungen sozialer Realitäten auf der einen und naturwissenschaftliche Erkenntnisse auf der anderen Seite – gewährleisten: „Zum ersten tragen Computersimulationen wahrscheinlich dazu bei, geschilderte Erlebnisse vorurteilsfrei und unvoreingenommen zu beschreiben. Eine Reihe von Beispielen zeigt zweitens, dass Simulationsexperimente gerade die Augen öffnen können für andernfalls übersehene, da zunächst wenig plausible, subjektive Erlebnisse. Drittens heben die Entdeckungen der Neuroplastizität ja gerade die Bedeutung des Erlebens für die Gehirnfunktion ganz besonders hervor. (...) Neurobiologie und Neuroinformatik tragen zum Verständnis höherer geistiger Leistung bei" (SPITZER 2000, S. 322f.). Biowissenschaftliches Erklären bezieht sich auf die Darstellung von Verhalten auf einer anderen Ebene und in einer anderen Sprache: man isoliert, reizt und vermisst Hirnaktivitäten – und zeigt diese dann mit Hilfe bildlicher Verfahren. Diese Modelle zeigen Aktivitäten des Gehirns. Man erfährt etwas darüber, wo und in welcher Intensität und ggf. zeitlichen Ausdehnung energetische Aktivitäten stattfinden. Was diese Aktivitäten bedeuten, erfährt man aus den Bildern nicht.[4] Ein Bild vom Gegenstand bleibt, um Hegel sinngemäß zu umschreiben, ein Bild und nicht der Gegenstand, und sollte insofern daraufhin betrachtet werden, wie wir zu ihm gelangt sind, welche begriffliche und kategoriale Matrix ihm zugrunde liegt, welchen epistemologischen Status es genießt und auf welchen historischen und ikonologischen Voraussetzungen es aufbaut („Die *Metamorphose* kommt nur dem Begriff als solchem zu": HEGEL 1986, § 249, S. 61).[5]

Bilder haben einen deiktischen, einen demonstrativen, einen illustrierenden und schließlich einen performativen Charakter (MERSCH 2005). Sie entwickeln ihren epistemologischen Charakter aufgrund eines affirmativen Zeigemodus: Bilder gehorchen einer Logik der Evidenz, einer zeigenden und sichtbaren Einsicht, die sich einer genuinen Verneinung entzieht: Bilder enthalten keine Negation *ihrer selbst*. Damit Bilder aber preisgeben, woraufhin sie zeigen, damit man sie versteht, müssen sie interpretiert werden. So kann z.B. die Hirnforschung Erregungszustände im Gehirn über Stoffwechselprozesse sichtbar machen und über farbliche Abstufungen auf das Ausmaß von simulierten wie realen Reizen und Aktivitäten zurückschließen (SINGER 2002a, S. 110f.).[6] Und sicherlich lassen sich Wahrnehmungs- und Vorstellungs-, Erinnerungs- und Vergessens-, Beurteilungs- und Entscheidungsprozesse (um nur diese zu nennen) operationalisieren, aus einer dritten (objektiven) Perspektive heraus darstellen und auch auf Verursachungen durch neuronale Prozesse zurückführen (SINGER 2003, S. 10). Die Frage ist allerdings, ob kognitive oder emotionale Prozesse bzw. Bilder dieser Prozesse sich mit physikalisch-chemischen Interaktionen von Neuronennetzen identifizieren lassen. Denn auch für diese Bilder gilt, dass sie als Spuren zwar ein *Quod* (Dass), aber kein *Quid* (Was) angeben. Die Bilder sind keine Abbilder des *Quid*. Sie lassen sich allenfalls als Hinweis, als Verweis auf ein auf andere Weise zu Findendes gebrauchen. Sie bedürfen der Interpretation, denn die farblichen Varianten können Vieles bedeuten; und sie verweisen (vermutlich) nicht unmittelbar auf ihre Bedeutungen, sondern eher in die Richtung genauerer Analysen. Es gilt hier, nicht der Suggestion der Evidenz einer Wirklichkeit durch das Bild zu erliegen. Denn die wissenschaftlichen Bilder gelten gerade ob ihrer Kälte und Eindeutigkeit als unbestritten, wirken gerade durch ihre experimentelle, technische und instrumentelle Vermitteltheit als realistisch und objektiv (LATOUR 2002, S. 25f., 69). Aber sie sind nicht selbst die Erkenntnis.

III. Biowissenschaften und Pädagogik

Im Unterschied zu den Kulturwissenschaften, die auf eine lange Geschichte der Reflexion des Verhältnisses von Erklären und Verstehen zurückblicken können, haben sich die Biowissenschaften bisher nahezu ausschließlich auf die Methodologie des Erklärens gestützt. Eine differenzierte Reflexion ihrer Methodologie im Blick auf die Bedeutung von Verstehen und ggf. das Verhältnis von Verstehen und Erklären steht bisher noch aus. Ob man mit einem Vertreter der Biowissenschaften soweit gehen muss zu sagen, dass diese insgesamt einer „ungebrochenen neopositivistischen Grundauffassung" folgen und insofern einem „völlig unreflektierten, naiven Realismus" huldigen (DUNCKER 1993, S. 62), oder inwieweit sie sich als konstruktivistische, nomologische Theorien verstehen, sei einmal dahingestellt.[7] Ihre Konzentration auf das Modell des Erklärens legt zumindest nahe, dass die Biowissenschaften ihr Nichtverstehen nicht verstehen; und sie macht ein ungebrochen positivistisches Wissenschaftsverständnis und eine weitgehend enttäuschungsresistente Experimentierfreude möglich, wenn sie auch keineswegs dazu zwingt. Es scheint, dass in den Biowissenschaften vor diesem Hintergrund einstweilen die kontextuellen Zusammenhänge, die komplexen Strukturen und die nur kommunikativ validierbaren methodologischen Grundlagen, aus denen insgesamt die Phänomene nicht nur erklärbar, sondern in bestimmten Hinsichten auch verstehbar werden, zu kurz kommen: trotz der differenzierten Beschreibungen, Definitionen, Klassifizierungen und experimentellen Anordnungen. Dabei wären zwei Richtungen zu verfolgen: Einerseits müsste auf der Gegenstandsebene geprüft werden, wo und in welcher Weise Erklärungsansätze durch Verstehensansätze zu ergänzen., zu erweitern, zu konterkarieren sind. Und zweitens müsste neben die Erklärungs- und ggf. Verstehensansätze auf der Gegenstandsebene eine verstehensorientierte historisierende methodologische Reflexion auf der Metaebene treten, die zugleich eine historische (wie soziale[8]) Kritik der Erklärungsmodi einschlösse. Kurz: Auch die Biowissenschaften sollten ihre Wissenschaft (auch) als kulturelle Praxis verstehen (vgl. BÖHME/MÜLLER/MATUSSEK 2002; WULF 2004) und sich insofern im Blick auf den gegenwärtigen wissenschaftstheoretischen Erkenntnisstand normalisieren. Auch sie etablieren sich als „Fachkulturen", in denen keineswegs nur die wissenschaftlichen Erkenntnismodi, sondern auch die kulturellen, sozialen und ökonomischen Praxen und Kontexte eine zentrale Rolle spielen (LIEBAU/HUBER 1985).

Die Biowissenschaften („life-sciences") folgen als Wissenschaften im Blick auf die Forschung, alles in allem, dem an der Physik entwickelten und exemplifizierten Paradigma. Sie haben es inzwischen allerdings mit einem doppelten Problem zu tun: Erstens sind mit der *ökologisch-systemtheoretischen* Wende (MATURANA/VARELA) „ganzheitliche" Perspektiven in den Blick genommen worden, die auch „ganzheitliche" Theorien erfordern, die sich daher nicht mehr nach dem herkömmlichen Muster der „Erklärung" modellieren lassen (Paradigmenwechsel zur Systemtheorie). Damit ist die Problematik der *Kontingenz* verbunden: diese bezeichnet in systemtheoretischer Lesart die Restriktion des Beobachterstandpunktes, den Zusammenhang von Wirklichem und Möglichem, aber auch den von Möglichem und Unmöglichem und schließlich die Relationierung von Bestimmbarkeit und Unbestimmbarkeit. Zweitens lassen sich solche „ganzheitlichen" Theorien *nicht* in *Technologien* überführen. Das gilt schon auf der Ebene der Biologie der Pflanzen und Tiere; es gilt indessen noch einmal gesteigert, sobald Reflexivität ins Spiel kommt, also im Bereich der Humanbiologie, insbesondere der Evolutionstheorie und der Ethologie, der Medizin, insbesondere der Hirn-Forschung etc. Und es gilt selbstverständlich im gesamten anthropologischen, soziologischen, psychologischen und kulturwissenschaftlichen Bereich. Wird der Begriff des Erklärens aus dem Bereich der experimentellen Naturwissenschaften (oder auch der reinen Theorie, wie im Fall der Mathematik) in diese Bereiche übertragen, wird die so genannte „Erklärung" zu einer rein wissenschaftskonventionell bestimmten Metapher insbesondere statistisch bestimmter empirischer Methoden. In den entsprechenden Fachkulturen wird sie indessen weithin als Erklärung im naturwissenschaftlichen Sinn geglaubt; dementsprechend glaubt man an entsprechende Technologien: Ökologie als Naturbehandlungstechnologie, Medizin als Körperbehandlungstechnologie, psychologische Verhaltenstherapie als Seelenbehandlungstechnologie, etc. Da ist dann z.B. der Weg von der Hirnforschung zur pädagogischen Technologie nicht weit. Aber so wenig, wie der Begriff „Leben" durch die so genannten „Life-sciences" allein bestimmt werden kann, können diese Wissenschaften die Praxis in den entsprechenden Feldern vollständig definieren. Das Wissen, das sie liefern, ist interessant als notwendiges Hintergrundwissen, für die professionelle Praxis mindestens genauso entscheidend aber ist das erfahrungsgestützte und (implizit) normengeleitete Handlungswissen, die professionelle pädagogische Kunst eben.

Aus einer kulturwissenschaftlichen Perspektive werden die Grenzen des technologischen Missverständnisses schnell sichtbar: ökologisches, medizinisches, psychologisches, pädagogisches etc. Handeln ist nicht technologisch steuer- und regulierbar. LUHMANN und SCHORR haben das als Technologie-Defizit bezeichnet (LUHMANN/SCHORR 1982). Aber diese Bezeichnung führt in die Irre, weil diese Handlungsformen prinzipiell durch wertgestützte Entscheidungen und Routinen reguliert werden – es handelt sich um praktische Künste, die durch Sinn und Sinnverstehen „gesteuert" werden, auch wenn die Beteiligten ihr Handeln als technologisch missverstehen mögen.

So lässt sich zum Zusammenhang von Biowissenschaften und Pädagogik festhalten: Die wissenschaftlichen Erkenntnisse der Biowissenschaften und Pädagogik stehen in keiner unvermittelten, direkten Beziehung zueinander, sondern sind durch das Wissen von Philosophie, Theologie, Psychologie, Soziologie etc. miteinander vermittelt. Natürlich bieten die Biowissenschaften interessante Perspektiven. Und selbstverständlich berücksichtigt eine aufgeklärte Pädagogik auch dieses Wissen. Aber aus der empirischen Forschung der Biowissenschaften ergeben sich weder, ohne dem *naturalistic fallacy* anheim zu fallen, konkrete Erziehungsziele, noch ergeben sich, ohne eine *pragmatic fallacy*, konkrete Erziehungsmittel und -methoden. Biowissenschaften haben einstweilen den Status empirischer, nicht normativer oder praktischer Theorien. Interessanterweise liegt das nicht zuletzt an ihrem radikal reduzierten Lebensbegriff. Wenn Leben auf das kontingente Wirken von Naturgesetzen reduziert wird, darf man sich nicht wundern, wenn man mit einem solchen Verständnis in pragmatischer und normativer Hinsicht wenig anfangen kann. Die Prinzipien für die Pädagogik liefern nicht die „Entstehungsgeschichte und Arbeitsweise unseres Gehirns" (ZIEGER 1992, S. 52), sondern Überlegungen, inwieweit diese für die Pädagogik als sinnvoll akzeptiert werden können und wie von ihnen Gebrauch gemacht werden *kann und soll*.[9] Da war bei DILTHEY durchaus noch zusammengedacht, was zusammengehört.

Ob und inwieweit die von den Biowissenschaften als ihre genuin ausgewiesenen pädagogischen Implikationen erstens sich tatsächlich (unmittelbar) aus biowissenschaftlichen Ergebnissen herleiten, und zweitens sich nicht ggf. besser und nachdrücklicher durch Forschungen anderer Disziplinen bestätigen lassen, wäre erst einmal zu untersuchen. Mit anderen Worten wäre hier die pädagogische Reichweite solcher Theorien zu klären; denn wenn sich konstatieren lässt, dass die äußere Welt impliziter Bestandteil der Systembeschreibung und Funktionalität etwa von Nervenzellen ist, die Selektion von corticalen Neuronen durch das ganze Leben hindurch etwa durch Erziehung, Bildung und Sozialisation erheblich beeinflusst werden kann, die Rindenfelder des Gehirns, die einen bestimmten Körperteil repräsentieren, nicht starr voneinander abgegrenzt sind, die Kontakte der Milliarden von Zellen nicht im einzelnen vorprogrammiert erscheinen, Zelldifferenzierung und Morphogenese Selbstorganisationsprozesse darstellen etc., wenn das Gehirn vor allem komplex ist, welche Folgen ergeben sich daraus dann für die Pädagogik?[10] Kann man gleichsam ins Gehirn sehen, um Lernvorgänge wahrzunehmen bzw. kann man gleichsam die Evolutionsgeschichte Revue passieren lassen, um Bildungsprozesse in Gang zu bringen? Ist man seit Schleiermacher, der schon am Anfang des neunzehnten Jahrhunderts von der „Unentschiedenheit der anthropologischen Voraussetzungen" sprach, mit den neueren Ergebnissen der Biowissenschaften wirklich *pädagogisch* weitergekommen? (SCHLEIERMACHER 1983, S. 50).[11]

Zum Schluss sei an Alexander von HUMBOLDT als aktuellen Ausgangspunkt eines modernen Denkens erinnert, das in seiner Kombination von literarischer Sprache und Naturbeschreibung Kultur- und Biowissenschaften vor der Trennung DILTHEYS noch miteinander verband, und das damit vielleicht einen für unsere Zeit zukunftsweisenden epistemologischen Versuch der Verbindung von mathematischen und künstlerischen, experimentellen und hermeneutischen, biologischen und literarischen Wissensformen vorwegnahm. Vielleicht also können wir uns selbst und die Relevanzen, Funktionalitäten und Konsistenzen des menschlichen Lebens besser verstehen und erklären, wenn wir die Differenzen und Divergenzen, aber auch die Gemeinsamkeiten und Konvergenzen beider, hier idealtypisch vorgestellten Wissensarten auf aufeinander beziehen und ineinander – soweit als möglich – übersetzen oder eine Metasprache oder Metabeschreibungen entwerfen, die Begriffe für die neuen Bezüge zwischen den jeweiligen Phänomen zu fassen versuchen (SINGER 2002a, S. 179). Wie auch immer – die Biowissenschaften sind *ein* Versuch aus der reichen Geschichte der menschlichen Selbstverstehens, die neben dem gott- oder tierähnlichen Menschen, den Menschen als Maschine oder als Informationspool und jetzt eben auch den Menschen als Bündel neuronaler Aktivitäten und evolutionärer Errungenschaften kennt (vgl. ZIRFAS 2003). So ist die Debatte, ob und inwieweit die Biowissenschaften heute tatsächlich den „wichtigsten wissenschaftlichen Weg zur Selbsterkenntnis des Menschen" (SEITELBERGER 1992, S. 27) darstellen oder ob und inwieweit sie grundsätzliche Bedeutung für die Beurteilung und das Verständnis der Kultur und der Pädagogik gewinnen können, durchaus offen.[12] Das Leben und die Pädagogik haben sie bisher jedenfalls nicht verstanden.

Anmerkungen

1 „Durch ihre fortschreitende Differenzierung produziert die soziale Welt die Differenzierung der Arten und Weisen die Welt zu erkennen; jedem der Felder entspricht ein wesentlicher Standpunkt, von dem aus die Welt gesehen wird, ein Standpunkt, der seinen Gegenstand schafft und der das diesem Gegenstand entsprechende Prinzip des Verstehens und Erklärens in sich selbst trägt" (BOURDIEU 2001, S. 125).

2 Es stellt sich auch durchaus die Frage, ob es überhaupt Sinn macht, in den Biowissenschaften mit einem Konzept von Verstehen zu arbeiten, wenn der Begriff des Verstehens (konstruktivistisch) auf kommunikative Sachverhalte bezogen und als Entsprechung einer Orientierungserwartung beschrieben wird (RUSCH 1986). Erst dann ergibt sich das Paradox, dass das kommunikative Schema des Verstehens auf nicht-kommunikative Zusammenhänge angewendet werden soll und Verstehen für wissenschaftliches Handeln lediglich als „Simulation" (ebd., S. 68) erscheint, statt als Erklärung im Sinne von Beobachtung, Hypothesenbildung, Prognose und daran sich anschließende Beobachtung (vgl. auch ROTH 2001, S. 364). Sinn würde, wenn man von der biologischen Anthropologie und der Medizin einmal absieht, ein Begriff von Verstehen, genau genommen, nur in den Sparten der Zoologie machen, in denen es um die Kommunikation zwischen Menschen und entsprechend entwickelten, d.h. insbesondere wahrnehmungs- und kommunikationsfähigen Tieren geht. – In den empirischen Kulturwissenschaften (einschließlich der Psychologie) lässt sich eine Annäherung von Verstehens- und Erklärungskonzeptionen ausmachen; so verweist z. B. BOURDIEU darauf, dass „Verstehen und Erklären eine Einheit bilden" (BOURDIEU 1997, S. 786).

3 Erklären und Verstehen sind mit einem Wort unendliche Prozesse der Fremd- und Selbstreferenz (vgl. LUHMANN 1986).

4 Ob Menschen wirklich am besten durch visuelle Eindrücke verstehen, und ob diese Feststellung im besonderen für die Biowissenschaftler gilt, man einmal dahingestellt sein (CAROLA 2000); dass das Verstehen in den Biowissenschaften häufig an Verbildlichungsstrategien geknüpft ist, wird man nicht bestreiten können (vgl. VOLLMER 1995, S. 25).

5 So auch ROTH (1997, S. 351): „Wissenschaftliche Beobachtungen sind jedoch meist nicht unmittelbare Sinneswahrnehmungen der zu untersuchenden Phänomene, sondern sind in aller Regel Beobachtungen des Verhaltens von Messinstrumenten."

6 Der Sinn ergibt sich, wie Gebhard ROTH (2001, S. 363) richtigerweise anmerkt, aus dem vom Gehirn aktuell erschlossenen Kontext, doch welcher Kontext wie ggf. richtigerweise herangezogen wird, um Phänomene zu erschließen, ergibt sich aus der Aktualisierung des Gehirns nicht.

7 So merkt VOLLMER (1995, S. 150) als Paradox an, dass, obwohl Fitness das eigentliche Kriterium für evolutionären Erfolg sei, die evolutionäre Erkenntnistheorie auf eine Korrespondenztheorie der Wahrheit abhebe. – Und mit BOURDIEU sollte festgehalten werden, dass die entscheidende Differenz nicht zwischen konstruktivistischen und nicht-konstruktivistischen Wissenschaften besteht, sondern zwischen einer nicht reflexiv-realistischen und einer reflexiv-realistischen Wissenschaft, die um ihre Bedingungen und Effekte aufgeklärt ist (vgl. BOURDIEU 1998).

8 Hiermit sind Untersuchungen im Sinne BOURDIEUS angesprochen, die die Zulassungsbedingungen zur (Bio-)Wissenschaft, deren Austauschbedingungen, Genealogien der kognitiven Strukturen, (Macht-)Mechanismen und Funktionen des Feldes, Habitus und Kapitalsorten der Wissenschaftler etc. näher zu analysieren hätte.

9 Wenn man als Pädagoge darauf vertrauen kann, dass die „jungen Gehirne selbst am besten wissen, was sie in den verschiedenen Entwicklungsphasen benötigen und dank ihrer eigenen Bewertungs-

systeme kritisch beurteilen und auswählen können" (SINGER 2002a, S. 59), so braucht man lediglich für die dafür nötigen umfassend anregungsreichen Umwelten zu sorgen und Debatten um kritische und autonome Erziehung oder um Methodiken und Didaktiken erübrigen sich.

10 Mit anderen Worten, die Evolutionstheorie liefert keinen eindeutigen kausalen Erklärungs- und Entstehungstheorien der Ursachen.

11 Zu einer pädagogischen Reflexion vor evolutionstheoretischem Hintergrund vgl. LIEBAU 2004.

12 Denn wie der Autor richtig anmerkt, trifft die analytische Methode „auf die hermeneutisch zu erschließende kasuistische Integrität des Individuums, die seine Leiblichkeit wie auch seine Geistigkeit mit Geschichte und Gesellschaftsbeziehung umfasst" (ebd., S. 27).

Literatur

BÖHME, H./MATUSSEK, P./MÜLLER, L. (2002): Kulturwissenschaft. Was sie kann, was sie will. 2. Aufl. – Reinbek.
BOURDIEU, P. (1997): Verstehen. In: Ders. u.a.: Das Elend der Welt. Zeugnisse und Diagnosen alltäglichen Leidens an der Gesellschaft. – Konstanz, S. 779-822.
BOURDIEU, P. (2001): Meditationen. Zur Kritik der scholastischen Vernunft. – Frankfurt a.M.
CAROLA, R. (2000): Gebändigte Erkenntnisflut. In: www.uni-heidelberg.de/presse/ruca/ruca2_2000/flut.html.
DILTHEY, W. (1894): Ideen über eine beschreibende und zergliedernde Psychologie. In: Gesammelte Schriften Band 5. 6. Aufl. – Stuttgart 1974.
DUNCKER, H.-R. (1993): Die vergleichende Methode als Grundlage der Analyse der Komplexität im funktionellen Bau der Organismen. In: WEINGARTEN, M./GUTMANN, W. F. (Hrsg.) (1993): Geschichte und Theorie des Vergleichs in den Biowissenschaften. – Frankfurt a.M., S. 61-89.
FIGAL, G. (1996): Der Sinn des Verstehens. Beiträge zur hermeneutischen Philosophie. – Stuttgart.
HEGEL, G.W.F. (1986): Enzyklopädie der philosophischen Wissenschaften im Grundrisse. Zweiter Teil: Die Naturphilosophie. – Frankfurt a.M.
KANT, I. (1781): Kritik der reinen Vernunft. Riga 1781/1787. In: Werkausgabe. Band III und IV. Hrsg. v. W. WEISCHEDEL. – Frankfurt a.M. 1982.
KNORR-CETINA, K. (1984): Die Fabrikation von Erkenntnis. – Frankfurt a.M.
LATOUR, B. (2002): Icono*clash*. Gibt es eine Welt jenseits des Bilderkrieges? – Berlin.
LIEBAU, E. (2004): Lob der Ungerechtigkeit. In: der blaue reiter. Journal für Philosophie 19, S. 6-9.
LIEBAU, E./HUBER, L. (1985): Die Kulturen der Fächer. In: Neue Sammlung 25, S. 314-339.
LUHMANN, N. (1986): Systeme verstehen Systeme. In: LUHMANN, N./SCHORR, K.E. (Hrsg.): Zwischen Intransparenz und Verstehen. Fragen an die Pädagogik. – Frankfurt a.M., S. 72-117.
LUHMANN, N./SCHORR, K.E. (1982): Das Technologiedefizit der Erziehung und die Pädagogik. Die Voraussetzung der Kausalität. In: DIES. (Hg.): Zwischen Technologie und Selbstreferenz. Fragen an die Pädagogik. – Frankfurt a.M., S. 11-50.
MERSCH, D. (2005): Das Bild als Argument. Visualisierungsstrategien in der Naturwissenschaft. In: WULF, Ch./ZIRFAS, J. (Hrsg.): Ikonologie des Performativen. – München, S. 322-344.
ROTH, G. (1997): Das Gehirn und seine Wirklichkeit. Kognitive Neurobiologie und ihre philosophischen Konsequenzen. – Frankfurt a.M.
ROTH, G. (2001): Fühlen, Denken, Handeln. Wie das Gehirn unser Verhalten steuert. – Frankfurt a.M.
RUSCH, G. (1986): *Verstehen Verstehen*. Ein Versuch aus konstruktivistischer Sicht. In: LUHMANN, N./SCHORR, K.E. (Hrsg.): Zwischen Intransparenz und Verstehen. Fragen an die Pädagogik. – Frankfurt a.M., S. 40-71.
SCHEUNPFLUG, A. (2001): Biologische Grundlagen des Lernens. – Berlin.
SCHEUNPFLUG, A. (2000/1): Biowissenschaft und Pädagogik. Erkenntnisse aus der Biologie für die Pädagogik fruchtbar machen. In: Pädagogik (2000). Heft 1, S. 47-52.
SCHLEIERMACHER, F.D.E. (1983): Ausgewählte pädagogische Schriften. Hrsg. v. E. LICHTENSTEIN. 3. Aufl. – Paderborn.
SEITELBERGER, F. (1992): Medizinische Hirnforschung und Pädagogik. In: MÖLLER, B. (Hrsg.) (1992): Logik der Pädagogik. Pädagogik als interdisziplinäres Arbeitsfeld. Band 3: Der Beitrag der Biowissenschaften zur Pädagogik. – Oldenburg, S. 27-40.
SINGER, W. (2002a): Der Beobachter im Gehirn. Essays zur Hirnforschung. – Frankfurt a.M.

SINGER, W. (2002b): Interview zur Deutungsmacht der Biowissenschaften am 28.2.2002 in Frankfurt. In: www.diejungeakademie.de/arbeitsgruppen/content_03.php?id_agtitel=8-43k.
SINGER, W. (2003): Unser Menschenbild im Spannungsverhältnis von Selbsterfahrung und neurobiologischer Fremdbeschreibung. – Ulm.
SPITZER, M. (2000): Geist im Netz. Modelle für Lernen, Denken und Handeln. – Heidelberg/Berlin.
TILLMANN, K.-J. u.a. (2000): Zwischen neuen Erkenntnissen und reiner Analogiebildung? In: Pädagogik (2000), Heft 7-8, S. 73-79.
UHLE, R. (1989): Verstehen und Pädagogik. Eine historisch-systematische Studie über die Begründung von Bildung und Erziehung durch den Gedanken des Verstehens. – Weinheim.
VOLLMER, G. (1995): Biophilosophie. – Stuttgart.
WAGENSCHEIN, M. (1982): Verstehen lehren. Genetisch – Sokratisch – Exemplarisch. 7. Aufl. – Weinheim.
WITTGENSTEIN, L. (1977): Philosophische Untersuchungen. – Frankfurt a.M.
WULF, CH. (2004): Anthropologie. Geschichte, Kultur, Philosophie. – Reinbek.
ZIEGER, A. (1992): Neurophysiologie und Pädagogik. In: In: MÖLLER, B. (Hrsg.) (1992): Logik der Pädagogik. Pädagogik als interdisziplinäres Arbeitsfeld. Band 3: Der Beitrag der Biowissenschaften zur Pädagogik. – Oldenburg, S. 41-62.
ZIRFAS, J. (2003): Das Ich als Gehirn. In: Agora. Das Philosophiemagazin 06. März 2003, S. 20-21.

Anschrift der Verfasser: Prof. Dr. Eckart Liebau und Prof. Dr. Jörg Zierfas, Institut für Pädagogik, Philosophische Fakultät I, Friedrich-Alexander-Universität Erlangen-Nürnberg, Bismarckstraße 1, 91054 Erlangen,
E-Mail: eckart.liebau@paed.phil.uni-erlangen.de, joerg.zirfas@paed.phil.uni-erlangen.de

GPSR Compliance

The European Union's (EU) General Product Safety Regulation (GPSR) is a set of rules that requires consumer products to be safe and our obligations to ensure this.

If you have any concerns about our products, you can contact us on

ProductSafety@springernature.com

In case Publisher is established outside the EU, the EU authorized representative is:

Springer Nature Customer Service Center GmbH
Europaplatz 3
69115 Heidelberg, Germany